21天学通C语言（第7版）

[美] Bradley Jones Peter Aitken Dean Miller 著

姜佑 译

人民邮电出版社
北京

图书在版编目（C I P）数据

21天学通C语言 ： 第7版 / （美） 琼斯 （Jones,B.） ，
（美） 艾特肯 （Aitken,P.） ，（美） 米勒 （Miller,D.） 著；
姜佑译. -- 北京 ： 人民邮电出版社， 2014.11（2021.7重印）
ISBN 978-7-115-35537-9

Ⅰ. ①2… Ⅱ. ①琼… ②艾… ③米… ④姜… Ⅲ. ①
C语言－程序设计 Ⅳ. ①TP312

中国版本图书馆CIP数据核字(2014)第088990号

版 权 声 明

Bradley Jones, Peter Aitken and Dean Miller: Sams Teach Yourself C in One Hour a Day (7th Edition)
ISBN: 978-0789751997

◆ 著　　　　[美] Bradley Jones　Peter Aitken　Dean Miller
译　　　　姜　佑
责任编辑　傅道坤
责任印制　彭志环
◆ 人民邮电出版社出版发行　　北京市丰台区成寿寺路 11 号
邮编　100164　　电子邮件　315@ptpress.com.cn
网址　http://www.ptpress.com.cn
固安县铭成印刷有限公司印刷
◆ 开本：787×1092　1/16
印张：28.75
字数：629 千字　　　　2014 年 11 月第 1 版
印数：24 801－25 800 册　　2021 年 7 月河北第 23 次印刷
著作权合同登记号　图字：01-2013-5583 号

定价：69.00 元

读者服务热线：(010)81055410　印装质量热线：(010)81055316
反盗版热线：(010)81055315

内容提要

本书是初学者学习 C 语言的经典教程。本版按最新的 C11 标准（ISO/IEC 9899:2011），以循序渐进的方式介绍了 C 语言编程的基本知识，并提供了丰富的程序示例和大量的练习。通过理论学习结合课后实践，读者将逐步了解、熟悉并掌握 C 语言。

本书共分为 4 部分。第 1 部分是 C 语言基础，介绍了 C 程序的组成、变量和常量、语句、表达式、运算符、函数、基本程序控制和信息读写；第 2 部分介绍了数值数组、指针、字符和字符串、结构、联合、typedef、变量作用域、高级程序控制、输入/输出；第 3 部分介绍了指针数组、链表、磁盘文件、操纵字符串、函数库、内存管理以及编译器的高级用法等；第 4 部分是附录，收录了 ASCII 表、C/C++关键字、常用函数以及习题答案。

本书针对初级程序员编写，可作为学习 C 语言的入门教程或参考资料。

作者简介

Bradley L. Jones

Developer.com 网站的管理者，负责管理 Developer.com、CodeGuru 和 DevX 等网站，有使用 C、C#、C++、SQL Sever、PowerBuilder、Visual Basic、HTML5 等开发系统的经验。他的推特是@BradleyLJones。

Peter Aitken

杜克大学医学中心的职员，负责开发供牙科医学研究使用的计算机程序。他是 IT 领域应用与编程方面的资深作家，在计算机杂志上发表文章 70 多篇，编写图书 40 多本。Aitken 目前是制药工程方面的顾问。

Dean Miller

在出版和授权消费产品业务方面有 20 多年经验的作者兼编辑。期间，他策划并推出了大量畅销书籍和系列，包括 *Teach Yourself in 21 Days*、*Teach Yourself in 24 Hours* 以及 *Unleashed* 系列，这些都由 *Sams* 出版社出版。

致 谢

感谢 Bradley Jones 和 Peter Aiken 编写了一本 C 语言编程指南的好书，他们有 20 多年的教学经验，教会成千上万的人如何使用 C 语言编程。感谢 Mark Taber 给我这次机会以新的格式策划本书，感谢 Mandie Frank、San Dee Phillips 和 Siddhartha Singh 提供原始文本，并将我添加的内容完善成更好的作品。以个人名义，感谢我的妻子 Fran，我的孩子 John、Alice 和 Margaret，感谢他们给予的爱与支持。将本书献给我的两个姐姐 Sheryn 和 Rebecca，她们在逆境中微笑面对生活的勇气时刻鼓励着我。

——Dean Miller

首先要感谢我的合著者 Brad Jones 付出的努力。我也非常感谢 Sams 出版社的所有人，篇幅有限，无法一一列举每个帮助我的人，请原谅。

——Peter Aitken

首先感谢我的妻子，在我编写本书的过程中对我的理解和支持。一本好书是多人努力的成果。感谢读者、编辑和其他所有提供帮助和对上一版给予反馈的人。我们针对反馈作了修订，相信本书会让学习 C 语言编程的人更容易上手。

——Bradley L. Jones

前　言

从书名便可看出，通过学习本书，你可以自学 C 程序设计语言。在众多语言（如 C++、JAVA 和 C#）中，C 仍然是学习程序设计语言的首选。第 1 课中将详细介绍其中的原因。选择 C 作为程序设计语言是明智之举。

与市面上其他 C 语言的书籍相比，本书的讲解逻辑更清晰，初学者更容易理解。之前的 6 个版本一直在畅销书排行榜上遥遥领先，广受读者赞誉！本书为读者量身定制，每天只需花一小时便可学完一课内容。读者不需要有任何编程经验，当然，如果有其他语言的基础（如 BASIC），学起来会更快。本书的重点是介绍 C 语言，不会指定计算机和编译器。无论你的计算机使用的是 Windows 系统、Mac OS 系统还是 UNIX 系统，都可以学习 C 语言。

本书特色

本书包含一些特殊栏，有助于启发读者学习。语法框教你如何使用 C 语言中特殊的概念，提供精炼的示例和详尽的解释。可以查看下面的示例，预览语法框的概要。（你尚未学习第 1 课，不理解其中的内容没关系。）

语　法

```
#include <stdio.h>
printf( 格式字符串[,参数,...] );
```

printf()函数接受一系列的参数。每个参数都在格式字符串中有相应的转换说明。printf()将格式的信息打印在标准输出设备上（通常是显示屏）。使用 printf()函数时，必须包含标准输入/输出头文件 stdio.h。

格式字符串必不可少，而参数是可选的。每个参数都必须有转换说明。格式字符串中可包含转义序列。以下所示的程序示例中调用了 prin 转换说明 tf()，并打印输出。

程序示例 1

输入

```
#include <stdio.h>
int main( void )
{
   printf( "This is an example of something printed!");
}
```

输出

```
This is an example of something printed!
```

程序示例 2

输入

```
printf( "This prints a character, %c\na number, %d\na floating point,
         %f", 'z', 123, 456.789 );
```

输出

```
This prints a character, z
a number, 123
a floating point, 456.789
```

本书的另一大特色是 DO/DON’T 栏，其中指出读者应该做什么，不应该做什么。

DO	DON’T
阅读本节余下内容，将解释本课末尾的课后研习部分。	请勿跳过随堂测验和课后练习。如果你可以完成本课的课后研习，说明你已准备好学习新的内容。

另外，本书还包含大量的提示、注意和警告栏。**提示**提供使用 C 语言的一些捷径和技巧。**注意**提供其他具体的细节，帮助读者更好地理解 C 语言的概念。**警告**提醒读者避免一些潜在的问题。

本书用大量的程序示例解释 C 语言的特性和概念，可以把这些示例用在自己的程序中。每个程序都分成 3 部分（**输入**、**输出**和**分析**）来讨论，并分别以黑体字和▼标出。

每课末尾的**答疑**部分包含本课相关内容的常见问题与回答。另外，每课还设有**课后研习**，包含小**测验**和**练习题**。小测验用于检测读者对本课概念的掌握程度。如果要核对或查看答案，请翻阅附录 D。

只阅读本书是学不会 C 语言的，如果你想成为一个程序员，就必须写程序。解答小测验中的问题是很好地练习，还应该尝试解答每一道练习题。写代码是学习 C 语言的最佳途径。

排错练习最有益。在 C 语言中，bug 是程序的错误。排错练习中的代码示例中包含一些常见错误（bug）。你要找出这些错误并修正它们。如果遇到任何困难，可以查阅附录 D。

随着进一步学习本书，有些练习的答案会很长，有些练习会有多种答案。因此，后面的课程可能不会提供所有练习的答案。

本书使用的约定

本书使用不同的字体，不仅帮助读者在阅读过程中区别 C 代码和常规英文，而且有助于读者识别重要的概念。本书中出现的 C 代码一律使用等宽字体（如，`monospace`）。在程序示例的输入和输出中，用户键入的内容均使用加粗等宽字体（如，**`blod monospace`**）。占位符（术语，代表代码中你实际键入的内容）用斜体等宽字体（如，*`italic monospace`*）[1]。新术语和重要术语用斜体（如 *italic*）标出[2]。

[1] 译者注：译文采用仿宋体（如，仿宋体）。

[2] 译者注：译文采用楷体及中英并陈（如，函数（*function*））。

目　录

第1部分　C语言基础

第1课　初识C语言 **1**

1.1　C语言发展简史 1
1.2　为何要使用C语言 1
1.3　准备编程 2
1.4　程序开发周期 3
1.4.1　创建源代码 3
1.4.2　使用编辑器 3
1.4.3　编译源代码 4
1.4.4　链接以创建可执行文件 4
1.4.5　完成开发周期 5
1.5　第1个C程序 6
1.5.1　输入并编译hello.c 7
1.5.2　编译错误 8
1.5.3　链接器错误消息 9
1.6　小　结 9
1.7　答　疑 9
1.8　课后研习 10
1.8.1　小测验 10
1.8.2　练习题 11

第2课　C程序的组成部分 **12**

2.1　简短的C程序 12
2.2　程序的组成部分 13
2.2.1　main()函数 13
2.2.2　#include和#define指令 13
2.2.3　变量定义 14
2.2.4　函数原型 14
2.2.5　程序语句 14
2.2.6　函数定义 15
2.2.7　程序的注释 15
2.2.8　使用花括号 16
2.2.9　运行程序 16
2.2.10　补充说明 16
2.3　学以致用 17
2.4　小　结 18
2.5　答　疑 19
2.6　课后研习 19
2.6.1　小测验 19
2.6.2　练习题 19

第3课　储存信息：变量和常量 **21**

3.1　计算机的内存 21
3.2　用变量储存信息 22
3.3　数值类型 23
3.3.1　变量声明 26
3.3.2　typedef关键字 26
3.3.3　初始化变量 26
3.4　常　量 27
3.4.1　字面常量 27
3.4.2　符号常量 28
3.5　小　结 31
3.6　答　疑 32
3.7　课后研习 32
3.7.1　小测验 32
3.7.2　练习题 33

第4课　语句、表达式和运算符 **34**

4.1　语　句 34
4.1.1　在语句中留白 34
4.1.2　创建空语句 35
4.1.3　复合语句 35
4.2　理解表达式 36
4.2.1　简单表达式 36
4.2.2　复杂表达式 36
4.3　运算符 37
4.3.1　赋值运算符 37
4.3.2　数学运算符 37
4.3.3　运算符优先级和圆括号 41

4.3.4 子表达式的计算顺序 43
4.3.5 关系运算符 43
4.4 if语句 44
4.5 对关系表达式求值 49
4.6 逻辑运算符 51
4.7 详议真/假值 52
4.7.1 运算符的优先级 52
4.7.2 复合赋值运算符 54
4.7.3 条件运算符 54
4.7.4 逗号运算符 55
4.8 运算符优先级归纳 55
4.9 小 结 56
4.10 答 疑 56
4.11 课后研习 57
4.11.1 小测验 57
4.11.2 练习题 57

第5课 函 数 59

5.1 理解函数 59
5.1.1 函数定义 59
5.1.2 函数示例 59
5.2 函数的工作原理 61
5.3 函数和结构化程序设计 62
5.3.1 结构化程序设计的优点 63
5.3.2 规划结构化程序 63
5.3.3 自上而下的方法 64
5.4 编写函数 65
5.4.1 函数头 65
5.4.2 函数体 67
5.4.3 函数原型 71
5.5 给函数传递实参 72
5.6 调用函数 72
5.7 函数的位置 75
5.8 内联函数 75
5.9 小 结 76
5.10 答 疑 76
5.11 课后研习 76
5.11.1 小测验 76
5.11.2 练习题 77

第6课 基本程序控制 78

6.1 数组：基本概念 78
6.2 控制程序的执行 79
6.2.1 for语句 79
6.2.2 嵌套for语句 83
6.2.3 while语句 85
6.2.4 嵌套while语句 88
6.2.5 do...while循环 89
6.3 嵌套循环 92
6.4 小 结 93
6.5 答 疑 94
6.6 课后研习 94
6.6.1 小测验 94
6.6.2 练习题 94

第7课 信息读写基础 96

7.1 在屏幕上显示信息 96
7.1.1 printf()函数 96
7.1.2 printf()的格式字符串 97
7.1.3 使用puts()显示消息 103
7.2 使用scanf()输入数值数据 104
7.3 三字符序列 108
7.4 小 结 109
7.5 答 疑 109
7.6 课后研习 109
7.6.1 小测验 109
7.6.2 练习题 110

第2部分 C语言应用

第8课 数值数组 112

8.1 什么是数组 112
8.1.1 一维数组 113
8.1.2 多维数组 116
8.2 命名和声明数组 116
8.2.1 初始化数组 119
8.2.2 初始化多维数组 120
8.3 小 结 123
8.4 答 疑 123
8.5 课后研习 124

8.5.1 小测验 124
8.5.2 练习题 124

第9课 指 针 126

9.1 什么是指针 126
9.1.1 计算机的内存 126
9.1.2 创建指针 127
9.2 指针和简单变量 127
9.2.1 声明指针 127
9.2.2 初始化指针 128
9.2.3 使用指针 128
9.3 指针和变量类型 130
9.4 指针和数组 131
9.4.1 数组名 131
9.4.2 储存数组元素 131
9.4.3 指针算术 134
9.5 指针的注意事项 137
9.6 数组下标表示法和指针 137
9.7 给函数传递数组 137
9.8 小 结 141
9.9 答 疑 142
9.10 课后研习 142
9.10.1 小测验 142
9.10.2 练习题 143

第10课 字符和字符串 144

10.1 char数据类型 144
10.2 使用字符变量 145
10.3 使用字符串 147
10.3.1 字符数组 147
10.3.2 初始化字符数组 148
10.4 字符串和指针 148
10.5 未储存在数组中的字符串 148
10.5.1 在编译期分配字符串的空间 149
10.5.2 malloc()函数 149
10.5.3 malloc()函数的用法 150
10.6 显示字符串和字符 153
10.6.1 puts()函数 153
10.6.2 printf()函数 154
10.7 读取从键盘输入的字符串 154
10.7.1 用gets()函数输入字符串 154
10.7.2 用scanf()函数输入字符串 157
10.8 小 结 159
10.9 答 疑 160
10.10 课后研习 160
10.10.1 小测验 160
10.10.2 练习题 161

第11课 结构、联合和typedef 163

11.1 简单结构 163
11.1.1 声明和定义结构 163
11.1.2 访问结构的成员 164
11.2 复杂结构 166
11.2.1 包含结构的结构 166
11.2.2 包含数组的结构 169
11.3 结构数组 171
11.4 初始化结构 173
11.5 结构和指针 175
11.5.1 包含指针成员的结构 175
11.5.2 创建指向结构的指针 177
11.5.3 使用指针和结构数组 179
11.5.4 给函数传递结构实参 181
11.6 联合 182
11.6.1 声明、定义并初始化联合 182
11.6.2 访问联合成员 183
11.7 用typedef创建结构的别名 187
11.8 小 结 187
11.9 答 疑 187
11.10 课后研习 188
11.10.1 小测验 188
11.10.2 练习题 188

第12课 变量作用域 190

12.1 什么是作用域 190
12.1.1 演示作用域 190
12.1.2 作用域的重要性 192
12.2 创建外部变量 192
12.2.1 外部变量作用域 192
12.2.2 何时使用外部变量 192
12.2.3 extern关键字 193

12.3 创建局部变量 194
12.3.1 静态变量和自动变量 194
12.3.2 函数形参的作用域 196
12.3.3 外部静态变量 196
12.3.4 寄存器变量 197
12.4 局部变量和 main()函数 197
12.5 如何使用存储类别 198
12.6 局部变量和块 198
12.7 小　结 199
12.8 答　疑 200
12.9 课后研习 200
12.9.1 小测验 200
12.9.2 练习题 201

第 13 课　高级程序控制 203
13.1 提前结束循环 203
13.1.1 break 语句 203
13.1.2 continue 语句 205
13.2 goto 语句 206
13.3 无限循环 208
13.4 switch 语句 211
13.5 退出程序 218
13.6 小　结 219
13.7 答　疑 219
13.8 课后研习 219
13.8.1 小测验 220
13.8.2 练习题 220

第 14 课　输入和输出 221
14.1 C 语言和流 221
14.1.1 程序的输入/输出 221
14.1.2 什么是流 221
14.1.3 文本流和二进制流 222
14.1.4 预定义流 222
14.2 C 语言的流函数 222
14.3 键盘输入 224
14.3.1 字符输入 224
14.3.2 行输入 228
14.3.3 格式化输入 230
14.4 屏幕输出 236
14.4.1 使用 putchar()、putc()和 fputc()输出字符 236
14.4.2 使用 puts()和 fputs()输出字符串 238
14.4.3 使用 printf()和 fprintf()格式化输出 239
14.5 何时使用 fprintf() 243
14.6 小　结 244
14.7 答　疑 245
14.8 课后研习 245
14.8.1 小测验 245
14.8.2 练习题 246

第 3 部分　C 语言进阶

第 15 课　指向指针的指针和指针数组 247
15.1 声明指向指针的指针 247
15.2 指针和多维数组 248
15.3 指针数组 254
15.3.1 复习字符串和指针 255
15.3.2 声明指向 char 类型的指针数组 255
15.3.3 示例 257
15.4 小　结 261
15.5 答　疑 262
15.6 课后研习 262
15.6.1 小测验 262
15.6.2 练习题 262

第 16 课　函数指针和链表 264
16.1 函数指针 264
16.1.1 声明函数指针 264
16.1.2 初始化函数指针及其用法 265
16.2 链　表 271
16.2.1 链表的基本知识 272
16.2.2 使用链表 273
16.2.3 简单链表示例 277
16.2.4 实现链表 279
16.3 小　结 285
16.4 答　疑 285

16.5 课后研习 285
16.5.1 小测验 285
16.5.2 练习题 286

第 17 课 磁盘文件 287

17.1 将流与磁盘文件相关联 287
17.2 磁盘文件的类型 287
17.3 文件名 288
17.4 打开文件 288
17.5 读写文件数据 291
17.5.1 格式化输入和输出 291
17.5.2 字符输入和输出 294
17.5.3 直接文件输入/输出 296
17.6 文件缓冲：关闭和刷新文件 299
17.7 顺序文件访问和随机文件访问 300
17.7.1 ftell()函数和 rewind()函数 301
17.7.2 fseek()函数 303
17.8 检测文件末尾 305
17.9 文件管理函数 307
17.9.1 删除文件 307
17.9.2 重命名文件 308
17.9.3 拷贝文件 308
17.10 临时文件 310
17.11 小　结 312
17.12 答　疑 312
17.13 课后研习 313
17.13.1 小测验 313
17.13.2 练习题 313

第 18 课 操纵字符串 315

18.1 确定字符串长度 315
18.2 拷贝字符串 316
18.2.1 strcpy()函数 316
18.2.2 strncpy()函数 317
18.3 拼接字符串 319
18.3.1 strcat()函数 319
18.3.2 strncat()函数 320
18.4 比较字符串 321
18.4.1 比较字符串本身 322
18.4.2 比较部分字符串 323
18.5 查找字符串 324
18.5.1 strchr()函数 324
18.5.2 strrchr()函数 325
18.5.3 strcspn()函数 326
18.5.4 strspn()函数 327
18.5.5 strpbrk()函数 328
18.5.6 strstr()函数 328
18.6 将字符串转换为数字 329
18.6.1 将字符串转换为整型值 329
18.6.2 将字符串转换为 long 330
18.6.3 将字符串转换为 long long 类型值 330
18.6.4 将字符串转换为浮点值 330
18.7 字符测试函数 331
18.8 小　结 335
18.9 答　疑 335
18.10 课后研习 336
18.10.1 小测验 336
18.10.2 练习题 336

第 19 课 函数的高级主题 338

19.1 给函数传递指针 338
19.2 void 指针 341
19.3 带可变数目参数的函数 344
19.4 返回指针的函数 346
19.5 小　结 348
19.6 答　疑 348
19.7 课后研习 348
19.7.1 小测验 348
19.7.2 练习题 349

第 20 课 C 语言的函数库 350

20.1 数学函数 350
20.1.1 三角函数 350
20.1.2 指数函数和对数函数 350
20.1.3 双曲线函数 351
20.1.4 其他数学函数 351
20.1.5 演示数学函数 351
20.2 处理时间 352
20.2.1 表示时间 352

20.2.2 时间函数 353
20.2.3 使用时间函数 355
20.3 错误处理 357
20.3.1 assert()宏 357
20.3.2 errno.h 头文件 359
20.3.3 perror()函数 359
20.4 查找和排序 361
20.4.1 用 bsearch()函数进行查找 361
20.4.2 用 qsort()函数进行排序 362
20.4.3 演示查找和排序 362
20.5 小 结 367
20.6 答 疑 367
20.7 课后研习 367
20.7.1 小测验 367
20.7.2 练习题 368

第 21 课 管理内存 370

21.1 类型转换 370
21.1.1 自动类型转换 370
21.1.2 显示转换 372
21.2 分配内存存储空间 373
21.2.1 用 malloc()函数分配内存 374
21.2.2 用 calloc()函数分配内存 374
21.2.3 用 realloc()函数分配更多内存 375
21.2.4 用 free()函数释放内存 377
21.3 操控内存块 378
21.3.1 用 memset()函数初始化内存 378
21.3.2 用 memcpy()函数拷贝内存的数据 379
21.3.3 用 memmove()函数移动内存的数据 379
21.4 位 380
21.4.1 移位运算符 381
21.4.2 按位逻辑运算符 382
21.4.3 求反运算符 383
21.4.4 结构中的位字段 383
21.5 小 结 384
21.6 答 疑 384
21.7 课后研习 385
21.7.1 小测验 386
21.7.2 练习题 386

第 22 课 编译器的高级用法 388

22.1 多源代码文件编程 388
22.1.1 模块化编程的优点 388
22.1.2 模块化编程技术 388
22.1.3 模块化的组成部分 392
22.1.4 外部变量和模块化编程 392
22.2 C 预处理器 393
22.2.1 #define 预处理器指令 393
22.2.2 #include 指令 397
22.2.3 #if、#elif、#else 和#endif 397
22.2.4 使用#if...#endif 帮助调试 398
22.2.5 避免多次包含头文件 399
22.2.6 #undef 指令 399
22.3 预定义宏 400
22.4 命令行参数 400
22.5 小 结 402
22.6 答 疑 402
22.7 课后研习 403
22.7.1 小测验 403
22.7.2 练习题 403

第 4 部分 附 录

附录 A ASCII 表 405
附录 B C/C++关键字 409
附录 C 常用函数 411
附录 D 参考答案 415

第 1 课

初识 C 语言

欢迎学习本课程！本课将是你成为 C 程序员高手之路的开始。本课将介绍以下内容：

- ❑ 在众多程序设计语言中，为什么 C 语言是首选
- ❑ 程序开发周期中的步骤
- ❑ 如何编写、编译和运行第 1 个 C 程序
- ❑ 编译器和链接器生成的错误消息

1.1 C 语言发展简史

读者一定非常好奇 C 语言的起源及其名字的由来。1972 年，丹尼斯·里奇（Dennis Ritchie）在贝尔电话实验室发明了 C 语言。发明该语言的初衷是为了设计 UNIX 操作系统（现在用于许多计算机上）。从一开始，C 语言就致力于为程序员排忧解难。

C 语言因功能强大和灵活，很快便广泛应用于贝尔实验室以外的各领域。世界各地的程序员都开始用它来编写程序。不久，各个组织开始使用自己版本的 C 语言，但是各种版本 C 语言的实现存在细微差别，这让程序员头疼不已。为解决这一问题，美国国家标准协会（ANSI）于 1983 年成立了一个委员会，制定了 C 语言的标准定义，即 ANSI C 标准。当前的 C 编译器（极少例外）都支持这个标准。

> **注意**
>
> C 语言极少改动，最新的改动是 2011 年的 ANSI C11 标准。该标准在 C 语言中添加了一些新特性（本书已涵盖）。但是，旧的编译器可能不支持目前的最新标准。

为什么叫 C 语言？之所以叫 C 语言，是因为它的前辈是 B 语言。B 语言由贝尔实验室（Bell Labs）的肯·汤普逊（Ken Thompson）发明。至于为什么叫 B 语言就不言而喻了。

1.2 为何要使用 C 语言

如今，在计算机程序设计领域，可供选择的高级语言很多，如 C、Perl、BASIC、Java、PHP 和 C#。这些语言都能很好地完成程序设计任务，但是基于以下几个原因，使得 C 语言仍是众多计算机专业人士的首选。

- ■ C 语言功能强大、十分灵活。你完全想不到 C 语言能帮你完成什么工作。语言本身不会给你带来任何限制。C 语言可用于各种操作系统、文字处理软件、图形、电子表格、甚至是其他语言的编译器。

- C 语言非常流行，是众多专业程序员的首选。因此，市面上很容易找到各种 C 语言的编译器和辅助工具。
- C 是一门可移植语言。可移植意味着在一台计算机系统（如，IBM PC）中写出的 C 程序，无需修改或少量修改便可在其他操作系统（如，DEC VAX 系统）中运行。除此之外，在微软 Windows 操作系统中编写的程序，也可移到 Linux 系统的机器中（无需修改或少量修改）。ANSI 标准进一步改善了 C 语言的可移植性，为 C 编译器添加了一系列规则。
- C 语言短小精悍，只包含少量关键字（*keyword*）。C 语言以关键字为基础构建语言的功能，C 语言编程离不开关键字。你可能认为一门语言中关键字（有时也称为保留字*(reserved word)*）越多功能越强大，其实并非如此。
- C 语言是模块化的。C 代码可以（且应该）以例程形式编写，这些例程称为函数（*function*）。函数可复用于其他程序或应用。通过传递信息给函数，可以创建有用且能重复使用的代码。

正是由于上述特性，使得 C 语言成为程序设计语言的首选。那 C++怎样？你可能在别处了解过 C++和面向对象程序设计（*object-oriented programming*）技术。C 与 C++有何不同？是否应该自学 C++？

别担心！C++是 C 的超集，这意味着 C++中不仅包含了 C 的所有内容，还添加了面向对象程序设计的新特性。如果你继续学习 C++，会发现 C 中所学的知识几乎都可应用于 C++。学习 C 语言，不仅学了一门现在功能最强大、最流行的程序设计语言，而且还为学习面向对象程序设计做好了准备。

另一门备受关注的语言是 Java。Java 和 C++一样，也是基于 C 语言发展起来的。如果将来学习 Java，你会发现在 C 语言中学过的所有知识点都用得上。

最新的一门语言是 C#（发音为“See-Sharp”）。与 C++和 Java 类似，C#也是一门源自 C 的面向对象语言。同样，在 C 语言中学到的内容可以直接用于 C#程序设计。

注意

许多学过 C 语言的人，后来都会选择学习 C++、Java 或 C#。先学习 C 语言，再学其他语言会轻松许多。

1.3　准备编程

解决问题之前肯定要经过一些步骤。首先，必须定义问题。如果不知道问题是什么，根本不可能找到解决方案！知道问题所在，才能设法修正。如果你想到一个解决方案，通常会去实施它。之后，你必须知道问题是否解决了。这样解决问题的逻辑可以应用到各个领域，包括程序设计。

用 C 语言创建一个程序（或者说，用任意语言编写的计算机程序）时，应该遵循以下步骤的顺序。

1. 确定程序的目标。
2. 确定在编程时所使用的方法。

3. 创建程序解决问题。

4. 运行程序查看结果。

目标（步骤 1）可能是编写一个文字处理软件或数据库程序。简单的目标可以是在屏幕上显示你的姓名。没有目标就不可能写出程序，因此，如果要写程序就已经准备好第一步了。

接下来，第 2 步要确定你编写的程序中所使用的方法。你是否需要计算机程序来解决问题？要记录什么信息？程序中要使用什么公式？在这一步中，应该明确自己需要了解什么知识以及实施方案的具体步骤。例如，假设你要写一个计算圆面积的程序。第 1 步已经完成，因为目标明确：计算圆的面积。第 2 步，分析如何确定圆的面积。例如，假设用户提供圆的半径。了解这些以后，便可通过公式 πr^2 计算得出结果。现在，可以继续第 3 步和第 4 步，进入程序开发周期。

1.4 程序开发周期

程序开发周期的步骤是：第 1 步，使用编辑器创建磁盘文件保存源代码；第 2 步，编译源代码创建目标文件；第 3 步，链接已编译的代码创建可执行文件；第 4 步，运行程序，看看程序是否能按原计划运行。

1.4.1 创建源代码

源代码（*source code*）是一系列语句或命令，指导计算机执行特定的任务。如前所述，程序开发周期的第 1 步是在编辑器中输入源代码。例如，下面这行 C 源代码：

```
printf("Hello,Mom!")
```

这行语句命令计算机在屏幕上显示消息 `Hello,Mom!`（到目前为止，不用管如何执行语句）。

1.4.2 使用编辑器

绝大多数 C 程序都是在集成开发环境（IDE）中进行编译的，集成开发环境能让你在它的编辑器中输入程序并编译程序，同时还能调试和创建应用（这些概念今后会学到）。你完全不必使用额外的编辑器。尽管如此，绝大多数计算机系统仍包含可用作编辑器的程序。如果使用 Linux 或 UNIX 系统，可以使用 ed、ex、edit 或 vi 编辑器。如果使用微软 Windows 系统，可以使用 Notepad 或 WordPad。

大部分文字处理软件都使用特殊的代码格式化文档，在其他程序中无法正确读取这些代码。美国信息交换标准码（ASCII）几乎为所有的程序（包括 C）指定了一个标准文本。许多文字处理软件（如 WordPerfect、Microsoft Word、WordPad 和 WordStar）都能以 ASCII 形式保存源文件（将源文件作为文本文件而不是文档文件保存）。如果要以 ASCII 文件保存一个文字处理软件的文件，在保存时必须选择 ASCII 选项或文本选项。

如果不想用上述编辑器，也可以购买其他的编辑器。市面上有许多专门为输入源代码而设计的软件包（包括商业的和共享软件）。

在保存文件之前必须先给文件命名。文件名应描述该程序的用途。另外，保存 C 程序的源文件时，文件的扩展名是.c。尽管可以为源文件取任意文件名和扩展名，但是.c 是公认较合适的扩展名。

1.4.3 编译源代码

虽然你能明白 C 源代码（至少在学习本书后你会明白），但是计算机不明白。计算机只能理解数字或二进制（*binary*）的机器语言（*machine language*）指令。在计算机运行 C 程序之前，必须先将源代码翻译成机器语言。这个翻译过程属于程序开发的第 2 步，由编译器（*compiler*）来执行（编译器也是一个程序）。编译器将源代码作为输入，生成磁盘文件，其中包含源代码相应的机器指令。编译器创建的机器语言指令被称为目标代码（*object code*），包含目标代码的文件称为目标文件（*object file*）。

注意

本书涵盖 ANSI C 标准，这意味着只要编译器遵循 ANSI 标准，你可以使用任意编译器进行编译。然而，并非所有的编译器都支持该标准。当前的 C 语言标准名为 ISO/IEC 9899:2011。为简单起见，本书在提到该标准时均用 C11 代替复杂的标准名。

使用图形集成开发环境来编译程序非常简单。在大多数图形环境中，通过选择“编译”图标或相应的菜单选项即可编译程序清单。在编译代码后，选择“运行”图标或相应的菜单选项来执行程序。在使用编译器之前，应先查看编译器的用户手册，了解编译器编译和运行程序的规范。Code::Blocks 就是一个图形开发环境，有各种操作系统的版本，可免费下载。除此之外，还有许多适用于多平台的其他图形开发环境，读者可依自己喜好免费下载或购买。

编译完成后，生成一个目标文件。如果查看编译目录或文件夹中的文件列表，会发现一个与源文件同名的文件，但是扩展名是.obj（不是.c）。扩展名为.obj 的文件是目标文件，供链接器使用。在 Linux 和 UNIX 系统中，编译器生成的目标文件扩展名是.o，不是.obj。

1.4.4 链接以创建可执行文件

在运行程序之前，还要完成一步。函数库是 ANSI C 语言定义的一部分，其中包含了预定义函数的目标代码（已编译过的代码）。预定义函数（*predefined function*）包含已编写好的 C 代码，在编译器的软件包中可随时使用。

1.4.1 节中使用的 `printf()` 函数就是一个库函数（*library function*）。库函数用于执行一些经常需要完成的任务（如，在屏幕上显示信息、从磁盘文件中读取数据等）。如果在程序中使用了这些函数（几乎所有的程序都需要使用库函数），必须将编译源文件时生成的目标文件与库函数的目标文件合并，创建最终的可执行程序（可执行的意思是，可以在计算机上运行或执行程序）。上述过程称为链接（*link*），执行这一过程的程序称为链接器（*linker*）。图 1.1 演示了从源代码到目标代码，再到可执行程序的整个过程。

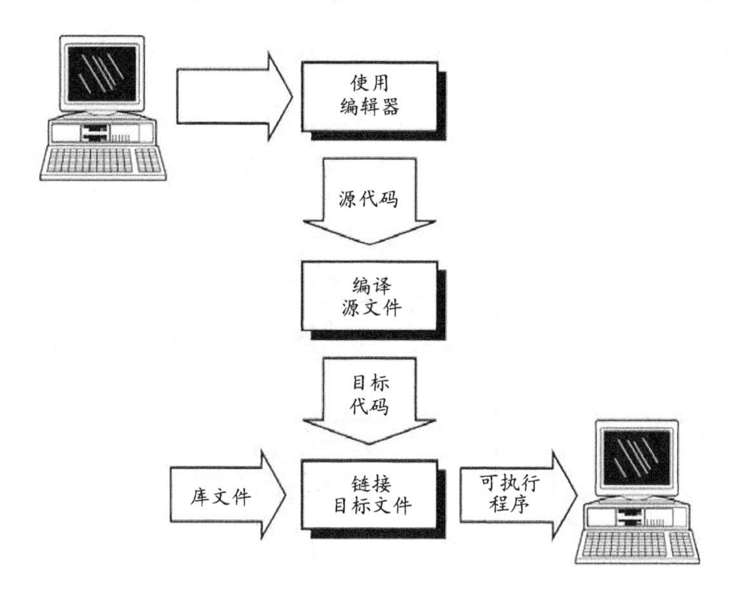

图 1.1 C 源代码由编译器转换成目标代码，然后由链接器生成可执行文件

1.4.5 完成开发周期

程序经过编译和链接将创建一个可执行文件，点击“运行”按钮即可运行该文件（假设在集成开发环境中进行操作）。如果运行程序后得到的结果与预期不符，则需要回到第 1 步。必须找出问题所在，并更正源代码。一旦改动了源代码，就要重新编译和重新链接程序，以创建更正后的可执行文件。重复这个过程直至程序的执行情况与预期相符。

关于编译和链接还需注意一点：虽然本书将编译和链接分成两个独立的步骤来讲解，但是大多数编译器都将其合为一个步骤。通常，图形开发环境会提供一个选项，让用户设置是分开完成编译和链接还是一步完成。无论以哪种方式完成编译和链接，都要明白：即使只使用一条命令来完成编译和链接，它们仍是两个独立的行为。

C 程序的开发周期如下。

步骤 1 使用编辑器编写源代码。传统上，C 源代码文件的扩展名是.c（如 myprog.c、database.c）。

步骤 2 使用编译器编译程序。如果编译器在程序中未发现错误，将生成一个目标文件。编译器生成的文件与源文件同名，其扩展名是.obj 或.o（如，myprog.c 被编译为 myprog.obj 或 myprog.o）。如果编译器发现错误会报错。必须返回步骤 1，在源代码中更正错误。

步骤 3 使用链接器链接程序。如果不出错，链接器将在磁盘文件中生成一个与目标文件同名的可执行程序，扩展名是.exe（如，链接 myprog.obj 后创建了 myprog.exe）。

步骤 4 执行程序。应该测试程序，判断它是否如期正常运行。如果不是，返回步骤 1 在源代码中进行修改。

图 1.2 演示了程序开发的步骤。除最简单的程序外，在完成程序前，几乎所有的程序都要按顺序执行这些步骤多次。即使是经验丰富的程序员也不可能一蹴而就，写出没有任何错误的程序！因为要

多次重复编辑-编译-链接-测试环节，所以必须熟悉你所使用的工具：编辑器、编译器和链接器。

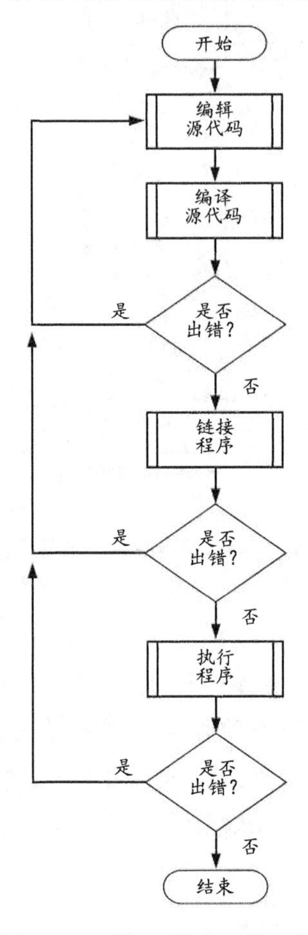

图 1.2　C 程序开发涉及的步骤

1.5　第 1 个 C 程序

是否迫不及待想要创建自己的第 1 个 C 程序了？下面的程序清单 1.1 是一个小程序，帮助读者熟悉自己的编译器。现在你也许尚未理解程序中的每个细节，不用担心，先照着程序清单的内容，在编译器中体验编写、编译和运行 C 程序的过程。

该示例的文件名是 hello.c，它将在屏幕上显示 `Hello, World!`。这是介绍 C 程序设计的经典示例，适合读者学习。hello.c 的源代码在程序清单 1.1 中。键入该程序清单时，不要包含最左侧的行号和冒号。这些行号是为了方便描述和分析程序。

程序清单 1.1　hello.c

```
1:      #include <stdio.h>
2:
3:      int main(void)
4:      {
5:          printf("Hello, World!\n");
6:          return 0;
7:      }
```

务必按照软件提供的安装说明安装编译器。无论你使用的是 Linux、UNIX、MAC OS、Windows 还是其他操作系统，确保你理解如何使用所选的编辑器和编译器。准备好编辑器和编译器后，按以下几个步骤输入、编译并执行 hello.c。

1.5.1 输入并编译 hello.c

按以下步骤输入和编译 hello.c 程序。

1. 在需要储存 C 程序的目录中打开编辑器。如前所述，你可以使用任意文本编辑器，但是集成开发环境（IDE）大多数都自带 C 编译器，方便用户在 IDE 中完成输入、编译和链接程序。请查阅编译器用户手册，了解你所使用的编译器是否有 IDE。

2. 对照程序清单 1.1，使用键盘键入 hello.c 源代码。换行时，请按下 Enter 键。

> **注意**
>
> 不要输入程序清单中左侧的行号和冒号。在程序清单中显示它们是为了方便描述和分析程序。

3. 保存源代码，命名为 hello.c。

4. 查看目录或文件夹中列出的文件（应看到列出的文件中有 hello.c），确认 hello.c 是否储存在磁盘上。

5. 编译并链接 hello.c。执行编译器用户手册中指定的命令，会显示一条消息，描述是否有错误或警告。

6. 查看编译器的消息。如果编译器给出的消息显示没有任何错误或警告，那么一切运行正常。如果键入的程序有误，编译器会捕获错误并显示错误消息。例如，如果将 `printf` 拼写成 `prntf`，编译器会生成一条类似的消息：

   ```
   Error: undefined symbols:_prntf in hello.c (hello.OBJ)
   ```

7. 如果有错误的消息，请返回步骤 2。打开编辑器中的 hello.c 文件，仔细对比程序清单 1.1 中的代码，修正错误并返回步骤 3 继续。

8. 现在，第 1 个 C 程序应该已经编译完成，准备运行。如果此时查看目录中列出的所有 hello 文件（不包括扩展名），会发现以下文件：

   hello.c　　　　　　编辑器创建的源文件
   hello.obj 或 hello.o　包含 hello.c 的目标代码
   hello.exe　　　　　编译和链接 hello.c 时创建的可执行程序

9. 只需输入 hello[1]，便可执行（*execute*）或运行 hello.exe。屏幕上将显示消息 `Hello, World!`

恭喜！你已经输入、编译并运行了第 1 个 C 程序。虽然 hello.c 这个程序相当简单，也没什么实际用途。但是，它是你编程生涯的起点。实际上，现在大多数专家级 C 语言程序员都是从编译 hello.c 开始学习的。

[1] 译者注：如果使用 IDE，只需点击相应的“运行”按钮。具体操作请查阅你所使用的 IDE 用户手册。

1.5.2　编译错误

如果编译器在编译源代码时，发现某些内容无法编译，会生成编译错误。拼写错误、字母排错等各种问题都将导致编译器停止工作。幸运地是，现在的编译器不止是停止工作，还会告诉用户问题出在哪里！为用户在源代码中查找并更正错误提供了极大的方便。

下面，为了解释这点，在前面的 hello.c 程序中故意加入错误。如果你刚才运行了程序清单 1.1，那么现在你的计算机磁盘中应该有一份 hello.c 的备份。使用编辑器，将光标移至调用 `printf()`（第 5 行）的末尾，删除末尾的分号。此时，hello.c 应该如程序清单 1.2 所示：

程序清单 1.2　hello2.c - 错误的 hello.c

```
1:        #include <stdio.h>
2:
3:        int main(void)
4:        {
5:            printf("Hello, World!\n")
6:            return 0;
7:        }
```

接下来，保存该文件。然后在编译器中输入命令。由于你将程序改错了，编译器将无法完成编译。而且，编译器显示一条类似的消息：

```
hello.c(6) : Error: ';' expected
```

可以分三部分查看这行消息：

```
hello.c                  错误所在文件的名称
(6)                      错误所在行的编号
Error: ';' expected      对错误的描述
```

这行消息包含的信息很多，描述了 hello.c 的第 6 行缺少分号。但是，实际上是第 5 行缺少分号，这与实际情况不符。你一定很纳闷，明明是第 5 行末尾缺少分号，为何编译器报告第 6 行出错？出现这种情况的原因是，C 编译器会忽略行与行之间的间隔，虽然分号属于 `printf()` 语句，但也可置于下一行（这样写容易引起混淆，是不好的编程习惯）。编译器执行到第 6 行的 `return` 语句后，才确定遗漏了分号。因此，编译器报告第 6 行出错。

这是 C 编译器在报错方面不可否认的事实。虽然编译器在检测和定位错误时很智能，但是它不是爱因斯坦。你必须灵活运用 C 语言的知识，解读编译器的消息，确定编译器报错的实际位置。通常都可以在编译器报告的出错代码行中找到错误，但如果找不到，应该查看上一行。刚开始，你会认为查找错误很困难，但很快就能得心应手。

注意

报告的错误依编译器而异。绝大多数情况下，错误消息都有助于找到问题所在。

在结束本课之前，再来看一个编译错误的示例。在编辑器中再次载入 hello.c，并按以下步骤改动。

1. 在第 5 行加上分号。

2. 删除第 5 行中 Hello 前面的双引号。

保存该文件至磁盘并再次编译该程序。这次，编译器应该生成类似如下的错误消息：

```
hello.c(5) : Error: undefined identifier 'Hello'
hello.c(7) : Lexical error: unterminated string
Lexical error: unterminated string
Lexical error: unterminated string
Fatal error: premature end of source file
```

第 1 条错误消息正确地指出了错误，定位在第 5 行的 `Hello` 单词。错误消息 `undefined identifier` 的意思是，编译器不知道 `Hello` 单词用来做什么，因为它没有放在双引号内。但是，其他 4 条错误消息是怎么回事？这说明在 C 编译器中，一个错误有时会引发多条错误消息（现在，不用关心它们的含义）。

1.5.3 链接器错误消息

链接器错误相对少见，通常是由误写 C 语言的库函数所致。在这种情况下，编译器会生成 `Error: undefined symbols:`（后面接错误名称，名称前面有一条下划线）的错误消息。更正拼写错误后，便可解决问题。

1.6 小 结

学完本课，你应该自信地认为选择 C 语言作为程序设计语言是明智之举。C 语言融功能强大、流行和可移植性于一体。这些因素加上 C 语言与其他面向对象语言（如，C++、Java 和 C#）的密切关系，让 C 语言从众多程序设计语言中脱颖而出。

本课讲解了编写 C 程序涉及的步骤，这一过程称为程序开发。读者要熟悉编辑—编译—链接—测试环节和每一步用到的工具。

程序开发免不了出现错误。C 编译器可以检测源代码中的错误并显示错误消息，对错误进行定位和描述。利用这些信息，可以在源代码中更正错误。但是请记住，编译器指出的错误不一定完全准确。有时，你要用 C 语言的知识，查出导致错误的真正原因。

1.7 答 疑

问：如果要将自己编写的程序提供给他人，应提供哪些文件？

答：C 语言的优点之一是，它是一门编译语言。这意味着对源代码进行编译后，将获得一个可执行程序（即，独立程序）。你只需要将可执行程序 hello.exe 提供给对方，对方便可运行 hello 程序。不需要再提供源代码 hello.c 或目标文件 hello.obj，对方也不需要使用 C 编译器。但是，获得可执行程序（你提供的）的人要和你一样使用同类操作系统的机器，如 PC、Macintosh、Linux 等。

问：创建可执行文件后，是否还要保留源代码（.c）或目标代码（.obj）？

答：应该保留源代码，如果删除源代码，将来就无法再修改该程序。目标代码的情况有所不同，需要保留目标代码的原因不在本书讨论范围之内。就现在而言，获得可执行文件后，便可删除目标文件。如果需要目标文件，重新编译源文件即可。大多数集成开发环境（IDE）除创建源文件（.c）、目标文件（.obj）和可执行文件（.exe）外，还会创建其他文件。只要保留了源文件（.c），就能重新创建其他文件。

问：是否必须使用编译器自带编辑器？

答：完全不必。你可以使用任意编辑器，只要该编辑器以文本形式保存源代码。如果编译器自带编辑器，应该尝试使用它。如果你更喜欢其他编辑器，也没关系。虽然我所使用的所有编译器都自带编辑器，但是我还是另外购买了编辑器。不过，现在编译器自带的编辑器也越来越好用，有的能自动格式化 C 代码，有的用不同的颜色标出源文件中各部分的代码，更方便查找错误。

问：如果只有 C++编译器没有 C 编译器，怎么办？

答：本课前面介绍过，C++是 C 的超集。这意味着可以使用 C++编译器编译 C 程序。

问：是否可以忽略警告消息？

答：有些警告消息会影响程序的运行，但有些不会。如果编译器报错，就说明程序中有不对的地方。绝大多数编译器都允许用户设置警告等级。通过设置警告等级，可以让编译器只显示最严重的警告或所有警告（包括最细微的警告）。一些编译器甚至提供各种不同的中等警告。要查看每条警告并判断是否需要修正。程序最好没有任何警告和错误（如果有错误，编译器不会创建可执行文件）。

1.8 课后研习

课后研习包含小测验和练习题。小测验帮助读者理解和巩固本课所学概念，练习题有助于读者将理论知识与实践相结合。在继续学习下一课之前，应尽量理解小测验和练习题的内容。答案参见附录 D。

1.8.1 小测验

1. 为什么 C 语言是编程的首选语言？请列出 3 个原因。
2. 编译器的用途是什么？
3. 程序开发周期有哪些步骤？
4. 如果用编译器编译 program1.c 程序，需要输入什么命令？
5. 你的编译器是将编译和链接一步完成，还是需要输入各自的命令？
6. 你所使用的 C 源文件的扩展名是什么？
7. FILENAME.TXT 是否是 C 源文件的有效文件名？
8. 如果执行一个已编译的程序没有按预期运行，怎么办？
9. 什么是机器语言？
10. 链接器有什么用途？

1.8.2 练习题

1. 用文本编辑器查看程序清单 1.1 创建的目标文件。目标文件看上去是否与源文件很相像？（在退出编辑器时不要保存该文件）

2. 输入下面的程序并编译它。该程序完成了什么任务？（不要输入左侧的行号和冒号）

```
1:  #include <stdio.h>
2:
3:  int radius, area;
4:
5:  int main( void )
6:  {
7:      printf( "Enter radius (i.e. 10): " );
8:      scanf( "%d", &radius );
9:      area = (int) (3.14159 * radius * radius);
10:     printf( "\n\nArea = %d\n", area );
11:     return 0;
12: }
```

3. 输入并编译下面的程序。该程序完成了什么任务？

```
1:#include <stdio.h>
2:
3:int x, y;
4:
5:  int main( void )
6:  {
7:      for ( x = 0; x < 10; x++, printf( "\n" ) )
8:          for ( y = 0; y < 10; y++ )
9:              printf( "X" );
10:
11:     return 0;
12: }
```

4. **排错**：下面的程序中存在问题，在编辑器中输入该程序并编译。哪些行导致产生错误消息？

```
1:  #include <stdio.h>
2:
3:  int main( void );
4:  {
5:      printf( "Keep looking!" );
6:      printf( "You\'ll find it!\n" );
7:      return 0;
8:  }
```

5. **排错**：下面的程序中存在一个问题。在编辑器中输入该程序并编译。哪些行导致了错误消息？

```
1:  #include <stdio.h>
2:
3:  int main( void )
4:  {
5:      printf( "This is a program with a " );
6:      do_it( "problem!");
7:      return 0;
8:  }
```

6. 在练习题 3 中作如下修改。重新编译并运行该程序。程序现在完成什么任务？

```
9: printf( "%c", 1 );
```

第 2 课

C 程序的组成部分

每个 C 程序都由多个部分组成。本书绝大多数篇幅都在解释各种程序的组成部分以及如何使用它们。为了帮助读者掌握 C 程序的概况，首先介绍一个完整（但简短）的 C 程序，并识别其中的每个部分。本课将介绍以下内容：

- 简短 C 程序的组成部分
- 每个程序组成部分的用途
- 如何编译并运行程序示例

2.1 简短的 C 程序

程序清单 2.1 列出了 bigyear.c 的源代码，这是一个简单的程序。该程序接受用户从键盘输入的出生年份，并计算此人指定年龄的年份。现在，还不用了解程序的各种细节和工作原理。关键是要熟悉 C 程序的各个部分，以便更好地理解本书后面所示的程序清单。

在查看程序示例之前，要知道什么是函数，因为函数是 C 语言程序设计的核心。*函数*（*function*）是一段执行某项任务的程序代码。要指定函数的名称，在程序中通过引用函数名，可以执行函数中的代码。程序还能将信息（被称为参数*(argument)*）发送给函数，而函数也可以将信息返回。C 语言有两种类型的函数：*库函数*（*library function*）和*用户自定义函数*（*user-defined function*）,前者是 C 编译器软件包的一部分，后者由程序员创建。你将在本书中学到这两种类型函数的相关内容。

注意，程序清单 2.1 和本书后面所列的所有程序清单中的行号都不是程序的一部分。把它们显示在程序清单中，只是为了方便描述和分析，在键入程序时千万不要将它们也一同输入。

输入▼

程序清单 2.1　bigyear.c - 计算某人在指定年数后的年份

```
1:   /* 该程序计算某人在经过指定年数后的年份。*/
2:   #include <stdio.h>
3:   #define TARGET_AGE 88
4:
5:   int year1, year2;
6:
7:   int calcYear(int year1);
8:
9:   int main(void)
10:  {
11:      // 询问用户的出生年份
12:      printf("What year was the subject born? ");
```

```
13:     printf("Enter as a 4-digit year (YYYY): ");
14:     scanf(" %d", &year1);
15:
16:     // 计算指定年数后的年份，并显示该年份
17:     year2 = calcYear(year1);
18:
19:     printf("Someone born in %d will be %d in %d.",
20:             year1, TARGET_AGE, year2);
21:
22:     return 0;
23: }
24:
25: /* 该函数计算将来年份 */
26: int calcYear(int year1)
27: {
28:     return (year1 + TARGET_AGE);
29: }
```

输出▼

```
What year was the subject born? 1963
Someone born in 1963 will be 88 in 2051.
```

2.2 程序的组成部分

接下来，将逐行分析上面的程序示例。我们为程序清单中的每一行都添加了行号，以方便读者定位和查找正在分析和讨论的部分。

2.2.1 main()函数

main()函数位于程序清单 2.1 的第 9~23 行。在每个可执行的 C 程序中，main()函数必不可少。在最简单的情况下，main()函数由函数名 main、其后的一对圆括号（其中包含 void）和一对花括号（{}）组成。在大多数编译器中，省略圆括号中的 void 并不影响程序的运行。但是，ANSI 标准规定，应该在 main 后的圆括号中写上 void，以表示没有给 main 函数发送任何消息。

花括号内的语句组成了程序的主体。在一般情况下，程序从 main()的第 1 条语句开始执行，到 main()的最后一条语句结束。根据 ANSI 标准，main()中不能缺少 return 语句（第 22 行）。

2.2.2 #include 和#define 指令

#include 指令和#define 指令分别位于程序清单 2.1 的第 2 行和第 3 行。#include 指令命令 C 编译器，在编译时将包含文件的内容添加进程序中。包含文件（*include file*）是独立的磁盘文件，内含程序或编译器要使用的信息。这些包含文件（也称为头文件(*header file)*）由编译器提供。一般情况下都不用修改这些文件中的内容，因此将其与源代码分离。所有包含文件的扩展名都是.h（如，stdio.h）。

使用#include 指令，可以让编译器在编译过程中将指定的包含文件放入程序中。在程序清单 2.1 中，#include 指令被解译为“添加 stdio.h 文件的内容”。几乎所有的 C 程序都要包含一个或多个包含文件。欲了解更多包含文件的相关内容，请参阅第 22 课。

#define 指令命令 C 编译器，在整个程序中用赋给指定项的值替换指定项。如果用#define 在程序的顶部设置变量，不仅整个程序都能使用该项，而且在需要时可以很方便地更改该项。只需修改#define 一行，便可替换所有该项的值，省去了在程序中逐一查找修改的麻烦。例如，假设你编写了一个工资单程序，用这种特殊的方法设置医疗保险（即，用#define 设置 HEALTH_INSURANCE 的值），在保险费率发生变化时，只需修改该程序顶部（或头文件中）HEALTH_INSURANCE 的值即可。这比逐行查找相关代码再逐一修改保险费率要简单得多。我们将在第 3 课详细介绍#define 指令。

2.2.3　变量定义

变量定义位于程序清单 2.1 的第 5 行。变量是赋给内存中某个位置的名称，用于储存信息。在程序执行期间，程序使用变量储存各种不同类型的信息。在 C 语言中，必须先定义变量才能使用。变量定义告诉编译器变量的名称和待储存信息的类型。在上面的程序示例中，第 5 行 int year1, year2; 定义了两个变量——分别名为 year1 和 year2，每个变量都储存一个整型值。第 3 课将详细介绍变量和变量定义的内容。

2.2.4　函数原型

函数原型位于程序清单 2.1 的第 7 行。*函数原型*（*function prototype*）出现在使用函数之前，将程序中所用函数的名称和参数告知编译器。函数原型与*函数定义*（*function definition*）不同，函数定义包含组成函数的实际语句（函数定义在 2.2.6 节中详述）。

2.2.5　程序语句

程序清单 2.1 的第 12、13、14、17、19、20、22 和 28 行都是程序语句。C 程序的具体工作由它的语句来完成，如在屏幕上显示信息、读取键盘的输入、执行数学运算、调用函数、读取磁盘文件以及程序需要执行的其他操作。本书用大部分篇幅分析和讲解各种 C 语句。就现在而言，你只需记住：在源代码中 C 语句通常占一行，并以分号结尾。接下来，将详细讲解 bigyear.c 中的语句。

(1)　printf()语句

printf()语句（第 12、13、19 和 20 行）是在屏幕上显示信息的库函数。printf()语句可以显示简单的文本消息（如 12 和 13 行所示），也可以显示带有一个或多个变量值的消息（如第 19 行和第 20 行所示）。

(2)　scanf()语句

scanf()语句（第 14 行）也是一个库函数。它读取从键盘输入的数据，并将数据赋给程序中的一个或多个变量。

程序中第 17 行的语句，调用 calcYear()函数。也就是说，该语句执行 calcYear()函数中包含的程序语句。此外，year1 作为参数被发送给函数。执行完 calcYear()中的语句后，calcYear()向程序返回一个值，该值被储存在 year2 变量中。

(3) return 语句

程序清单 2.1 中的第 22 行和第 28 行都是 return 语句。其中，第 28 行的 return 语句属于 calcYear()函数，该函数计算一个人到指定年龄时的年份，通过将#define 定义的 TARGET_AGE 加上变量 year1，并将结果返回调用 calcYear()的程序。第 22 行的 return 语句，在程序结束前将 0 这个值返回操作系统。

2.2.6 函数定义

程序清单 2.1 中的函数定义在第 26~29 行。该程序中涉及了两种类型的函数（库函数和用户自定义函数）。printf()和 scanf()函数是库函数，第 26~29 行的 calcYear()函数是用户自定义函数。顾名思义，用户自定义函数由程序员在程序开发过程中编写。calcYear()函数将创建的 TARGET_AGE 与年份相加，并将结果（另一个不同的年份）返回调用该函数的程序。在第 5 课中，你将学到正确使用函数是养成良好的 C 程序设计习惯的关键。

这里要提醒读者注意，在真正的 C 程序中，可能不会用函数完成诸如计算两个数加法这样简单的任务。程序清单 2.1 这样做只是为了演示，方便读者理解函数。

2.2.7 程序的注释

程序清单 2.1 中的第 1、11、16 和 25 行都是程序的注释。程序中以/*开始、以*/结尾的部分，或者以//开始的单独一行都称为注释（*comment*）。编译器会忽略所有的注释，无论你在注释中写任何内容，都不会影响程序的运行。第 1 种风格的注释可写成一行或多行（跨行）下面有 3 个示例：

```
/* 该注释独占一行 */
int a,b,c; /* 该注释占一行的一部分 */
/* 该注释
跨越
多行 */
```

注释不能套嵌。把一条注释放入另一条注释中称为嵌套（*nested*）注释。大多数编译器都不允许下面这样的注释：

```
/*
/* 套嵌注释 */
*/
```

然而，某些编译器也允许套嵌注释，虽然这看上去很不错，但是请不要这样做。因为 C 语言的优势之一是可移植性，使用嵌套注释这样的特性可能会影响代码的可移植性。除此之外，嵌套注释还可能导致一些难以发现的问题。

第 2 种风格的注释以双斜杠（//）开始，只用于单行注释。双斜杠告诉编译器忽略从双斜杠后面至本行结尾的内容。

```
// 这一整行都是注释
int x; // 注释开始于双斜杠
```

许多新手程序员都认为给程序加注释浪费时间，完全没必要加注释。这样想完全不对！在你写代码时，当然很清楚程序完成什么操作。然而，随着程序越来越大、越来越复杂，或者你要修改半年前编写的程序，就能体现注释的价值所在。现在就养成好习惯，用注释来说明程序设计的结构和操作。可以依自己喜好选择任意一种风格的注释。本书的程序中会用到这两种风格的注释。

DO	DON'T

在程序的源代码中添加必要的注释，特别是在你可能会不清楚的语句或函数附近，方便自己或他人今后修改。
 	
如何写好注释是门学问。词不达意或晦涩难懂的注释起不到注释本身的作用。过于冗长繁琐的注释可能导致写注释的时间比编程还多。
	不要给本身很清晰的语句添加不必要的注释。例如，
	
	`/* 下面的语句在屏幕中打印 Hello World! */`
	`printf("Hello World!);`
	
	在你非常熟悉 `printf()` 函数后，这条注释相当多余。

2.2.8　使用花括号

程序清单 2.1 中的花括号位于第 10、23、27 和 29 行。使用花括号（{}）将组成每个 C 程序（包括 main() 函数）的代码行都括起来。用花括号括起来的一条或多条语句称为块（*block*）。学到本书后面的课程，你会发现 C 语言中的块有许多用途。

2.2.9　运行程序

花时间输入、编译并运行 bigyear.c（程序清单 2.1）。不要放过任何一个练习使用编辑器和编译器的机会。回顾第 1 课中学过的步骤[1]。

1. 确保编程的目录正确。
2. 打开编辑器。
3. 对照程序清单 2.1 正确输入 bigyear.c 源代码，但不要输入左侧的行号和冒号。
4. 保存程序文件。
5. 输入编译器相应的命令编译并链接该程序。如果未显示任何错误消息，便可点击 C 环境中相应的按钮运行程序。
6. 如果出现错误消息，返回第 2 步并更正错误。

2.2.10　补充说明

计算机运行快速且准确，但它的确只会“照本宣科”。计算机非常呆板、缺乏想象力，对最简单的拼写错误也无能为力。它只按照你输入的内容执行，完全无视这些内容的含义！

C 语言的源代码也是如此。程序中一个简单的拼写错误会导致 C 编译器停止工作，甚至崩溃。幸运地是，虽然编译器尚未智能到可以纠正你的小错误（人人都会犯错!），但是，它能轻易地识别这些错误并报错（第 1 课中介绍了编译器如何报告错误消息和如何解译它们）。

[1] 译者注：这不是完全在集成开发环境（IDE）中输入、编译、链接和运行程序的步骤。

2.3 学以致用

介绍完程序的组成部分后，我们来查看各程序有何相似之处。请看程序清单 2.2，看是否能识别程序的各个部分。

输入▼

程序清单 2.2　list_it.c：计算某人在指定年数后的年份

```
1:  /* list_it.c - 该程序将显示整个程序的代码，包括行号！ */
2:  #include <stdio.h>
3:  #include <stdlib.h>
4:  #define BUFF_SIZE 256
5:  void display_usage(void);
6:  int line;
7:
8:  int main(int argc, char *argv[])
9:  {
10:     char buffer[BUFF_SIZE];
11:     FILE *fp;
12:
13:     if (argc < 2)
14:     {
15:         display_usage();
16:         return 1;
17:     }
18:
19:     if ((fp = fopen(argv[1], "r")) == NULL)
20:     {
21:         fprintf(stderr, "Error opening file, %s!", argv[1]);
22:         return(1);
23:     }
24:
25:     line = (1);
26:
27:     while (fgets(buffer, BUFF_SIZE, fp) != NULL)
28:         fprintf(stdout, "%4d:\t%s", line++, buffer);
29:
30:     fclose(fp);
31:     return 0;
32: }
33:
34: void display_usage(void)
35: {
36:     fprintf(stderr, "\nProper Usage is: ");
37:     fprintf(stderr, "\n\nlist_it filename.ext\n");
38: }
```

输出▼

```
1:  /* list_it.c - 该程序将显示整个程序的代码，包括行号！ */
2:  #include <stdio.h>
3:  #include <stdlib.h>
4:  #define BUFF_SIZE 256
5:  void display_usage(void);
6:  int line;
7:
8:  int main(int argc, char *argv[])
9:  {
10:     char buffer[BUFF_SIZE];
11:     FILE *fp;
12:
13:     if (argc < 2)
```

```
14:     {
15:         display_usage();
16:         return 1;
17:     }
18:
19:     if ((fp = fopen(argv[1], "r")) == NULL)
20:     {
21:         fprintf(stderr, "Error opening file, %s!", argv[1]);
22:         return(1);
23:     }
24:
25:     line = (1);
26:
27:     while (fgets(buffer, BUFF_SIZE, fp) != NULL)
28:         fprintf(stdout, "%4d:\t%s", line++, buffer);
29:
30:     fclose(fp);
31:     return 0;
32: }
33:
34: void display_usage(void)
35: {
36:     fprintf(stderr, "\nProper Usage is: ");
37:     fprintf(stderr, "\n\nlist_it filename.ext\n");
38: }
```

分析▼

该程序把保存的所有代码内容显示在屏幕上，包括代码的行号。

查看程序清单 2.2，分析该程序由哪几个部分组成。必不可少的 main()函数位于第 8~32 行。第 2~3 行是#include 指令。第 4 行是#define 指令，将 BUFF_SIZE 定义为 256。这样处理该值后，如果改变缓冲区大小，则只需修改一行，所有使用 BUFF_SIZE 的地方都会自动更新。如果硬编码[1]（hardcode）一个数字如 256，在需要更改该值时，就必须逐一查找所有使用该值的代码，以确保更新了所有的相关内容。

第 5 行 void display_usage(void);是函数原型。第 34~38 行是 display_usage()的函数定义。除此之外，该程序还包含许多语句（第 13、15、16、19、21、22、27、28、30、31、36 和 37 行）。整个程序的块都括在花括号中。最后，只有一行注释。在大多数程序中，注释都不止一行。

list_it.c 程序调用了许多函数，其中只有一个用户自定义函数 display_usage()。该程序调用的库函数有第 19 行的 fopen()、第 21、28、36 和 37 行的 fprintf()、第 27 行的 fgets()和第 30 行的 fclose()。本书将在其他部分详细介绍这些库函数。

2.4 小　结

本课介绍了 C 程序的主要组成部分，虽然内容较少，但是非常重要。每个 C 程序不可或缺的部分是 main()函数。程序的真正工作由程序语句来完成，这些语句让计算机执行指定的行为。另外，本课还介绍了变量和变量定义，讲解了如何在源代码中使用注释。

除了 main()函数，C 程序还使用两种类型的辅助函数：库函数和用户自定义函数。前者由编译器软件包提供，后者由程序员创建。接下来的几课将围绕本课介绍的 C 程序各组成部分做详细介绍。

[1] 译者注：硬编码指的是，将可变的变量用一个固定值来代替的方法。

2.5 答　疑

问：注释对程序有何影响？

答：注释是给程序员看的。编译器将源代码转换成目标代码时，完全忽略所有的注释和空白。这意味着，注释丝毫不会影响可执行程序。包含大量注释的程序与没有注释的程序执行效率相同。注释的确让源代码更长，但是这无关紧要。总而言之，应该在源代码中多加注释、多留空白，提高代码的可读性，方便后期维护。

问：语句和块有何区别？

答：块是用花括号（{}）括起来的一组语句。可以使用语句的大部分地方都能使用块。

问：如何找到可用的库函数？

答：许多编译器都提供在线文档记录库函数。它们通常都按字母顺序排列。附录 C 中列出了许多常用的函数。在你更了解 C 语言后，记得多阅读附录的内容，以便在需要时复用库函数（如果不是为了练习，重复劳动意义不大！）。

2.6 课后研习

课后研习包含小测验和练习题。小测验帮助读者理解和巩固本课所学概念，练习题有助于读者将理论知识与实践相结合。

2.6.1 小测验

1. 在 C 语言中，用花括号括起来的一组语句叫作什么？
2. 每个 C 程序都必不可少的部分是什么？
3. 如何在程序中添加注释？为什么要添加注释？
4. 什么是函数？
5. C 语言提供了哪两种类型的函数？它们有什么区别？
6. `#include` 指令的有什么用途？
7. 注释是否可以嵌套？
8. 注释是否能超过一行？
9. 包含文件的另一个名称是？
10. 什么是包含文件？

2.6.2 练习题

1. 写一个最短小的程序。
2. 考虑下面的程序：

```
1:   /* ex02-02.c */
2:   #include <stdio.h>
3:
4:   void display_line(void);
```

```
5:
6:  int main(void)
7:  {
8:      display_line();
9:      printf("\n Teach Yourself C In One Hour a Day!\n");
10:     display_line();
11:
12:     return 0;
13: }
14:
15: /* 打印星号行 */
16: void display_line(void)
17: {
18:     int counter;
19:
20:     for( counter = 0; counter < 30; counter++ )
21:         printf("*" );
22: }
23: /* 程序结束 */
```

a. 哪些行是语句？

b. 哪些行是变量定义？

c. 哪些行是函数原型？

d. 哪些行是函数定义？

e. 哪些行是注释？

3. 写一个程序的注释示例。

4. 下面的程序完成什么任务？（输入、编译并运行该程序）

```
1:  /* ex02-04.c */
2:  #include <stdio.h>
3:
4:  int main(void)
5:  {
6:      int ctr;
7:
8:  for( ctr = 65; ctr < 91; ctr++ )
9:      printf("%c", ctr );
10:
11: printf("\n");
11: return 0;
12: }
13: /* 程序结束 */
```

5. 下面的程序完成什么任务（输入、编译并运行该程序）？

```
1:  /* ex02-05.c */
2:  #include <stdio.h>
3:  #include <string.h>
4:  int main(void)
5:  {
6:      char buffer[256];
7:
8:      printf( "Enter your name and press <Enter>:\n");
9:      fgets( buffer );
10:
11:     printf( "\nYour name has %d characters and spaces!",
12:             strlen( buffer ));
13:
14:     return 0;
15: }
```

第 3 课

储存信息：变量和常量

计算机程序通常要使用不同类型的数据，还要储存待使用的值。这些值可以是数字或字符。C 语言有两种储存数值的方式：变量和常量。变量是一个数据储存位置，其值在程序执行期间会发生变化，而常量的值固定不变。本课将介绍以下内容：

- 如何使用变量储存信息
- 储存不同类型数值的方式
- 字符和数值之间的异同
- 如何声明并初始化变量
- 两种类型的数值常量

在学习变量之前，还需要了解一些计算机内存的知识。

3.1 计算机的内存

如果读者熟悉计算机内存的工作原理，可跳过本节；否则，请继续阅读。学习计算机的内存以及它的内部运作方式，能帮助你更好地理解 C 程序设计中的某些方面。

计算机在运行时，使用随机存取存储器（RAM）储存信息。RAM 通常位于计算机的内部，具有易失性（即，它经常要频繁地用新的信息擦除并替换旧的信息）。这意味着 RAM 只能在计算机运行时保留信息，关闭计算机后丢失信息。

每台计算机都安装了一定数量的 RAM。在系统中，通常用千兆字节（GB）表示 RAM 的数量（如，1GB、2GB、4GB、8GB 等）。1 千兆字节等于 1024 兆字节（1GB = 1024MB），1 兆字节等于 1024 千字节（1MB = 1024KB），1 千字节等于 1024 字节（1KB = 1024 字节）。因此，4GB 内存的系统实际上包含 4×1024MB、或 4×1024×1024KB（4194304KB）、或 4194304KB×1024 字节的 RAM（总共 4294967296 字节的 RAM）。

字节（*byte*）是计算机数据存储的基本单元。在第 21 课中将详细介绍更多字节相关的内容。现在，我们先来学习表 3.1 列出的内容，了解储存某些类型数据需要多少字节。

计算机中的 RAM 是按顺序逐字节排列的。内存中的每个字节都有一个可识别的唯一地址，用于区别内存中的不同字节。地址按顺序赋给内存位置，从零开始增长至内存的最大值。就现在而言，不用了解地址的细节，C 编译器会自动处理地址的问题。

计算机的 RAM 有多种用途，但是对程序员而言，只关心它可用于储存数据。数据是 C 程序会用到的信息。无论程序是管理地址列表、监视股票行情、记录家庭预算还是跟踪肉价浮动，在程序的运行期间，都要将一些信息（姓名、股票价格、家庭开销、肉价）储存在计算机的 RAM 中。

了解有关内存储存方面的内容后，回到 C 程序设计，看看 C 语言如何使用内存储存信息。

表 3.1　储存数据需要的内存空间

数据	所需的字节数
字母 `x`	1
数字 `500`	2
数字 `241.105`	4
短语 `Sams Teach Youself C`	21
一张打印页面	大约 3000

3.2　用变量储存信息

变量（*variable*）是计算机内存中一个已命名的数据存储位置。在程序中使用变量名，实际上是引用储存在该位置的数据。

3.2.1　变量名

要在 C 程序中使用变量，首先必须知道如何创建变量名。在 C 语言中，变量名必须遵循以下规则。

- 变量名可以包含字母（从 a~z，从 A~Z）、数字（0~9）和下划线（_）。
- 变量名的第 1 个字符必须是字母。下划线作为第 1 个字符是合法的，但不推荐这样做。变量名的第 1 个字符不能是数字（0~9）。
- 注意字母的大小写。C 语言区分大小写，因此，变量名 `count` 和 `Count` 是不同的变量名。
- C 语言的关键字不能用作变量名。关键字是 C 语言的一部分（附录 B 列出了 C 语言关键字的完整列表）。

下面表中列出了一些合法和不合法的 C 变量名：

变量名	合法性
`Percent`	合法
`y2x5__fg7h`	合法
`annual_profit`	合法
`_1990_tax`	合法，但不推荐这样命名
`savings#account`	不合法：包含非法字符#
`double`	不合法：这是 C 语言的关键字
`4sale`	不合法：第 1 个字符是数字

因为 C 语言区分大小写，所以 `percent`、`PERCENT` 和 `Percent` 是 3 个不同的变量名。C 语言的程序员通常在变量名中只使用小写字母，在常量名中只使用大写字母（本课后面将会介绍），尽管 C

语言并未这样要求。

许多 C 语言编译器允许变量名的字符不超过 31 个（实际使用的变量名可能更长，但编译器只会查看变量名的前 31 个字符)。这给创建变量名提供了灵活性，可以通变量名来反映储存的数据。例如，在一个计算支付贷款的程序中，可以将最初的利率储存在 `interest_rate` 变量中。该变量名清楚地描述了本身的用途。当然，你也可以创建 `x` 或 `ozzy_osborne` 的变量名，C 编译器不会关心变量名的含义。但是，使用这样的变量让他人（或自己）在查看源代码时不清楚其含义。虽然键入描述性的变量名花费更多的时间，但是这样做能改善程序的可读性，值得一试。

虽然变量名最多可达 31 个字符，但并不意味着变量名越长越好。一方面变量名越长，所描述的情况越清楚，但另一方面也增加了拼错的可能性。例如，漏写一个字母或者将大写字母写成小写字母（或小写字母写成大写字母）。应该将描述性和简洁性都融入变量名中。

变量名的许多命名惯例都由多个单词构成。本书前面的程序示例中使用过一种风格的变量名：`interest_rate`。这种风格用下划线分隔单词，易于辨认和识别。另一种风格的命名方式以每个单词的首字母大写来区分各个单词，这称为*驼峰式命名法*（*camel notation*），如变量名 `InterestRate`。驼峰式命名法非常流行，因为键入大写字母比键入下划线容易。但是，为方便大多数读者阅读，本书采用下划线风格命名变量。你可以依自己的喜好选择命名风格。

DO	DON'T
使用带描述性的变量名。	如无必要，不要以下划线开始变量名。
选择一种变量命名风格，并坚持使用。	如无必要，变量名中的字母不要全都大写。

3.3 数值类型

C 语言提供多种不同类型的数值变量。不同类型的数值需要不同的内存空间，而且不同类型数值的数学运算也有所不同。储存小型整数（如，1、199 和 -8）需要的内存较少，计算机可以用这些数字较快速地执行数学运算（如，加法、乘法等)；而储存大型整数和浮点数（如，123000000、3.14 或 0.000000871256）所需的内存空间较多，用这些值进行数学运算的速度也较慢。使用合适的变量类型，确保程序尽可能高效地运行。

C 语言的数值变量包括以下两大类。

- 整型变量储存没有小数部分的值（即，只储存整数）。整型变量分为两类：有符号整型变量可以储存正值或负值，而无符号整型变量只能储存正值和 0。
- 浮点型变量储存带有小数部分的值（即，实数）。

上述两大类又包含两种或多种指定的变量类型。表 3.2 总结了这些变量类型，并显示各类型所需的内存数量（以字节为单位）。

如表 3.2 所列，既然 `int` 和 `long` 类型完全一样，为何还要把它们归为两个不同的类型？在 64 位英特尔系统下，`int` 和 `long` 类型的大小完全相同。但是，在其他系统中它们可能不同。记住，C 是灵活且可移植的语言，因此为这两种类型提供了不同的关键字。在英特尔系统下，`int` 和 `long` 可以互换。

表 3.2　C 语言的数值数据类型

变量类型	关键字	所需内存（字节）	取值范围
字符	char	1	-128~127
短整型	short	2	-32768~32767
整型	int	4	-2147483648~2147438647
长整型	long	4	-2147483648~2147438647
长长整型	long long	8	-9223372036854775808 ~9223372036854775807
无符号字符	unsigned char	1	0~255
无符号短整型	unsigned short	2	0~65535
无符号整型	unsigned int	4	0~4294967295
无符号长整型	unsigned long	4	0~4294967295
无符号长长整型	unsigned long long	8	0~18446744073709551615
单精度浮点型	float	4	1.2E-38~3.4E38 [1]
双精度浮点型	double	8	2.2E-308~1.8E308 [2]

注意

近似取值范围的意思是，给定变量可以储存的最小值和最大值（由于内存空间的限制，无法列出这些变量准确的取值范围）。精度是待储存变量的精确程度（例如，假设计算得 1/3，其结果就是 0.33333...，小数位的 3 无限循环。此时，精度为 7 的变量，只储存 7 个 3：0.3333333）。

不需要在有符号整型变量的关键字前加其他特殊的关键字，整型变量默认是有符号的。当然，也可在前面加上关键字 signed。在声明变量时，会用到表 3.2 中所的关键字，将在下一节中详细介绍。

程序清单 3.1 用于测试不同计算机的变量类型大小。你在计算机上的输出可能与下面的输出不同。

输入▼

程序清单 3.1　sizeof.c：显示变量类型的大小

```
1:   /* sizeof.c - 显示C程序中变量类型的大小 */
2:   /*            单位为字节 */
3:
4:   #include <stdio.h>
5:
6:   int main(void)
7:   {
8:       printf("\nA char      is %d bytes", sizeof(char));
9:       printf("\nAn int      is %d bytes", sizeof(int));
10:      printf("\nA short     is %d bytes", sizeof(short));
11:      printf("\nA long      is %d bytes", sizeof(long));
12:      printf("\nA long long is %d bytes\n", sizeof(long long));
13:      printf("\nAn unsigned char  is %d bytes", sizeof(unsigned char));
14:      printf("\nAn unsigned int   is %d bytes", sizeof(unsigned int));
15:      printf("\nAn unsigned short is %d bytes", sizeof(unsigned short));
16:      printf("\nAn unsigned long  is %d bytes", sizeof(unsigned long));
17:      printf("\nAn unsigned long long is %d bytes\n",
```

[1] 近似取值范围，精度为 7 位。
[2] 近似取值范围，精度为 19 位。

```
18:              sizeof(unsigned long long));
19:     printf("\nA float     is %d bytes", sizeof(float));
20:     printf("\nA double    is %d bytes\n", sizeof(double));
21:     printf("\nA long double is %d bytes\n", sizeof(long double));
22:
23:     return 0;
24: }
```

输出▼

```
A char is 1 bytes
An int is 4 bytes
A short is 2 bytes
A long is 4 bytes
A long long is 8 bytes
An unsigned char is 1 bytes
An unsigned int is 4 bytes
An unsigned short is 2 bytes
An unsigned long is 4 bytes
An unsigned long long is 8 bytes
A float     is 4 bytes
A double    is 8 bytes
A long double is 12 bytes
```

分析▼

如以上输出所示，程序清单 3.1 准确地显示了变量类型在计算机上占用多少字节。如果你使用的是标准的 64 位 Windows 操作系统（或旧的 32 位 Windows 操作系统），运行该程序后的输出应该与表 3.2 中所列各变量类型占用的内存大小一致。

注意

表 3.2 列出了通常变量类型的关键字。下表（表 3.3）列出了这些常用关键字的全名。

表 3.3 数据类型的全名

全名	常用关键字
signed char	char
signed short int	short
signed int	int
signed long int	long
signed long long int	long long
unsigned char	unsigned char
unsigned short int	unsigned short
unsigned int	unsigned int
unsigned long int	unsigned long
unsigned long long int	unsigned long long

如表所示，short 和 long 类型实际上都是 int 类型的变式。大多数程序员都使用变量类型的简写而非全名。

读者可能暂时不理解程序清单 3.1 中的所有细节。有些内容很眼熟，但有些内容没见过（如，sizeof）。第 1 行和第 2 行是注释，指出程序名并对程序作简单地描述。第 4 行是标准输入/输出头文件，用于在屏幕上打印信息。这是一个只包含 main() 函数（第 7~24 行）的简单程序。第 8~21 行是程序的主要部分，每行都打印一行文字说明，描述相应变量类型的大小（使用 sizeof 运算符来完成）。第 23 行，程序在结束前将 0 返回操作系统。

虽然数据类型的大小依不同的计算机平台而异，但是 C 语言保证，在不同平台下这 5 条规则不变。

- `char` 的大小是 1 字节。
- `short` 的大小不超过（小于或等于）`int` 的大小。
- `int` 的大小不超过（小于或等于）`long` 的大小。
- `unsigned` 的大小与 `int` 的大小相等。
- `float` 的大小不超过（小于或等于）`double` 的大小。

3.3.1 变量声明

在 C 程序中，要先声明变量才能使用。**变量声明**（*variable declaration*）告诉编译器变量的名称和类型。在声明时也可以将变量初始化为指定的值。如果在程序中使用尚未声明的变量，编译器会生成错误消息。变量声明的格式如下：

```
typename varname;
```

typename 指定变量类型，必须使用一个表 3.2 中所列的关键字。*varname* 指变量名，命名时必须遵循之前提到的命名规则。可以在一行声明多个同类型的变量，各变量之间用逗号隔开：

```
int count, number, start;      /* 声明了 3 个 int 类型变量 */
float percent, total;          /* 声明了 2 个 float 类型的变量 */
```

在第 12 课中你将学到，在源代码中声明变量的位置非常重要，会影响程序使用变量的方式。但是就现在而言，只需将所有的变量声明都一起写在 `main()` 函数的前面即可。

3.3.2 typedef 关键字

`typedef` 关键字用于为已存在的数据类型创建新的名称。实际上，`typedef` 创建了一个别名。例如，下面这行语句

```
typedef int integer;
```

为 `int` 创建了一个别名 `integer`。在随后的程序中，可以使用 `integer` 来定义 `int` 类型的变量，如：

```
integer count;
```

注意，`typedef` 并未创建新的数据类型，它只是为预定义数据类型起了一个别名。`typedef` 通常用于集合数据类型，将在第 11 课中详细介绍。集合数据类型由本课介绍的各种数据类型组合而成（也许这句话让你一头雾水，别担心，在学完结构后，你会明白 `typedef` 关键字非常有用）。

3.3.3 初始化变量

声明变量时，并未定义待存入该空间的值（即，变量的值），只是命令编译器为该变量留出存储空间。此时，该空间的值可能是 `0`，也可能是一个随机的“垃圾”值。在使用变量之前，应该用已知值初始化它。也可以在定义变量后，通过赋值表达式语句来初始化变量[1]，如下所示：

```
int count; // 为 count 留出存储空间
```

[1] 译者注：从严格意义上来说，这种方式是给变量赋值，而非初始化变量。

```
count = 0; // 将 0 储存至 count 中
```

注意到，上面的语句中使用了等号（=），这是 C 语言的赋值运算符，将在第 4 课中详细讲解。现在，只需理解程序设计中的等号与代数中的等号含义不同。如果在代数中写：

```
x = 12
```

意思是“x 等于 12”。但是，在 C 语言中，以上语句的含义是“将 12 赋值给变量 x”。

在声明变量时可以同时初始化它，如下所示：

```
int count = 0;
double percent = 0.01, taxrate = 28.5;
```

第 1 条声明[1]将 count 变量声明为整型，并初始化为 0。第 2 条声明将变量声明为 double 类型，并初始化它们。第 1 个变量 percent 被初始化为 0.01，第 2 个变量 taxrate 被初始化为 28.5。

注意，初始化变量的值不能超过该变量类型的取值范围。以下是超出取值范围的两个示例：

```
short weight = 100000;
unsigned int value = -2500;
```

C 编译器可能不会捕获这种错误。包含类似代码的程序可能会通过编译和链接，但程序运行后得出的结果可能与期望值不同。

DO	DON'T
要理解变量类型在计算机中占用的字节数。 使用 typedef 提高程序的可读性。 尽量在声明变量时就初始化它。	不要使用尚未初始化的变量，否则结果可能出乎意料。 不要使用 float 或 double 类型的变量储存整数。虽然不会出错，但是效率不高。 不要试图将超出变量类型取值范围（太大或太小）的值赋给该变量。 不要在 unsigned 类型中储存负值。

3.4 常　量

与变量类似，常量（*constant*）也是程序使用的数据存储位置。与变量不同，储存在常量中的值在程序执行期间不可更改。C 语言有两种类型的常量，它们分别有特殊的用途：

- 字面常量；
- 符号常量。

3.4.1 字面常量

字面常量（*literal constant*）是根据需要直接键入源代码中的值。下面是字面常量的两个示例：

```
int count = 20;
float tax_rate = 0.28;
```

20 和 0.28 都是字面常量。以上两条声明将这两个值分别储存在 count 和 tax_rate 中。注意，

[1] 译者注：注意，在 C 语言中，声明和语句不同。

其中一个常量有小数点，另一个没有。是否有小数点决定了是整型常量还是浮点型常量。

带小数点的字面常量是浮点型常量，C 编译器用双精度数来表示。可以按照标准的小数记数法来表示浮点型常量，如下所示：

```
123.456
0.019
100.
```

虽然第 3 个常量 100.是一个整数（即，没有小数部分），但是它带有一个小数点。小数点导致 C 编译器将该常量视为双精度数。如果没有小数点，C 编译器则将其视为整型常量。

除了小数计数法外，还可以按科学计数法来表示浮点型常量。高中数学介绍过，科学计数法将一个数表示为小数部分和 10 的正数或负数次幂的乘积。科学计数法特别适用于表示极大或极小的值。在 C 语言中，科学计数法将一个数表示为小数后面紧跟 E 或 e 和指数：

```
1.23E2        1.23 乘以 10 的 2 次幂，或 123
4.08e6        4.08 乘以 10 的 6 次幂，或 4080000
0.85e-4       0.85 乘以 10 的-4 次幂，或 0.000085
```

C 编译器将没有小数点的常量视为整型常量。整型常量通常以 3 种不同的方式来表示。

- 以任何非 0 数字开头的常量被视为十进制整数（即，标准的 10 进制数系统）。十进制常量可以包含数字 0~9，且可以在最前面加上加号或减号（没有加号或减号的常量默认为正数）。
- 以 0 开头的常量被视为八进制整数（即，8 进制数系统）。八进制常量可以包含 0~7 的数字，且可以在最前面加上加号或减号。
- 以 0x 或 0X 开头的常量被视为十六进制常量（即，16 进制数系统）。十六进制常量可以包含 0~9 的数字和 A~F 的字母，且可以在最前面加上加号或负号。

3.4.2　符号常量

在程序中，通过常量名（符号）来表示符号常量（*symbolic constant*）。与字面常量类似，程序运行时也不能改变符号常量。与使用变量名类似，在程序中使用该常量名即可引用其值。符号常量的值只需输入一次，在首次定义它时完成。

与字面常量相比，符号常量有两个明显的优势，如下示例所示。假设你要编写一个执行各种几何计算的程序。该程序要频繁地使用 π 值（3.14）来计算面积（π 是圆的周长与其直径的比值）。例如，已知半径，计算圆的周长和面积，应该是：

```
circumference = 3.14 * (2 * radius);
area = 3.14 * (radius)*(radius);
```

在 C 语言中，用星号（*）表示乘法运算符（将在第 4 课中介绍）。因此，第 1 条语句的意思是“将 2 与储存在 radius 变量中的值相乘，再将结果与 3.14 相乘，最后把计算结果赋值给 circumference 变量”。但是，如果定义一个名为 PI、值为 3.14 的符号常量，那么以上语句可以写成：

```
circumference = PI * (2 * radius);
area = PI * (radius)*(radius);
```

这是符号常量的优势之一，修改后的代码更加简洁明了。不用猜测 3.14 是什么意思，可以直接看出使用了常量 PI。

在需要更改常量时，体现了符号常量的第 2 个优势。继续以前面的示例为例，为提高程序计算的精度，需要用到更多小数位的值来表示π，即用 3.14159 而非 3.14。如果在程序中使用字面常量，就不得不查找整个源代码，并逐一将其中的 3.14 改为 3.14159。如果程序中使用符号常量就省去了这些麻烦，只需修改定义该符号常量的这行代码，便可更新源代码中所有使用 PI 的值。

(1)　定义符号常量

C 语言有两种方法定义符号常量：#define 指令和 const 关键字。#define 指令的格式如下：

```
#define CONSTNAME literal
```

以上代码创建了一个名为 *CONSTNAME*、值为 **literal** 的符号常量。**literal** 代表字面常量，*CONSTNAME* 遵循之前介绍的变量命名规则。按照惯例，符号常量名中所有字母都大写。这样做很容易区分常量名和变量名（通常都是小写）区分开来。前面的示例中，要用#define 指令定义常量 PI：

```
#define PI 3.14159
```

注意，#define 这行的末尾没有分号（;）。虽然#define 这行代码可位于源代码的任意位置，但实际上，#define 指令定义的常量只能用其后的源代码中。通常，程序员都将所有的#define 指令一起放在文件的开头（main()函数的前面）。

(2)　#define 的工作原理

#define 指令的准确含义是，指示编译器“在源代码中，用 **literal** 替换 *CONSTNAME*（即，用字面常量替换符号常量名）”。其效果和使用编辑器查询源代码并手动更改每一项相同。注意，#define 不会替换名称、双引号或程序注释中与常量名相同的部分。例如，在下面的代码中，第 2 行和第 3 行的 PI 实例不会发生变化：

```
#define PI 3.14159
/* 定义了一个常量 PI */
#define PIPETTE 100
```

注意

> #define 指令是 C 语言的预处理指令之一。欲了解预处理指令的详细内容，请参阅在第 22 课。

(3)　用 const 关键字定义常量

定义符号常量的第 2 种方法[1]是：使用 const 关键字。const 是一个修饰符，可应用于任何变量声明之前。在程序执行期间，不可修改用 const 声明的变量。声明时初始化的值，在随后的程序运行期内不允许进行修改。下面是 const 的使用示例：

```
const int count = 100;
const float pi = 3.14159;
const long debt = 12000000, float tax_rate = 0.21;
```

const 影响本行声明的所有变量。如上示例中最后一行，debt 和 tax_rate 都是符号常量，其

[1] 译者注：从严格意义上来说，用 const 关键字定义的符号常量实质是变量，而非常量。

中 debt 声明为 long 类型，tax_rate 声明为 float 类型。

如果要在程序中修改 const 变量，编译器将生成一条错误消息。如下代码所示：

```
const int count = 100;
count = 200; /* 无法通过编译！不能再次给常量赋值或更改常量的值。 */
```

用#define 指令创建的符号常量和用 const 关键字创建的符号常量有何区别？它们的区别涉及指针和变量作用域。指针和变量作用域是 C 程序设计的两个重要的部分。我们将在第 9 课和第 12 课中详细讲解。

下面，用一个程序来演示变量定义、字面常量和符号常量的用法。程序清单 3.2 会提示用户输入跑步的圈数和出生年份，然后计算并显示用户跑了多少英里和用户的年龄。建议读者按照第 1 课中介绍的步骤输入、编译并运行该程序。

注意

现在，大多数 C 程序员在声明常量时，都使用 const 关键字而非#define 指令。

输入▼

程序清单 3.2　const.c：演示变量和常量的用法

```
1:      /* 该程序用于说明变量和常量 */
2:      #include <stdio.h>
3:
4:      /* 定义一个常量，将跑步的圈数转换为英里 */
5:      #define LAPS_PER_MILE 4
6:
7:      /* 为当前年份定义一个常量 */
8:      const int CURRENT_YEAR = 2013;
9:
10:     /* 定义所需的变量 */
11:     float miles_covered;
12:     int laps_run, year_of_birth, current_age;
13:
14:     int main(void)
15:     {
16:         /* 提示用户输入数据 */
17:
18:         printf("How many laps did you run: ");
19:         scanf("%d", &laps_run);
20:         printf("Enter your year of birth: ");
21:         scanf("%d", &year_of_birth);
22:
23:         /* 执行转换 */
24:
25:         miles_covered = (float) laps_run / LAPS_PER_MILE;
26:         current_age = CURRENT_YEAR - year_of_birth;
27:
28:         /* 在屏幕上显示结果 */
29:
30:         printf("\nYou ran %.2f miles.", miles_covered);
31:         printf("\nNot bad for someone turning %d this year!\n", current_age);
32:
33:         return 0;
34:     }
```

输出▼

```
How many laps did you run: 7
Enter your year of birth: 1975
You ran 1.75 miles.
Not bad for someone turning 38 this year!
```

分析▼

该程序用了两种方法声明符号常量。第 5 行使用#define 指令，将 LAPS_PER_MILE 设置为 4。如果更换跑步场地（跑道一圈更小或更大），只需修改一行代码，所有与之相关的代码都会更新，使用新的符号常量。第 8 行使用 const 关键字声明符号常量，将 CURRENT_YEAR 初始化为 2013。把当前年份定义为常量非常合理，因为这样的值每年只要修改一次。

第 11 行和第 12 行声明了程序计算所用的变量。miles_covered 必须是浮点型变量，因为要根据用户输入的跑步圈数计算确切的英里数，标准跑道每一圈是四分之一英里（或者根据实际情况稍作修改）。第 25 行根据用户输入的圈数计算出英里数。该语句使用的是 LAPS_PER_MILE 而不是 4，计算式子更整洁更清晰。

读者可能不太清楚 laps_run 前面的(float)是什么意思。为了理解在 laps_run 前面添加(float)的作用，请删除代码中的(float)，重新运行程序。确定你按照输出示例所示输入 7，猜猜结果会怎样？尽管 miles_covered 声明为 float（第 11 行），但是两个整型数相除的结果应该也是整型数，但是.00 让人难以理解。现在的情况是，1.75 变成了 1.00（后面的.75 被切断了），而不是四舍五入为 2.00（至少 2.00 是更精确的答案）。因此，在 laps_run 前面添加的(float)，是告诉编译器将 laps_run 视为 float 而非 int。这样才能获得准确的结果。

第 18 行和第 20 行在屏幕上打印提示信息。printf()函数将在后面的课程中详细介绍。为了获取用户输入的信息，第 19 行和第 21 行使用了另一个库函数 scanf()，该函数将在后面的课程中详细介绍。这些函数都能正常工作，很快就会学到如何使用它们。第 26 行基于 2013 计算用户当前的年龄。显然，要计算用户准确的年龄，除了知道用户的出生年份外，还要知道出生的月份和日期。但是，为简单起见，该程序只使用年份来计算年龄。第 30 行和第 31 行，在屏幕上显示结果。

DO	DON'T
使用常量提高程序的可读性。	在初始化常量后，不要尝试再为其赋值。

3.5 小 结

本课介绍了数值变量。C 程序使用数值变量在程序的执行过程中储存数据。数值变量分为两大类：整型变量和浮点型变量。其中，每一类又包含许多具体的类型。应根据变量中待储存数据的性质，来选择使用哪种类型的变量（int、long、float 或 double）。另外，在 C 程序中，必须先声明变量才能使用它。变量声明告知编译器变量的名称和类型。

除此之外，本课还介绍了 C 语言的两种常量：字面常量和符号常量。与变量不同，常量的值在程序执行期间不可更改。字面常量可被直接键入到源代码中，符号常量有指定的名称，可以在需要时使用该名称。符号常量可以用#define 指令或 const 关键字来创建。

3.6　答　疑

问：在储存更大的数时，为何要使用 int 和 float 类型的变量而不是更大类型的变量（如，long int 和 double）？

答：long int 类型的变量所占用的 RAM 比 int 多。在小型程序中，这不是问题。但是，随着程序越来越大，程序员要考虑内存的使用效率。如果确定用户输入的数会超过 int 或 long 的取值范围，就要做必要地调整。记住，即使能确定用户输入的数在变量大小的取值范围内，也无法保证用这些数进行数学运算（加法或乘法）后所得的结果一定在变量的取值范围内。

问：如果把一个小数赋值给整型变量会出现什么情况？

答：可以把小数赋值给 int 变量。如果该变量是一个变量，编译器可能会发出警告，待赋值数的小数部分会被截断。例如，如果将 3.14 赋值给一个整型变量 pi，那么 pi 的值是 3。其小数部分.14 将会被截断并丢弃。

问：如果将超出某类型取值范围的数放入该类型变量中，会出现什么情况？

答：许多编译器都允许这样做，不会发出任何警告或错误消息。编译器将该数字回绕（wrap）处理为合适的值（因此是错误的值）储存在变量中。例如，如果将 32768 赋值给 2 字节的有符号 short 类型变量（取值范围是-32768~32767），该变量实际上储存的值是-32768；如果将 65535 赋值给该变量，它实际储存的值是-1。

问：如果将负值赋给无符号类型变量，会出现什么情况？

答：从上一个问题的回答可知，如果这样做，编译器可能不会发出任何警告或错误消息。就像给变量赋过大的值一样，编译器同样会回绕处理负值。例如，如果将-1 赋给 2 字节长的 unsigned int 类型的变量，编译器会把 unsigned int 类型最大的正值（65535）储存在变量中。

问：用#define 指令创建的符号常量和用 const 关键字创建的符号常量有何区别？

答：这两种方式创建的符号常量的区别涉及指针和变量作用域。指针和变量作用域是 C 程序设计中的两个重要部分，将在第 9 课和第 12 课中详细介绍。

3.7　课后研习

课后研习包含小测验和练习题。小测验帮助读者理解和巩固本课所学概念，练习题有助于读者将理论知识与实践相结合。

3.7.1 小测验

1. 整型变量和浮点型变量有何区别？
2. 列出使用双精度浮点型（double 类型）变量而不用单精度浮点型（float 类型）变量的两个原因。
3. 对于变量大小，有哪 5 条规则一定是正确的？
4. 与字面常量相比，使用符号常量的两个优点是什么？
5. 定义符号常量 MAXIMUM 的值为 100，有哪两种方法？
6. C 语言允许变量名包含哪些字符？
7. 创建变量名和符号常量名时，必须遵循哪些规则？
8. 符号常量和字面常量之间有何区别？
9. int 类型的变量能储存的最小值是多少？

3.7.2 练习题

1. 储存下列值最好选用何种类型的变量？
   a. 人的年龄。
   b. 一个人有多少朋友。
   c. 圆的半径。
   d. 年薪。
   e. 商品的价格。
   f. 测验的最高分（假设是 100）。
   g. 人名的大写首字母。
   h. 温度。
   i. 个人的净资产。
   j. 行星之间的距离（单位是英里）。
2. 为练习题 1 中的各值确定合适的变量名。
3. 声明练习题 2 中的各变量。
4. 以下变量名中，哪些是有效的（合法）变量名？
   a. 123variable
   b. x
   c. total_score
   d. Weight_in_#s
   e. one
   f. gross-cost
   g. RADIUS
   h. Radius
   i. radius
   j. this_is_a_variable_to_hold_the_width_of_a_box

第 4 课

语句、表达式和运算符

C 程序由语句构成，大部分语句由表达式和运算符组成。要编写 C 程序，必须理解语句、表达式和运算符的含义。本课将介绍以下内容：

- 什么是语句
- 什么是表达式
- 如何使用 C 语言的数学运算符、关系运算符和逻辑运算符
- if 语句

4.1 语 句

语句（*statement*）是一条完整的指令，命令计算机执行某些任务。在 C 语言中，虽然语句可以跨越多行，但通常将语句写成一行。C 语言的语句大多数以分号结尾。前面已经介绍过一些类型的 C 语句，如：

```
x = 2 + 3;
```

是一条赋值表达式语句[1]。它命令计算机将 2 与 3 相加后的结果赋给 x 变量。本书将循序渐进地介绍其他类型的语句。

4.1.1 在语句中留白

空白（*white space*）指的是源代码中的空格、水平制表符、垂直制表符和空行。C 编译器会忽略所有的空白。当编译器阅读源代码中的语句时，它查找语句中的字符和末尾的分号，但是忽略空白。因此，语句

```
x=2+3;
```

与下面的语句等价：

```
x = 2 + 3;
```

也与下面的语句等价：

```
x        =
2
      +
3    ;
```

[1] 译者注：根据 C11 标准，C 语言中有 6 种语句，分别是：标号语句、复合语句、表达式语句、选择语句、迭代语句和跳转语句。严格来说，C 语言中并没有所谓的赋值语句。C 语言的赋值操作是通过赋值运算符来完成的。所谓的“赋值语句”其实是表达式语句。因此，本书涉及“赋值语句”的地方均译成“赋值表达式语句”，以提醒读者注意。

虽然这给编写源代码带来极大的灵活性，但是请读者不要使用上面这种格式。应尽量让每条语句占一行，并采用标准化方案，在变量和运算符的两侧加上空格。你可以采用本书使用的格式约定，随着编程经验的增长，你会有自己喜欢的格式。关键是，要保证源代码的可读性。

C 编译器忽略空白这条规则有一个例外：不忽略字面字符串常量中的制表符和空白（它们被视为字符串的一部分）。字符串（*string*）就是一系列字符。放在双引号中的字符串就是字面字符串常量，编译器会逐字符地解译它。例如，这是一个字面字符串常量：

```
"How now brown cow"
```

下面的字面字符串常量与上面的不同：

```
"How    now    brown    cow"
```

两者的区别在于，各单词之间的空格数量不同。C 编译器会记录字面字符串常量中的空白。

虽然下面的格式不太好，但是在 C 语言中是合法的：

```
printf(
    "Hello, world!"
);
```

但是，这样写是不合法的：

```
printf("Hello,
        world!");
```

要将字面字符串常量分成多行，必须在分隔处使用斜杠字符（\）。因此，下面这样写才是合法的：

```
printf("Hello,\
         world!");
```

4.1.2 创建空语句

如果让分号单独占一行，就创建了空语句（*null statement*）。空语句不执行任何行为，在 C 语言中完全合法。本书后面的课程会介绍空语句的用途。

4.1.3 复合语句

复合语句（*compound statement*）也称为块（*block*），是放在花括号中的一组（一条或多条）C 语句。如下所示便是一个块：

```
{
    printf("Hello, ");
    printf("world!");
}
```

在 C 语言中，只要是可以使用单条语句的地方都可以使用块。本书有许多这样的示例。注意，花括号对可以放在不同的位置。下面的示例与上面的示例等价：

```
{ printf("Hello, ");
printf("world!");}
```

让左右花括号各占一行是个不错的主意，这样做不仅能突出块的开始和结束，提高代码的可读性，而且更容易发现遗漏另一个花括号的情况。

DO	DON'T
在语句中使用空白的方式要始终一致。 让花括号各占一行，提高代码的可读性。 对齐花括号对，更方便查找块的开始和结束。	如无必要，不要让一行语句跨越多行。尽可能保持一条语句占一行。 如果将字符串写成多行，不要忘记在行尾用斜杠（/）连接另一行。

4.2 理解表达式

在 C 语言中，一切可求值的内容都是表达式。C 语言有各种不同复杂程度的表达式。

4.2.1 简单表达式

最简单的 C 表达式只包含一个项：一个简单的变量、字面常量或符号常量。如下所列都是表达式：

表达式	描述
PI	符号常量（已在程序中定义）
20	字面常量
rate	变量
-1.25	字面常量

对字面常量求值得到它本身的值。对符号常量求值得到用#define 指令创建该常量时为其指定的值。对变量求值得到程序赋给它的当前值。

4.2.2 复杂表达式

复杂表达式由更简单的表达式和连接这些表达式的运算符组成，例如：

```
2 + 8
```

是一个由 3 个子表达式 2、8 和+（加法运算符）组成的表达式。对表达式 2 + 8 求值为 10。C 表达式可以更复杂：

```
1.25 / 8 + 5 * rate + rate * rate / cost
```

当表达式中包含多个运算符时，对整个表达式求值的结果取决于运算符优先级。稍后介绍运算符优先级的概念和 C 语言运算符的细节。

C 语言的表达式很有趣。请看下面的赋值表达式语句：

```
x = a + 10;
```

该语句对表达式 a + 10 求值，并将计算结果赋给 x。另外，整条语句 x = a + 10 也是一个表达式，求值的结果就是赋值运算符左侧变量的值。

因此，可以像下面这样写语句，将表达式 a + 10 的值赋给两个变量 x 和 y：

```
y = x = a + 10;
```

还可以这样写：

```
x = 6 + (y = 4 + 5);
```

该语句的结果是 y 的值为 9，x 的值为 15。注意，为了顺利通过编译，必须在该语句中添加圆括号。圆括号的用途，将稍后介绍。

> **注意**
>
> 除了本书提到的一些特例外，还需注意：不应该将赋值表达式语句嵌套在其他表达式中。

4.3 运算符

运算符（*operator*）是命令 C 编译器对一个或多个运算对象执行某些操作或行为的符号。运算对象（*operand*）是运算符执行的项。在 C 语言中，所有的运算对象都是表达式。C 语言的运算符分为 4 大类：

- 赋值运算符；
- 数学运算符；
- 关系运算符；
- 逻辑运算符。

4.3.1 赋值运算符

赋值运算符（*assignment operator*）是一个等号（=）。在程序设计中，它的用法与数学中的用法不同。如果写出：

```
x = y;
```

在 C 程序中，该语句的意思是“将 y 的值赋给 x”，而不是“x 等于 y”。在赋值表达式语句中，赋值运算符的右侧可以是任意表达式，而左侧必须是一个变量名。因此，赋值的格式是：

```
变量 = 表达式;
```

执行该语句时，将对表达式求值，并将结果赋值给变量。

4.3.2 数学运算符

C 语言通过数学运算符执行数学运算（如加法、减法）。C 语言有两个一元数学运算符和 5 个二元数学运算符。

（1） 一元数学运算符

之所以称为一元数学运算符，是因为这些运算符只需要一个运算对象。C 语言有两个一元数学运算符。如表 4.1 所示。

表 4.1　C 语言的一元数学运算符

运算符	符号	操作	示例
递增	++	为运算对象递增 1	++x, x++
递减	--	为运算对象递减 1	--x, x--

递增运算符和递减运算符只能用于变量，不可用于常量。一元数学运算符为运算对象执行加 1 或减 1 的操作。换言之，语句

```
++x;
--y;
```

分别等价于以下语句：

```
x = x + 1;
y = y - 1;
```

如表 4.1 所示，一元数学运算符可置于运算对象的前面（前缀模式）或后面（后缀模式）。这两种模式并不等价。它们在执行递增或递减操作时有区别。

- 使用前缀模式时，先递增或递减运算对象，再对表达式求值。
- 使用后缀模式时，先对表达式求值，再递增或递减运算对象。

请看以下两条语句：

```
x = 10;
y = x++;
```

执行完上述语句后，x 的值是 11，y 的值是 10。先将 x 的值赋给 y，再递增 x。与此相反，执行完下面两条语句后，x 和 y 的值都是 11。先递增 x，然后再将 x 的值赋给 y：

```
x = 10;
y = ++x;
```

记住，=是赋值运算符，该语句是赋值表达式语句，不是数学中的等式。作为类比，可以将=视为“拷贝”运算符。语句 y = x;的意思是将 x 的值拷贝给 y。完成拷贝后，改变 x 的值不会影响 y。

程序清单 4.1 演示了前缀和后缀模式的区别。

输入▼

程序清单 4.1　unary.c：前缀模式和后缀模式的区别

```
1:      /* 该程序用于解释一元运算符前缀模式和后缀模式的不同 */
2:
3:      #include <stdio.h>
4:
5:      int a, b;
6:
7:      int main(void)
8:      {
9:          // 将 a 和 b 设置为 0
10:         a = b = 0;
11:
12:         // 首先是递增运算符，然后是递减运算符。
13:         // a 使用一元运算符的后缀模式，b 使用一元运算符的前缀模式。
14:         // 打印的 a 值是 a 递增或递减 1 之前的值，打印的 b 值是递增或递减 1 后的值。
15:
16:         printf("Count up!\n");
17:         printf("Post    Pre\n");
18:         printf("%d      %d\n", a++, ++b);
19:         printf("%d      %d\n", a++, ++b);
20:         printf("%d      %d\n", a++, ++b);
21:         printf("%d      %d\n", a++, ++b);
```

```
22:         printf("%d     %d\n", a++, ++b);
23:
24:         printf("\nCurrent values of a and b:\n");
25:         printf("%d     %d\n\n", a, b);
26:
27:         printf("Count down!\n");
28:         printf("Post  Pre");
29:         printf("\n%d     %d", a--, --b);
30:         printf("\n%d     %d", a--, --b);
31:         printf("\n%d     %d", a--, --b);
32:         printf("\n%d     %d", a--, --b);
33:         printf("\n%d     %d\n", a--, --b);
34:
35:         return 0;
36:     }
```

输出▼

```
Count up!
Post Pre
0     1
1     2
2     3
3     4
4     5

Current values of a and b;
5     5

Count Down!
Post Pre
5     4
4     3
3     2
2     1
1     0
```

分析▼

该程序在第 5 行声明了两个变量 a 和 b，第 10 行将两个变量都设置为 0。第 1 部分的 printf() 语句（第 18~22 行）使用一元递增运算符计数至 5。对于 a，每一行在打印 a 的值之后再递增 a；而对于 b，则是在打印之前先递增 b 的值。完成所有递增操作后，第 25 行的 printf 语句显示两个变量的值均为 5。

第 2 部分的 printf() 语句（第 29~33 行），a 与 b 均递减 1。同样，对于 a，在打印 a 的值之后再递减 a；对于 b，则是在打印之前先递减 b 的值。

> **注意**
>
> 在第 2 课中，学过另一个一元运算符 sizeof。虽然它看上去像个符号，但是 sizeof 关键字实际上被视为一个运算符。

(2) 二元数学运算符

二元运算符有两个运算对象。表 4.2 列出了 C 语言中一些常用的二元数学运算符。

表 4.2　C 语言的二元数学运算符

运算符	符号	操作	示例
加法	+	将两个运算对象相加	x + y
减法	-	将第 1 个运算对象减去第 2 个运算对象	x - y
乘法	*	将两个运算对象相乘	x * y
除法	/	将第 1 个运算对象除以第 2 个运算对象	x / y
求模	%	得到第 1 个运算对象除以第 2 个运算对象后的余数	x % y

读者对表 4.2 中的前 4 个运算符应该很熟悉，平时经常会用到它们。但是第 5 个运算符可能是第 1 次见。%是求模运算符，返回第 1 个运算对象除以第 2 个运算对象的余数。例如，11 求模 4 得 3（因为 11 除以 4 两次后余 3）。下面还有其他的例子：

```
100 求模 9 得 1
10 求模 5 得 0
40 求模 6 得 4
```

程序列表 4.2 演示了如何使用求模运算符将总秒数转换为小时、分钟、秒。

输入▼

程序清单 4.2　second.c：演示求模运算符的用途

```
1:      /* 举例说明求模运算符 */
2:      /* 输入一个总秒数 */
3:      /* 并将其转换为小时、分、秒 */
4:
5:      #include <stdio.h>
6:
7:      /* 定义常量 */
8:
9:      #define SECS_PER_MIN 60
10:     #define SECS_PER_HOUR 3600
11:
12:     unsigned seconds, minutes, hours, secs_left, mins_left;
13:
14:     int main(void)
15:     {
16:         /* 输入总秒数 */
17:
18:         printf("Enter number of seconds (< 65000): ");
19:         scanf("%d", &seconds);
20:
21:         hours = seconds / SECS_PER_HOUR;
22:         minutes = seconds / SECS_PER_MIN;
23:         mins_left = minutes % SECS_PER_MIN;
24:         secs_left = seconds % SECS_PER_MIN;
25:
26:         printf("%u seconds is equal to ", seconds);
27:         printf("%u h, %u m, and %u s\n", hours, mins_left, secs_left);
28:
29:         return 0;
30:     }
```

输出 1▼

```
Enter number of seconds (< 65000): 3666
3666 seconds is equal to 1 h, 1 m, and 6 s
```

输出 2▼

```
Enter number of seconds (< 65000): 10000
10000 seconds is equal to 2 h, 46 m, and 40 s
```

分析▼

seconds.c 程序所用的格式与前面程序的格式一致。第 1~3 行是一些注释，说明该程序的用途。第 4 行是空行，提高程序的可读性。编译器不仅忽略语句和表达式中的空格，还忽略空行。第 5 行包含该程序需要使用的头文件。为提高程序的可读性，第 9 行和第 10 行定义了两个符号常量 SECS_PER_MIN 和 SECS_PER_HORE。第 12 行[1]声明该程序中用到的所有变量。有些程序员喜欢每一行声明一个变量，而不是将它们都放在一行。这只是风格的问题，两种写法都正确。

第 14 行是 main() 函数，该函数是程序的主体。程序必须先获得一个值，才能把秒转换为小时和分。因此，第 18 行通过 printf() 函数在屏幕上提示用户输入数据，接着第 19 行使用 scanf() 函数获取用户输入的数据。然后，scanf() 语句把用户输入的总秒数储存在 seconds 中。printf() 和 scanf() 函数将在第 7 课中详细介绍。

第 21 行的表达式通过总秒数（seconds）除以符号常量 SECS_PER_HOUR 得到总小时数。因为 hours 是整型变量，SECS_PER_HOUR 是整型符号常量，所以计算结果仍为整数（两数相除的余数被忽略）。第 22 行采用相同的计算逻辑，通过用户输入的总秒数（seconds）除以符号常量 SECS_PER_MIN 得到总分钟数。因为第 22 行计算出的总分钟数中包含小时数，所以第 23 行使用求模运算符去掉小时数，并储存余下的分钟数。第 24 行也采用相同的计算逻辑得出剩余的秒数。第 26 行和第 27 行获得表达式计算后的值，并将它们显示在屏幕上。第 29 行在程序退出前，向操作系统返回 0，结束该程序。

4.3.3 运算符优先级和圆括号

在一个包含多个运算符的表达式中，如何确定操作的执行顺序？我们用下面的赋值表达式语句来说明这个问题的重要性：

```
x = 4 + 5 * 3;
```

如果先执行加法将得到以下结果，x 被赋值为 27：

```
x = 9 * 3;
```

如果先执行乘法将得到以下结果，x 被赋值为 19：

```
x = 4 + 15;
```

很显然，必须指定某些规则来执行操作的顺序才行。这种顺序称为运算符优先级（*operator precedence*），C 语言对此有严格的说明。每个运算符都有特定的优先级。编译器对表达式求值时，会首先执行优先级最高的运算符。表 4.3 列出了 C 语言的数学运算符优先级。相对优先级一栏中的数字

[1] 译者注：该行声明变量时，只使用了关键字 unsigned。大多数编译器都把这种省略 unsigned 后面关键字的情况视为 unsigned int。

1 代表最高优先级，因此会首先执行该操作。

表 4.3 C 语言的数学运算符优先级

运算符	相对优先级
++ --	1
* / %	2
+ -	3

如表 4.3 所示，在 C 表达式中，按照以下顺序执行操作：

- 一元递增和递减；
- 乘法、除法和求模；
- 加法和减法。

如果表达式中包含多个相同优先级的运算符，通常根据运算符在表达式中的出现顺序，从左至右执行。例如，在下面的表达式中，%和*的优先级相同，但%是最左边的运算符，因此先执行求模：

```
12 % 5 * 2
```

该表达式计算得 4（12 % 5 得 2，2 乘以 2 得 4）。

返回之前介绍的例子，语句 x = 4 + 5 * 3;将 19 赋值给 x，因为先计算乘法后计算加法。

如果表达式无法按照你预想的优先级执行，怎么办？我们仍使用之前的例子来说明，如果想先计算 4 + 5，后计算 4 + 5 的和与 3 的乘积，应该怎么做？在 C 语言中，可以使用圆括号来改变计算顺序。无论运算符本身优先级怎样，都优先计算圆括号中的子表达式。因此，可以这样写：

```
x = (4 + 5) * 3;
```

因为首先计算圆括号中的表达式 4 + 5，所以赋给 x 的值为 27。

可以在表达式中使用多个圆括号，而且可以嵌套。出现套嵌圆括号时，先计算最里面圆括号中的表达式，再依次计算至最外面。请看下面复杂的表达式：

```
x = 25 - (2 * (10 + (8 / 2)));
```

该表达式的计算顺序如下。

1. 首先计算最里面的表达式 8 / 2，得 4：

```
x = 25 - (2 * (10 + 4))
```

2. 移至外层，下一个表达式 10 + 4，计算得 14：

```
x = 25 - (2 * 14)
```

3. 计算最外面的表达式 2 * 14，得 28：

```
x = 25 - 28
```

4. 最后计算表达式 25 - 28，然后将计算结果（-3）赋值给 x 变量：

```
x = -3
```

并非只有在改变表达式的计算顺序时才使用圆括号，为了让某些表达式更加清晰，也可以在其中添加圆括号（即使它们并未改变运算顺序）。圆括号必须成对使用，否则编译器会生成错误消息。

4.3.4 子表达式的计算顺序

前面内容提到过，如果C表达式中包含多个优先级相同的运算符，将从左至右依次计算它们。例如，表达式：

```
w * x / y * z
```

首先计算w乘以x，然后将乘积除以y，再将除法的结果乘以z。

然而，如果表达式中还有其他优先级的运算符，就无法保证一定按从左至右的顺序执行操作。请看以下表达式：

```
w * x / y + z / y
```

根据运算符优先级，先执行乘法和除法，再执行加法。但是，C语言并未规定是先计算子表达式w * x / y，还是先计算z / y。读者可能不清楚为什么要考虑这些。请看另一个例子：

```
w * x / ++y + z / y
```

如果先计算左边的子表达式（w * x / ++y），那么在计算右边子表达式之前y将递增1。如果先计算右边的子表达式（z / y），y则不会提前递增。因此，要避免在程序中写出这类不确定的表达式。

在本课后面（4.8节）列出了C语言所有的运算符优先级。

DO	DON'T
使用圆括号，让表达式的计算顺序更一目了然。	不要让一个表达式过于复杂。如果表达式太复杂，将其分为两个或多个语句，计算逻辑会更清楚。尤其在使用了一元运算符（++或--）的情况下。

4.3.5 关系运算符

C语言的关系运算符用于比较表达式，提出诸如“x是否大于100？”或“y是否等于0？”的问题。含有关系运算符的表达式，计算结果为真（1）或为假（0）。

表4.4列出了C语言的6种关系运算符。表4.5列出了如何使用关系运算符的示例。虽然这些示例都使用字面常量，但其原理也适用于变量。

> **注意**
>
> “真”的意思是“是”，用1来表示。“假”的意思是“否”，用0来表示。

DO	DON'T
要了解C语言如何解译真和假。对于关系运算符，真相当于1，假相当于0。	不要混淆关系运算符==和赋值运算符=。这是C语言程序员最常犯的错误之一。

表 4.4　C 语言的关系运算符

运算符	符号	提出的问题	示例
等于	==	运算对象 1 是否等于运算对象 2?	x == y
大于	>	运算对象 1 是否大于运算对象 2?	x > y
小于	<	运算对象 1 是否小于运算对象 2?	x < y
大于或等于	>=	运算对象 1 是否大于或等于运算对象 2?	x >= y
小于或等于	<=	运算对象 1 是否小于或等于运算对象 2?	x <= y
不等于	!=	运算对象 1 是否不等于运算对象 2?	x != y

表 4.5　关系运算符的使用示例

表达式	含义	计算结果
5 == 1	5 是否等于 1?	0（假）
5 > 1	5 是否大于 1?	1（真）
5 != 1	5 是否不等于 1?	1（真）
(5 + 10) == (3 * 5)	(5 + 10)是否等于(3 * 5)?	1（真）

4.4　if 语句

关系运算符主要用在 if 语句和 while 语句（将在第 6 课中详细介绍）中构建关系表达式。本节介绍 if 语句的基本知识，学习如何使用关系运算符构建程序控制语句（*program control statement*）。

什么是程序控制语句？通常，C 程序会按照语句在源代码文件中出现的顺序从上至下来执行。程序控制语句用于改变语句的执行顺序，它可以让程序的其他语句执行多次，或完全不执行（根据不同情况而异）。if 语句是 C 语言的程序控制语句之一，除此之外，外有 while 和 do...while 语句，将在第 6 课中详细介绍。

if 语句的基本格式是，对表达式求值并根据求值结果命令程序执行特定内容。if 语句的格式如下：

```
if (表达式)
{
    语句 1
}
```

如果对表达式计算为真，就执行语句。如果对表达式计算为假，则不执行语句。无论哪种情况，都将执行 if 语句后的代码。可以认为，是否执行语句取决于表达式的结果。注意，if (表达式)和语句不是独立的语句，它们一起组成了完整的 if 语句。

通过使用复合语句或块，if 语句可以控制多条语句的执行。本课介绍过，块是一组（一条或多条）用花括号括起来的语句。只要可以使用单条语句的地方，就可以使用块。因此，可以这样写 if 语句：

[1] 译者注：请读者注意，根据 C11 标准，C 语言一共有 6 种语句。并非所有的语句都以分号结尾。因此，在描述语句格式时，采用 C11 标准的写法（即，写成“语句”，而不是“语句;”）。其实，如果是表达式语句，“语句;”应写成“表达式;”。

```
if (表达式)
{
     语句 1
     语句 2
     /* 在这里添加代码 */
     语句 n
}
```

DO	DON'T
切记，一天编写太多代码，会得 C 语言病。	
应缩进块（包括 if 语句中的块）中的语句，这样更易于阅读。	

注意

不要在 if 语句的表达式末尾加分号。在下面的示例中，由于 if 行末尾有分号，无论 x 是否等于 2，都会执行语句 1 执行。分号导致每行都被当作单独的语句，而非一起被视为一条语句：

```
if( x == 2); /* 不要使用分号！ */
  语句 1
```

对于这样的错误，编译器通常不会产生错误消息。

在编程时，if 语句常与关系表达式一起使用，换言之，“仅当条件为真时，才执行后面的语句”。如下所示：

```
if (x > y)
     y = x;
```

仅当 x 大于 y 时，才将 x 赋值给 y。如果 x 不大于 y，则不会执行赋值操作。下面，通过程序清单 4.3 来演示 if 语句的用法。

输入▼

程序清单 4.3 agechecker.c ：if 语句的用法

```
1:       // 该程序用于说明 if 语句和一些 C 语言关系运算符的用法
2:
3:       #define CURRENTYEAR 2013
4:       #include <stdio.h>
5:
6:       int birth_year, age;
7:
8:       int main(void)
9:       {
10:          printf("Enter the year you were born: ");
11:          scanf("%d", &birth_year);
12:
13:          // 两个 if 语句，判断用户是否在闰年出生
14:
15:          if (birth_year % 4 == 0)
16:              printf("You were born in a leap year!\n");
17:          if (birth_year % 4 != 0)
18:              printf("You were not born in a leap year!\n");
19:
20:          age = CURRENTYEAR - birth_year;
```

```
21:
22:         // 判断用户是否达到投票年龄和法定饮酒年龄
23:
24:         if (age >= 18)
25:             printf("You can vote this year!\n");
26:         if (age <= 21)
27:             printf("It is illegal for you to drink alcohol!\n");;
28:
29:         return(0);
30:
31:     }
```

输出 1▼

```
Enter the year you were born: 1970
You were not born in a leap year!
You can vote this year!
```

输出 2▼

```
Enter the year you were born: 1996
You were born in a leap year!
It is illegal for you to drink alcohol!
```

输出 3▼

```
Enter the year you were born: 1994
You were not born in a leap year!
You can vote this year!
It is illegal for you to drink alcohol!
```

分析▼

agechecker.c 程序包含 4 个 if 语句（第 15~17 行）。相信读者对程序中的每个要素都很熟悉了。第 3 行通过#define 指令创建了一个符号常量 CURRENTYEAR。第 4 行是 stdio.h 头文件，程序中使用了 printf 函数和 scanf()函数，必须包含该头文件。第 6 行定义了 if 语句要用到的两个整型变量。

前两个 if 语句用于判断用户是否出生在闰年。求模运算符（%）常用于处理类似的情况。闰年一定能被 4 整除，因此将用户输入的年份求模 4，如果余数为 0（记住，在测试两者是否相等时要使用==，而不是=）则意味着该年是闰年。第 2 个 if 语句使用不等于运算符（!=）包含了其他不是闰年的年份。这样设置比单独判断求模的余数等于 1、2 或 3 要更效率。如果需要包含除一种情况以外的所有情况，使用不等于运算符是不错的处理方案。

该程序的输出示例显示，输入的大部分出生年份都能满足这些要求（闰年出生、达到选举年龄和法定饮酒年龄）之一，只有小部分能满足全部要求。

注意

上面的程序中，if 语句中的语句采用了缩进格式。这是一种常用的做法，可以提高代码的可读性。

4.4.1 else 子句

if 语句可以选择包含 else 子句。方法如下：

```
if (表达式)
    语句 1;
else
    语句 2;
```

如果表达式计算结果为真，则执行语句 1。如果表达式计算结果为假，控制将转到 else 语句，执行语句 2。语句 1 和语句 2 都可以是复合语句或块。

程序清单 4.4 用带 else 子句的 if 语句重写了程序清单 4.3 的程序。

输入▼

程序清单 4.4　agechecker2.c ：带 else 子句的 if 语句

```
1:      // 该程序用于演示带 else 子句的 if 语句和一些 C 语言关系运算符的用法
2:
3:      #define CURRENTYEAR 2013
4:      #include <stdio.h>
5:
6:      int birth_year, age;
7:
8:      int main(void)
9:      {
10:         printf("Enter the year you were born: ");
11:         scanf("%d", &birth_year);
12:
13:         // 判断用户是否在闰年出生
14:
15:         if (birth_year % 4 == 0)
16:             printf("You were born in a leap year!\n");
17:         else
18:             printf("You were not born in a leap year!\n");
19:
20:         age = CURRENTYEAR - birth_year;
21:
22:         // 判断用户是否达到投票年龄和法定饮酒年龄
23:
24:         if (age >= 18)
25:             printf("You can vote this year!\n");
26:         if (age <= 21)
27:             printf("It is illegal for you to drink alcohol!\n");
28:
29:         return(0);
30:
31:     }
```

输出 1▼

```
Enter the year you were born: 1975
You were not born in a leap year!
You can vote this year!
```

输出 2▼

```
Enter the year you were born: 2000
You were born in a leap year!
It is illegal for you to drink alcohol!
```

输出 3▼

```
Enter the year you were born: 1993
```

```
You were not born in a leap year!
You can vote this year!
It is illegal for you to drink alcohol!
```

分析▼

第 15~18 行与上一个程序清单稍有不同。第 15 行仍然是检查 birth_year 是否能被 4 整除，如果能被整除则是闰年。与上一个程序中使用另一个 if 语句包含不能被 4 整除的年份（即，不是闰年的年份），该程序在第 17 行使用 else 子句包含了其他所有情况。第 2 组 if 语句不是二选一的情况，因此不适合使用 else 子句，除非你想在程序中添加“你尚未达到选举年龄”和“你已经达到法定饮酒年龄”的句子。

语 法

if 语句的格式

格式 1：

```
if ( 表达式 )
{
    语句
}
下一条语句
```

这是最简单的 if 语句格式。如果表达式为真，便执行语句；如果表达式为假，就忽略语句。

格式 2：

```
if ( 表达式 )
{
    语句 1
}
else
{
    语句 2
}
下一条语句
```

这是最普通的 if 语句格式。如果表达式为真，便执行语句 1；否则，执行语句 2。

格式 3：

```
if ( 表达式 1 )
    语句 1
else if( 表达式 2 )
    语句 2
else
    语句 3
下一条语句
```

这是嵌套的 if 语句。如果表达式 1 为真，程序在继续运行下一条语句之前，会先执行语句 1；如果表达式 1 为假，则会判断表达式 2。如果表达式 1 为假且表达式 2 式为真，则执行语句 2。如果表达式 1 和表达式 2 都为假，则执行语句 3。这 3 条语句中只有一条语句被执行。

示例 1

```
if( salary > 450000 )
{
    tax = .30;
}
else
{
    tax = .25;
}
```

示例 2

```
if( age < 18 )
    printf("Minor");
else if( age < 65 )
    printf("Adult");
else
    printf( "Senior Citizen");
```

4.5 对关系表达式求值

对关系表达式求值的结果，要么为真（1），要么为假（0）。虽然关系表达式常用于 if 语句和其他条件结构中，但是它们也可作为一般数值使用。如程序清单 4.5 所示：

输入▼

程序清单 4.5 relational.c：对关系表达式求值

```
1:      /* 该程序用于说明关系表达式的计算 */
2:
3:      #include <stdio.h>
4:
5:      int a;
6:
7:      int main()
8:      {
9:          a = (5 == 5);    /* 对关系表达式求值为 1 */
10:         printf("\na = (5 == 5)\na = %d", a);
11:
12:         a = (5 != 5);          /* 对关系表达式求值为 0 */
13:         printf("\na = (5 != 5)\na = %d", a);
14:
15:         a = (12 == 12) + (5 != 1); /* 赋值运算符右边为 1 + 1 */
16:         printf("\na = (12 == 12) + (5 != 1)\na = %d\n", a);
17:         return 0;
18:     }
```

输出▼

```
a = (5 == 5)
a = 1
a = (5 != 5)
a = 0
a = (12 == 12) + (5 != 1)
a = 2
```

分析▼

该程序清单的输出看上去让人有些困惑。注意，使用关系运算符时最常犯的错误是，用单等号（赋值运算符）代替双等号。下面表达式的结果是 5（当然，也将 5 赋值给 x）：

```
x = 5
```

而下面表达式的结果不是 0，就是 1（这取决于 x 是否等于 5），并不会改变 x 中的值：

```
x == 5
```

如果不小心将关系表达式写成：

```
if (x = 5)
    printf("x is equal to 5");
```

就一定会打印这条消息，因为无论 x 的值是多少，对 if 语句的关系表达式求值的结果都恒为真。

查看程序清单 4.5，理解为何 a 的值会不同。第 9 行，5 确实等于 5，因此将关系表达式结果（1）赋给 a。第 12 行，“5 != 5”（5 不等于 5）为假，因此将 0 赋给 a。

再次重申，关系运算符用于创建关系表达式，询问表达式之间的关系。关系表达式返回的结果是一个数值，要么是 1（表示结果为真），要么是 0（表示结果为假）。

4.5.1　关系运算符的优先级

与前面讨论的数学运算符类似，关系运算符也有优先级，在含有多个关系运算符的表达式中，通过优先级判断它们的执行顺序。另外，在使用关系运算符的表达式中，同样也可以使用圆括号改变操作的执行顺序。本课末尾 4.8 节（运算符优先级归纳）列出了 C 语言中所有运算符的优先级。

首先，所有的关系运算符都比数学运算符的优先级低。因此，如果要表达将 x 加 2 的和与 y 作比较，可以这样写：

```
if (x + 2 > y)
```

也可以这样写（圆括号提高了代码的可读性）：

```
if ((x + 2) > y)
```

这种情况下，虽然 C 编译器不要求加圆括号，但是(x + 2)周围的圆括号能非常清晰地表达出：x 加 2 的和与 y 作比较。

关系运算符有两个优先级，如表 4.6 所示。

表 4.6　C 语言的关系运算符优先级

运算符	相对优先级
< <= > >=	1
!= ==	2

因此，如果这样写：

```
x == y > z
```

就相当于：

```
x == (y > z)
```

C 编译器会先计算表达式 y > z（其结果要么是 0，要么是 1），然后判断 x 是否与上一步的计算结果（1 或 0）相等。即使你很少使用这样的结构，但至少应该对其有所了解。

<table>
<tr><th>DO</th><th>DON'T</th></tr>
<tr><td></td><td>不要在 if 语句的关系表达式中使用赋值表达式语句。这会让他人不易读懂你的代码。他们也许认为你写错了，并将赋值表达式语句改成逻辑相等语句。

不要在包含 else 的 if 语句中使用不等于运算符（!=）。使用等于运算符（==）会更好。例如，下面的代码：
<pre>if (x != 5)
    语句 1
else
    语句 2</pre>这样写会更好：
<pre>if (x == 5)
    语句 2
else
    语句 1</pre></td></tr>
</table>

4.6 逻辑运算符

有时，你可能需要一次询问多个关系问题。例如，“如果是工作日的早上 7 点，且不是假期，就响铃”。C 语句的逻辑运算符可以把两个或多个关系表达式组合成一个单独的表达式，该表达式的计算结果不是真就是假。表 4.7 列出了 C 语言的 3 种逻辑运算符。

表 4.7　C 语言的逻辑运算符

运算符	符号	示例
与	&&	*exp1* && *exp2*
或	||	*exp1* || *exp2*
非	!	!*exp1*

表 4.8 解释了这些逻辑运算符的用法。

表 4.8　C 语言逻辑运算符的用途

表达式	计算结果
(*exp1* && *exp2*)	仅当 *exp1* 和 *exp2* 都为真时，表达式为真（1）；否则，表达式为假（0）
(*exp1* || *exp2*)	如果 *exp1* 或 *exp2* 为真，表达式为真（1）；如果两者均为假，则表达式为假（0）
(!*exp1*)	如果 *exp1* 为真，表达式为假（0）；如果 *exp1* 为假，则表达式为真（1）

如果表达式中使用了逻辑运算符，那么该表达式的计算结果（为真或假）取决于其运算对象（即，关系表达式）的计算结果（为真或为假）。表 4.9 列出了一些代码示例。

表 4.9 C 语言逻辑运算符的代码示例

表达式	计算结果
(5 == 5) && (6 != 2)	真（1），因为两边的运算对象都为真
(5 > 1) || (6 < 1)	真（1），因为一个运算对象为真
(2 == 1) && (5 == 5)	假（0），因为一个运算对象为假
!(5 ==4)	假（0），因为运算对象为假

可以创建包含多个逻辑运算符的表达式。例如，要询问“x 是等于 2、3 还是 4？”，可以这样写：

```
(x == 2) || (x == 3) || (x == 4)
```

灵活使用逻辑运算符能将同一个问题以不同的方式表达出来。如果 x 是一个整型变量，上面的问题还可以这样写：

```
(x > 1) && (x < 5)
```

或者

```
(x >= 2) && (x <= 4)
```

4.7 详议真/假值

前面已经学过，关系表达式的结果为 0 表示假，为 1 表示真。更重要的是，要意识到任何数值都能解译为真或假。在 C 语言的表达式或语句中使用它们时，注意下面的规则：

- 0 表示假；
- 非 0 表示真。

下面举例说明，该示例打印 x 的值：

```
x = 125;
if (x)
   printf("%d", x);
```

因为 x 是非 0 值，if 语句解译表达式（x）为真。

可以更普遍地应用这一规则，对于任意 C 表达式，(*expression*)都相当于(*expression* != 0)。如果 *expression* 的结果为非 0，则这两个表达式的结果都为真；如果 *expression* 的结果为 0，则这两个表达式的结果都为假。使用!运算符，也可以这样写：

```
(!expression)
```

这与下面的代码等价：

```
(expression == 0)
```

4.7.1 运算符的优先级

C 语言的逻辑运算符也有优先级顺序，无论是逻辑运算符之间，还是相对于其他运算符。!运算符与一元数学运算符++和--的优先级相同。因此，!运算符比所有的关系运算符和二元数学运算符的优先级高。

相比之下，虽然&&的优先级比||高，但是&&和||运算符的优先级都较低（比所有数学运算符和

关系运算符的优先级低)。和 C 语言的其他运算符一样，也可以使用圆括号来改变逻辑运算符的计算顺序。考虑下面的示例：

你要写一个逻辑表达式完成 3 个独立的比较。

1. a 是否小于 b？
2. a 是否小于 c？
3. c 是否小于 d？

你希望如果条件 3 为真且条件 1 或条件 2 其中之一为真，则整个逻辑表达式为真。可以这样写：

```
a < b || a < c && c < d
```

然而，编译器不会按照你预想的顺序执行。因为`&&`运算符的优先级高于`||`运算符，因此，上面的表达式相当于：

```
a < b || (a < c && c < d)
```

而且，如果`(a < b)`为真，那么不管`(a < c)`和`(c < d)`的关系是否为真，整个表达式的结果都为真。因此，应该这样写：

```
(a < b || a < c) && c < d
```

强制编译器先计算`||`再计算`&&`。为了帮助读者更好地理解，程序清单 4.6 用上述两种方式计算表达式。

输入▼

程序清单 4.6　LogicalOrder.c ：逻辑运算符的优先级

```
1:      #include <stdio.h>
2:
3:      /* 初始化变量。注意，c 不小于 d，  */
4:      /* 做这样的设置，仅为测试需要。 */
5:      /* 因此，整个表达式的结果应该为假。*/
6:
7:      int a = 5, b = 6, c = 5, d = 1;
8:      int x;
9:
10:     int main(void)
11:     {
12:         /* 不用圆括号，计算表达式的结果 */
13:
14:         x = a < b || a < c && c < d;
15:         printf("\nWithout parentheses the expression evaluates as %d", x);
16:
17:         /* 加上圆括号，计算表达式的结果 */
18:
19:         x = (a < b || a < c) && c < d;
20:         printf("\nWith parentheses the expression evaluates as %d\n", x);
21:         return 0;
22:     }
```

输出▼

```
Without parentheses the expression evaluates as 1
With parentheses the expression evaluates as 0
```

分析▼

输入并运行该程序清单。注意，程序打印的两个表达式的结果不同。该程序初始化了 4 个用于比较的变量（第 7 行）。第 8 行声明 x，用于储存结果。第 14 行和第 19 行使用了逻辑运算符。其中，第 14 行不使用圆括号，根据运算符优先级，编译器会计算&&。在这种情况下，计算的结果与预期不符；第 19 行使用圆括号改变了表达式的计算顺序。

4.7.2　复合赋值运算符

C 语言的复合赋值运算符将二元数学操作和赋值操作结合起来。例如，假设你希望让 x 的值增加 5，换言之，将 x 与 5 相加，并把结果赋值给 x。可以这样写：

```
x = x + 5;
```

使用复合赋值运算符，可以这样写：

```
x += 5
```

复合赋值运算符的通用语法如下：

```
exp1 op= exp2;
```

这与下面的写法等效（op 指的是二元运算符）：

```
exp1 = exp1 op exp2;
```

可以使用前面讨论过的 5 个二元数学运算符创建其他复合赋值运算符。表 4.10 列出了一些示例。

表 4.10　复合赋值运算符的示例

这样写	相当于
x *= y	x = x * y
y -= z + 1	y = y - z +1
a /= b	a = a / b
x += y / 8	x = x + y / 8
y % 3	y = y % 3

复合运算符提供方便的速写方式，当赋值运算符左侧的变量名特别长时，很能体现这种书写方式的优势。与其他赋值表达式语句一样，复合赋值表达式语句的值也是赋给左侧变量的值。因此，执行下面的语句，x 和 z 的值都为 14：

```
x = 12;
z = x += 2;
```

4.7.3　条件运算符

条件运算符是 C 语言唯一的三元运算符，这意味着需要 3 个运算对象。条件运算符的语法是：

```
exp1 ? exp2 : exp3;
```

如果 *exp1* 为真（即，值为非 0），整个表达式的结果为 *exp2* 的值。如果 *exp1* 为假（即，值为 0），整个表达式的结果为 *exp3* 的值。例如，下面语句中，如果 y 为真，则把 1 赋值给 x；如果 y 为假，则把 100 赋值给 x：

```
x = y ? 1 : 100;
```

同样地，要把 x 和 y 中的较大者赋值给 z，可以这样写：

```
z = (x > y) ? x : y;
```

也许读者没有注意到，条件运算符的原理类似于 if 语句。上面这条语句也可写成：

```
if (x > y)
    z = x;
else
    z = y;
```

但是，条件运算符不能替换所有使用 if...else 的情况。在可以替换的情况下，用条件运算符更为简洁。而且，条件运算符还能用于无法使用 if 语句的地方。例如，插入一个函数调用中（如，单独的 printf()语句）：

```
printf( "The larger value is %d", ((x > y) ? x : y) );
```

4.7.4 逗号运算符

在 C 语言中，逗号常作为简单的标点符号，用于分隔变量声明、函数参数等。在某些情况下，逗号还可以作为运算符，将两个子表达式组成一个表达式。规则如下：

- 两个表达式都会被计算，先计算逗号左边的表达式；
- 整个表达式的结果是右边表达式的值。

例如，下面的语句会将 b 的值赋给 x，然后递增 a，接着再递增 b：

```
x = (a++, b++);
```

因为上面语句中的++运算符都是后缀模式，所以在递增 b 之前，已经将 b 的值赋给 x。而且，必须使用圆括号，因为逗号运算符的优先级比赋值运算符的优先级还低。后面课程会介绍逗号运算符常用于 for 语句中。

DO	DON'T
使用逻辑运算符&&和||代替嵌套的 if 语句。	不要混淆赋值运算符(=)和等于运算符(==)。

4.8 运算符优先级归纳

表 4.11 按优先级降序列出了 C 语言的运算符，供读者熟悉优先级，以备查阅。注意，同行运算符的优先级相同。

表 4.11 C 运算符的优先级

优先级	运算符
1	() [] ->
2	! ~ ++ -- *（间接运算符） &（取址运算符） sizeof +（一元） -（一元）
3	*（乘法） / %
4	+ -
5	>> <<
6	< <= > >=
7	== !=
8	&（按位与）
9	^

优先级	运算符
10	|
11	&&
12	||
13	?:
14	= += -= *= /= &= ^= |= <<= >>=
15	,

()是函数运算符，[]是数组运算符

4.9 小　结

本课介绍了语句、表达式和运算符相关的内容。C 编译器会忽略代码中的空白（除字符串常量中的空白外）。大部分语句以分号结尾。复合语句（或块）是由花括号括起来的多条语句，可用于任何单条语句使用的地方。

许多语句都由表达式和运算符组成。一切可求值（结果为数值）的内容都是表达式。复杂表达式可包含多个简单的表达式（子表达式）。

运算符是 C 语言中的符号，命令计算机对一个或多个表达式执行操作。在 C 语言中，许多运算符都是一元运算符，需要一个运算对象；另外大部分是二元运算符，需要两个运算对象；只有一个三元运算符——条件运算符。C 语言定义了运算符的优先级别，规定了在包含多个运算符的表达式中执行操作的顺序。

本课介绍的 C 运算符分为 3 大类。

- 数学运算符：对运算对象执行算术运算（如，加法）。
- 关系运算符：对运算对象进行比较（如，大于）。
- 逻辑运算符：对真/假表达式进行求值。记住，C 语言使用 `1` 和 `0` 分别表示真和假，任何非 `0` 值都解译为真。

本课还介绍了 C 语言中的 `if` 语句，该语句根据关系表达式的求值结果执行相应的操作。

4.10 答　疑

问：空格和空行对程序运行有何影响？

答：空白（空行、空格和制表符）可提高代码的可读性。编译器在编译时程序时会忽略空白，因此不会影响可执行程序。正是由于这个原因，你应该使用空白让程序易于阅读。

问：一元运算符和二元运算符的区别是什么？

答：顾名思义，一元运算符需要一个运算对象，二元运算符需要两个运算对象。

问：-是一元运算符还是二元运算符？

答：既是一元运算符也是二元运算符。编译器非常智能，根据表达式中变量的个数，判断你使用的是哪种形式的-运算符。下面的语句中，-是一元运算符：

```
x = -y;
```

而下面的语句中，-则是二元运算符：

```
x = a - b;
```

问：负数被视为真还是假？

答：记住，0 为假，其他非 0（包括负数）都为真。

4.11 课后研习

课后研习包含小测验和练习题。小测验帮助读者理解和巩固本课所学概念，练习题有助于读者将理论知识与实践相结合。

4.11.1 小测验

1. 在 C 语言中下面是什么语句？含义是什么？
   ```
   x = 5 + 8;
   ```
2. 什么是表达式？
3. 如果表达式中包含多个运算符，如何判断运算的执行顺序？
4. 如果 x 变量的值是 10，分别执行下面两个语句后，x 和 a 的值是多少？
   ```
   a = x++;
   a = ++x;
   ```
5. 对表达式 10 % 3 求值是多少？
6. 对表达式 5 + 3 * 8 / 2 + 2 求值是多少？
7. 请重写第 6 题，为表达式加上圆括号，使其值得 16。
8. 如果表达式求值为假，则其值是多少？
9. 如下所列各项，哪一个优先级高？
   ```
   a. == 或 <
   b. * 或 +
   c. != 或 ==
   d. >= 或 >
   ```
10. 什么是复合赋值运算符，用于什么情况？

4.11.2 练习题

1. 下面的代码格式不妥，请输入并编译，看是否能运行：
   ```
   #include <stdio.h>
   int x,y;int main(){ printf(
   "\nEnter two numbers");scanf(
   "%d %d",&x,&y);printf(
   "\n\n%d is bigger",(x>y)?x:y);return 0;}
   ```
2. 请重写练习 1 的代码，提高代码的可读性。
3. 写一个 if 语句，仅当 x 在 1 至 20 之间时，才将 x 的值赋给 y 变量。如果 x 不在指定范围内，则不改变 y 的值。
4. 使用条件运算符完成练习 4。

5. 使用单独的 `if` 语句和逻辑运算符，重写下面嵌套的 `if` 语句：

```
if (x < 1)
    if ( x > 10 )
        语句
```

6. 对以下所列各表达式求值，各是多少？

```
a. (1 + 2 * 3)
b. 10 % 3 * 3 - (1 + 2)
c. ((1 + 2) * 3)
d. (5 == 5)
e. (x = 5)
```

7. 如果 `x = 4`，`y = 6`，且 `y = 2`，对下述各表达式求值，判断结果为真还是为假：

```
a. if ( x == 4)
b. if (x != y - z)
c. if (z = 1)
d. if (y)
```

8. 写一个 `if` 语句，判断某人是否是法定成年人（21 岁），且不是老年人（65 岁）。

9. **排错**：修正下面的程序，使其能正常运行：

```
/* 一个有问题的程序... */
#include <stdio.h>
int x = 1:
int main( void )
{
    if( x = 1);
        printf(" x equals 1" );
    otherwise
        printf(" x does not equal 1");
    return 0;
}
```

第5课

函　数

函数是C程序设计的核心，也是C程序设计的哲学。通过前几课的学习，你已经了解了C语言的库函数是由编译器提供的完整函数。本课将介绍用户自定义函数，顾名思义，这是由你——程序员定义的函数。本课将介绍以下内容：

- 什么是函数，函数由哪几部分组成
- 用函数进行结构化程序设计的优点
- 如何创建函数
- 如何在函数中声明局部变量
- 如何从函数将值返回程序
- 如何传递参数给函数

5.1 理解函数

要理解函数，首先要弄懂什么是函数和如何使用函数。

5.1.1 函数定义

函数是已命名的、执行专项任务的独立C代码段，可选择是否向调用它的程序返回一个值。现在，仔细分析这段定义。

- **函数是已命名的**。每个函数都有独一无二的函数名。在程序的其他部分使用函数名，可以执行该函数中的语句。这也称为**调用**（*call*）函数。可以在函数中调用其他函数。
- **函数是独立的**。函数可独立执行任务，无需程序其他部分干预。
- **函数可以向调用它的程序返回一个值**。程序调用函数时，会执行函数中的语句。如果需要的话，可以把特定信息传递给调用它们的程序。

以上便是定义函数需要了解的内容。往下学习之前，请先记住这些内容。

5.1.2 函数示例

程序清单5.1包含一个用户自定义函数。

输入▼

程序清单5.1　cube.c：该程序使用一个函数计算数的立方

```
1:      // 该程序演示一个简单的函数
2:      #include <stdio.h>
3:
4:      long cube(long x);
5:
6:      long input, answer;
7:
8:      int main(void)
9:      {
10:          printf("Enter an integer value: ");
11:          scanf("%ld", &input);
12:          answer = cube(input);
13:          /* 注意: %ld 是 long 类型整数的转换说明 */
14:
15:          printf("\nThe cube of %ld is %ld.\n", input, answer);
16:
17:          return 0;
18:     }
19:
20:     // 函数: cube() - 计算一个变量的立方值
21:     long cube(long x)
22:     {
23:          long x_cubed;
24:
25:          x_cubed = x * x * x;
26:          return x_cubed;
27:     }
```

输出 1▼

```
Enter an integer value: 100
The cube of 100 is 1000000.
```

输出 2▼

```
Enter an integer value: 9
The cube of 9 is 729.
```

输出 3▼

```
Enter an integer value: 678
The cube of 678 is 311665752.
```

> **注意**
>
> 下面的分析侧重于程序与函数直接相关的各部分，而非解释整个程序。

分析▼

第 4 行是函数原型（*function prototype*），即位于程序后面的函数的模型。函数的原型包括函数名、传递给该函数的变量类型和参数列表，以及返回的变量类型（如果有返回值的话）。查看第 4 行可知函数名为 cube，接受一个 long 类型的变量，并返回一个 long 类型的变量。被传递给该函数的变量称为参数，位于函数名后面的圆括号中。在该例中，cube 函数只有一个参数：long x。函数名前面的关键字表明其返回值的类型。本例中，该函数返回一个 long 类型的变量。

第 12 行调用函数 cube，并将变量 input 作为参数传递给该函数。第 6 行将 input 变量和 answer 变量都声明为 long 类型。这与第 4 行的函数原型所使用的类型相匹配。

函数本身称为函数定义（*function definition*）。在该例中，被调用的函数是 cube，其函数定义在第 21~27 行。与函数原型类似，函数定义也由几个部分组成。函数开始于第 21 行的函数头。**函数头**（*function header*）是函数的开始，给出函数的名称（本例中，函数名为 cube）、返回类型，以及描述函数接受的参数。注意，函数头与函数原型完全相同，只是函数头末尾没有分号。

花括号括起来的是函数体（第 22~27 行）。调用函数时，将执行函数体中的语句（如第 25 行）。第 23 行是变量声明，看上去和以前见过的变量声明一样，但是稍有不同，这是局部变量声明。在函数体中声明的变量是**局部变量**（*local variable*）（第 12 课将详细介绍）。最后，第 26 行是 return 语句，表明函数结束。该例中，return 语句将一个值（x_cubed 变量）传递给调用它的程序。

main()也是一个函数，比较 cube()函数和 main()函数，会发现它们的结构相同。读者还使用过其他函数，如 printf()和 scanf()，虽然它们都是库函数，但是和用户自定义的函数一样，也是有参数和返回值的函数。

5.2 函数的工作原理

只有在 C 程序的其他部分调用函数时才会执行函数中的语句。程序在调用函数时，以传递一个或多个参数的形式给函数传递信息。**实参**（*argument*）是程序发送给函数的数据。函数可以使用这些数据执行函数中的语句，完成之前设计好的任务。执行完函数中的语句后，程序将跳转至原来调用该函数时的位置继续执行。函数以返回值的形式将信息传回程序。

图 5.1 所示的程序中包含 3 个函数，每个函数都被调用一次。程序每次调用函数时，都会跳转执行函数中的内容。执行完函数后，再跳转回程序调用该函数时的位置。可根据需要，以任意顺序调用函数多次。现在，读者已经知道什么是函数以及函数的重要性，接下来将介绍如何创建并使用自己的函数。

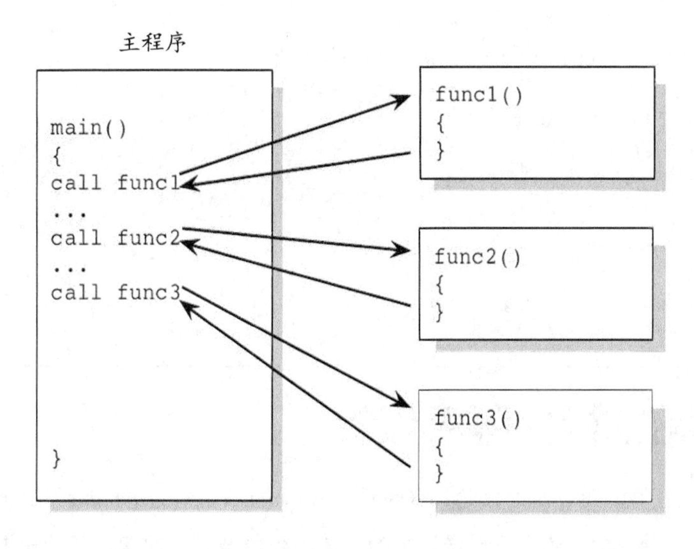

图 5.1 程序调用函数时，跳转执行函数中的内容，稍后再跳转回来

语　法

函　数

函数原型

```
返回类型 函数名(参数类型 参数名 1,... 参数类型 参数名 n)
```

函数定义

```
返回类型 函数名(参数类型 参数名 1,... 参数类型 参数名 n)
{
    /* 语句 */
}
```

函数原型为编译器描述了程序后面即将定义的函数。函数原型包括返回类型（表明该函数将返回的变量类型）、函数名（描述函数的用途）和函数接受的参数类型。参数名为可选，也就是说，函数原型中的参数名可写可不写。函数原型以分号结尾。

函数定义是实际的函数。函数定义包括需要执行的代码。如果函数原型包含变量名，函数定义的第 1 行（称为函数头）应该与函数原型相同。另外，虽然函数原型中的参数名可选，但是在函数头中必须包含参数名。紧跟函数头的是函数体，包含函数要执行的语句。函数体以左花括号开始，右花括号结束。如果函数的返回类型不是 void，函数体中就必须包含 return 语句，返回一个与返回类型匹配的值。即使函数的返回类型是 void，也可以在函数中包含没有返回值的 return 语句。在所有的函数中都包含 return 语句，是很好的编程习惯，安全第一、有备无患。

函数原型示例

```
double squared( double number );
void print_report( int report_number );
int get_menu_choice( void );
```

函数定义示例

```
double squared( double number )   /* 函数头 */
{                                 /* 左花括号 */
   return ( number * number );    /* 函数体 */
}                                 /* 右花括号 */
void print_report( int report_number )
{
   if( report_number == 1 )
      puts( "Printing Report 1" );
   else
      puts( "Not printing Report 1" );
   return;
}
```

5.3　函数和结构化程序设计

在 C 程序中使用函数，可以练习结构化程序设计（*structured programming*）——由独立的代码段单独执行程序任务。“独立的代码段”看起来很像之前的函数定义，的确，函数和结构化程序设计密切相关。

5.3.1 结构化程序设计的优点

结构化设计之所以卓越，有以下两个重要原因。

- 编写结构化程序更容易。将复杂的问题分解成若干简单的小任务，每个任务都由一个函数来完成，各函数中的代码和变量独立于程序的其他部分。每次都处理较简单的任务，程序可以执行得更快。
- 调试结构化程序更容易。如果程序出现 bug（有时会导致程序无法正常运行），结构化设计能让你轻松地单独处理特定代码段的问题。

结构化程序设计还有一个优点：可以通过复用代码段来节约时间。如果你在程序中编写了一个执行某项任务的函数，便可在另一个执行相同任务的程序中复用它。即使新程序中要完成的任务稍有不同，但是修改一个已有的函数比重新写一个新函数容易得多。回想一下，你用过多少次 `printf()`和 `scanf()`函数（虽然你可能不知道它们具体的代码）。如果创建了一个执行单独任务的函数，更方便用于其他程序中。

5.3.2 规划结构化程序

如果要编写结构化程序，首先要进行规划。你可以在动手写代码之前做这件事，只需要纸和笔。程序的计划应该是程序的特定任务列表。如果你打算写一个管理通讯录（姓名和地址的列表）的程序，希望程序做什么？显然，该程序应该能完成下面的事项：

- 输入新的姓名和地址；
- 修改现有的条目；
- 按姓氏排列条目；
- 打印邮件标签。

你已经将程序分成 4 个主要的任务，每个任务都要用一个函数来完成。现在，进一步分析，将这些任务再细分成子任务。例如，“输入新的姓名和地址”任务可细分为以下子任务：

- 从磁盘中读取现有地址列表；
- 提示用户输入新的条目；
- 在列表中添加新的日期；
- 将已更新的列表保存至磁盘中。

同样，“修改现有条目”任务也可细分为以下子任务：

- 从磁盘中读取现有地址列表；
- 修改一条或多条条目；
- 将已更新的列表保存至磁盘中。

也许读者也注意到上述任务中有两个共同的子任务——从磁盘读取和保存列表。因此，可以编写“从磁盘中读取现有地址列表”函数和“将已更新的列表保存至磁盘中”函数，这两个函数都可以被

“输入新的姓名和地址”函数和“修改现有条目”函数调用。

把程序分成若干子任务后，很容易发现其中包含的共同部分。另外，如果编写的磁盘访问函数有两种用途（读取和保存），程序会更小、效率更高。

用这种方法编写的程序具有层次化的结构。以上面分析的通讯录程序为例，如图 5.2 所示。

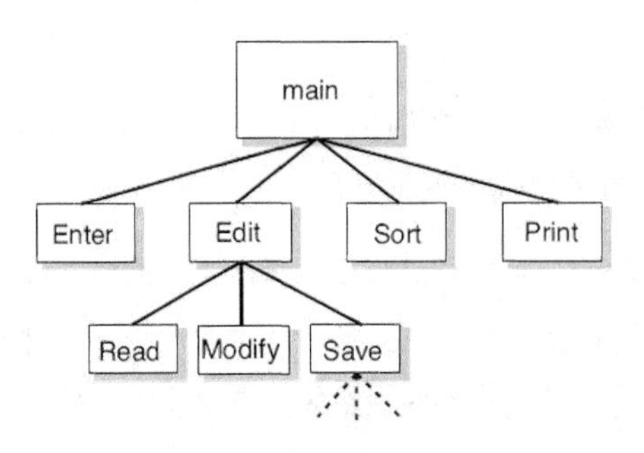

图 5.2　按层次组织的结构化程序

按照本节介绍的方法规划时，很快就能把程序需要完成的多个独立任务联系起来。然后，一次处理一个任务，把注意力集中在相对简单的任务上。写完一个函数并能正常运行后，再继续完成下一个任务。在不知在不觉中，你的程序就慢慢成型了。

5.3.3　自上而下的方法

C 程序员采用自上而下的方法（*top-down approach*）进行结构化程序设计。如图 5.2 所示，程序的结构类似一棵倒过来的树。许多情况下，程序的大部分工作实际上都是由“树枝末端”的函数来完成，而靠近“树干”的函数主要是直接引导程序执行这些函数。

因此，许多 C 程序的主体（`main()`函数）中只有少量代码引导程序执行函数，而程序的大部分代码都在函数中。通常，程序会给用户提供一份菜单，然后程序将按照用户的选择执行不同的函数。

注意

使用菜单是一种不错的程序设计方法。第 13 课将介绍如何使用 `switch` 语句创建通用菜单驱动系统。

现在，你知道了什么是函数，明白了函数的重要性。接下来的课程将介绍如何创建自己的函数。

DO	DON'T
在动手写代码前要先规划。提前确定程序的结构，可以节约写代码和调试程序的时间。 如何写好注释是门学问。词不达意或晦涩难懂的注释起不到注释本身的作用。过于冗长繁琐的注释可能导致写注释比写代码的时间还多。	不要在一个函数中完成所有的任务。一个函数应该只完成一项任务（如，从磁盘中读取信息）。

5.4 编写函数

确定要函数做什么，是编写函数的第 1 步。只要明确了这一点，实际编写函数时就不会很困难。

5.4.1 函数头

每个函数的第 1 行都是函数头。函数头由 3 部分组成，分别有不同的功能，如图 5.3 所示。

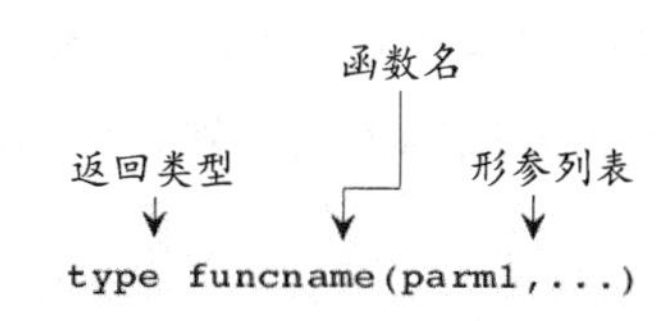

图 5.3 函数头的 3 个组成部分

(1) 返回类型

函数的返回类型指定了该函数返回调用程序的数据类型。函数的返回类型可以是 C 语言的任意数据类型，包括 char、int、float、或 double 等。当然，函数也可以没有返回值，这种情况下函数的返回类型为 void。下面有一些示例：

```
int func1(...)          /* 返回 int 类型 */
float func2(...)        /* 返回 float 类型 */
void func3(...)         /* 无返回值 */
```

如上所示，func1 返回一个整型数，func2 返回一个浮点型数，func3 无返回值。

(2) 函数名

函数名的命名规则遵循 C 语言变量的命名规则。在 C 程序中，函数名必须唯一（不能与其他函数和变量同名）。函数名应反映该函数的功能或用途。

(3) 形参列表

大多数函数都使用实参（*argument*）。实参是在调用函数时，传递给函数的值。函数要知道每个待传入实参的数据类型，函数头的形参列表便提供了实参类型的信息。可以给函数传递 C 语言的任意数据类型。

形参列表必须为每个传递给函数的实参提供一个相应的项（由形参类型和形参名组成）。例如，下面是程序清单 5.1 的函数头：

```
long cube(long x)
```

该形参列表中的 long x，指定了该函数需要一个 long 类型的实参，由形参 x 表示。如果形参列表中有多个形参，要用逗号隔开它们。如下面的函数头，指定了 func1 有 3 个参数：一个 int 类型的 x，一个 float 类型的 y 和一个 char 类型的 z：

```
void func1(int x, float y, char z)
```

有些函数没有参数，应在形参列表中写上 void，如：

```
int func2(void)
```

> **注意**
>
> 不要在函数头末尾加分号，否则，编译器会生成错误信息。

形参（*parameter*）和实参（*argument*）在这里很容易混淆。形参是函数头中的项，可视为实参的“占位符”。函数的形参是固定的，在程序执行期间不可更改。

实参是调用函数的程序传递给函数的实际值。每次调用函数，都可以传递不同的实参。在 C 语言中，每次调用函数时，传递给函数的实参类型和数量必须相同，但实参的值可以不同。在函数中，通过使用相应的形参名来访问实参。

下面用一个示例来讲解上述内容。程序清单 5.2 是一个简单的程序，将调用一个函数 3 次。

输入▼

程序清单 5.2　halfof.c：实参和形参的区别

```
1:        // 解释实参和形参的区别
2:
3:        #include <stdio.h>
4:
5:        float x = 3.5, y = 65.11, z;
6:
7:        float half_of(float k);
8:
9:        int main(void)
10:       {
11:           // 在本次调用中，x 是 half_of()的实参。
12:           z = half_of(x);
13:           printf("The value of z = %f\n", z);
14:
15:           // 在本次调用中，y 是 half_of()的实参。
16:           z = half_of(y);
17:           printf("The value of z = %f\n", z);
18:
19:           // 在本次调用中，z 是 half_of()的实参。
20:           z = half_of(z);
21:           printf("The value of z = %f\n", z);
22:
23:           return 0;
24:       }
25:
26:       float half_of(float k)
27:       {
28:           /* k 是形参。每次调用 half_of()时，  */
29:           /* k 中的值是传递给 half_of()的实参的值 */
30:
31:           return (k / 2);
32:       }
```

输出▼

```
The value of z = 1.750000
The value of z = 32.555000
The value of z = 16.277500
```

图 5.4 演示了实参和形参之间的关系。

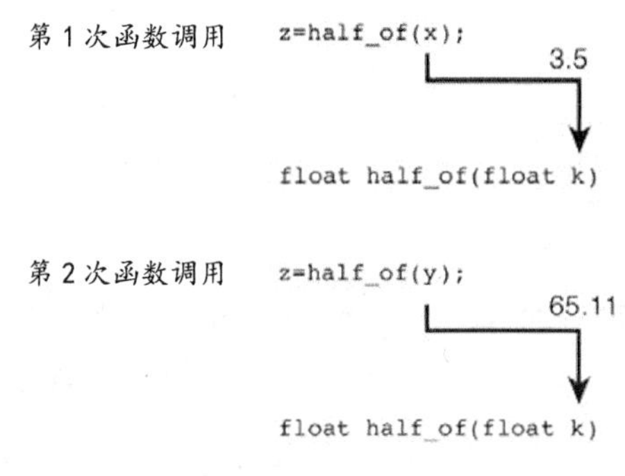

图 5.4 每次调用函数，实参都被传递给形参

分析▼

在程序清单 5.2 中，第 7 行声明了 half_of()的函数原型。第 12、16 和 20 行调用 half_of()，第 26 行和第 32 行是实际的函数。第 12、16 和 20 行每次都给 half_of()传递不同的实参。第 12 行传递 x，其值为 3.5；第 16 行传递 y，其值为 65.11；第 20 行传递 z，其值为 32.555。x、y 和 z 都被传入 half_of 的形参 k 中。这类似于分别将 x、y 和 z 的值拷贝给 k。然后，half_of()将返回该值除以 2（第 31 行）的商。程序运行后，将在屏幕上分别打印出正确的数字。

注意

程序清单 5.2 中最后一次函数调用（第 20 行）说明，传递给函数的变量和接收函数返回值的变量可以相同。也就是说，先把变量传递给函数，然后再用该变量接收函数返回的新值。除非你习惯这样用，否则会对这样的用法很困惑。

DO	DON'T
函数名要描述该函数的用途。 要确保传递给函数的实参数据类型与函数的形参数据类型相匹配。	不要给函数传递不必要的值。 传递给函数的实参个数不能少于形参的个数。在 C 程序中，传入函数的实参个数必须与函数的形参个数相匹配。

5.4.2 函数体

函数体（*function body*）位于函数头后面的花括号中。函数的实际工作都是在函数体中完成。调用函数时，从函数体的顶部开始执行，直至 return 语句或最外层的右花括号结束（返回调用程序）。

(1) 局部变量

可以在函数体中声明变量。声明在函数中的变量称为局部变量（*local variable*）。“局部”意味着该变量归特定函数私有，与程序中声明在别处的同名变量不同。现在，先来学习如何声明局部变量。

声明局部变量与声明其他变量一样，使用第 3 课学过的变量类型（可以在函数中声明任意 C 语言类型的变量）和命名规则。可以在声明时初始化局部变量。下面的示例在一个函数中声明了 4 个局部变量：

```
int func1(int y)
{
   int a, b = 10;
   float rate;
   double cost = 12.55;
   /* 函数的其他代码已省略... */
}
```

上面的示例中，声明了局部变量 a、b、rate 和 cost，这些变量只能用于该函数。注意，函数的形参可视为变量声明，因此，如果函数有形参的话，还可以在该函数中使用形参列表中的变量。

在函数中声明的变量，完全独立于程序其他部分声明的变量（即使这些变量与该变量同名）。程序清单 5.3 说明了这一点。

输入▼

程序清单 5.3　var.c：解释局部变量

```
1:     /* 解释局部变量 */
2:
3:     #include <stdio.h>
4:
5:     int x = 1, y = 2;
6:
7:     void demo(void);
8:
9:     int main(void)
10:    {
11:        printf("\nBefore calling demo(), x = %d and y = %d.", x, y);
12:        demo();
13:        printf("\nAfter calling demo(), x = %d and y = %d\n.", x, y);
14:
15:        return 0;
16:    }
17:
18:    void demo(void)
19:    {
20:        /* 声明并初始化两个局部变量 */
21:
22:        int x = 88, y = 99;
23:
24:        /* Display their values. */
25:
26:        printf("\nWithin demo(), x = %d and y = %d.", x, y);
27:    }
```

输出▼

```
Before calling demo(), x = 1 and y = 2.
Within demo(), x = 88 and y = 99.
After calling demo(), x = 1 and y = 2.
```

分析▼

程序清单 5.3 和本课前两个程序类似。第 5 行声明 x 变量和 y 变量。这两个变量在所有函数的外部声明，因此它们是全局变量。第 7 行是 demo() 的函数原型，该函数没有形参也没有返回值，因此形参列表和返回类型都是 void。main() 函数非常简单，开始于第 9 行。首先，第 11 行调用 printf() 函数打印全局变量 x 和 y 的值，然后调用 demo() 函数。注意，第 22 行 demo() 声明了自己的局部变量 x 和 y。第 26 行打印的是局部变量 x 和 y 的值。调用 demo() 函数后，第 13 行再次打印 x 和 y 的值，因为此时已离开 demo() 函数，所以打印的是全局变量 x 和 y 的值。

从程序清单 5.3 中可知，函数中的局部变量 x 和 y 完全独立于函数外部的全局变量 x 和 y。在函数中使用变量要遵循以下 3 条规则：

- 要在函数中使用变量，必须先在函数头或函数体中声明变量（全局变量除外，第 12 课将介绍相关内容）；
- 要在函数中获得调用程序中的值，必须将该值作为实参传递给函数；
- 要在调用程序中获得函数中的值，必须将该值从函数中显式返回。

坦白地说，这些规则应用起来并不严格，本书后面将介绍如何避开它们。尽管如此，现在先遵循这些规则，避免不必要的麻烦。

让函数独立的一个方法便是将函数的变量与程序的其他变量分离。函数可以使用自己的一组局部变量完成任何数据操作，完全不会影响程序的其他部分。另外，在函数中使用局部变量，更容易把函数应用到完成相同任务的新程序中。

(2) 函数语句

在函数中唯一不能做的是定义其他函数。在函数中可以使用任何 C 语句，包括循环（将在第 6 课中介绍）、if 语句和赋值表达式语句。除此之外，还可以调用库函数和其他用户自定义函数。

C 语言是否对函数的长度有要求？C 语言没有严格规定函数的长度，但是考虑到实用性，应尽量让函数都比较简短。记住，在结构化程序设计中，每个函数都应该只完成一个较简单的任务。如果发现函数越来越长，那很可能在一个函数中执行了太多任务，可将其拆分为多个更小的函数。

那么多长的函数算太长？这个问题没有明确的答案，但是根据实际的编程经验，很少有代码行超过 25 至 30 行以上的函数。代码行太多通常意味着该函数要完成的任务过多。你必须学会自己判断，有些任务需要较长的函数才能完成，而有些只需要几行。随着你的编程经验越来越丰富，在判断一个函数是否应该拆分为更小的函数时会越来越得心应手。

(3) 返回值

从函数返回值，要使用 return 关键字，后面是 C 语言的表达式。程序执行到 return 语句时，将对表达式求值，然后把计算结果传回调用程序。函数的返回值就是表达式的值。考虑下面的函数：

```
int func1(int var)
{
   int x;
   /* 其他函数代码已省略... */
   return x;
}
```

调用 func1() 函数时，将执行函数体中的语句直至 return 语句。return 语句结束函数，并将 x 的值返回调用程序。关键字 return 右边的表达式可以是任何有效的 C 表达式。

一个函数可包含多个 return 语句，但是只有第 1 个被执行的 return 语句有效。要从函数中返回不同的值，使用多条 return 语句是行之有效的方法。如程序清单 5.4 所示。

输入▼

程序清单 5.4　roomassign.c：在函数中使用多个 return 语句

```
1:      /* 在一个函数中使用多个 return 语句的示例 */
2:
3:      #include <stdio.h>
4:
5:      char last_init;
6:      int room;
7:
8:      int room_assign(char last_init);
9:
10:     int main(void)
11:     {
12:         puts("Enter the first initial of your last name: ");
13:         scanf("%c", &last_init);
14:
15:         room = room_assign(last_init);
16:
17:         printf("\nYou need to report to room %d.", room);
18:
19:         return 0;
20:     }
21:
22:     int room_assign(char li)
23:     {
24:         // 该 if 语句测试首字母是在 A~M（或 a~m）之间还是在 N~Z（或 n~z）之间
25:         // 如果在 A~M 或 a~m 之间，则分配至 1045 房间，其余的分配至 1055 房间
26:
27:         // ||用于检查首字母的大小写
28:
29:         if ((li >= 'a' && li <= 'm') || (li >= 'A' && li <= 'M'))
30:             return 1045;
31:         else
32:             return 1055;
33:     }
```

输出 1▼

```
Enter the first initial of your last name:
d
You need to report to room 1045.
```

输出 2▼

```
Enter the first initial of your last name:
R
You need to report to room 1055.
```

分析▼

和其他程序清单类似，程序清单 5.4 开头的注释描述了该程序的用途（第 1 行）。为了在程序中使用标准输入/输出函数在屏幕上显示信息和获取用户的输入，程序必须包含 stdio.h 头文件。第 8 行是 room_assign()的函数原型。注意，该函数需要一个 char 类型的参数，并返回 int 类型的值。第 15 行调用带 last_init 实参的 room_assign()函数。该函数包含多个 return 语句，而且利用 if 语句检查 li（main()中的实参 last_init 被传递给函数中的形参 li）是否在“A”～“M”或者“a”～“m”之间。如果是，便执行第 30 行的 return 语句，然后结束函数。在这种情况下，

程序将忽略第 31 行和第 32 行。如果 `li` 不在“a”～“m”之间（即，在“n”～“z”之间），则执行 `else` 子句中的 `return` 语句（第 32 行）。读者应该可以看出，该程序根据传入 `room_assign()` 函数的实参来判断应执行哪个 `return` 语句并返回合适的值。

最后需要注意一点。第 12 行使用了一个新的函数——`puts()`，该函数名的意思是“放置字符串”（*put string*）。这是一个简单的函数，用于在标准输出（通常是计算机屏幕）上显示字符串（字符串将在第 10 课中介绍，现在，只需知道字符串就是用双引号括起来的文本）。

记住，在函数头和函数原型中已经指定了函数的返回值类型。函数的返回值必须与指定的类型相匹配，否则，编译器将生成错误消息。

注意

结构化程序设计建议函数只有一个入口和一个出口。这意味着，每个函数应尽量只包含一条 `return` 语句。然而，有时包含多条 `return` 语句的程序也许更容易阅读和维护。在某些情况下，应该优先考虑可维护性。

5.4.3 函数原型

每个函数都要有函数原型才能使用。前面介绍的程序清单中有许多函数原型的例子，如程序清单 5.1 的第 4 行。函数原型到底是什么？为什么需要函数原型？

从外观上看，除了末尾的分号，函数原型与函数头完全相同；从内容上看，函数原型与函数头一样，同样包含函数的返回类型、函数名和形参的信息。函数原型的工作是将函数的基本情况告知编译器。编译器通过函数原型提供的函数返回类型、函数名和形参的信息，在每次源代码调用函数时进行检查，核实传递的实参数量、类型以及返回值是否正确。如果其中一项不匹配，编译器便会生成错误消息。

严格地说，并不要求函数原型与函数头的内容精确匹配。只要函数原型的形参类型、数量和顺序与函数头相匹配，其形参名可以不同。尽管如此，还是建议保持函数头与函数原型各项相同，这样编写的源代码不仅更容易理解，而且在写好函数定义后，只需剪切并粘贴函数头便创建了函数原型（别忘了在函数原型末尾加分号）。

函数原型应放在源代码中的什么位置？函数原型应放在第 1 个函数的前面。为了提高程序的可读性，最好将程序所有的函数原型都放在一个位置。

DO	DON'T
尽可能使用局部变量。 尽量限制每个函数只完成单独的任务。	不要返回与函数返回类型不同的值。 不要让函数太长。如果函数过长，可尝试将其拆分为多个更小的任务。 如无必要，不要在一个函数中包含多条 return 语句。然而，有时包含多个 return 语句让代码更易理解。

5.5 给函数传递实参

要给函数传递实参，可将实参放在函数名后的圆括号中。实参的数量和类型必须与函数头和函数原型的形参匹配。例如，如果定义的函数需要两个 int 类型的实参，那么必须传递两个 int 类型的实参（不能多不能少，也不能是其他类型）。如果给函数传递的实参数量或类型不匹配，编译器会根据函数原型中的信息检测出来。

如果函数需要多个实参，这些列于函数调用中的实参将被依次赋给函数的形参：第 1 个实参赋给第 1 个形参，第 2 个实参赋给第 2 个形参，以此类推，如图 5.5 所示。

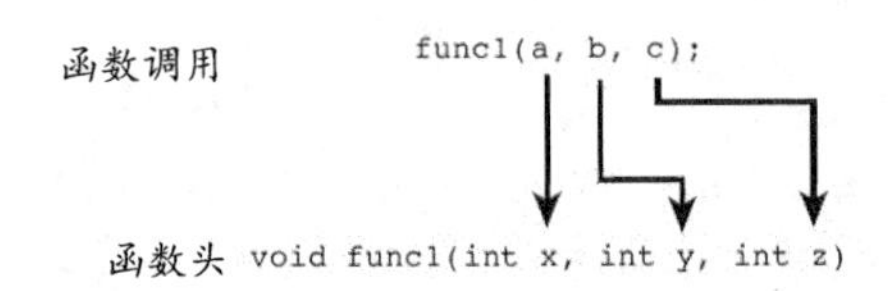

图 5.5 按顺序将多个实参赋给函数形参

实参可以是任何有效的 C 表达式：常量、变量、数学表达式、逻辑表达式、甚至其他有返回值的函数。例如，如果 half()、sequare() 和 third() 都是有返回值的函数，可以这样写：

```
x = half(third(square(half(y))));
```

程序首先调用 half()，以 y 作为实参传递。从 half() 返回后，程序接着调用 square()，把 half() 的返回值作为实参传递给 square()。接下来，调用 third()，把 square() 的返回值作为实参传递给 third()。然后，再次调用 half()，这次是把 third() 的返回值作为实参传递。最后，将 half() 的返回值赋给 x 变量。以下所列为等价的代码段：

```
a = half(y);
b = square(a);
c = third(b);
x = half(c);
```

5.6 调用函数

调用函数有两种方法。第 1 种方法是，在语句中直接使用函数名和实参列表（即使函数有返回值，也不用写出来），如下所示：

```
wait(12);
```

第 2 种方法只适用于有返回值的函数。由于可以对这些函数求值（即，得到返回值），因此只要是可以使用 C 表达式的地方都可以使用这些函数。前面介绍过带返回值的表达式可放在赋值表达式语句的右侧。下面来看更多的示例。

下面这条语句中，half_of() 是 printf() 函数的实参：

```
printf("Half of %d is %d.", x, half_of(x));
```

首先，调用带实参 x 的 half_of() 函数，然后调用带实参"Half of %d is %d."、x 和 half_of(x) 的 printf() 函数。

下面的示例，在一个表达式中使用了多个函数：

```
y = half_of(x) + half_of(z);
```

本例调用了两次 half_of()，当然，第 2 次调用的函数可以是任意其他有返回值的函数。下面的代码与此例相同，但是 3 条语句各占一行：

```
a = half_of(x);
b = half_of(z);
y = a + b;
```

接下来介绍的两个示例是使用函数返回值的有效途径。在 if 语句中使用了一个函数：

```
if ( half_of(x) > 10 )
{
   /* 语句 */       /* 可以是任何语句！ */
}
```

如果函数的返回值符合条件（在本例中，即 half_of() 返回的值大于 10），则 if 语句为真，执行 if 块中的语句。如果函数的返回值不符合条件，则不执行 if 块中的语句。

这个示例更好：

```
if ( do_a_process() != OKAY )
{
    /* 语句 */           /* 执行错误的例程 */
}
```

该例同样没有提供具体的语句，而且 do_a_process() 也不是一个真正的函数。但是，这个示例很重要。该例检查 do_a_process() 的返回值，判断该进程是否运行正常。如果不正常，则执行 if 块中的语句，处理错误或进行清理工作。在文件中访问信息、比较值和分配内存时，经常会用到类似的处理方法。

警告

如果将返回值类型为 void 的函数作为表达式，编译器会生成一条错误消息。

DO	DON'T
给函数传递参数，提高函数的通用性和复用性。 要充分利用可将函数放在表达式中的功能。	不要在一条语句中包含太多函数，以免引起混淆。只有不会引起混淆才可把函数放入语句中。

5.6.1　递归

递归（*recursion*）指的是在一个函数中直接或间接地调用自己。如果一个函数调用另一个函数，而后者又调用前者，将发生间接递归（*indirect recursion*）。C 语言允许递归函数，它们在一些特定的情况下很有用。例如，递归可用于计算数的阶乘。数 x 的阶乘写作 x!，计算方法如下：

```
x! = x * (x-1) * (x-2) * (x-3) * ... * (2) * 1
```

还可以这样写：

```
x! = x * (x-1)!
```

用相同的方法进一步分析可知，计算(x-1)!可以写作：

```
(x-1)! = (x-1) * (x-2)!
```

程序清单 5.5 使用递归函数计算阶乘。由于程序中使用的是 unsigned 整型，因此输入的值最大为 8，9 的阶乘将超出 unsigned 整型的取值范围。

输入▼

程序清单 5.5　recurse.c：使用递归函数计算阶乘

```
1:      /* 函数递归示例。 */
2:      /* 计算数的阶乘 */
3:
4:      #include <stdio.h>
5:
6:      unsigned int f, x;
7:      unsigned int factorial(unsigned int a);
8:
9:      int main(void)
10:     {
11:         puts("Enter an integer value between 1 and 8: ");
12:         scanf("%d", &x);
13:
14:         if (x > 8 || x < 1)
15:         {
16:             printf("Only values from 1 to 8 are acceptable!");
17:         }
18:         else
19:         {
20:             f = factorial(x);
21:             printf("%u factorial equals %u\n", x, f);
22:         }
23:
24:         return 0;
25:     }
26:
27:     unsigned int factorial(unsigned int a)
28:     {
29:         if (a == 1)
30:             return 1;
31:         else
32:         {
33:             a *= factorial(a - 1);
34:             return a;
35:         }
36:     }
```

输出▼

```
Enter an integer value between 1 and 8:
6
6 factorial equals 720
```

分析▼

该程序示例的前半部分和其他程序类似。读者应该对第 1 行和第 2 行很熟悉了。为了使用输入/输出函数，第 4 行是是程序包含的头文件。第 6 行声明 unsigned 类型的变量。第 7 行是 factorial 函数的原型。注意，该函数需要一个 unsigned int 类型的参数，并返回一个 unsigned int 值。第 9~25 行是 main()函数。第 11 行打印一条信息，提示用户输入一个 1~8 之间的值，然后第 12 行接受用户输入的值。

第 14~22 行是 if 语句。如果输入的值大于 8 会导致程序出错，因此该 if 语句用于检查输入值的有效性。如果 x 大于 8，将打印一条错误消息；如果 x 在指定范围内，则计算 x 的阶乘（第 20 行），并打印出计算结果（第 21 行）。

递归函数 factorial()在第 27~36 行。传入该函数的值将赋给 a。第 29 行，检查 a 的值。如果 a 的值是 1，则返回 1。如果 a 的值不是 1，则将 a 与 factorial(a-1)的乘积赋给 a，再返回 a。程序将再次调用 factorial()函数，但是这次 a 的值是(a-1)。如果(a-1)不等于 1，将会再次调用 factorial()函数（此时 a 的值是(a-1)-1，即(a-2)）。这个过程在 if 语句（第 29 行）为真之前将一直继续。如果用户输入的值是 3，那么 3 的阶乘是：

```
3 * (3-1) * ((3-1)-1)
```

DO	DON'T
在程序中使用递归前，要理解递归的原理。	如果仅有几次迭代，不要使用递归。（迭代是指重复执行程序中的语句）。因为函数要记住自己的位置，所以使用递归时要占用大量资源。

5.7 函数的位置

读者一定很想知道应该把函数定义放在源代码中的什么位置。就现在而言，应该把它们都放在 main()所在的源文件中，并位于 main()的后面。

可以把自己的用户自定义函数放在一个独立的源代码文件中，与 main()分离。在大型程序中或者要在多个程序中使用同一组函数时，经常会这样做。我们将在第 22 课中详细讨论相关内容。

5.8 内联函数

在 C 语言中可以创建一种特殊类型的函数——*内联函数*（*inline function*）。内联函数通常都很短小。编译器会尽量以最快的方式（即，将函数代码拷贝进主调函数内）执行内联函数。待执行的代码段将会被放入主调函数中，故称之为内联。

使用 inline 关键字即可将函数设置为内联。下面的代码段便声明了一个内联函数 toInches()：

```
inline int toInches( int Feet )
{
    return (Feet*12);
}
```

在调用 toInches()函数时，编译器会尽量优化该函数，以提高运行速度。虽然通常都认为编译器会将内联函数的代码移至主调函数中，但是并未保证编译器一定会这样做。唯一肯定的是，编译器会尽量优化使用该函数的代码。内联函数的用法与其他函数相同。

5.9　小　结

本课介绍了 C 程序设计的重要组成部分——函数。函数是执行特定任务的独立代码段。程序通过调用函数来完成某项任务。结构化程序设计（一种强调模块化、自上而下的程序设计方法）离不开函数。用结构化程序设计创建的程序更高效，而且程序员用起来也非常方便。

本课还介绍了函数由函数头和函数体组成。函数头包含函数的返回类型、函数名和形参的信息。函数体中包含局部变量声明和调用该函数时执行的 C 语句。最后，简要介绍了局部变量，即声明在函数中的变量。局部变量完全独立于程序在别处声明的变量。

5.10　答　疑

问：如何从函数返回多个值？

答：许多情况下都需要从一个函数返回多个值，或者你想更改传递给函数的值，而且在函数结束后仍然有效。这些相关内容将在第 19 课中详细讲解。

问：怎样的函数名是好的函数名？

答：函数命名类似于变量命名。好的函数名应尽可能具体地描述该函数的用途。

问：在程序的顶部、`main()`前面声明的变量可用于整个程序，而局部变量只能用于特定函数中。为何不在 `main()`前面将所有的变量都声明为全局变量？

答：第 12 课将详细讨论变量作用域。到时你会明白为什么在函数中声明局部变量比在 `main()`前面声明全局变量好。

问：递归是否还有其他用途？

答：本课介绍的阶乘函数是递归的基本应用示例，许多统计计算都要用到阶乘。递归虽然是一种循环，却不同于循环。每次调用递归函数时，都会创建一组新的变量。这与下一课将要学到的循环有所不同。

问：程序的第 1 个函数是否必须是 `main()`函数？

答：C 标准并未规定程序的第 1 个函数必须是 `main()`函数，只规定了程序第 1 个执行的是 `main()`函数。`main()`函数可放在源文件的任意位置。为了方便定位和查找，大多数程序员都将 `main()`作为第 1 个函数或最后一个函数。

5.11　课后研习

课后研习包含小测验和练习题。小测验帮助读者理解和巩固本课所学概念，练习题有助于读者将理论知识与实践相结合。

5.11.1　小测验

1. 在编写 C 程序时是否要使用结构化程序设计？
2. 结构化程序设计的工作原理是什么？

3. 如何用 C 函数进行结构化程序设计？
4. 函数定义的第 1 行必须是什么？要包含什么内容？
5. 函数可以返回多少个值？
6. 如果函数没有返回值，应该声明该函数是什么类型？
7. 函数定义和函数原型的区别是？
8. 什么是局部变量？
9. 局部变量有何特殊之处？
10. `main()`函数应放在程序的什么位置？

5.11.2 练习题

1. 编写 `do_it()`函数的函数头，该函数接受 2 个 `char` 类型的实参，并将 `float` 类型的值返回主调函数。
2. 编写 `print_a_number()`函数的函数头，该函数接受一个 `int` 类型的实参，无返回值。
3. 以下函数返回值的类型是什么？

   a. `int print_error( float err_nbr);`

   b. `long read_record( int rec_nbr, int size );`
4. **排错**：找出下面程序的错误：

```
#include <stdio.h>
void print_msg( void );
int main( void )
{
   print_msg( "This is a message to print" );
   return 0;
}
void print_msg( void )
{
   puts( "This is a message to print" );
   return 0;
}
```

5. **排错**：找出下面程序的错误：

```
int twice(int y);
{
   return (2 * y);
}
```

6. 重写程序清单 5.4，`larger_of()`函数中只能有一条 `return` 语句。
7. 编写一个函数接受两个数作为实参，并返回计算结果。
8. 编写一个函数，接受两个数作为实参。如果第 2 个数不是 0，则将第 1 个数除以第 2 个数。（提示：使用 `if` 语句）
9. 编写一个函数，调用练习 7 和练习 8 的函数。
10. 编写一个程序，其中使用一个函数计算用户输入的 5 个 `float` 类型值的平均值。
11. 编写一个递归函数，计算 3 的 N 次幂（N 为另一个整型数）。例如，如果传递的值是 4，函数将返回 81。

第 6 课

基本程序控制

在第 4 课中介绍的 if 语句可以控制整个程序流。然而许多情况下，你需要更多地控制而并非仅局限于真假判断。本课将介绍控制程序流的 3 种新方法。本课将介绍以下内容：

- 如何使用简单的数组
- 如何使用 for、while 和 do...while 循环多次执行语句
- 如何嵌套程序控制语句

本课虽然无法涵盖以上内容的方方面面，但是提供了足够的信息教你如何开始编写真正的程序。在第 13 课中，将更详细地介绍以上相关内容。

6.1 数组：基本概念

在开始学习 for 语句之前，应该先了解一下数组的基本概念（第 8 课将完整地介绍数组）。在 C 语言中，for 语句和数组密切相关。为了帮助读者理解稍后 for 语句要用到的数组，这里先简要地介绍什么是数组。

数组（*array*）是一组带索引的数据存储位置，各位置的名称相同，以不同的下标（*subscript*）或索引（*index*）来区分。下标（也叫作索引）指的是数组变量名后面方括号中的数字。与其他 C 语言的变量类似，在使用数组之前必须先声明它。数组声明要包含数据类型和数组的大小（即，数组中元素的数量）。例如，下面这条语句声明了一个名为 data 的数组，其中可容纳 1000 个 int 类型的元素：

```
int data[1000];
```

通过下标区分每个元素，如 data[0]至 data[999]。注意，第 1 个元素是 data[0]，不是 data[1]。

注意

可将索引视为偏移量。对于数组的第 1 个元素，偏移为 0。对于第 2 个元素，需要偏移 1 个元素，因此索引是 1。

如上例所示，数组的每个元素都相当于一个普通的 int 类型变量，可以像使用 int 类型变量一样使用它们。数组的下标也可以是 C 变量，如下所示：

```
int data[1000];
int index;
index = 100;
data[index] = 12; /* 与data[100] = 12 等价 */
```

至此，已经简要介绍完数组。读者了解这些基本知识后，应该能明白本课后面程序示例中是如何使用数组的。如果还不太清楚，别担心，第 8 课将详细讲解数组的相关知识。

DO	DON'T
	声明数组时，下标不要超过实际需要的元素数量，这样浪费内存。 不要忘记，在 C 语言中，数组的第 1 个元素下标是 0，不是 1。

6.2 控制程序的执行

C 程序默认的执行顺序是自上而下。从 main() 函数的起始位置开始，逐条执行语句，直至 main() 函数的末尾。然而，在实际的 C 程序中，很少严格按这样的顺序执行。C 语言提供了各种程序控制语句，方便程序员控制程序的执行顺序。第 4 课介绍了一种程序控制语句——if 语句，接下来介绍另外 3 种有用的控制语句：

- for 语句；
- while 语句；
- do...while 语句。

6.2.1 for 语句

for 语句是由一条或多条语句组成的块。for 语句有时也被称为 for 循环，因为程序会循环执行 for 语句多次。本书在前面的程序示例中使用过 for 语句。下面介绍 for 语句是如何工作的。

for 语句的结构如下：

```
for ( 初值部分; 循环条件; 更新部分 )
    语句
```

初值部分、循环条件和更新部分都是 C 语言的表达式。语句可以是 C 语言的任意语句。程序执行到 for 语句时，将按以下步骤进行。

1. 对初值部分求值。通常，初值部分是给变量设置特定值的赋值表达式。
2. 对循环条件求值。通常，循环条件是关系表达式。
3. 如果循环条件的求值结果为假（即，该表达式等于 0），则 for 语句结束，并接着执行语句后面（即，跳过语句）的第 1 条语句。
4. 如果循环条件的求值结果为真（即，该表达式等于非 0），则执行 for 语句中的语句。
5. 对更新部分求值。接着返回第 2 步继续执行。

图 6.1 清楚地演示了执行 for 语句的过程。注意，如果第 1 次对循环条件求值为假，则直接结束 for 语句，完全不执行其中的语句。

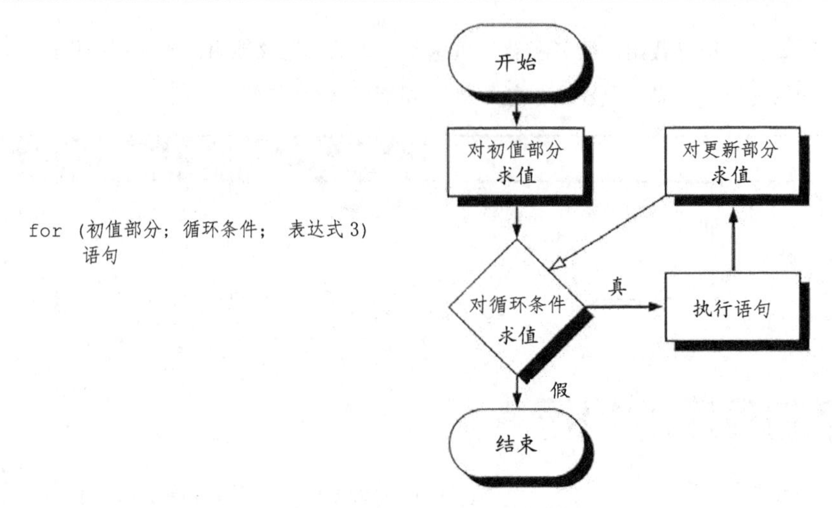

图 6.1　for 语句的原理图

程序清单 6.1 是一个简单的示例，用 for 语句打印数字 1~20。读者会发现，使用 for 语句的代码比使用 20 个 printf() 语句打印 20 个值的代码要紧凑得多。

输入▼

程序清单 6.1　forstate.c：简单的 for 语句

```
1:        /* 简单的 for 语句示例 */
2:
3:        #include <stdio.h>
4:        #define MAXCOUNT 20
5:        int count;
6:
7:        int main(void)
8:        {
9:            /* 打印数字 1~20 */
10:
11:           for (count = 1; count <= MAXCOUNT; count++)
12:               printf("%d\n", count);
13:
14:           return 0;
15:       }
```

输出▼

```
1
2
3
4
5
6
7
8
9
10
11
12
13
14
15
16
17
18
19
20
```

图 6.2 演示了程序清单 6.1 中执行 for 循环的过程。

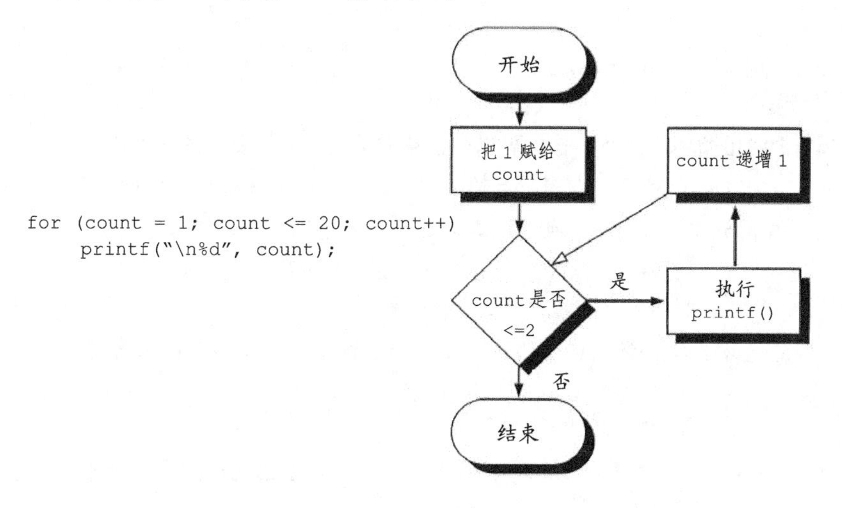

图 6.2　程序清单 6.1 中执行 for 循环的过程

分析▼

第 3 行是标准输入/输出头文件。第 5 行声明了一个 int 类型的变量 count，将用于 for 循环。第 11 行和第 12 行是 for 循环。程序执行到 for 语句时，首先对初值部分求值。在本例中，初值部分是 count = 1。必须先初始化 count 或为其赋值，才能在 for 语句中使用它。接着对 for 语句中的循环条件（count <= 20）求值。因为 count 被赋值为 1（count 小于 20），所以执行 for 语句中的 printf()函数。执行完 printf()函数后，对更新部分（count++）求值，把 count 递增 1，其值为 2。现在，程序回到循环条件，并再次检查循环条件。如果循环条件为真，则再次执行 printf()，然后把 count 递增 1（此时 count 的值为 3）。接着再次检查循环条件。这一过程将一直循环下去，直至循环条件的求值结果为假。当循环条件的求值结果为假时，程序将退出循环，并继续执行第 14 行。该行在结束程序之前返回 0。

for 语句频繁用于“向上计数”，将计数器变量的值递增 1 成为另一个值，如上例所示。也可以用 for 语句来“向下计数”，将计数器变量递减 1，如下所示：

```
for (count = 100; count > 0; count--)
```

递增量或递减量不一定是 1，如下所示，每次循环把 count 递增 5：

```
for (count = 0; count < 1000; count += 5)
```

for 语句非常灵活。例如，如果程序前面已经初始化了待测试的变量或者已给待测试变量赋值，便可省略初值部分，如下所示。但是，不能省略初值部分后面的分号分隔符。

```
count = 1;
for ( ; count < 1000; count++)
```

初值部分可以是任意有效的 C 表达式，只会在程序运行至 for 语句时被执行一次。如下代码所示，Now sorting the array...只会被打印一次：

```
count = 1;
for (printf("Now sorting the array..."); count < 1000; count++)
/* 排序语句已省略 */
```

如果把更新的步骤放在 for 语句体中，更新部分也可以省略。例如，要打印数字 0 至 99，可以这样写：

```
for (count = 0; count < 100; )
    printf("%d", count++);
```

用于判断是否终止循环的循环条件也可以是任意 C 表达式。只要它的求值结果为真（非零），for 语句会一直执行下去。用 C 语言的逻辑运算符可以构建复杂的循环条件。例如，下面的 for 语句打印数组 array[]中的元素，在打印完所有元素后或元素的值为 0 时，将停止打印：

```
for (count = 0; count < 1000 && array[count] != 0; count++)
    printf("%d", array[count]);
```

可以进一步简化该 for 循环，如下所示（如果不理解这样的循环条件，请复习第 4 课的内容）。

```
for (count = 0; count < 1000 && array[count]; )
    printf("%d", array[count++]);
```

在 for 语句中可以使用空语句（*null statement*）。记住，空语句指的是分号独占一行。如果要把数组中的 1000 个元素都赋值为 50，可以这样写：

```
for (count = 0; count < 1000; array[count++] = 50)
    ;
```

该 for 语句把给数组中每个元素赋值 50 的操作放在更新部分。如果像下面这样写更好：

```
for (count = 0; count < 1000; array[count++] = 50)
{
    ;
}
```

将分号放在块中（即，花括号中），突出 for 语句体中不执行任何工作的意图。

第 4 课介绍过，逗号运算符常用于 for 语句中。可以创建一个表达式，用逗号运算符分隔两个子表达式。按照从左至右的顺序，依次对两个子表达式被求值，整个表达式的值是右边子表达式的值。使用逗号运算符，可以让 for 语句的每个部分都完成多个任务。

假设有两个各包含 1000 个元素的数组 a[]和 b[]。如果想把 a[]中的内容倒序拷贝给 b[]（即完成拷贝操作后，b[0] = a[999]、b[1] = a[998]，以此类推），可以使用下面的 for 语句：

```
for (i = 0, j = 999; i < 1000; i++, j--)
    b[j] = a[i];
```

逗号运算符分隔了两个子赋值表达式，分别将 0 和 999 赋值给变量 i 和 j，然后在每次循环时分别递增两个变量。

语 法

for 语句

```
for ( 初值部分; 循环条件; 更新部分 )
    语句
```

初值部分是任意有效的 C 表达式。通常是将变量设置为特定值的赋值表达式。

循环条件是任意有效的 C 表达式。通常是关系表达式。循环条件的值为假（0）时，结束 for 语句，并执行语句后面的第 1 条语句；循环条件的值为真（非 0）时，执行语句中的 C 语句。

更新部分是任意有效的C表达式。通常是递增或递减变量（已初始化的变量）的表达式。

语句是任意的C语句，只要循环条件为真，就执行该部分的语句。

for语句是一个循环语句。语句头包括初值部分、循环条件和更新部分。for语句首先执行初值部分，然后检查循环条件。如果循环条件为真，则执行语句。执行完语句后，对更新部分求值。然后，for语句再次检查循环条件，确认是否继续循环。

示例 1

```
/* 打印 0 至 9 的值 */
int x;
for (x = 0; x < 10; x++)
    printf( "\nThe value of x is %d", x );
```

示例 2

```
/* 获取用户输入的数字，除非用户输入 99 */
int nbr = 0;
for ( ; nbr != 99; )
    scanf( "%d", &nbr );
```

示例 3

```
/* 提示用户输入 10 个整型值 */
/* 将用户输入的值储存在 value 数组中 */
/* 如果用户输入的数是 99，则停止循环 */
int value[10];
int ctr, nbr = 0;
for (ctr = 0; ctr < 10 && nbr != 99; ctr++)
{
    puts("Enter a number, 99 to quit ");
    scanf("%d", &nbr);
    value[ctr] = nbr;
}
```

6.2.2 嵌套for语句

在一个for语句中执行另一个for语句，称为嵌套（在第4课中介绍过嵌套if语句）。利用嵌套的for语句，可以完成一些复杂的程序设计。程序清单6.2不是一个复杂的程序，但是它演示了如何嵌套for语句。

输入▼

程序清单6.2 nestfor.c：嵌套的for语句

```
1:      // 嵌套 for 循环的程序示例
2:
3:      #include <stdio.h>
4:      void print_ttable(int outer, int inner);
5:
6:      main()
7:      {
8:          int inner = 10;
9:          int outer = 10;
10:
11:         printf("The times table:\n");
12:         print_ttable(outer, inner);
13:         return(0);
14:     }
15:
16:     void print_ttable(int outer, int inner)
```

```
17:      {
18:          int a, b;
19:          for (a = 1; a <= outer; a++)
20:          {
21:              for (b = 1; b <= inner; b++)
22:              {
23:                  printf("%d\t", a*b);
24:              }
25:              printf("\n");
26:          }
27:          return;
28:      }
```

输出▼

```
The times table:
1	2	3	4	5	6	7	8	9	10
2	4	6	8	10	12	14	16	18	20
3	6	9	12	15	18	21	24	27	30
4	8	12	16	20	24	28	32	36	40
5	10	15	20	25	30	35	40	45	50
6	12	18	24	30	36	42	48	54	60
7	14	21	28	35	42	49	46	63	70
8	16	24	32	40	48	56	64	72	80
9	18	27	36	45	54	63	72	81	90
10	20	30	40	50	60	70	80	90	100
```

分析▼

是否还记得小学必须背诵的乘法表[1]？现在，使用 C 语言和嵌套循环，可以轻松地将它们打印出来。最初先设置 10×10 的表，可以通过更改这些数字让乘法表更小或更大（循环的代码不会因此减少或增多）。因此，可以创建 10×5 或 12×9 的表，但是，如果数字太大，一行容纳的数字过多会影响布局的美观。无论如何，现在先来分析程序的细节。

在程序清单 6.2 中，第 4 行声明了 print_ttable()的函数原型。该函数需要两个 int 类型的变量 outer 和 inner，储存乘法表显示的尺寸。第 12 行，在 main()调用 print_ttable()并传递 outer 变量和 inner 变量。

对于 print_ttable()函数，有两点读者可能不太明白。第一，为什么要声明局部变量 a 和 b？第二，为什么要在第 25 行再次使用 printf()函数？仔细分析循环就会明白。

第 19 行开始外层(第 1 个)for 循环。循环开始时，将变量 a 赋值为 1，因为 a 小于 outer(outer 的值是 10)，所以程序继续执行到第 21 行。查看循环条件发现，在 a 大于 outer 之前，将一直执行这个 for 循环。

第 21 行是内层（第 2 个）for 语句。这里要用到第 2 个局部变量 b，同样为其赋值为 1，并与传递给 print_ttable()函数的第 2 个变量 inner 作比较。因为 b 小于 inner(inner 的值是 10)，所以程序执行到第 23 行，打印 a*b 的值和一个制表符（\t，告诉 C 编译器向后移一个制表单位）。在计算结果后面添加制表符，这样打印出的表格式比较美观（表格中的数字之间有一定的空白），如程序示例的输出所示。然后递增 b，继续执行内层的 for 循环。当 b 的值递增为 11 时，内层循环结

---

[1] 译者注：国外的乘法表与我们的乘法口诀表不同。

束。控制转到第 25 行，在屏幕上另起一行开始打印（printf()函数的相关内容将在第 7 课中详细介绍）。然后，程序执行到外层 for 循环的末端，因此回到第 19 行对更新部分求值，此时 a 的值为 2（递增了 1）。然后对该行的循环条件求值，因为 a 仍小于 outer，循环条件为真，所以转到执行第 21 行。注意，此时 b 的值被重新赋值为 1。如果 b 还保留原来的值（11），b 的值大于 10，则该行的循环条件为假，就只会打印乘法表的第 1 行。

DO	DON'T

如果要使用带空语句的 for 语句，记得在 for 语句后写上分号，或者让分号独占一行。推荐让分号独占一行，这样代码更加清晰。
`for (count = 0; count < 1000;`
`    array[count] += 50) ;`
`    /* 分号没有独占一行！ */`
	不要在 for 语句中处理太多任务。虽然可以使用逗号分隔符，但是将一些功能放在函数体中，代码的可读性更高。

6.2.3　while 语句

while 语句（也称为 while 循环）不断执行一个语句块，直至指定的循环条件为假。while 语句的格式如下：

```
while (循环条件)
    语句
```

循环条件是任意的 C 表达式，语句是任意有效的 C 语句。程序执行到 while 语句时，将进行以下过程。

1. 对循环条件求值。
2. 如果循环条件为假（0），则结束 while 语句，程序将转至执行语句后面的第 1 条语句。
3. 如果循环条件为真（非 0），则执行语句中的 C 语句。
4. 执行将返回第 1 步。

while 语句的运行过程如图 6.3 所示。

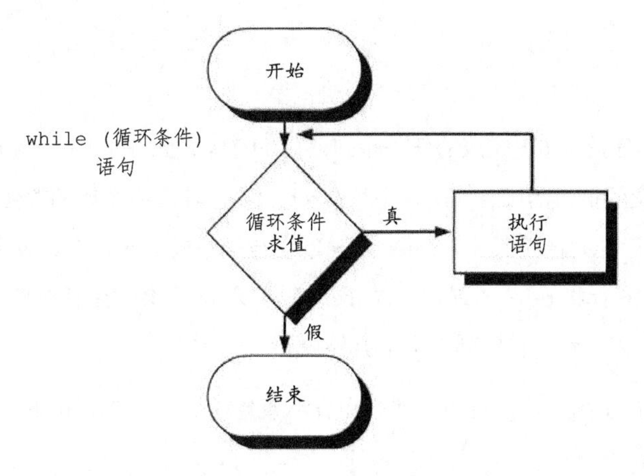

图 6.3　while 语句的运行过程

程序清单 6.3 使用了一个 while 语句打印 1~20（与程序清单 6.1 使用 for 语句完成的任务相同）。

输入▼

程序清单 6.3　whilest.c：简单的 while 语句

```
1:      // while 语句的简单示例
2:
3:      #include <stdio.h>
4:      #define MAXCOUNT 20
5:      int count;
6:
7:      int main(void)
8:      {
9:          // 打印数字 1~20
10:
11:         count = 1;
12:
13:         while (count <= MAXCOUNT)
14:         {
15:             printf("%d\n", count);
16:             count++;
17:         }
18:         return 0;
19:     }
```

输出▼

```
1
2
3
4
5
6
7
8
9
10
11
12
13
14
15
16
17
18
19
20
```

分析▼

程序清单 6.3 与程序清单 6.1 完成的任务相同。第 11 行，把 1 赋值给 count。因为 while 语句没有初始化变量或给变量赋值的部分，所以必须在 while 循环之前完成初始化或赋值工作。第 13 行是 while 语句，其中包含的循环条件（count <= 20）与程序清单 6.1 中 for 语句的循环条件相同。在 while 循环中，第 16 行将 count 递增 1。如果遗漏了第 16 行会发生什么情况？此时，由于 count 始终为 1（小于 20），程序将一直循环下去不会停止。

注意，while 语句实际上是没有初值部分和循环条件的 for 语句，因此，

```
for ( ; 循环条件 ; )
```

相当于

```
while (循环条件)
```

因此，在 for 语句中完成的任何工作都能在 while 语句中完成。使用 while 语句时，必须在 while 语句前面完成必要的初始化或赋值工作，而且必须将更新变量值的部分放进 while 循环体中。

警告

记得在 while 循环内部的代码块中改变循环条件的值，否则该循环将成为一个无限循环。这是新手程序员（甚至经验丰富的程序员）常犯的错误。

如果需要初始化和更新变量，大部分经验丰富的 C 语言程序员都更倾向于使用 for 语句而不是 while 语句。这是基于源代码的可读性做出的选择。使用 for 语句时，初值部分、循环条件和更新部分都放在一起，便于阅读和修改；而使用 while 语句，初始化部分和更新变量部分位于不同的地方，不方便查找。

语　法

while 语句

```
while (循环条件)
   语句
```

循环条件是任意有效的 C 表达式，通常是一个关系表达式。循环条件的值为假（0）时，结束 while 语句，并执行语句后面的第 1 条语句；循环条件的值为真（非 0）时，执行语句中的 C 语句。

语句是任意的 C 语句，只要循环条件为真，就执行该部分的语句。

while 语句是一个循环语句。只要循环条件为真（非 0），就重复执行语句块中的语句。如果循环条件为假，则完全不执行（一次也不执行）语句。

示例 1

```
int x = 0;
while (x < 10)
{
   printf("\nThe value of x is %d", x );
   x++;
}
```

示例 2

```
/* 获取数字，直至输入的数字是 99 */
int nbr = 0;
while (nbr <= 99)
    scanf("%d", &nbr );
```

示例 3

```
/* 提示用户输入 10 个整型数 */
/* 将用户输入的值储存在 value 数组中 */
/* 如果用户输入的数是 99，则停止循环 */
int value[10];
int ctr = 0;
int nbr;
while (ctr < 10 && nbr != 99)
{
   puts("Enter a number, 99 to quit ");
   scanf("%d", &nbr);
```

```
    value[ctr] = nbr;
    ctr++;
}
```

6.2.4 嵌套 while 语句

与 for 语句和 if 语句类似，while 语句也可以嵌套使用。程序清单 6.4 是一个使用嵌套 while 语句的示例。虽然这不是使用 while 语句的最好示例，但是该例提供了一些新的思路。

输入▼

程序清单 6.4　nestwhile.c：嵌套的 while 语句

```
1:      /* 嵌套 while 语句示例 */
2:
3:      #include <stdio.h>
4:
5:      int array[5];
6:
7:      int main(void)
8:      {
9:          int ctr = 0,
10:             nbr = 0;
11:
12:         printf("This program prompts you to enter 5 numbers\n");
13:         printf("Each number should be from 1 to 10\n");
14:
15:         while (ctr < 5)
16:         {
17:             nbr = 0;
18:             while (nbr < 1 || nbr > 10)
19:             {
20:                 printf("\nEnter number %d of 5: ", ctr + 1);
21:                 scanf("%d", &nbr);
22:             }
23:
24:             array[ctr] = nbr;
25:             ctr++;
26:         }
27:
28:         for (ctr = 0; ctr < 5; ctr++)
29:             printf("Value %d is %d\n", ctr + 1, array[ctr]);
30:
31:         return 0;
32:     }
```

输出▼

```
This program prompts you to enter 5 numbers
Each number should be from 1 to 10
Enter number 1 of 5: 3
Enter number 2 of 5: 6
Enter number 3 of 5: 3
Enter number 4 of 5: 9
Enter number 5 of 5: 2
Value 1 is 3
Value 2 is 6
Value 3 is 3
Value 4 is 9
Value 5 is 2
```

分析▼

与前面的程序清单相同，第 1 行的注释描述了该程序的用途。第 3 行是#include 指令，用于包含标准输入/输出头文件。第 5 行声明一个可储存 5 个整型值的数组 array。main()函数中声明了两个局部变量 ctr 和 nbr（第 9 行和第 10 行）。注意，这两个变量在声明的同时已初始化为 0。另外，第 9 行将逗号运算符用作分隔符，这样便不用重复使用 int 关键字将 nbr 声明为 int 类型。许多 C 语言的程序员都习惯用这种方式来声明。第 12 行和第 13 行打印该程序的信息和提示用户输入数字。第 15~26 行是第 1 个（外层）while 语句。第 18~22 行是嵌套的 while 语句，它也是外层 while 语句的一部分。

如果 ctr 小于 5（第 15 行），就一直执行外层 while 循环。只要 ctr 小于 5，第 17 行都将 nbr 设置为 0，第 18~22 行（嵌套的 while 语句）提示用户输入一个数字，以获取 nbr 变量中的值。第 24 行将获取的数字放入 array 数组中，第 25 行把 ctr 递增 1。然后再次循环，回到第 15 行。因此，外层循环获取 5 个数字并放入 array 数组中，该数组以 ctr 作为索引。

内层循环（第 18~22 行）很好地利用了 while 语句的特点，保证了用户输入的数字有效（该例中，只有数字 1~10 是有效的）才会继续执行程序中的语句。内层 while 语句的意思是，如果 nbr 小于 1 或大于 10，就打印一条消息提示用户输入一个有效的数字，然后获取该数字。

第 28 行和第 29 行打印储存在 array 数组中的值。注意，因为 while 语句中使用 ctr 变量来完成循环，所以 for 语句也可以复用该变量。ctr 从 0 开始，每次循环递增 1，for 语句一共循环 5 次。打印 ctr 加 1 的值（因为 count 从 0 开始），并打印 array 数组中相应的值（索引为 ctr）。

另外，读者可以改动程序中的两处，作为额外的练习。一处是程序接收的值，将 1~10 改成 1~100；另一处是改变程序接收值的数量，该例只能接收 5 个数字，读者可以尝试改成接收 10 个数字。

DO	DON'T
如果需要在循环中初始化和更新（递增或递减）变量，请使用 for 语句，而不是 while 语句。在 for 语句中，初值部分，循环条件和更新部分都放在一起；而在 while 语句中，这 3 个部分分别位于不同的地方。	如无必要，不要这样写：while (x) 应该这样写：while (x != 0) 虽然两者都能正常运行，但是在调试程序（发现代码中的问题）时，后者的逻辑更为清楚。在编译时，两者生成的代码几乎一致。

6.2.5 do...while 循环

C 语言提供的第 3 个循环是 do...while 循环，只要循环条件为真，便不断执行一个语句块。do...while 循环在循环底部测试循环条件，而 for 循环和 while 循环则在循环的顶部进行测试。

do...while 循环的结构如下：

```
do
    语句
while (循环条件);
```

循环条件是任意的 C 表达式，语句是任意的 C 语句。

当程序执行到 do...while 语句时，将进行以下步骤。

1. 执行语句中的语句。

2. 对循环条件求值。如果结果为真，执行将回到第 1 步。如果结果为假，则结束循环。

do...while 循环的执行过程如图 6.4 所示。

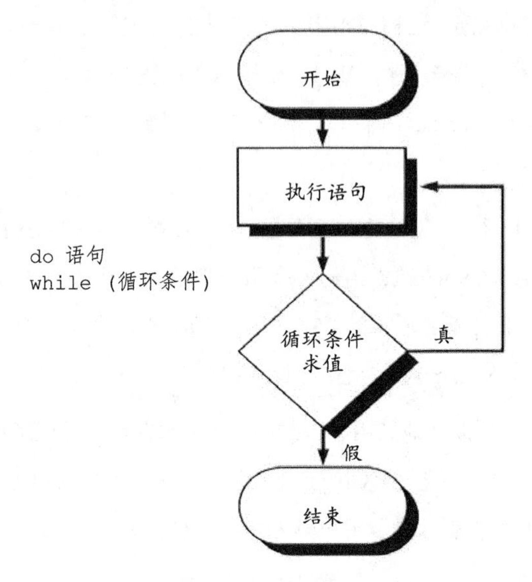

图 6.4　do...while 循环的运行过程

do...while 循环中的语句至少会被执行一次。这是因为 do...while 在底部测试循环条件，而非顶部。而 for 循环和 while 循环都是在循环的顶部对循环条件求值，所以对于这两个循环，如果循环条件的结果为假，则完全不会执行循环体中的语句。

do...while 循环没有 while 循环和 for 循环使用频繁。只有在循环体中的语句要至少被执行一次，才会使用 do...while 循环。当然，如果能确保在第 1 次执行到 while 循环时，其循环条件为真，也可以在 while 循环中完成相同的任务。但是，使用 do...while 循环更加简单明了。

程序清单 6.5 是 do...while 循环的示例。

输入▼

程序清单 6.5　dowhilestate.c：简单的 while 语句

```
1:      /* 简单的 do...while 语句示例 */
2:
3:      #include <stdio.h>
4:
5:      int get_menu_choice(void);
6:
7:      int main(void)
8:      {
9:          int choice;
10:
11:         choice = get_menu_choice();
12:
13:         printf("You chose Menu Option %d\n", choice);
14:
15:         return 0;
16:     }
17:
```

```
18:     int get_menu_choice(void)
19:     {
20:         int selection = 0;
21:
22:         do
23:         {
24:             printf("\n");
25:             printf("\n1 - Add a Record");
26:             printf("\n2 - Change a record");
27:             printf("\n3 - Delete a record");
28:             printf("\n4 - Quit");
29:             printf("\n");
30:             printf("\nEnter a selection: ");
31:
32:             scanf("%d", &selection);
33:
34:         } while (selection < 1 || selection > 4);
35:
36:         return selection;
37:     }
```

输出▼

```
1 - Add a Record
2 - Change a record
3 - Delete a record
4 - Quit
Enter a selection: 8
1 - Add a Record
2 - Change a record
3 - Delete a record
4 - Quit
Enter a selection: 4
You chose Menu Option 4
```

分析▼

该程序提供了一个带有4个选项的菜单，用户可以选择其中一个。然后，程序将打印用户选择的数字。现在，读者应该能理解该程序清单中的大部分内容，本书在后面将会扩展这个程序。main()函数（第7~16行）中的内容在前面都介绍过。

> **注意**
>
> main()函数体中的代码（第9~13行）可写成一行，如下所示：
>
> ```
> printf( "You chose Menu Option %d", get_menu_option() );
> ```
>
> 如果你打算扩展该程序，并根据用户选择的选项执行相应的操作，就会用到get_menu_choice()的返回值，因此将其赋给一个变量（如本例中的chioce）是明智之举。

第18~37行是get_menu_choice()函数，该函数在屏幕上显示一个菜单（第24~30行），然后获取用户输入的选项。因为至少要在屏幕上显示一次菜单，用户才能据此输入选择的数字，所以在这种情况下使用do...while循环很合适。该程序会一直显示菜单，直至用户输入有效的选项。第34行是do...while语句中的while部分，用于确保用户输入数字的有效性，因此将其使用的变量命名为selection很合适。如果用户输入的值不在1~4之间，将重复显示菜单，并提示用户输入新的值。当用户输入了有效的选项，程序将继续执行至第36行，返回selection变量的值。

语　法

do...while 语句

```
do
{
    语句
}while (循环条件)
```

循环条件是任意有效的 C 表达式，通常是一个关系表达式。循环条件的值为假（0）时，结束 while 语句，并执行 while 语句后面的第 1 条语句；循环条件的值为真（非 0）时，程序回到 do 部分，执行语句部分的 C 语句。

语句是任意的 C 语句。程序首次执行到 do...while 循环时，将执行语句，然后只要循环条件为真，就会再次执行该部分的语句。

do...while 语句是一个循环语句。只要循环条件为真（非 0），便会重复执行其中的语句或语句块。与 while 语句不同，do...while 语句至少要执行语句一次。

示例 1

```
/* 即使循环条件为假，也会打印一次！ */
int x = 10;
do
{
    printf("\nThe value of x is %d", x );
}while (x != 10);
```

示例 2

```
/* 获取用户键入的数字，除非用户输入的值大于 99 */
int nbr;
do
{
    scanf("%d", &nbr );
}while (nbr <= 99);
```

示例 3

```
/* 提示用户输入 10 个整型值 */
/* 将用户输入的值储存在 value 数组中 */
/* 如果用户输入的数是 99，则停止循环 */
int value[10];
int ctr = 0;
int nbr;
do
{
   puts("Enter a number, 99 to quit ");
   scanf( "%d", &nbr);
   value[ctr] = nbr;
   ctr++;
}while (ctr < 10 && nbr != 99);
```

6.3　嵌套循环

嵌套循环（*nested loop*）指的是在一个循环中包含另一个循环。前面绍过一些嵌套语句。只要外层循环中包含完整的内部循环，C 语言不允许重叠循环，除此之外对其没有其他限制。因此，下面的写法是不允许的：

```
for ( count = 1; count < 100; count++)
{
   do
   {
      /* do...while 循环 */
   } /* 循环结束 */
}while (x != 0);
```

如果将 do...while 循环完整地放入一个 for 循环中，就没问题：

```
for (count = 1; count < 100; count++)
{
   do
   {
      /* do...while 循环 */
   }while (x != 0);
} /* 循环结束 */
```

在使用嵌套循环时要记住，改变内层循环可能会影响外层循环。尽管如此，还应注意到，内层循环也可能因为未使用外层循环中的变量而独立于外层循环。在上面的示例中，如果内层循环改动了 count 的值，就会影响外层 for 循环的执行。

良好的代码缩进风格可提高嵌套循环的可读性。每一级循环应该相对于上一级循环进行缩进，让每一级循环的代码更加一目了然。

DO	DON'T
如果需要至少执行一次循环，请使用 do...while 循环。	不能重叠循环。可以嵌套循环，但是在一个循环中必须完整包含另一个循环。

6.4 小 结

学完本课，读者已经可以写出真正的 C 程序了。

C 语言提供 3 种循环语句控制程序的执行。它们分别是 for 语句、while 语句和 do...while 语句。这 3 种循环都能据循环条件中某个变量的情况，执行一个语句块零次、一次或多次。许多程序设计任务都需要重复执行这些循环中的语句。

虽然 3 种循环语句都能完成相同的工作，但是它们也各有不同。for 语句将初值部分、循环条件和更新部分都放在一行。while 语句在循环条件为真时，执行循环体中的语句。do...while 语句至少执行循环体中的语句一次，只要循环条件的求值结果为真，就不断执行循环体中的语句。

嵌套循环是把一个循环放在另一个循环中。C 语言不允许重叠嵌套，对嵌套循环没有其他限制。嵌套 if 语句在第 4 课中已经介绍过。本课介绍了嵌套的 for 语句、while 语句和 do...while 语句。

6.5 答疑

问：如何选择程序控制语句？是选择 for 语句、while 语句还是 do...while 语句？

答：如果你查看本课的语法部分，会发现这 3 种循环都能解决循环问题，而且它们各有不同。如果需要在循环中初始化和更新变量时，用 for 语句最好。如果只知道要满足的循环条件，但是不知道需要循环多少次，while 是最佳之选。如果希望一组语句至少被执行一次，那么最好使用 do...while 语句。基本上这 3 种语句能处理绝大多数问题，认真学好它们，在编程时根据实际情况灵活选择。

问：循环能嵌套多少层？

答：可以嵌套任意层。如果你的程序需要嵌套两层以上的循环，就应该考虑使用函数来代替。否则，你会发现花括号太多会影响阅读和理解，而函数能让代码简洁易读。

问：是否可以嵌套不同的循环？

答：可以嵌套 if、for、while、do...while，或其他语句。你所写的许多程序都需要用到多个嵌套循环。

6.6 课后研习

课后研习包含小测验和练习题。小测验帮助读者理解和巩固本课所学概念，练习题有助于读者将理论知识与实践相结合。

6.6.1 小测验

1. 数组中的第 1 个元素的索引值是多少？
2. for 语句和 while 语句有何不同？
3. while 语句和 do...while 语句有何不同？
4. while 语句能完成 for 语句完成的相同工作，这句话是否正确？
5. 嵌套语句的数量是否有限制？
6. while 语句是否可以嵌套在 do...while 语句中？
7. for 语句的 4 个部分是什么？
8. while 语句的两个部分是什么？
9. do...while 语句的两个部分是什么？

6.6.2 练习题

1. 声明一个能容纳 50 个 long 类型值的数组。
2. 写一条语句，将 123.456 赋值给练习题 1 数组的第 50 个元素。
3. 下面的语句执行完毕后，x 的值是多少？
```
for (x = 0; x < 100, x++) ;
```
4. 下面的语句执行完毕后，x 的值是多少？

```
for (ctr = 2; ctr < 10; ctr += 3) ;
```

5. 根据以下代码，将打印多少个 X？

```
for (x = 0; x < 10; x++)
    for (y = 5; y > 0; y--)
        puts("X");
```

6. 编写一个 for 语句，从 1~100，每次递增 3。

7. 编写一个 while 语句，从 1~100，每次递增 3。

8. 编写一个 do...while 语句，从 1~100，每次递增 3。

9. **排错**：以下代码段有哪些错误？

```
record = 0;
while (record < 100)
{
    printf( "\nRecord %d ", record );
    printf( "\nGetting next number..." );
}
```

10. **排错**：以下代码段有哪些错误？（MAXVALUES 不是错误！）

```
for (counter = 1; counter < MAXVALUES; counter++);
    printf("\nCounter = %d", counter );
```

第 7 课

信息读写基础

你创建的大部分程序都需要在屏幕上显示信息或接收用户从键盘输入的信息。本书前面的课程中，许多程序都完成了这些任务，但是你可能还不甚了解。本课将介绍以下内容：

- C 语言的输入和输出语句基础
- 如何使用 printf()和 puts()库函数在屏幕上显示信息
- 如何格式化在屏幕上显示的信息
- 如何使用 scanf()库函数从键盘读取用户输入的数据

本课无法涵盖以上各主题的所有细节，但其中介绍的内容对于编写真正的程序，已经足够了。本书在后面的课程中将进一步讲解这些内容。

7.1 在屏幕上显示信息

大多数程序都要在屏幕上显示信息，最常用的两种方法是：使用 C 语言的库函数 printf()和 puts()。

7.1.1 printf()函数

printf()函数是 C 标准库的一部分，也是 ANSI 标准的组成部分。这也许是程序在屏幕上显示数据最常用的方式。本书前面的许多程序示例中都使用了 printf()，下面来详细介绍 printf()函数。

在屏幕上打印文本消息很简单。只需调用 printf()函数，将待显示的信息用双引号括起来，并传递给该函数即可。例如，要在屏幕上显示 How Brown Cow!，可以这样写：

```
printf("How Now Brown Cow!");
```

然而，除了文本消息外，还需要经常显示程序变量的值。这比显示消息略为复杂。例如，你想在屏幕上另起一行显示数值变量 myNumber 的值和一些相关文本消息，可以这样使用 printf()：

```
printf("\nThe value of myNumber is %d", myNumber);
```

假设 myNumber 的值是 12，那么屏幕上最终显示的是：

```
The value of myNumber is 12
```

在该例中，给 printf()传递了两个实参。第 1 个实参称为格式字符串（*format string*），置于双引号中。第 2 个实参是包含待打印值的变量名（myNumber）。

7.1.2　printf()的格式字符串

printf()的格式字符串指定了输出的格式。格式字符串可由 3 部分组成。

- 字面量文本（*literal text*），在格式字符串中精确地显示输入。在上面的示例中，字符串从 T（The）开始到%（不包括%），组成了字面量文本。
- 转义序列（*escape sequence*），提供特殊的格式控制。转义序列由反斜杠（\）和一个单独的字符组成。在上面的示例中，\n（称为换行符）是一个转义序列，它的意思是“移至下一行开始”。在上一课的程序清单中使用了\t 来打印制表符，以格式化表格。另外，转义序列也可用于打印某些字符。常用的转义序列在表 7.1 中列出。
- 转换说明（*conversion specifier*），由百分号（%）和一个转换字符组成。转换说明告诉printf()函数如何解译待打印的变量。在上面的示例中，转换说明是%d。%d 告诉 printf()将myNumber 变量解译成有符号十进制整数。

表 7.1　最常用的转义序列

转义序列	含义
\a	响铃
\b	后退一格
\f	换页
\n	换行
\r	回车
\t	水平制表符
\v	垂直制表符
\\	反斜杠
\?	问号
\'	单引号
\"	双引号

(1)　printf()转义序列

转义序列通过移动屏幕光标来控制输出的位置。除此之外，转义序列还可用于打印一些对于printf()有特殊含义的字符。例如，打印一个反斜杠字符，需要在格式字符串中写两个反斜杠（\\）。第 1 个反斜杠告诉 printf()应将第 2 个反斜杠解译为字面量字符，而非转义序列的开始。一般而言，反斜杠告诉 printf()以特殊的方式解译下一个字符。下面是一些示例：

转义序列	含义
n	字符 n
\n	换行
\"	双引号字符
"	字符串的开头或结尾

表 7.1 列出了 C 语言最常用的一些转义序列。程序清单 7.1 中演示了一些转义序列的用法。

输入▼

程序清单 7.1　escape.c：使用 printf()转义序列

```
1:      /* 常用的转义序列使用示例 */
2:
3:      #include <stdio.h>
4:
5:      #define QUIT  3
6:
7:      int  get_menu_choice(void);
8:      void print_report(void);
9:
10:     int main(void)
11:     {
12:         int choice = 0;
13:
14:         printf("\"We\'d like to welcome you to the menu program\"\n");
15:         printf("Are you ready to make a choice\?\n");
16:         while (choice != QUIT)
17:         {
18:             choice = get_menu_choice();
19:
20:             if (choice == 1)
21:                 printf("\nBeeping the computer\a\a\a");
22:             else
23:             {
24:                 if (choice == 2)
25:                     print_report();
26:             }
27:         }
28:         printf("You chose to quit!\n");
29:
30:         return 0;
31:     }
32:
33:     int get_menu_choice(void)
34:     {
35:         int selection = 0;
36:
37:         do
38:         {
39:             printf("\n");
40:             printf("\n1 - Beep Computer");
41:             printf("\n2 - Display Report");
42:             printf("\n3 - Quit");
43:             printf("\n");
44:             printf("\nEnter a selection:");
45:
46:             scanf("%d", &selection);
47:
48:         } while (selection < 1 || selection > 3);
49:
50:         return selection;
51:     }
52:
53:     void print_report(void)
54:     {
55:         printf("\nSAMPLE REPORT");
56:         printf("\n\nSequence\tMeaning");
57:         printf("\n=========\t=======");
58:         printf("\n\\a\t\tbell (alert)");
59:         printf("\n\\b\t\tbackspace");
60:         printf("\n...\t\t...");
61:     }
```

输出▼

```
"We'd like to welcome you to the menu program"
```

```
Are you ready to make a choice?
1 - Beep Computer
2 - Display Report
3 - Quit
Enter a selection:1
Beeping the computer
1 - Beep Computer
2 - Display Report
3 - Quit
Enter a selection:2
SAMPLE REPORT
Sequence Meaning
========= =======
\a bell (alert)
\b backspace
... ...
1 - Beep Computer
2 - Display Report
3 - Quit
Enter a selection:3
You chose to quit!
```

分析▼

程序清单 7.1 比前面介绍的程序清单长，其中有一些需要注意的地方。第 3 行是 stdio.h 头文件，因为程序清单中要使用 printf()，所以必须包含该头文件。第 5 行，通过#define 指令定义了一个名为 QUIT 的符号常量。根据第 3 课中学过的知识，在程序中使用 QUIT 相当于使用值 3。第 7 行和第 8 行是函数原型。除 main()函数外，该程序还有两个函数：get_menu_choice()和 print_report()。get_menu_choice()函数的定义在第 33~51 行，该菜单函数比程序清单 6.5 的菜单函数小。第 39 行和第 43 行调用的 printf()函数打印换行转义序列。第 40、41、42 和 44 行都使用了换行转义序列来打印文本。可以删除第 39 行，并修改第 40 行。如下所示：

```
printf( "\n\n1 - Beep Computer" );
```

尽管如此，保留第 39 行可提高代码的可读性。

在 main()函数中，第 14 行和第 15 行的 printf()中演示了如何通过转义序列打印问号、单引号和双引号。你可能不会经常用到这些标点符号，如果在使用时忘记这些转义序列，编译器不会报错，但是会导致和预期不符的输出。第 16 行是 while 循环的开头，只要 choice 不等于 QUIT，程序将不断重复执行 while 循环体中的语句。QUIT 是一个符号常量，如果用 3 替换它，程序就不如现在这样清楚明了。第 18 行获得 choice 变量，然后在 if 语句中的第 20~26 行用到它。如果用户选择 1，将打印换行符、一条消息，然后响铃 3 次（第 21 行）。如果用户选择 2，将调用 printf_report()函数（第 25 行）。

提示

> 第 16~27 行的 while 循环控制菜单的顶部，至少要运行一次。尽管如何写代码是个人喜好问题，以该例的情况看，使用 do...while 循环会更合适。读者可以考虑将程序清单 7.1 改用 do...while 循环来实现。

第 53~61 行是 printf_report()函数的定义。该函数中只使用了 printf()函数，以及为了在屏幕上格式化信息的转义序列。读者对于换行符已经很熟悉了，第 56~60 行还使用了制表符转义序列\t。上一课的程序示例中，使用了制表符垂直对齐表格的数据。读者也许不太理解第 58 行和第 59 行。从左往右仔细看，第 58 行打印一个换行（\n）、一个反斜杠（\）、一个字符 a，以及一些描述性文本（bell (alert)）。第 59 行和第 58 行的格式相同。

该程序打印表 7.1 的表头标题和前两行。本课后面的练习题 9，会让你根据该程序打印表格的其余部分。

(2)　printf()转换说明

在格式字符串中，必须包含所有待打印的变量对应的转换说明。然后，printf()函数根据每个变量对应的转换说明来显示每个变量。第 14 课将更详细地讲解相关内容，就现在而言，只需记住要为待打印的变量类型使用相应的转换说明。例如，如果要打印一个有符号十进制整型（int 和 long 类型）变量，就要使用%d 转换说明；对于无符号十进制整型（unsigned int 和 unsigned long）变量，要使用%u 转换说明；对于浮点型（float 和 double 类型）变量，则使用%f 转换说明。表 7.2 列出了最常用的转换说明。

表 7.2　最常用的转换说明

转换说明	含义	类型转换
%c	单个字符	char
%d	有符号十进制整型	int、short
%ld	有符号十进制长整型	long
%f	十进制浮点型	float、double
%s	字符串	char 数组
%u	无符号十进制整型	unsigned int、unsigned short
%lu	无符号十进制长整型	unsigned long

注意

使用 printf()的程序都必须包含 stdio.h 头文件。

在格式字符串中，除转义序列和转换说明以外的内容都是字面量文本。printf()函数会原样打印字面量文本（包括其中所有的空格）。

如何打印多个变量的值？一个 printf()语句可以打印任意数量的变量，但是格式字符串必须包含所有待打印变量相应的转换说明。转换说明与变量都按照从左至右的顺序成对出现。如下面的代码所示：

```
printf("Rate = %f, amount = %d", rate, amount);
```

rate 变量与%f 对应，amount 变量与%d 对应。格式字符串中转换说明的位置决定了输出的位置。如果传递给 printf()函数的变量比转换说明多，那么未匹配的变量将无法打印出来。如果转换说明比变量多，那么未匹配的转换说明将打印出“垃圾值”。

C 语言并未规定 printf()只能打印变量的值，它的实参可以是任意有效的 C 表达式。例如，要打印 x 和 y 的和，可以这样写：

```
total = x + y;
printf("%d", total);
```

也可以这样写：

```
printf("%d", x + y);
```

程序清单 7.2 演示了 printf()的用法。第 14 课将更详细第介绍 printf()。

输入▼

程序清单 7.2　nums.c：使用 printf()函数显示数值

```
1:       /* 使用 printf()函数显示数值的示例 */
2:
3:       #include <stdio.h>
4:
5:       int a = 2, b = 10, c = 50;
6:       float f = 1.05, g = 25.5, h = -0.1;
7:
8:       int main(void)
9:       {
10:          printf("\nDecimal values without tabs: %d %d %d", a, b, c);
11:          printf("\nDecimal values with tabs: \t%d \t%d \t%d", a, b, c);
12:
13:          printf("\nThree floats on 1 line: \t%f\t%f\t%f", f, g, h);
14:          printf("\nThree floats on 3 lines: \n\t%f\n\t%f\n\t%f", f, g, h);
15:
16:          printf("\nThe rate is %f%%", f);
17:          printf("\nThe rate to 2 decimal places is %.2f%%", f);
18:          printf("\nThe rate to 1 decimal place is %.1f%%", f);
19:          printf("\nThe result of %f/%f = %f\n", g, f, g / f);
20:
21:          return 0;
22:      }
```

输出▼

```
Decimal values without tabs: 2 10 50
Decimal values with tabs:       2       10      50
Three floats on 1 line:        1.050000        25.500000       -0.100000
Three floats on 3 lines:
   1.050000
   25.500000
   -0.100000
The rate is 1.050000%
The rate to 2 decimal places is 1.05%
The rate to 1 decimal place is 1.0%
The result of 25.500000/1.050000 = 24.285715
```

分析▼

程序清单 7.2 使用了 8 个 printf()函数打印消息（第 10~19 行）。第 10 行和第 11 行，每个 printf()都打印 3 个十进制数：a、b 和 c。第 10 行的 printf()中，每个数前面使用了空格，并未使用制表符；第 11 行在每个数前面使用了制表符。第 13 行和第 14 行，每个 printf()都打印 3 个 float 类型的变量：f、g 和 h。第 13 行将 3 个变量打印成一行；第 14 行将 3 个数分别打印成 3 行。第 16 行打印一个 float 类型的变量 f 和一个百分号。因为百分号通常意味着要打印一个变量，因此必须连续写两个百分号才能打印出百分号，这类似于反斜杠转义字符。

第 17 行和第 18 行包含一个新的概念。在默认情况下，C 编译器会将浮点型变量打印成 6 位小数。即使你将变量定义为 1 位小数（如 5.5），当 C 编译器使用%f 转换说明打印它时，仍将其打印为 5.500000。这通常不如你所愿，因此，C 语言提供一个简单的方法减少打印的小数位数。如第 17 行和第 18 行所示，在%和转换字符 f 之间添加一个点（.）和一个数字，命令编译器打印指定的位数。但是，这里要注意一点：如果设置打印的小数位数比实际变量的位数小，C 编译器会截断数字，而非四舍五入。如第 19 行所示，1.05 变成了 1.0，而不是 1.1。另外，使用转换说明打印值时，除了变量还可以使用表达式（如，g / f），甚至可以使用常量。

DO	DON'T
打印多行信息时，要在 printf()语句中使用换行转义字符。	不要在一条 printf()语句中放入多行文本。大多数情况下，用多条 ptintf()语句打印多行比在一条 printf()语句中使用多个换行转义字符清楚得多。 不要写错 stdio.h。许多 C 语言的程序员都经常误写为 studio.h。正确的写法中间没有 u。stdio.h 代表标准输入/输出。

语　法

printf()函数

```
#include <stdio.h>
printf( 格式字符串[,参数,...]);
```

printf()函数接受一系列的参数。每个参数都在格式字符串中有相应的转换说明。printf()将格式化的信息打印在标准输出设备上（通常是显示屏）。使用 printf()函数时，必须包含标准输入/输出头文件 stdio.h。在 printf()函数中，格式字符串必不可少，而参数是可选的。每个参数都必须有相应的转换说明。表 7.2 中列出了最常用的转换说明。

格式字符串中可以包含转义序列。表 7.1 中列出了最常用的转义序列。

下面是调用 printf()函数的示例和输出：

示例 1

输入▼

```
#include <stdio.h>
int main( void )
{
   printf("This is an example of something printed!");
   return 0;
}
```

输出▼

```
This is an example of something printed!
```

示例 2

输入▼

```
printf("This prints a character, %c\na number, %d\na floating \
      point, %f", 'z', 123, 456.789 );
```

输出▼

```
This prints a character, z
a number, 123
a floating point, 456.789
```

提示

读者可能注意到了，在上面的示例 2 中，printf()函数中的字符串占了两行。第 1 行末尾的反斜杠（\）表明，该字符串将延续至下一行。因此，编译器会将这两行视为一行。

7.1.3 使用 puts()显示消息

put()也可用于在屏幕上显示文本消息，但是它不能显示数值变量。puts()函数只需要一个字符串作为参数，在该字符串末尾自动地添加换行符，并将其显示在屏幕上。例如，下面的语句：

```
puts("Hello, world.");
```

与下面的语句等效：

```
printf("Hello, world.\n");
```

可以将包含转义序列（包括\n）的字符串传递给 puts()，其效果与使用 printf()函数相同（最常用的转义序列，请参阅表 7.1）。

与使用 printf()函数类似，任何使用 puts()函数的程序都要包含头文件 stdio.h。注意，一个程序只能包含一次 stdio.h。

DO	DON'T
如果只打印文本，不用打印任何变量，请使用 puts()函数，而不是 printf()函数。	不要在 puts()函数中使用转换说明。

语　法

puts()函数

```
#include <stdio.h>
puts( 字符串 );
```

puts()函数将字符串拷贝至标准输出设备（通常是显示屏）。如果要使用 puts()，必须在程序中包含标准输入/输出头文件（stdio.h）。puts()函数会在待打印的字符串末尾添加一个换行符。格式字符串中可包含转义序列，表 7.1 列出了最常用的转义序列。

下面是调用 puts()函数的示例和输出：

示例 1

输入▼

```
puts("This is printed with the puts() function!");
```

输出▼

```
This is printed with the puts() function!
```

示例 2

输入▼

```
puts("This prints on the first line. \nThis prints on the second line.");
puts("This prints on the third line.");
puts("If these were printf()s, all four lines would be on two lines!");
```

输出▼

```
This prints on the first line.
This prints on the second line.
This prints on the third line.
If these were printf()s, all four lines would be on two lines!
```

7.2　使用 scanf()输入数值数据

大部分程序需要在屏幕上显示数据，同样，它们也需要用户从键盘输入数据。用 scanf()库函数读取从键盘输入的数值数据是最灵活的方式。

scanf()函数以指定的格式从键盘读取数据，并将输入的数据赋值给程序中的一个或多个变量。printf()和 scanf()都使用格式字符串描述输入的格式。scanf()函数的格式字符串使用的转换说明与 printf()函数的相同。例如，语句

```
scanf("%d", &x);
```

读取用户从键盘输入的一个十进制整型数，并将其赋值给整型变量 x。同样地，下面的语句读取用户从键盘输入一个浮点型值，并将其赋值给浮点型变量 rate：

```
scanf("%f", &rate);
```

变量名前面的&是什么？&是 C 语言的**取址运算符**(*address-of operator*)，将在第 9 课中详细介绍。目前，你只需记住，在 scanf()函数的参数列表中，每个数值变量名前都必须包含&。

如果在格式字符串中包含多个转换说明和变量名（再次提醒读者，参数列表中的每个变量名前必须有&），一个 scanf()函数便可打印多个值。下面的语句输入一个整型值和一个浮点型值，并将它们分别赋值给变量 x 和 rate：

```
scanf("%d %f", &x, &rate);
```

输入多个变量时，scanf()使用空白将输入分隔成多个字段（*field*）。空白可以是空格、制表符或换行符。格式字符串中的每个转换说明都与一个输入字段匹配，scanf()函数以空白来识别输入字段的末尾。

这给用户输入带来了极大的灵活性。以上面的 scanf()为例，用户可以输入

```
10 12.45
```

也可以输入：

```
10           12.45
```

还可以这样输入：

```
10
12.45
```

只要输入的值之间有空白，scanf()便能将每个值分别赋给相应的变量。

警告

使用 scanf()要小心。如果要读取一个字符串而用户却输入了一个数字，或者要读取一个数字而用户却输入了一个字符，那么程序输出的结果将出乎意料。

与本课讨论的其他函数一样，使用 scanf()的程序必须包含 stdio.h 头文件。下面的程序清单 7.3 演示了如何使用 scanf()，第 14 课将更详细地讨论该函数。

输入▼

程序清单 7.3 scanit.c：使用 scanf()获取数值

```
1:      /* 使用 scanf()函数的示例 */
2:
3:      #include <stdio.h>
4:
5:      #define QUIT 4
6:
7:      int get_menu_choice(void);
8:
9:      int main(void)
10:     {
11:         int   choice = 0;
12:         int   int_var = 0;
13:         float float_var = 0.0;
14:         unsigned unsigned_var = 0;
15:
16:         while (choice != QUIT)
17:         {
18:             choice = get_menu_choice();
19:
20:             if (choice == 1)
21:             {
22:                 puts("\nEnter a signed decimal integer (i.e. -123)");
23:                 scanf("%d", &int_var);
24:             }
25:             if (choice == 2)
26:             {
27:                 puts("\nEnter a decimal floating-point number\
28:                                  (e.g. 1.23)");
29:                 scanf("%f", &float_var);
30:             }
31:             if (choice == 3)
32:             {
33:                 puts("\nEnter an unsigned decimal integer \
34:                                  (e.g. 123)");
35:                 scanf("%u", &unsigned_var);
36:             }
37:         }
38:         printf("\nYour values are: int: %d  float: %f  unsigned: %u \n",
```

```
39:             int_var, float_var, unsigned_var);
40:
41:         return 0;
42:     }
43:
44:     int get_menu_choice(void)
45:     {
46:         int selection = 0;
47:
48:         do
49:         {
50:             puts("\n1 - Get a signed decimal integer");
51:             puts("2 - Get a decimal floating-point number");
52:             puts("3 - Get an unsigned decimal integer");
53:             puts("4 - Quit");
54:             puts("\nEnter a selection:");
55:
56:             scanf("%d", &selection);
57:
58:         } while (selection < 1 || selection > 4);
59:
60:         return selection;
61:     }
```

输出▼

```
1 - Get a signed decimal integer
2 - Get a decimal floating-point number
3 - Get an unsigned decimal integer
4 - Quit
Enter a selection:
1
Enter a signed decimal integer (e.g. -123)
-123
1 - Get a signed decimal integer
2 - Get a decimal floating-point number
3 - Get an unsigned decimal integer
4 - Quit
Enter a selection:
3
Enter an unsigned decimal integer (e.g. 123)
321
1 - Get a signed decimal integer
2 - Get a decimal floating-point number
3 - Get an unsigned decimal integer
4 - Quit
Enter a selection:
2
Enter a decimal floating point number (e.g. 1.23)
1231.123
1 - Get a signed decimal integer
2 - Get a decimal floating-point number
3 - Get an unsigned decimal integer
4 - Quit
Enter a selection:
4
Your values are: int: -123 float: 1231.123047 unsigned: 321
```

分析▼

程序清单 7.3 使用的菜单大体上与程序清单 7.1 相同。但是，本例中的 get_menu_choice() 函数较小，还需要注意几点。其一，本例用 puts() 函数代替 printf() 函数。由于不需要打印变量，就没必要使用 printf()。正是因为使用了 puts()，第 51 行至第 53 行不用写换行转义字符。其二，第 58 行将值的范围改为 1 至 4，因为本例的菜单中有 4 个选项。注意，第 56 行没有改动，scanf()仍获取十进制值，并将其赋给变量 selection。第 60 行，get_menu_choice()函数将 selection 返回主调程序。

程序清单 7.1 和程序清单 7.3 使用相同的 main()结构。一个 if 语句测试 get_menu_choice()函数的返回值 choice。根据 choice 的值，程序打印一条消息，提示用户输入一个数字，并使用 scanf()读取用户输入的值。请注意第 23 行、第 29 行和第 35 行，每个 scanf()函数都获取不同类型的变量。第 12 行至第 14 行声明（并初始化）了程序中要用到的变量。

如果用户选择退出，程序将打印用户输入的 3 个值。如果用户没有输入，则打印 0，因为第 12、13 和 14 行分别初始化了 3 个变量。最后要注意的是，第 20 行至第 36 行。这样使用 3 个 if 语句的结构并不好。第 13 课将介绍一种新的控制语句 switch，本例的这种情况使用 switch 语句更好。

DO	DON'T
scanf()要和 printf()或 puts()一起使用。用打印函数显示提示消息，指明 scanf()需要获取的数据。	不要忘记在 scanf()的变量前添加取址运算符（&）。

语　法

scanf()函数

```
#include <stdio.h>
scanf( 格式字符串[,参数,...]);
```

scanf()函数在给定的格式字符串中使用转换说明，将值放入变量参数中。参数必须是变量的地址，而非变量本身。对于数值变量，可以通过在变量名前添加取址符（&）来传递地址。必须包含 stdio.h 头文件才能使用 scanf()。

scanf()从标准输入流[1]中读取输入字段（*input field*），并将读取的每个字段都放进一个参数中。该函数在放置信息时，会将信息转换成格式字符串中相应转换说明的格式。表 7.2 列出了最常用的转换说明。

示例 1

```
int x, y, z;
scanf( "%d %d %d", &x, &y, &z);
```

示例 2

```
#include <stdio.h>
int main( void )
{
   float y;
   int x;
   puts( "Enter a float, then an int" );
```

[1] 译者注：标准输入流是从标准输入设备（通常是键盘）流向程序的数据。

```
    scanf( "%f %d", &y, &x);
    printf( "\nYou entered %f and %d ", y, x );
    return 0;
}
```

7.3　三字符序列

现在，你已经学完了使用诸如 printf()和 scanf()这样的函数来读写信息的基本知识。接下来，还要了解一下本课的最后一个主题：三字符序列（*trigraph sequence*）。三字符序列是在源代码中被编译器解译成其他内容的特殊字符序列。

注意

你可能不会用到三字符序列。这里提到它是为了让你了解一下，万一无意间在代码中使用了三字符序列，它们会被自动转换成本节表中所列的等价字符。

三字符序列与前面介绍过的转义序列类似。它们之间最大的区别是，编译器在查看源代码时解译三字符序列。源文件中出现三字符序列的地方，都将被转换。

三字符序列以两个问号（?）开始。表 7.3 列出了 ANSI 标准中规定的三字符序列。根据该标准，不存在其他的三字符序列。

表 7.3　三字符序列

代码	等价字符
??=	#
??(	[
??/	\
??)	]
??'	^
??<	{
??!	|
??>	}
??-	~

如果三字符序列代码（表 7.3 中的代码一栏的任意一项）出现在源文件中，它将被更改为相应的等价字符。即使三字符序列是字符串的一部分，也不例外，例如：

```
printf("??(WOW??)");
```

将会被更改为：

```
printf("[WOW]");
```

如果包含了更多问号，其余的问号不会被更改，例如：

```
printf("???-");
```

将会被更改为：

```
printf("?~");
```

7.4 小 结

学完本课，你已经可以编写自己的C程序了。结合printf()、puts()、scanf()函数和前面学过的程序设计控制语句，完全可以编写出简单的程序。

printf()和puts()函数用于在屏幕上显示信息。puts()函数只能显示文本消息，printf()函数可以显示文本消息和变量。这两个函数都使用转义序列来控制打印和表示特殊的字符。

scanf()函数获取用户从键盘输入的一个或多个数值，并根据相应的转换说明解译每个数值。每个值都会被赋给程序中相应的变量。

最后，本课还介绍了三字符序列。三字符序列是特殊的代码，会被转换为相应的等价字符。

7.5 答 疑

问：既然printf()函数的功能比puts()函数强，为何还要使用puts()函数？

答：正是由于printf()的功能更强大，因此它存在额外的开销。如果要编写一个小型、高效的程序，或者程序较大、资源很宝贵，那么考虑使用开销较小的puts()。一般而言，应该尽量使用最简单的可用资源。

问：为什么在使用printf()、puts()或scanf()时，要在程序中包含stdio.h头文件？

答：stdio.h 包含标准输入/输出函数的原型。printf()、puts()和 scanf()都是标准输入/输出函数。运行使用这些函数却没有stdio.h头文件的程序，编译器将生成错误和警告。

问：如果去掉scanf()函数中变量名前的的取址符（&），会发生什么情况？

答：很容易犯这个错误。如果这样做会导致出乎意料的结果。当你学到第9课、第15课和第16课关于指针的内容，就能很好地理解这个问题。目前只需记住，如果遗漏了取址运算符，scanf()就会把输入的信息放到内存中的其他地方，而不是变量中。这将导致计算机被锁死，你必须重启计算机。

7.6 课后研习

课后研习包含小测验和练习题。小测验帮助读者理解和巩固本课所学概念，练习题有助于读者将理论知识与实践相结合。

7.6.1 小测验

1. put()和printf()的区别是什么？
2. 使用printf()时，要包含什么头文件？
3. 下面的转义序列分别是做什么？
   a. \\
   b. \b
   c. \n

d. \t
e. \a

4. 要打印下面的内容，应分别使用什么转换说明？
   a. 字符串
   b. 有符号十进制整数
   c. 十进制浮点数
5. 在 put() 函数的字面量文本中使用以下的内容，它们之间的区别是？
   a. b
   b. \b
   c. \
   d. \\

7.6.2 练习题

> **注意**
>
> 从本课开始，课后练习中会包含一些习题，要求你编写完整的程序来完成特殊任务。由于解决问题的思路和方案多种多样，因此本书后面提供的答案仅做参考，并不是唯一的正确答案。如果你能够按照题目的要求独立完成编码任务，那真是太棒了！如果遇到困难，可参考附录 D 中的答案。答案中包含的注释很少，因为自己弄明白为什么这样写也是很好的练习。

1. 分别用 printf() 和 puts() 编写一条换行的语句。
2. 编写一条 scanf() 语句，可以获取一个字符、一个无符号十进制整型数和另一个字符。
3. 编写能获取并打印一个整型值的语句。
4. 修改练习题 3，使其只接受一个偶数（如 2、4、6 等）。
5. 修改练习题 4，在用户用户输入 99 或 6 个偶数之前，返回输入的值，并将这些值储存在一个数组中。（提示：需要一个循环）
6. 将练习 5 转为一个可执行程序。添加一个函数，该函数将数组中的值打印成一行，每个值用制表符隔开（只打印数组中的值）。
7. **排错**：找出下面语句中的错误：

```
printf( "Jack said, "Peter Piper picked a peck of pickled peppers."");
```

8. **排错**：找出下面程序中的错误：

```
int get_1_or_2( void )
{
     int answer = 0;
     while (answer < 1 || answer > 2)
     {
        printf(Enter 1 for Yes, 2 for No);
        scanf( "%f", answer );
     }
     return answer;
}
```

9. 使用程序清单 7.1，完成 print_report() 函数，打印表 7.1 的其余部分。

10. 编写一个程序，从键盘读取两个浮点型值，然后打印它们的乘积。
11. 编写一个程序，从键盘读取 10 个整型值，然后打印它们的和。
12. 编写一个程序，从键盘读取多个整型值，并将它们储存在数组中。当输入 0 或达到数组末尾时，停止读取。然后，找出并打印数组中的最大值和最小值（注意：该练习比较困难，因为到目前为止尚未完全介绍数组。如果有困难，可阅读第 8 课后再尝试完成它）。

第8课

数值数组

数组是C程序中经常要用到数据存储类型。在第6课中简要介绍过数组，本课将介绍以下内容：

- 什么是数组
- 一维数组和多维数组的定义
- 如何声明并初始化数组

8.1 什么是数组

数组（*array*）是一组数据存储位置，每个位置的名称相同，储存的数据类型也相同。数组中的每个存储位置被称为数组元素（*array element*）。为何程序中需要使用数组？这个问题可以用一个示例来回答。

如果你打算记录2014年的营业开支，并将开支按月归档，那么需要为每个月的开支都准备不同的文件夹，但是如果使用一个带12个隔层的文件夹会更方便。

将这个例子扩展至计算机程序设计。想象你要设计一个记录营业开支的程序。在程序中声明12个单独的变量，分别储存每个月的开支。这个方法类似于为12个月的开支准备12个单独的文件夹。然而，更好的设计是用一个可容纳12个元素的数组，将每月的开支储存在相应的数组元素中。这个方法相当于将各月的开支放进一个带12个隔层的文件夹。使用变量和数组的区别如图8.1所示。

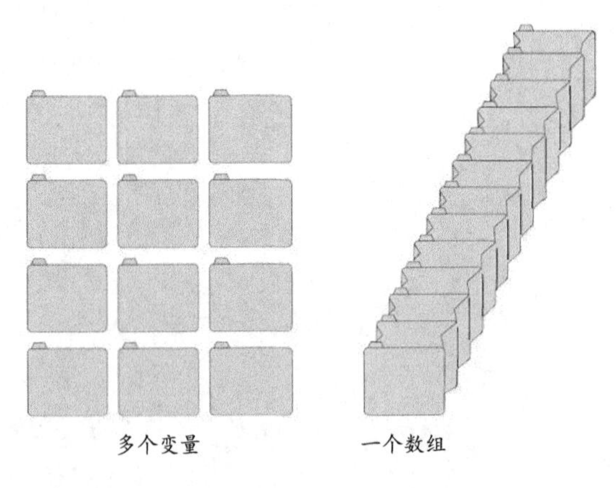

图8.1 多个变量类似于单独的文件夹，而数组类似于带有多个隔间的文件夹

8.1.1 一维数组

一维数组（*single-dimensional array*）只有一个下标。下标（*subscript*）是数组名后面方括号中的数字。不同的数字标识数组中不同的元素。下面举例说明，对于前面提到的营业开支程序，可以这样声明一个 float 类型的数组：

```
float expenses[12];
```

数组名是 expenses，包含 12 个元素。每个元素都相当于一个 float 变量。

C 语言的所有数据类型都可用于数组。C 语言的数组元素总是从 0 开始编号，因此，将 expenses 的 12 个元素编号为 0~11。在上面的例子中，一月份的开支应储存在 expenses[0]中，二月份的开支应储存在 expenses[1]中，以此类推，十二月份的开支应储存在 expenses[11]中。

声明数组时，编译器会留出足够大的一块内存以储存整个数组。各个数组元素依次被储存在内存位置中，如图 8.2 所示。

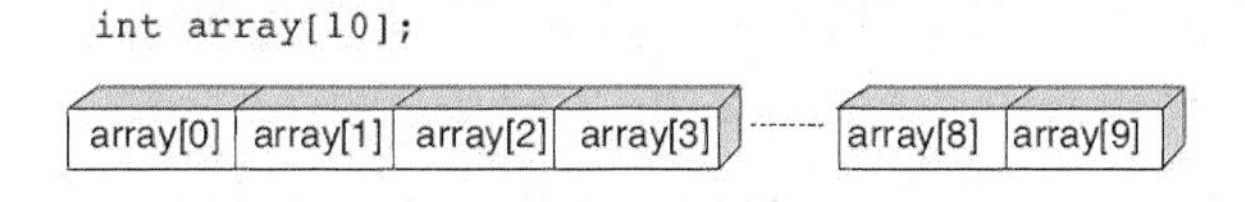

图 8.2 数组元素依次被储存在内存位置中

在源代码中，数组声明的位置很重要。和普通变量一样，数组声明的位置将影响程序可以如何使用该数组。在第 12 课中将详细介绍声明位置的影响。就现在而言，把数组的声明和其他变量的声明放在一起。

数组元素可用于程序中任何相同类型的非数组变量的地方。通过使用数组名和带方括号的数组下标来访问数组中的各元素。例如，下面的语句将 89.95 储存在第 2 个数组元素中（记住，第 1 个数组元素是 expenses[0]，不是 expenses[1]）：

```
expenses[1] = 89.95;
```

同理，下面的语句

```
expenses[10] = expenses[11];
```

将数组元素 expenses[11]中储存的值的副本赋给 expenses[10]数组元素。如上例子所示，数组下标都是字面常量。然而，程序中经常会将整型变量或表达式作为下标，或者甚至是另一个数组元素。如下面例子所示：

```
float expenses[100];
int a[10];
/* 其他语句已省略 */
expenses[i] = 100; // i 是一个整型变量
expenses[2 + 3] = 100; // expenses[2 + 3]相当于 expenses[5]
expenses[a[2]] = 100; // a[]是一个整型数组
```

需要解释一下最后一个例子。如果有一个整型数组 a[]，其中数组元素 a[2]中储存 8，这样写：

```
expenses[a[2]]
```

与这样写的效果相同：

```
expenses[8];
```

使用数组时，要牢记元素编号方案：在一个有 n 个元素的数组中，允许的下标范围是 0 至 n-1。如果使用下标值 n，程序会出错。C 编译器无法检查出程序中使用的数组下标是否越界。程序被编译并链接，但是越界的下标通常会导致错误的结果。

警告

记住，数组元素从 0（不是 1）开始编号。还需记住，最后一个元素的下标比数组中的元素个数少 1。例如，一个包含 10 个元素的数组，其元素的下标是从 0 至 9。

有时，你可能希望包含 n 个元素的数组中，其各元素编号是从 1~n。例如，上面的营业开支程序中，更自然的应该是将一月份的开支储存在 expenses[1]中，二月份的开支储存在 expenses[2]中，以此类推。要这样做，最简单的方式是声明一个比需要的元素数目多 1 的数组，并忽略元素 0。当然，也可以在元素 0 中储存一些相关的数据（如年度总开支）。在该例中，可以声明该数组：

```
float expenses[13];
```

程序清单 8.1 中的程序 expenses.c 是一个简单的程序，没什么实用价值，仅用于演示数组的用法。

输入▼

程序清单 8.1　expenses.c：使用数组

```
1:      /* expenses.c - 演示数组的用法 */
2:
3:      #include <stdio.h>
4:
5:      /* 声明一个储存开支的数组和一个计数器变量 */
6:
7:      float expenses[13];
8:      int count;
9:      float year_expenses = 0;
10:
11:     int main(void)
12:     {
13:         /* 将用户从键盘输入的数据放入数组中 */
14:
15:         for (count = 1; count < 13; count++)
16:         {
17:             printf("Enter expenses for month %d: ", count);
18:             scanf("%f", &expenses[count]);
19:         }
20:
21:         /* 打印数组的内容 */
22:
23:         for (count = 1; count < 13; count++)
24:         {
25:             printf("Month %d = $%.2f\n", count, expenses[count]);
26:             year_expenses += expenses[count];
27:         }
28:         printf("Yearly expenses are $%.2f\n", year_expenses);
29:         return 0;
30:     }
```

输出▼

```
Enter expenses for month 1: 45.67
Enter expenses for month 2: 100.65
Enter expenses for month 3: 3421.04
Enter expenses for month 4: 34.67
Enter expenses for month 5: 5.60
Enter expenses for month 6: 1267
Enter expenses for month 7: 200.00
Enter expenses for month 8: 45.21
Enter expenses for month 9: 23.12
Enter expenses for month 10: 187.90
Enter expenses for month 11: 12.54
Enter expenses for month 12: 3
Month 1 = $45.67
Month 2 = $100.65
Month 3 = $3421.04
Month 4 = $34.67
Month 5 = $5.60
Month 6 = $1267.00
Month 7 = $200.00
Month 8 = $45.21
Month 9 = $23.12
Month 10 = $187.90
Month 11 = $12.54
Month 12 = $3.00
Yearly expenses are $5346.40
```

分析▼

运行 expenses.c，程序会提示用户输入一月份至十二月份的开支，输入的值被储存在数组中。必须为每个月都输入一个值，在输入完第 12 个值后，将在屏幕上显示数组的内容。

与前面介绍的程序清单类似，第 1 行是注释，描述了程序的用途。注意该注释中包含了程序的名称：expenses.c。在注释中包含程序名，可以清楚地告知用户正在查看的是哪个程序。这在将程序清单打印出来时方便核对。

第 5 行也是一条注释，解释声明的变量。第 7 行声明了一个包含 13 个元素的数组（在该程序中，只需要 12 个元素，每个元素储存一个月的开支，但是却声明了包含 13 个元素的数组）。第 9 行声明了一个开支总额变量。第 15~19 行的 for 循环中忽略了数组中的第 1 个元素（即元素 0），程序使用元素 1 至元素 12，这些元素与十二个月直接相关。回到第 8 行，声明了一个变量 count，在整个程序中用作计数器和数组下标。

程序的 main()函数开始于第 11 行。程序使用一个 for 循环打印一条消息，并分别接收十二个月的值。注意，第 18 行，scanf()函数使用了一个数组元素。由于第 7 行将 expenses 数组声明为 float 类型，因此，scanf()函数中要使用%f。而且，数组元素前面要添加取址运算符（&），就像对待普通的 float 类型变量一样。

第 23~27 行是是另一个 for 循环，打印之前输入的值。上一课介绍过，在百分号和 f 之间添加.2（即%.2f）打印出的浮点数带两位小数。在打印金额数时，保留两位小数的格式很合适。在第 14 课中将详细地介绍更多格式。

DO	DON'T
需要储存同类型的值时，使用数组而不是创建多个变量。例如，如果要储存一年中各月的销售额，创建一个包含 12 个元素的数组来储存营业额，而不是为每个月创建一个变量。	不要忘记，数组下标从 0 开始。

8.1.2　多维数组

多维数组（*multidimensional array*）有多个下标。二维数组有两个下标，三位数组有 3 个下标，以此类推。C 语言对数组的维数没有限制（但是对数组大小有限制，稍后讨论）。

例如，假设你编写一个国际象棋程序。棋盘分为 8 行 8 列，共 64 个方格。可以用一个二维数组代表该棋盘，如下所示：

```
int checker[8][8];
```

该数组包含 64 个元素：checker[0][0]、checker[0][1]、checker[0][2]...checker[7][6]、checker[7][7]。二维数组的结构如图 8.3 所示。

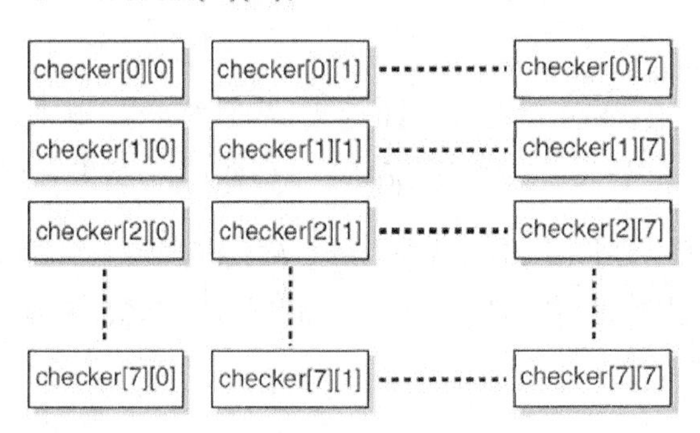

图 8.3　二维数组的行列结构

类似地，可以将三维数组看作一个长方体（或立方体）。至于四维数组（或更高维），最好能发挥你的想象力。无论多少维数的数组，都在内存中按顺序储存。第 15 课更详细地讲解数组储存。

8.2　命名和声明数组

数组的命名规则与第 3 课介绍的变量名命名规则相同。数组名必须唯一，不能与其他数组或其他标识符（变量、常量等）重名。也许读者已经猜到了，数组声明和非数组变量声明的形式相同，只是数组名后面必须带元素的个数，并用方括号括起来。

声明数组时，可以用字面常量或通过#define 创建的符号常量来指定元素的个数。因此，

```
#define MONTHS 12
int array[MONTHS];
```

与下面的声明等价：

```
int array[12];
```

但是，大部分编译器都不允许用 const 关键字创建的符号常量[1]来声明数组的元素：

```
const int MONTHS = 12;
int array[MONTHS]; /* 错误！ */
```

程序清单 8.2 的 scoring.c 中展示了如何使用二维数组。程序使用一个数组储存 4 场篮球比赛中五名队员的得分。

输入▼

程序清单 8.2 scoring.c：在二维数组中储存 4 场比赛中 5 名球员的得分

```
1:      // scoring.c: 使用二维数组储存篮球队员的得分
2:
3:      #include <stdio.h>
4:      #define PLAYERS 5
5:      #define GAMES 4
6:
7:      int scores[6][5];
8:      float score_avg[6], bestavg;
9:      int point_total, bestplayer;
10:     int counter1, counter2;
11:
12:     int main()
13:     {
14:         // 外层循环用于控制比赛的次数
15:         for (counter2 = 1; counter2 <= GAMES; counter2++)
16:         {
17:             printf("\nGetting scoring totals for Game #%d.\n", counter2);
18:             // 内层循环用于计算每位球员在指定比赛的得分
19:             for (counter1 = 1; counter1 <= PLAYERS; counter1++)
20:             {
21:                 printf("What did player #%d score in the game\? ", counter1);
22:                 scanf("%d", &scores[counter1][counter2]);
23:             }
24:         }
25:
26:         // 依次循环数组计算每位球员的平均得分
27:         for (counter1 = 1; counter1 <= PLAYERS; counter1++)
28:         {
29:             point_total = 0;
30:             for (counter2 = 1; counter2 <= GAMES; counter2++)
31:             {
32:                 point_total += scores[counter1][counter2];
33:             }
34:             score_avg[counter1] = (float) point_total / GAMES;
35:         }
36:
37:         // 依次循环并储存最高平均分
38:         best_avg = 0;
39:         for (counter1 = 1; counter1 <= PLAYERS; counter1++)
40:         {
41:             if (score_avg[counter1] > bestavg)
42:             {
43:                 best_avg = score_avg[counter1];
44:                 best_player = counter1;
45:             }
```

[1] 译者注：其实，用 const 关键字创建的符号常量实质是变量（叫 const 变量会更合适），它与通过#define 创建的符号常量不同。

```
46:             }
47:
48:          printf("\nPlayer #%d had the best scroring average,\n", best_player);
49:          printf("at %.2f points per game.\n", score_avg[best_player]);
50:
51:          return (0);
52:      }
```

输出▼

```
Getting scoring totals for Game #1
What did player #1 score in the game? 5
What did player #2 score in the game? 6
What did player #3 score in the game? 3
What did player #4 score in the game? 1
What did player #5 score in the game? 8
Getting scoring totals for Game #2
What did player #1 score in the game? 4
What did player #2 score in the game? 2
What did player #3 score in the game? 12
What did player #4 score in the game? 3
What did player #5 score in the game? 3
Getting scoring totals for Game #3
What did player #1 score in the game? 5
What did player #2 score in the game? 6
What did player #3 score in the game? 8
What did player #4 score in the game? 8
What did player #5 score in the game? 3
Getting scoring totals for Game #4
What did player #1 score in the game? 3
What did player #2 score in the game? 2
What did player #3 score in the game? 6
What did player #4 score in the game? 4
What did player #5 score in the game? 6
Player #3 had the best scoring average,
at 7.25 points per game.
```

分析▼

与 expenses.c 类似，该程序清单也需要用户输入值。该程序提示用户为 4 场比赛的 5 名球员输入得分。待用户输入所有得分后，程序计算每名球员的平均得分，并打印最高平均分的球员号数和他的平均分。

如前所述，无论是一维、二维或三维数组，它们的命名方式都类似于普通变量。第 7 行，声明了一个二维数组 scores。第 1 个维度设置为 6（有 5 名球员，这样可以忽略 0 号元素，使用 1 号元素至 5 号元素），第 2 个维度设置为 5（有 4 场比赛，同样可以忽略元素 0）。第 8 行声明了一个一维数组 score_avg，其类型为 float，因为用浮点数表示平均得分比整数更精确。第 4 行和第 5 行定义了两个符号常量 PLAYERS 和 GAMES，很方便地更改球员人数和比赛次数。

提示

如本例所示，改变常量不足以改变整个程序。因为程序中用指定的数字来声明两个数组。更好的声明方式应该是：

```
int scores[PLAYERS + 1][GAMES + 1];
float score_avg[PLAYERS + 1];
```

如果按以上格式声明，那么在更改球员人数或比赛场次时，其对应的数组也会相应地更改。

另外，程序还声明了其他 5 个变量：counter1、counter2、point_total、bestavg 和 bestplayer。前两个变量在循环中要用到，point_total 用于计算每个队员的平均分，最后两个变量用于储存最高平均分及其队员编号。

第 15~24 行的 for 循环中嵌套了另一个 for 循环，这两个循环常用于填充二维数组。外层循环控制比赛的场次，其中包含一个 printf() 语句，告知用户现在是哪场比赛。然后再执行第 19 行的内层循环，该循环用于遍历队员。当一场比赛结束时，转回执行外层循环，将比赛场次递增 1，并打印出新的消息，然后再进入内层循环。

所有的分数都要输入数组中。第 27~35 行的 for 循环中也嵌套另一个 for 循环。这两个循环与上两个循环的顺序相反，外层循环队员，内层循环比赛的场次（从第 30 行开始）。第 32 行把队员的每场分数相加，得到该队员的总分。第 34 行将总分除以比赛的次数来计算每个队员的平均得分。然后将计算结果储存在 score_avg 数组中。当外层循环递增后进入循环，第 29 行必须重新将 point_total 变量赋值为 0（这很重要），否则#2 队员的总分中会包含#1 队员的总分。这是程序员常犯的错误之一。注意，这部分的代码中并未包含 printf()和 scanf()语句，没有与用户进行交互。C 程序只管做好它的本职工作，获取相关数据、完成计算，并储存新的值。

最后的 for 循环，开始于第 39 行，遍历 score_avg 数组并确定最高平均分的队员。这项工作由第 41~45 行的嵌套 if 语句完成。它获取每个队员的平均分并将其与当前最高平均分作比较。第 43 行，如果该队员每场比赛的得分更高，那么该队员的平均分就会成为新的 bestavg，而且把该队员的编号赋值给 bestplayer 变量（第 44 行）。第 48 行和第 49 行将数据分析报告给用户。

DO	DON'T
声明函数时，使用#define 指令创建的符号常量能方便日后更改数组的元素个数。以 scoring.c 为例，如果在声明数组时使用#define 指令创建的符号常量，则只需更改常量便可改变队员的人数，而不必在程序中逐一更改与人数相关的量。	数组的维数尽量不要超过三维。记住，多维数组很容易变得很大。

8.2.1　初始化数组

第 1 次声明数组时，可以初始化数组的全部元素或部分元素。只需在数组声明后面加上等号和用花括号括起来的值即可，各值之间用逗号隔开。这些值将依次被赋值给数组的元素（从 0 号元素）。

考虑下面的代码：

```
int array[4] = { 100, 200, 300, 400 };
```

在这个例子中，100 被赋给 array[0]、200 被赋给 array[1]、300 被赋给 array[2]、400 被赋给 array[3]。

如果省略了数组大小，编译器会创建一个刚好可以容纳初始化值的数组。因此，下面的声明与上面的数组声明等效：

```
int array[] = { 100, 200, 300, 400 };
```

初始化值的数量也可以少于数组元素的个数，如：

```
int array[10] = { 1, 2, 3 };
```

如果不显式初始化数组元素，当程序运行时就无法确定元素中的值。如果初始化值太多（初始化值的数量多于数组元素的个数），编译器会报错。根据 ANSI 标准，未初始化的数组元素将被设置为 0。

提示

不要依赖编译器自动初始化值。最好自己设置初值。

8.2.2　初始化多维数组

初始化多维数组与初始化一维数组类似。依次将初始化的值赋给数组元素，注意第 2 个数组下标先变化。例如：

```
int array[4][3] = { 1, 2, 3, 4, 5, 6, 7, 8, 9, 10, 11, 12 };
```

赋值后结果如下：

```
array[0][0]中储存的是 1
array[0][1]中储存的是 2
array[0][2]中储存的是 3
array[1][0]中储存的是 4
array[1][1]中储存的是 5
array[1][2]中储存的是 6
array[2][0]中储存的是 7
array[2][1]中储存的是 8
array[2][2]中储存的是 9
array[3][0]中储存的是 10
array[3][1]中储存的是 11
array[3][2]中储存的是 12
```

初始化多维数组时，使用花括号分组初始化值，并将其分成多行，可提高代码的可读性。下面的初始化语句与上面的例子等价：

```
int array[4][3] = { { 1, 2, 3 } , { 4, 5, 6 } , { 7, 8, 9 } , { 10, 11, 12 } };
```

记住，即使已经用花括号将初始化值分组，仍必须用逗号隔开它们。另外，必须成对使用花括号，否则编译器将报错。

接下来用一个示例说明数组的优点。程序清单 8.3：randomarray.c，创建可一个包含 1000 个元素的三维数组，并用随机数填充它。然后，该程序会在屏幕上显示所有的数组元素。想象一下，如果使用非数组变量，得需要多少行源代码。

程序中还使用了一个新的库函数 getchar()，该函数读取用户从键盘输入的一个字符。在程序清单 8.3 中，getchar()控制程序在用户按下 Enter 键后才继续运行。getchar()函数的细节将在

第 14 课中介绍。

输入▼

程序清单 8.3 randomarray.c：创建多维数组

```
1:      /* randomarray.c - 使用多维数组的示例 */
2:
3:      #include <stdio.h>
4:      #include <stdlib.h>
5:      /* 声明一个包含 1000 个元素的三维数组 */
6:
7:      int random_array[10][10][10];
8:      int a, b, c;
9:
10:     int main(void)
11:     {
12:         /* 用随机数填充数组。 */
13:         /* C 库函数 rand()返回一个随机数。 */
14:         /* 使用一个 for 循环来处理数组的下标。 */
15:
16:         for (a = 0; a < 10; a++)
17:         {
18:             for (b = 0; b < 10; b++)
19:             {
20:                 for (c = 0; c < 10; c++)
21:                 {
22:                     random_array[a][b][c] = rand();
23:                 }
24:             }
25:         }
26:
27:         /* 显示数组元素，一次显示 10 个 */
28:
29:         for (a = 0; a < 10; a++)
30:         {
31:             for (b = 0; b < 10; b++)
32:             {
33:                 for (c = 0; c < 10; c++)
34:                 {
35:                     printf("\nrandom_array[%d][%d][%d] = ", a, b, c);
36:                     printf("%d", random_array[a][b][c]);
37:                 }
38:                 printf("\nPress Enter to continue, CTRL-C to quit.");
39:
40:                 getchar();
41:             }
42:         }
43:         return 0;
44:     }   /* main()结束 */
```

输出▼

```
random_array[0][0][0] = 346
random_array[0][0][1] = 130
random_array[0][0][2] = 10982
random_array[0][0][3] = 1090
random_array[0][0][4] = 11656
random_array[0][0][5] = 7117
random_array[0][0][6] = 17595
random_array[0][0][7] = 6415
random_array[0][0][8] = 22948
random_array[0][0][9] = 31126
```

```
Press Enter to continue, CTRL-C to quit.
random_array[0][1][0] = 9004
random_array[0][1][1] = 14558
random_array[0][1][2] = 3571
random_array[0][1][3] = 22879
random_array[0][1][4] = 18492
random_array[0][1][5] = 1360
random_array[0][1][6] = 5412
random_array[0][1][7] = 26721
random_array[0][1][8] = 22463
random_array[0][1][9] = 25047
Press Enter to continue, CTRL-C to quit.
... ...
random_array[9][8][0] = 6287
random_array[9][8][1] = 26957
random_array[9][8][2] = 1530
random_array[9][8][3] = 14171
random_array[9][8][4] = 6951
random_array[9][8][5] = 213
random_array[9][8][6] = 14003
random_array[9][8][7] = 29736
random_array[9][8][8] = 15028
random_array[9][8][9] = 18968
Press Enter to continue, CTRL-C to quit.
random_array[9][9][0] = 28559
random_array[9][9][1] = 5268
random_array[9][9][2] = 20182
random_array[9][9][3] = 3633
random_array[9][9][4] = 24779
random_array[9][9][5] = 3024
random_array[9][9][6] = 10853
random_array[9][9][7] = 28205
random_array[9][9][8] = 8930
random_array[9][9][9] = 2873
Press Enter to continue, CTRL-C to quit.
```

分析▼

在第 6 课的程序中使用过嵌套的 for 语句，上面的程序中有两个嵌套的 for 语句。在了解 for 语句的细节前，注意第 7 行和第 8 行声明了 4 个变量。第 1 个是数组 random_array，用于储存随机数。random_array 是 int 类型的三维数组，可以储存 1000 个 int 类型的元素（10×10×10）。如果不使用数组，就得起 1000 个不同的变量名！第 8 行声明了 3 个变量 a、b 和 c，用于控制 for 循环。

该程序的第 4 行包含标准库头文件 stdlib.h，提供 rand()函数（第 22 行）的原型。

该程序主要包含两组嵌套的 for 语句。第 1 组 for 语句在第 16~25 行，第 2 组 for 语句在第 29~42 行。这两个嵌套 for 语句的结构相同，工作方式与程序清单 6.2 的循环类似，但是多了一层嵌套。在第 1 组 for 语句中，将重复执行第 22 行的语句——将 rand()函数的返回值赋值给 random_array 数组的元素。rand()是库函数，它返回一个随机数。

回到第 20 行，c 变量从 0 递增至 9，遍历 random_array 数组最右边的下标。第 18 行递增 b 变量，遍历数组中间的下标。b 的值每递增一次，就遍历一次 c（即 c 的值从 0 递增至 9）。第 16 行递增 a 变量，遍历数组最左边的下标。a 下标值每递增一次，就遍历一次 b 下标值（10 个），而 b 的值每递增一次，就遍历一次 c 下标值（10 个）。这样，整个循环将 random 数组的每个元素都初始化为一个随机数。

第 2 组 `for` 语句在第 29~42 行，其工作原理与上一组 `for` 语句类似，但是该组语句循环打印之前所赋的值。显示 10 个值后，第 38 行打印一条消息并等待用户按下 Enter 键。第 40 行调用 `getchar()` 来处理 Enter 键的按键响应。如果用户没有按下 Enter 键，`getchar()` 将一直等待，当用户按下 Enter 键后，程序将继续显示下一组值。请运行该程序，查看输出。

8.3 小 结

本课介绍了数值数组。这个功能强大的数据存储方法，让你将许多同类型的数据项分组，并使用相同的组名。在数组中，使用数组名后面的下标来识别每一项或元素。涉及重复处理数据的程序设计任务非常适合使用数组来储存数据。

与非数组变量类似，在使用数组前必须先声明。声明数组时，可初始化也可不初始化数组元素。

8.4 答 疑

问：如果使用的数组下标超过数组中的元素数量，会发生什么情况？

答：如果使用的下标超出数组声明时的下标，程序可能会顺利编译甚至正常运行。然而，这种错误会导致无法预料的结果。出现问题后，通常很难查出是下标越界造成的。因此初始化和访问数组元素时要特别小心。

问：使用未初始化的数组，会发生什么情况？

答：这种情况编译器不会报错。如果未初始化数组，数组元素中的值是不确定的，使用这样的数组会得到无法预料的结果。在使用变量和数组之前必须初始化它们，明确其中储存的值。第 12 课将介绍一个无需初始化的情况。目前为安全起见，请记得初始化数组。

问：可以创建多少维的数组？

答：如本课所述，可以创建任意维的数组。维数越多，该数组所占用的数据存储空间越大。应该按需声明数组的大小，避免浪费存储空间。

问：是否有可以一次初始化整个数组的捷径？

答：在使用数组之前必须初始化数组中的每个元素。对 C 语言的初学者而言，最安全的方法是按照本课程序示例那样，在声明时初始化数组，或者用 `for` 语句为数组中的所有元素赋值。还有其他初始化数组的方法，但是超出了本书的讨论范围。

问：是否能将两个数组相加（或相乘、相除、相减）？

答：如果声明了两个数组，不能简单地将两者相加，必须分别将其相应的元素相加。练习 10 说明了这一点。另外，可以创建一个将两个数组相加的函数，在函数中把两个数组中相应的每个元素相加。

问：为什么有时用数组代替变量会更好？

答：使用数组，相当于把许多值用一个名称来分组。在程序清单 8.3 中，储存了 1000 个值。如果创建 1000 个变量（为其起不同的变量名）并将每个变量初始化为一个随机数，无疑是一项异常繁琐的工程。但是使用数组，就简单得多。

问：在写程序时，如果不知道要使用多大的数组怎么办？

答：C 语言提供了许多在运行时为变量和数组分配空间的函数。第 15 课将介绍这些函数。

8.5　课后研习

课后研习包含小测验和练习题。小测验帮助读者理解和巩固本课所学概念，练习题有助于读者将理论知识与实践相结合。

8.5.1　小测验

1. 在数组中可以使用哪些 C 语言的数据类型？
2. 声明了一个包含 10 个元素的数组，第 1 个元素的下标是多少？
3. 声明了一个包含 n 个元素的一维数组，最后一个元素的下标是多少？
4. 如果程序试图通过超界下标访问数组元素，会发生什么情况？
5. 如何声明多维数组？
6. 下面声明了一个数组。该数组中包含了多少个元素？
```
int array[2][3][5][8];
```
7. 上一题的数组中，第 10 个元素的名称是什么？

8.5.2　练习题

1. 编写一行 C 程序的代码，声明 3 个一维整型数组，分别名为 `one`、`two`、`three`，每个数组包含 1000 个元素。
2. 编写一条语句，声明一个包含 10 个元素的整型数组并将所有的元素都初始化为 1。
3. 为给定的数组编写代码，将数组的所有元素都初始化为 88。
```
int eightyeight[88];
```
4. 为给定的数组编写代码，将数组的所有元素都初始化为 0。
```
int stuff[12][10];
```
5. **排错**：找出以下代码段的错误：
```
int x, y;
int array[10][3];
int main( void )
{
   for ( x = 0; x < 3; x++ )
      for ( y = 0; y < 10; y++ )
         array[x][y] = 0;
   return 0;
}
```

6. **排错**：找出以下代码段的错误：

```
int array[10];
int x = 1;
int main( void )
{
    for ( x = 1; x <= 10; x++ )
        array[x] = 99;
    return 0;
}
```

7. 编写一个程序，将随机数放入一个5×4（5行4列）的二维数组中，并将所有的值打印成列。（提示：使用程序清单8.3中使用的 `rand()` 函数）

提示

如果使用 `rand()`，建议在程序的开头加上下面这行：

```
srand(time(NULL));
```

调用该函数，可确保每次运行程序时都获得不同的随机数。srand是随机数种子（*seed random*）的简称，该函数确保在每次运行程序时都生成一组新的随机数。然而，用户有时也需要程序生成多组相同的随机数（如科学实验）。

8. 使用一维数组重写程序清单8.3。先打印1000个变量的平均值，再打印各变量的值。注意：不要忘记每打印10个值暂停一下。

9. 编写一个程序，初始化一个包含10个元素的数组，每个元素的值与其下标值相等。然后打印10个元素的值。

10. 修改练习题9的程序。打印完初始化的值后，将这些值拷贝至一个新的数组中，并给每个值加10，然后再打印新数组各元素的值。

第 9 课

指　针

本课将详细介绍指针，它是 C 语言中的一个重要部分。在程序中，指针提供强大而灵活的方法来操纵数据。本课将介绍以下内容：

- 指针的定义
- 指针的用途
- 如何声明和初始化指针
- 如何将指针用于简单变量和数组
- 如何用指针给函数传递数组

使用指针有两方面的优势：其一，用指针能更好地完成某些任务；其二，有些任务只能用指针才能完成。学完本课和后续课程，读者会渐渐明白这些优势的具体细节。目前，只需记住：要成为资深的 C 语言程序员，必须掌握指针。

9.1　什么是指针

在学习什么是指针之前，必须先了解计算机如何在内存中储存信息的基本知识。下面，将简要地介绍计算机的存储器。

9.1.1　计算机的内存

计算机的内存（RAM）由数百万个顺序存储位置组成，每个位置都有唯一的地址。计算机的内存地址范围从 `0` 开始至最大值（取决于内存的数量）。

运行计算机时，操作系统要使用一些内存。运行程序时，程序的代码（执行该程序中不同任务的机器语言指令）和数据（该程序使用的信息）也要使用一些内存。这里讨论的是储存程序数据的内存。

在 C 程序中声明一个变量时，编译器会预留一个内存位置来储存该变量，此位置有唯一的地址。编译器把该地址与变量名相关联。当程序使用该变量名时，将自动访问正确的内存位置。虽然程序使用了该位置的地址，但是对用户是隐藏的，不必关心它。

下面用图 9.1 来帮助读者理解。程序声明了一个名为 `rate` 的变量，并将其初始化为 `100`。编译器已经在内存中将地址为 `1004` 的位置留给了该变量，并将变量名 `rate` 与地址 `1004` 相关联。

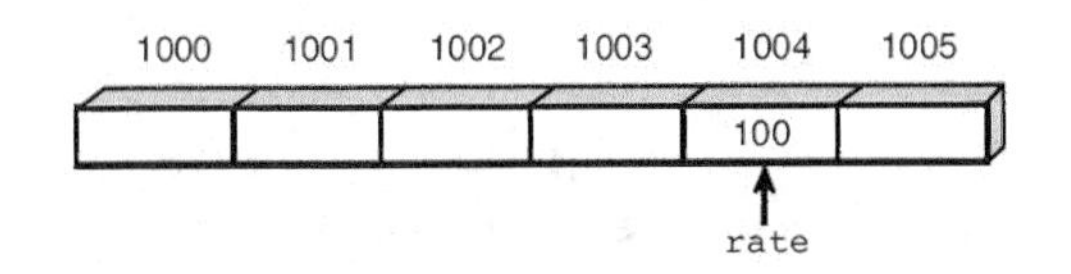

图 9.1 将程序中的一个变量储存在指定的内存地址上

9.1.2 创建指针

注意，rate 变量或任何其他变量的地址都是一个数字（类似于 C 语言的其他数字）。如果知道一个变量的地址，便可创建第 2 个变量来储存第 1 个变量的地址。第一步，先声明一个变量（命名为 p_rate）储存 rate 变量的地址。此时，p_rate 尚未初始化。编译器已经为 p_rate 分配了储存空间，但是它的值待定，如图 9.2 所示。

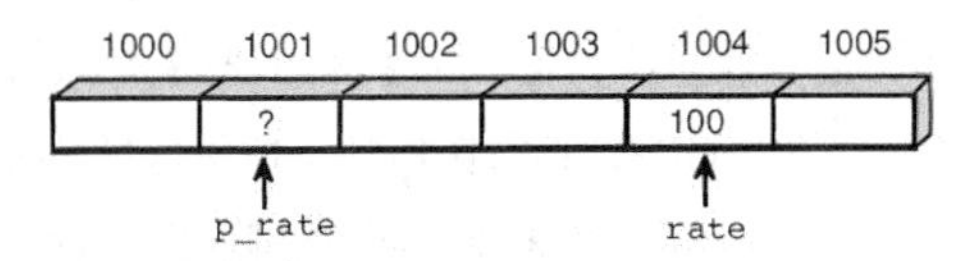

图 9.2 已为 p_rate 变量分配了内存空间

第二步，把 rate 变量的地址储存到 p_rate 变量中。由于现在 p_rate 变量中储存的是 rate 变量的地址，因此 p_rate 指明了 rate 被储存在内存中的具体位置。用 C 语言的说法是：p_rate 指向 rate，或者 p_rate 是指向 rate 的指针。如图 9.3 所示。

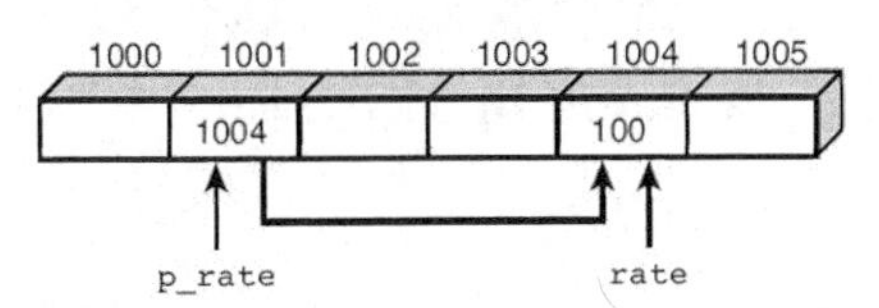

图 9.3 p_rate 变量中储存着 rate 变量的地址，因此 p_rate 是指向 rate 的指针

综上所述，指针是储存其他变量地址的变量。接下来，我们进一步学习如何在 C 程序中使用指针。

9.2 指针和简单变量

在上面的示例中，指针变量指向一个简单（即，非数组）变量。本小节介绍如何创建并使用指向简单变量的指针。

9.2.1 声明指针

指针是一个数值变量，和所有变量类似，必须先声明才能使用。指针变量名遵循与其他变量名相同的命名规则，而且指针变量名必须唯一。本课使用的约定是，将指向 name 变量的指针命名为 p_name。并非一定要这样命名，只要遵循 C 语言的命名规则，可以任意命名。

指针的声明形式如下：

```
类型名 *指针名;
```

类型名可以是任意 C 语言的变量类型，它指明该指针所指向变量的类型。星号（*）是间接运算符（*indirection operator*），表明指针名是一个指向类型名类型的指针，不是类型名类型的变量。下面是一些示例：

```
char *ch1, *ch2;         /* ch1 和 ch2 都是指向 char 类型的指针 */
float *value, percent;   /* value 是指向 float 类型变量的指针，percent 是普通的 float 类型变量 */
```

> **注意**
>
> *号可用作间接运算符和乘法运算符。不用担心编译器会混淆两者。编译器通过星号上下文提供的信息，完全清楚该星号是间接运算符还是乘法运算符。

9.2.2　初始化指针

现在，你已经声明了一个指针，可以用它来做什么？它在指向某些内容之前什么也做不了。与普通变量类似，使用未初始化的指针会导致无法预料的结果和潜在的危险。没有储存变量地址的指针是没用的。变量的地址不会自动“变”进指针中，必须在程序中使用取址运算符（&）获得变量的地址，然后将其存入指针才行。把取址运算符放在变量名前，便会返回该变量的地址。因此，以下面的形式初始化指针：

```
指针 = &变量;
```

参看图 9.3 所示的例子，要让 p_rate 变量指向 rate 变量，应该这样写：

```
p_rate = &rate; /* 把 rate 的地址赋值给 p_rate */
```

该语句把 rate 的地址赋值给 p_rate。初始化之前，p_rate 未指向任何内容；初始化之后，p_rate 是指向 rate 的指针。

9.2.3　使用指针

现在，你已经学会声明和初始化指针，一定很想知道如何使用它。这里，又要用到间接运算符（*）。把*放在指针名前，该指针便引用它所指向的变量。

在上一个例子中，已经初始化了 p_rate 指针，使其指向 rate 变量。如果写*p_rate，该指针变量则引用 rate 变量的内容。因此，要打印 rate 的值（该例中，rate 的值是 100），可以这样写：

```
printf("%d", rate);
```

也可以这样写：

```
printf("%d", *p_rate);
```

在 C 语言中，以上两条语句是等价的。通过变量名访问变量的内容，称为直接访问（*direct access*）；通过指向变量的指针访问变量的内容，称为间接访问（*indirect access*）或间接取值（*indirection*）。图 9.4 解释了将间接运算符放在指针名前，引用的是指针所指向变量的值。

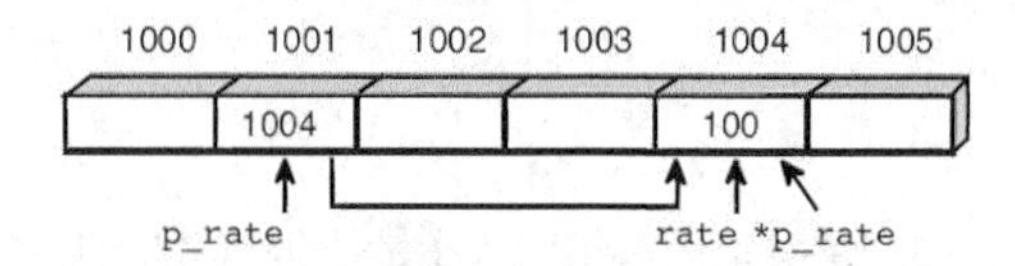

图 9.4　将间接运算符用于指针

仔细思考一下上述内容。指针是C语言不可或缺的部分，必须要理解指针。许多人都不太明白指针，如果你理解起来也有困难，别担心。也许下面总结的内容能帮助你。

假设声明一个名为ptr的指针，已将其初始化为指向var变量，以下的说法都正确：

- *ptr和var都引用var的内容（即，程序储存在该位置的任何值）；
- ptr和&var都引用var的地址。

因此，不带间接运算符的指针名访问指针本身储存的值（即，指针所指向的变量的地址）。

程序清单9.1演示了指针的基本用法。请输入、编译并运行这个程序。

输入▼

程序清单9.1　pointer.c：指针的基本用法

```
1:      /* 指针的基本用法示例 */
2:
3:      #include <stdio.h>
4:
5:      /* 声明并初始化一个int类型的变量 */
6:
7:      int var = 1;
8:
9:      /* 声明一个指向int类型变量的指针 */
10:
11:     int *ptr;
12:
13:     int main(void)
14:     {
15:         /* 让ptr指向var */
16:
17:         ptr = &var;
18:
19:         /* 直接和间接访问var */
20:
21:         printf("\nDirect access, var = %d", var);
22:         printf("\nIndirect access, var = %d", *ptr);
23:
24:         /* 以两种方式显示var的地址 */
25:
26:         printf("\n\nThe address of var = %p", &var);
27:         printf("\nThe address of var = %p\n", ptr);
28:
29:         return 0;
30:     }
```

输出▼

```
Direct access, var = 1
Indirect access, var = 1
The address of var = 4202496
The address of var = 4202496
```

注意

在你的计算机屏幕上输出的var的地址可能不是4202496。

分析▼

该程序清单声明了两个变量。第 7 行声明了一个 int 类型的变量 var 并初始化为 1。第 11 行，声明了一个指向 int 类型变量的指针 ptr。第 17 行，使用取址运算符（&）将 var 的地址赋值给指针 ptr。程序的其余部分负责将这两个变量的值打印在屏幕上。第 21 行打印 var 的值，第 22 行打印 ptr 指向的位置中所储存的值。在本例中，这两个值都是 1。第 26 行在 var 前使用了取址运算符，该行打印 var 的地址。第 27 行打印指针变量 ptr 的值，与第 26 行打印的值相同。

该程序清单是学习指针的好例子。它表现了变量、变量的地址、指针、解引用指针之间的关系。

DO	DON'T
要理解什么是指针以及指针的工作原理。要掌握 C 语言必须掌握指针。	在把地址赋给指针之前，不要使用未初始化的指针。否则，可能导致灾难性的后果。

9.3 指针和变量类型

前面的讨论都没有考虑不同类型的变量占用不同数量的内存。对于较常用的计算机操作系统，一个 short 类型的变量占 2 字节，一个 float 类型的变量占 4 字节，等等。内存中的每个字节都有唯一的地址，因此，多字节变量实际上占用了多个地址。

那么，指针如何储存多字节变量的地址？实际上，变量的地址是它所占用字节的首地址（最低位的地址）。下面声明并初始化 3 个变量来说明：

```
short vshort = 12252;
char vchar = 90;
float vfloat = 1200.156004;
```

这些变量都储存在内存中，如图 9.5 所示。图中，short 类型的变量占 2 字节，char 类型的变量占 1 字节，float 类型的变量占 4 字节。

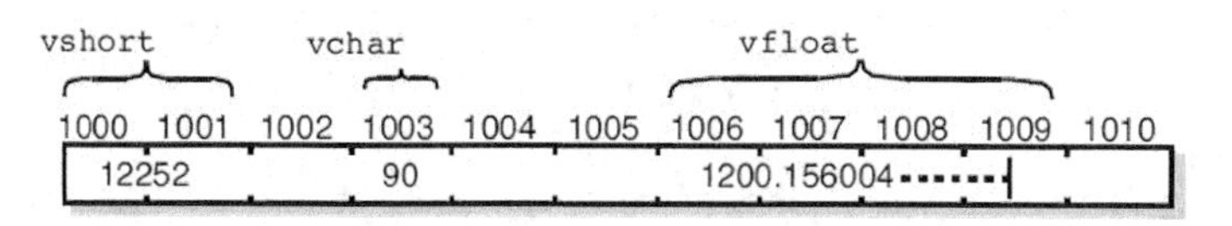

图 9.5 在内存中，不同类型的数值变量占用的内存空间数量不同

接下来，声明并初始化 3 个指针分别指向这 3 个变量：

```
int *p_vshort = &vshort;
char *p_vchar = &vchar;
float *p_vfloat = &vfloat;
/* 其他代码已略去 */
```

指针中储存的是它所指向变量的第 1 个字节地址。因此，p_vshort 的值是 1000，p_vchar 的值是 1003，p_vfloat 的值是 1006。因为每个指针都被声明指向某种类型的变量，因此编译器知道：指向 short 类型变量的指针指向 2 字节中第 1 个地址；指向 float 类型变量的指针指向 4 字节中的第 1 个地址，等等。如图 9.6 所示：

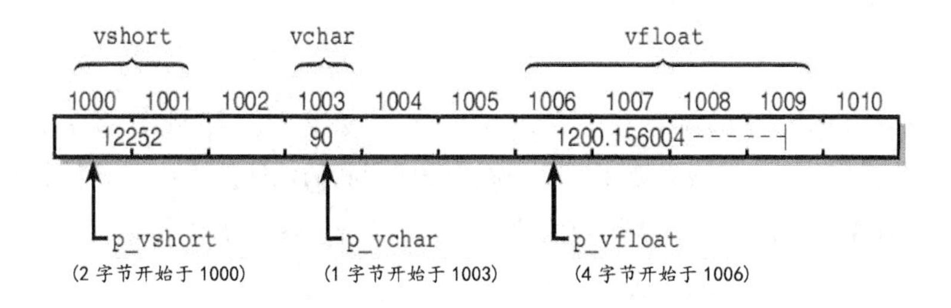

图 9.6 编译器知道指针所指向变量的大小

注意

如图 9.5 和图 9.6 所示，3 个变量之间都有一些空的内存存储位置。这样做是为了方便读者阅读。实际操作时，大多数 C 编译器都会把这 3 个变量储存在相邻的内存位置，不会像图中所示那样。

9.4 指针和数组

在 C 语言中，指针和数组之间的关系很特殊。实际上，第 8 章的数组下标表示法，就是在使用指针。下面将详细讲解其中的原理。

9.4.1 数组名

数组名（不带方括号）是指向数组第 1 个元素（即，首元素）的指针。因此，如果声明一个数组 data[]，那么 data 中储存的是数组第 1 个元素的地址。

读者可能会问："等等，不需要取址运算符来获取地址？"是的，不需要。当然，通过&data[0]表达式来获取数组首元素的地址也没问题。在 C 语言中，(data == &data[0])为真。

数组名不仅是指向数组的指针，而且是指针常量，它在程序的执行期间保持不变且不能被改变。这很好理解：如果能改变它的值，它就会指向别处，而不是指向原来的数组（该数组位于内存中某固定的位置）。

但是，可以声明一个指针变量并将其初始化以指向该数组。例如，下面的代码声明并初始化指针变量 p_array，把 array 数组首元素的地址储存在 p_array 中：

```
int array[100];
int *p_array = array;
/* 其他代码已省略 */
```

因为 p_array 是一个指针变量，所以可修改它的值让其指向别处。与数组名（array）不同，p_array 并未被锁定指向 array[]的第 1 个元素。因此，可以改变它的值，使其指向 array[]的其他元素。如何做？首先，要了解一下如何在内存中储存数组元素。

9.4.2 储存数组元素

在第 8 课中介绍过，数组元素按顺序被储存在内存位置上。第 1 个元素在最低位地址上，随后的数组元素（那些数组下标大于 0 的元素）被依次储存在较高位地址上。能储存到多高位，取决于数组的数据类型（char、int、float 等）。

以 short 类型的数组为例。第 3 课中学过，一个 short 类型的变量占用 2 字节的内存。因此，每个数组元素与它前一个元素的间隔是 2 字节，每个数组元素的地址都比它上一个元素的地址高 2。对于 float 类型而言，一个 float 类型的变量占用 4 字节的内存，每个元素与它前一个元素的间隔是 4 字节，其地址比它上一个元素的地址高 4。

图 9.7 解释了如何在内存中储存不同类型的数组（分别是，包含 6 个 short 类型元素的数组和包含 3 个 float 类型元素的数组），以及数组中各元素地址之间的关系。

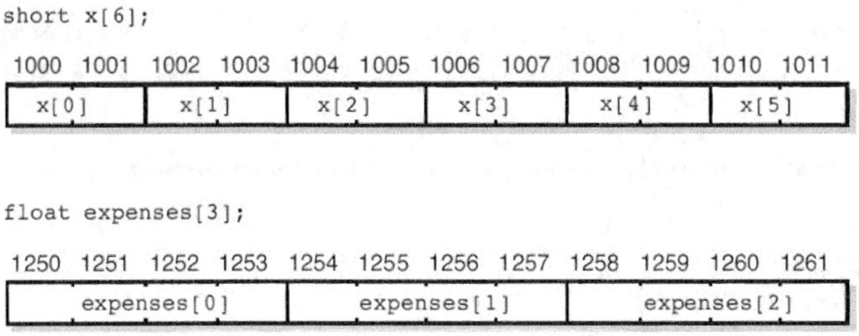

short x[6];

1000 1001 1002 1003 1004 1005 1006 1007 1008 1009 1010 1011

x[0] x[1] x[2] x[3] x[4] x[5]

float expenses[3];

1250 1251 1252 1253 1254 1255 1256 1257 1258 1259 1260 1261

expenses[0] expenses[1] expenses[2]

图 9.7　不同类型数组的储存情况

从图 9.7 可知，下列关系为真：

```
1: x == 1000
2: &x[0] == 1000
3: &x[1] == 1002
4: expenses == 1250
5: &expenses[0] == 1250
6: &expenses[1] == 1254
```

第 1 行，不带数组方括号的 x 是数组首元素的地址（&x[0]）。第 2 行，x[0]位于 1000 的地址上，可以这样读：“数组 x 的首元素的地址是 1000”。第 3 行表示第 2 个元素（在数组中的下标是 1）的地址是 1002，如图 9.7 所示。实际上，第 4、5、6 行与第 1、2、3 行几乎分别相同。区别在于，在 short 类型的数组 x 中，每个元素占 2 字节，而在 float 类型的数组 expenses 中，每个元素占 4 字节。

如何使用指针访问这些连续的数组元素？从上述例子可知，指针的值（即指针中储存的地址）以 2 递增就能访问 short 类型数组连续的元素，以 4 递增指针就能访问 float 类型数组连续的元素。可将其概括为：要访问某种数据类型数组连续的元素，必须以 sizeof(数据类型)递增指针的值。第 3 课中学过 sizeof()运算符以字节为单位返回 C 语言数据类型的大小。

程序清单 9.2 通过声明 short、float、double 类型的数组并依次显示数组元素的地址，演示了不同类型数组的元素和地址之间的关系。

输入▼

程序清单 9.2　arraysize.c：显示连续的数组元素的地址

```
1:      /* 该程序演示了不同数据类型数组的元素和 */
2:      /* 地址之间的关系 */
3:
```

```
4:      #include <stdio.h>
5:
6:      /* 声明一个计数器变量和 3 个数组 */
7:      int ctr;
8:      short array_s[10];
9:      float array_f[10];
10:     double array_d[10];
11:
12:     int main(void)
13:     {
14:         /* 打印的表头 */
15:
16:         printf("\t\tShort\t\tFloat\t\tDouble");
17:
18:         printf("\n================================");
19:         printf("======================");
20:
21:         /* 打印各数组元素的地址 */
22:
23:         for (ctr = 0; ctr < 10; ctr++)
24:             printf("\nElement %d:\t%ld\t\t%ld\t\t%ld", ctr,
25:                     &array_s[ctr], &array_f[ctr], &array_d[ctr]);
26:
27:         printf("\n================================");
28:         printf("======================\n");
29:
30:         return 0;
31:     }
```

输出▼

```
Short          Float         Double
==========================================================
Element 0:     4210896       4210752       4210816
Element 1:     4210898       4210756       4210824
Element 2:     4210900       4210760       4210832
Element 3:     4210902       4210764       4210840
Element 4:     4210904       4210768       4210848
Element 5:     4210906       4210772       4210856
Element 6:     4210908       4210776       4210864
Element 7:     4210910       4210780       4210872
Element 8:     4210912       4210784       4210880
Element 9:     4210914       4210788       4210888
==========================================================
```

分析▼

读者运行程序后显示的地址会与上面输出示例中的地址不同，但是它们之间的关系相同。在本例的输出中，相邻两个 short 类型的元素的间隔是 2 字节，相邻两个 float 类型的元素的间隔是 4 字节，相邻两个 double 类型的元素的间隔是 8 字节。

> **注意**
>
> 某些计算机的变量类型大小与本例不同。如果你的计算机与本例的不同，输出显示的元素间隔就不同。然而，数组中相邻元素的间隔是一致的。

该程序示例利用了第 7 课学过的转义字符。第 16 行和第 24 行都在调用 printf()时使用了制表转义字符（\t）格式化表格以对齐各纵列的内容。

仔细查看程序清单 9.2，第 8、9、10 行分别声明了 3 个数组。第 8 行声明了一个 short 类型的数组 array_s，第9行声明了一个 float 类型的数组 array_f，第10行声明了一个 double 类型的数组 array_d。第16行打印表格的列标题。第18、19行和第27、28行打印表顶部和底部的短划线。以这种风格打印的表格比较美观。第23、24、25行是一个 for 循环，打印表格的每一行。首先打印 ctr 元素的编号，然后分别打印3个数组中该元素对应的地址。

9.4.3 指针算术

假设有一个指向数组第1个元素的指针，该指针必须以该数组中储存的数据类型大小来递增。如何通过指针表示法访问数组元素？答案是：指针算术（*pointer arithmetic*）。

你可能在内心呐喊“难道还要再学一门算术?!”。不用担心，指针算术非常简单。只需关注两种指针运算：递增和递减。

(1) 指针递增

递增指针时，递增的是指针的值。例如，将指针递增 1，指针算术将自动地递增指针的值，使其指向数组的下一个元素。也就是说，C编译器（查看指针声明）知道指针所指向的数据类型，并以数据类型的大小递增指针中储存的地址。

假设 ptr_to_short 是指向 short 类型数组中某个元素的指针变量，如果执行下面的语句：

```
ptr_to_short++;
```

ptr_to_short 的值将递增 short 类型的大小（通常是2字节），而且 ptr_to_short 现在指向该数组的下一个元素。同理，如果 ptr_to_float 指向 float 类型数组中某个元素，执行下面的语句：

```
ptr_to_float++;
```

ptr_to_float 的值将递增 float 类型的大小（通常是4字节）。

递增大于1的值也是如此。如果给指针加上 n，那么C编译器将递增该指针的值是 n 与相应数据类型大小的乘积（即，如果指针加上 n，则该指针指向后续第 n 个元素）。因此执行下面的语句：

```
ptr_to_short += 4;
```

ptr_to_short 的值将递增 8（假设 short 是2字节），即该指针指向后续的第4个元素。同理，如果执行下面的语句：

```
ptr_to_float += 10;
```

ptr_to_float 的值将递增 40（假设 float 是4字节），即该指针指向后续的第10个元素。

(2) 指针递减

指针递减的原理和指针递增类似。递减实际上是递增的特殊情况，即增加的值为负。如果通过--或-=运算符递减指针，指针算术将自动根据数组元素的大小来调整。

输入▼

程序清单 9.3　ptr_math.c：使用指针算术和指针表示法访问数组元素

```
1:      /* ptr_math.c--使用指针算术
2:                    通过指针表示法访问数组元素。 */
3:
```

```
4:        #include <stdio.h>
5:        #define MAX 10
6:
7:        // 声明并初始化一个整型数组
8:
9:        int i_array[MAX] = { 0, 1, 2, 3, 4, 5, 6, 7, 8, 9 };
10:
11:       // 声明一个指向 int 类型变量的指针，和一个 int 类型的变量
12:
13:       int *i_ptr, count;
14:
15:       // 声明并初始化 float 类型的数组
16:
17:       float f_array[MAX] = { .0, .1, .2, .3, .4, .5, .6, .7, .8, .9 };
18:
19:       // 声明一个指向 float 类型变量的指针
20:
21:       float *f_ptr;
22:
23:       int main(void)
24:       {
25:           /* 初始化指针 */
26:
27:           i_ptr = i_array;
28:           f_ptr = f_array;
29:
30:           /* 打印数组元素 */
31:
32:           for (count = 0; count < MAX; count++)
33:               printf("%d\t%f\n", *i_ptr++, *f_ptr++);
34:
35:           return 0;
36:       }
```

输出▼

```
0       0.000000
1       0.100000
2       0.200000
3       0.300000
4       0.400000
5       0.500000
6       0.600000
7       0.700000
8       0.800000
9       0.900000
```

分析▼

在该程序中，第 5 行将自定义的常量 MAX 设置为 10，整个程序清单都可以使用该常量。第 9 行，MAX 用于设置 int 类型的数组 i_array 的元素个数。在声明数组时已经初始化了数组的所有元素。第 13 行声明了两个 int 变量，第 1 个是名为 i_ptr 的指针变量（因为变量名前使用了间接运算符*），第 2 个是名为 count 的普通 int 类型变量。第 17 行定义并初始化了第 2 个数组，该数组的类型是 float，包含 MAX 个值，所有元素都已被初始化为 float 类型的值。第 21 行声明了一个指向 float 类型变量的指针，名为 f_ptr。

第 23~36 行是 main() 函数。第 27 行和第 28 行将两个数组的首地址分别赋给两个指向各数组的指针。第 32 行和 33 行的 for 语句使用 int 类型的变量 count 来计数（从 0 至 MAX 的值）。每次计

数，第 33 行都在调用 printf()函数时解引用两个指针，并打印它们的值。然后通过递增运算符分别递增每个指针，以指向数组的下一个元素。随后继续迭代下一轮 for 循环。

读者可能认为，用数组下标表示法也能很好地运行该程序。的确如此。像这样简单的编程任务，发挥不出指针表示法的优势。然而，在你开始编写更复杂的程序时，会发现指针的众多好处。

注意，不能递增或递减指针常量（数组名就是指针常量）。记住，操纵指向数组元素的指针时，C 编译器不会记录数组的开始和结束。如果不慎，很可能在递增或递减指针时，使其指向内存的别处（数组前面或后面的位置）。这些位置上可能储存了其他数据，但并不是数组的元素。你应该密切关注指针的动向，以及指针所指向的内容。

(3)　其他指针运算

使用指针时，除了递增和递减，还会用到求差（*differencing*），即两个指针相减。如果有两个指针指向相同数组的不同元素，便可将两指针相减得出它们的间隔。再次提醒读者注意，指针算术会根据指针所指向数组元素的个数自动伸缩。因此，如果 ptr1 和 ptr2 指向（任意类型）数组的两个元素，下面的表达式可以得出两个元素相隔多远：

```
ptr1 - ptr2
```

除此之外，当两个指针都指向相同数组时，可以对这两个指针进行比较操作。注意，只有在这种情况下，==、!=、>、<、>=、<=这些关系运算符才能正常工作。较低数组元素（即，其数组下标较小的元素）比较高数组元素的地址低。因此，假设 ptr1 和 ptr2 都指向相同数组的不同元素，下面的表达式：

```
ptr1 < ptr2
```

如果 ptr1 指向的元素在 ptr2 指向的元素之前，以上关系成立（即，为真）。

许多对普通变量执行的算术运算（如乘法、除法），都不能用在指针上。C 编译器不允许对指针执行这些操作。例如，假设 ptr 是一个指针，如果执行下面的语句，编译器会报错：

```
ptr *= 2;
```

表 9.1 总结了可用于指针的所有操作。这些操作本课都介绍过。

表 9.1　指针运算

运　算	描　述
赋值	可以给指针赋值，这个值必须是通过取址运算符（&）获得的地址或者是指针常量（数组名）中储存的地址
间接取值	间接运算符（*）返回储存在指针所指向位置上的值（这通常称为解引用）
取址	可以使用取址运算符找到指针的地址，因此，有指向指针的指针。这一高级主题将在第 15 课中讲解
递增	可以给指针加上一个整数，使其指向不同的内存位置
递减	可以给指针减去一个整数，使其指向不同的内存位置
求差	将两个指针相减，得出两者的间距
比较	只有指向相同数组两个指针才能进行比较

9.5　指针的注意事项

如果编写的程序中要用到指针，千万不要在赋值表达式语句的左侧使用未初始化的指针。例如，下面声明了一个指向 int 类型变量的指针：

```
int *ptr;
```

该指针尚未被初始化，因此它未指向任何内容。更确切地说，该指针并未指向任何已知内容。未初始化的指针中有某些值，你并不知道是什么。大多数情况下是零。如果在赋值表达式语句中使用未初始化的指针，如：

```
*ptr = 12;
```

12 被储存在 ptr 指向的地址上。该地址可以是内存中的任意位置——可能是储存操作系统或其他程序代码的地方。将 12 储存于此会擦写某些重要的信息，这可能导致奇怪的程序错误，甚至整个系统崩溃。

在赋值表达式语句左侧使用未初始化的指针非常危险。在程序的其他地方使用未初始化的指针也会导致其他错误（尽管这些错误没那么严重）。必须自己多留心，不要奢望编译器能帮你检查出来。

DO	DON'T
记住，对指针做加法或减法时，编译器是根据指针指向的数据类型大小来改变指针的值，不是直接把指针的值与加上或减去的值做加法或减法（除非指针指向 1 字节的字符，那么指针加 1，则是给指针的值加 1）。	不要用指针做乘法、除法运算。但是，可以用指针做加法（递增）和减法（递减）运算。
要熟悉你的计算机中变量类型的大小。在操纵指针和内存时必须要知道变量的大小。	不要递增或递减数组变量。但是，可以将数组的首地址赋值给指针，然后递增该指针。

9.6　数组下标表示法和指针

数组名是一个指向该数组首元素的指针。因此，可以使用间接运算符访问数组的第 1 个元素。如果声明了一个数组 array[]，那么，*array 表达式就是该数组的第 1 个元素，*(array + 1)则是该数组的第 2 个元素，以此类推。如果推广至整个数组，下面的关系都为真：

```
*(array) == array[0]
*(array + 1) == array[1]
*(array + 2) == array[2]
...
*(array + n) == array[n]
```

这说明了数组下标表示法与数组指针表示法等价，可以在程序中任意互换这两种表示法。C 编译器将其看作是使用指针访问数组数据的不同方式。

9.7　给函数传递数组

本课已经讨论了 C 语言中指针和数组之间的特殊关系，在将数组传递给函数时会用得上。只有用指针才能将数组传递给函数。

在第 5 课中学过，实参是主调函数（或程序）传递给被调函数的一个值。这个值可以是 int、float 或任意简单的数据类型，但必须是单独的数值——可以是单个数组元素，但不能是整个数组。那么，如果要给函数传递整个数组怎么办？别忘了指向数组的指针，该指针就是一个数值（即，数组首元素的地址）。如果将该值传递给一个函数，该函数就知道了待传递数组的地址，便可用指针表示法访问该数组的其他元素。

考虑另一个问题。如果你想编写一个能处理不同大小数组的函数，例如，用该函数找出整型数组中最大的元素。这样的函数如果只能处理固定大小的数组就用处不大。

如果只把数组的地址传递给函数，该函数如何知道数组的大小？记住，传递给函数的是指向数组首元素的指针。该指针的值可能是包含 10 个元素的数组首地址，也可能是包含 10000 个元素的数组首地址。有两种方法可以让函数知道数组的大小。

可以在数组的最后一个元素中储存一个特殊的值作为数组末尾的标志。函数在处理数组时，会查看每个元素的值。当函数发现这个特殊的值时，就意味着到达数组的末尾。这个方法的缺点是，必须预留一个值作为数组末端的指示符，在储存实际数据时不太灵活。

另一个方法相对灵活和直接，也是本书采用的方法：将数组大小作为实参传递给函数。数组大小就是一个简单的 int 值。因此，需要给函数传递两个实参：一个是指向数组首元素的指针，一个是指定该数组元素个数的整数。

程序清单 9.4 接受用户提供的一系列值，并将其储存在数组中。然后调用 largest() 函数，并将数组（指向该数组的指针和数组大小）传递给它。该函数在数组中找出最大值并将其返回主调函数。

输入▼

程序清单 9.4　arraypass.c：给函数传递一个数组

```
1:      /* arraypass.c--给函数传递一个数组 */
2:
3:      #include <stdio.h>
4:
5:      #define MAX 10
6:
7:      int array[MAX], count;
8:
9:      int largest(int num_array[], int length);
10:
11:     int main(void)
12:     {
13:         /* 通过键盘输入 MAX 个值 */
14:
15:         for (count = 0; count < MAX; count++)
16:         {
17:             printf("Enter an integer value: ");
18:             scanf("%d", &array[count]);
19:         }
20:
21:         /* 调用函数，并显示返回值。 */
22:         printf("\n\nLargest value = %d\n", largest(array, MAX));
```

```
23:
24:         return 0;
25:     }
26:     /* largest()函数 */
27:     /* 该函数返回一个整型数组中的最大值 */
28:
29:     int largest(int num_array[], int length)
30:     {
31:         int count, biggest;
32:
33:         for (count = 0; count < length; count++)
34:         {
35:             if (count == 0)
36:                 biggest = num_array[count];
37:             if (num_array[count] > biggest)
38:                 biggest = num_array[count];
39:         }
40:
41:         return biggest;
42:     }
```

输出▼

```
Enter an integer value: 90
Enter an integer value: -5
Enter an integer value: 234
Enter an integer value: 0
Enter an integer value: 1
Enter an integer value: 123
Enter an integer value: -789
Enter an integer value: 18
Enter an integer value: 4
Enter an integer value: 9
Largest value = 234
```

分析▼

该程序示例中调用的 `largest()` 函数接受一个指向数组的指针。第 9 行是该函数的原型，除了末尾有分号，其他部分与第 29 行的函数头完全一样。

读者应该能看懂第 29 行函数头中的大部分：`largest()` 函数给调用它的程序返回一个 `int` 值。该函数的第 2 个参数是 `int` 值，由形参 `length` 表示。这里只有一个新内容，即函数的第 1 个形参：`int num_array[]`，它表明第 1 个参数是指向 `int` 类型数组的指针，由形参 `num_array` 表示。也可以这样写函数声明和函数头：

```
int largest(int *num_array, int length);
```

这与程序中使用的第一种形式等价。`int num_array[]` 和 `int *num_array` 的意思都是“指向 `int` 的指针”。第一种形式更合适，因为带方括号提醒你，该形参代表的是指向数组的指针。当然，指针本身并不知道它指向的是一个数组，但是函数会将其视为指向数组的指针。

现在来看 `largest()` 函数。当程序调用它时，形参 `num_array` 储存第 1 个实参的值，因此，它是指向数组第 1 个元素的指针。在 `largest()` 中，第 37 行和第 38 行使用下标表示法访问数组的元素。也可以使用指针表示法，重写 `if` 循环：

```
for (count = 0; count < length; count++)
{
```

```
    if (count == 0)
        biggest = *(num_array+count);
    if (*(num_array+count) > biggest)
        biggest = *(num_array+count);
}
```

程序清单 9.5 用另一种方式将数组传递给函数。

输入▼

程序清单 9.5　arraypass2.c：以另一种方式将数组传递给函数

```
1:      /* arraypass2.c--以另一种方式将一个数组传递给函数 */
2:
3:      #include <stdio.h>
4:
5:      #define MAX 10
6:
7:      int array[MAX + 1], count;
8:
9:      int largest(int num_array[]);
10:
11:     int main(void)
12:     {
13:         /* 通过键盘输入 MAX 个值 */
14:
15:         for (count = 0; count < MAX; count++)
16:         {
17:             printf("Enter an integer value: ");
18:             scanf("%d", &array[count]);
19:
20:             if (array[count] == 0)
21:                 count = MAX;              /* 将会退出 for 循环 */
22:         }
23:         array[MAX] = 0;
24:
25:         /* 调用函数，并显示返回值 */
26:         printf("\n\nLargest value = %d\n", largest(array));
27:
28:         return 0;
29:     }
30:     /* largest()函数 */
31:     /* 该函数返回整型数组中的最大值 */
32:
33:     int largest(int num_array[])
34:     {
35:         int count, biggest;
36:
37:         for (count = 0; num_array[count] != 0; count++)
38:         {
39:             if (count == 0)
40:                 biggest = num_array[count];
41:             if (num_array[count] > biggest)
42:                 biggest = num_array[count];
43:         }
44:
45:         return biggest;
46:     }
```

输出 1▼

```
Enter an integer value: 1
Enter an integer value: 2
Enter an integer value: 3
```

```
Enter an integer value: 4
Enter an integer value: 5
Enter an integer value: 10
Enter an integer value: 9
Enter an integer value: 8
Enter an integer value: 7
Enter an integer value: 6
Largest value = 10
```

下面是第 2 次运行程序的输出：

输出 2▼

```
Enter an integer value: 10
Enter an integer value: 20
Enter an integer value: 55
Enter an integer value: 3
Enter an integer value: 12
Enter an integer value: 0
Largest value = 55
```

分析▼

该程序清单中 `largest()` 函数的功能与程序清单 9.4 中的功能完全相同。两个程序的不同在于，该程序使用了数组标记。第 37 行的 `for` 循环不断查找最大值，直至元素的值是 `0`（`0` 表明已到达数组的末尾）。

该程序的前面部分与程序清单 9.4 不同。首先，第 7 行在数组中增加了一个额外的元素用于储存标记数组末尾的值。第 20 行和第 21 行，添加了一个 `if` 语句检查用户是否输入了 `0`（`0` 表明用户已输入完成）。如果输入 `0`，`count` 将被设置为最大值，以便正常退出 `for` 循环。第 23 行确保用户输入最大数量值（`MAX`）后最后一个元素是 `0`。

在输入数据时，通过添加额外的 `if` 语句，可以让 `largest()` 函数可用于任意大小的数组。如果忘记在数组末尾输入 `0`，会发生什么情况？`largest()` 函数将继续越过数组的末尾，比较内存中的值，直至找到 `0` 为止。

读者也看到了，给函数传递一个数组也不太困难。传递一个指向数组首元素的指针很容易。在大多数情况下，还要传递数组中元素的个数。在函数中，可以通过下标表示法或指针表示法，通过指针来访问数组元素。

警告

回顾第 5 课学过的内容。给函数传递一个普通变量时，传递的是该变量的副本。该函数使用传入的值，不会改变原始变量，因为它无法访问原始变量。但是，给函数传递一个数组时，情况有所不同——传递给函数的是数组的地址，不是数组中值的副本。函数使用的是真正的数组元素，因此可以在函数中修改储存在该数组中的值。

9.8　小　结

本课介绍了 C 语言的重点内容——指针。指针是储存其他变量地址的变量。指针“指向”它所储存的地址上的变量。学习指针要用到两个运算符：取址运算符（`&`）和间接运算符（`*`）。把取址运算符放在变量名前，返回变量的地址。把间接运算符放在指针名前，返回该指针指向变量的内容。

指针和数组有特别的关系。数组名是指向该数组首元素的指针。通过指针的运算特性，可以很方便地使用指针来访问数组元素。实际上，数组下标表示法就是指针表示法的特殊形式。

本课还介绍了通过传递指向数组的指针来将数组作为参数传递给函数。函数一旦知道数组的地址和数组的元素个数，便可使用指针表示法或下标表示法访问数组元素。

9.9　答　疑

问：为什么在 C 语言中，指针很重要？

答：通过指针能更好地控制数据。当使用函数时，指针能让你改变被传递变量的值（无论这些值在哪里）。在第 15、16 课中，将介绍更多指针的用法。

问：编译器如何知道*指的是乘法、解引用还是声明指针？

答：编译器根据星号出现的上下文来确定是哪一种用法。如果声明的开始是变量的类型，编译器就假定该星号用于声明指针。如果星号与已声明为指针的变量一起使用，却不在变量声明中，编译器则将该星号假定为解引用。如果星号出现在数学表达式中，但是没有和指针变量一起使用，编译器则将其假定为乘法运算符。

问：如果对指针使用取址运算符会怎样？

答：这样做得到的是指针变量的地址。记住，指针也是变量，只不过它储存的是它所指向变量的地址。

问：同一个变量是否都储存在相同的位置？

答：不是。每次运行程序时，其中的变量都储存在不同的地址上。千万不要把常量地址赋给指针。

9.10　课后研习

课后研习包含小测验和练习题。小测验帮助读者理解和巩固本课所学概念，练习题有助于读者将理论知识与实践相结合。

9.10.1　小测验

1. 确定变量的地址要使用什么运算符？
2. 通过指针确定它所指向位置上的值，要使用什么运算符？
3. 什么是指针？
4. 什么是间接取值（*indirection*）？
5. 在内存中，如何储存数组的元素？
6. 用两种方式获得数组 `data[]` 的第 1 个元素的地址。
7. 如果要给函数传递一个数组，有哪两种方式让函数知道已到达数组的末尾？
8. 本课介绍了哪 6 种可用于指针的运算？

9. 假设有两个指针，第 1 个指针指向 int 类型数组的第 3 个元素，第 2 个指针指向该数组的第 4 个元素。如果让第 2 个指针减去第 1 个指针，会得到多少？（假设整型的大小是 2 字节）
10. 假设练习题 9 的数组类型是 float。两个指针相减得到多少？（假设整型的大小是 2 字节）

9.10.2 练习题

1. 声明一个指向 char 类型变量的指针。指针名是 char_ptr。
2. 假设有一个 int 类型的变量 cost，声明并初始化一个指向该变量的指针 p_cost。
3. 根据练习题 2，使用直接访问和间接访问两种方式将 100 赋值给变量 cost。
4. 根据练习题 3，打印指针的值和它所指向的值。
5. 将 float 类型变量 radius 的地址赋值给一个指针。
6. 用两种方式将 100 赋值给数组 data[]的第 3 个元素。
7. 编写一个名为 sumarrays()的函数，接受两个数组作为参数，将两个数组中所有的值相加，并将计算结果返回给主调函数。
8. 在一个简单的程序中使用练习题 7 中创建的函数。
9. 编写一个名为 addarray()的函数，接受两个大小相等的数组。该函数将两个数组的元素分别相加，并将计算后的值存入第 3 个数组。

第 10 课

字符和字符串

字符（*character*）是单个的字母、数字、标点符号或其他类似的符号。字符串（*string*）是任意的字符序列。字符串用于储存由字母、数字、标点符号或其他符号组成的文本数据。在许多程序中，字符和字符串都相当有用。本课将介绍以下内容：

- 如何用 C 语言的 `char` 数据类型储存单个字符
- 如何创建 `char` 类型的数组储存多个字符串
- 如何初始化字符和字符串
- 字符串和指针的关系
- 如何输入字符和字符串，并将其打印出来

10.1 char 数据类型

C 语言使用 `char` 数据类型来储存字符。在第 3 课中学过，`char` 是 C 语言中的一种整型数值数据类型。既然 `char` 是一种数值类型，那它怎能储存字符？

这要归功于 C 语言储存字符的方式。计算机在内存中以数值方式储存所有的数据，没有直接的方式储存字符。但是，每个字符都有对应的数值代码，列于 ASCII 码或 ASCII 字符集中（ASCII 是 American Standard Code for Information Interchange(美国信息交换标准码)的缩写）。该字符集中所有的大小写字母、数字（0~9）、标点符号和其他字符都对应一个 0~255 的值。附录 A 中列出了 ASCII 字符集。

> **注意**
>
> ASCII 码或 ASCII 字符集是为使用单字节字符集的系统设计的。在多字节字符集的系统中，应使用不同的字符集。但是，这些内容已超出本书讲解的范围。

例如，字母 a 的 ASCII 码是 97。在 `char` 类型变量里储存字符 a 时，实际上储存的是 97。由于 `char` 类型允许的数值范围与标准 ASCII 字符集的范围匹配，因此 `char` 非常适合储存字符。

现在，你可能有些困惑。如果 C 语言以数字的形式储存字符，那么程序如何知道给定的 `char` 类型变量是字符还是数字？稍后会介绍，只将变量声明为 `char` 类型是不够的，还需要处理一下变量：

- 如果 `char` 类型的变量在 C 程序中用作字符，该变量就被解译成字符；
- 如果 `char` 类型的变量在 C 程序中用作数字，该变量就被解译成数字。

以上初步介绍了 C 语言如何使用数值数据类型来储存字符数据，接下来详细介绍相关内容。

10.2 使用字符变量

与其他变量类似，在使用 char 类型变量之前必须先声明，可以在声明变量的同时初始化它。下面是一些范例：

```
char a, b, c;           /* 声明3个未初始化的 char 类型变量 */
char code = 'x';        /* 声明一个 char 类型的变量 code，并为其储存 x 字符 */
code = '!';             /* 在变量 code 中储存!字符 */
```

要创建字面字符常量，用单引号将单个字符括起来即可。编译器会把字面字符常量自动翻译成相应的 ASCII 码，然后把相应的数值代码值赋值给变量。

要创建符号字符常量，可以使用#define 指令或 const 关键字：

```
#define EX 'x'
char code = EX;         /* 将code 设置为'x' */
const char A = 'Z';
```

知道如何声明并初始化字符变量后，来看一个示例。程序清单 10.1 使用第 7 课介绍的 printf() 函数演示了字符的数值性质。printf()函数用于打印字符和数字。格式字符串中的转换说明%c 告诉 printf()以字符形式打印变量，而%d 则告诉 printf()以十进制整数形式打印变量。程序清单 10.1 初始化了两个 char 类型的变量，并将其分别打印出来，先打印字符再打印数字。

输入▼

程序清单 10.1　chartest.c：char 类型变量的数值性质

```
1:      /* chartest.c--char 类型变量的数值性质 */
2:
3:      #include <stdio.h>
4:
5:      /* 声明并初始化两个 char 变量 */
6:
7:      char c1 = 'a';
8:      char c2 = 90;
9:
10:     int main(void)
11:     {
12:         /* 以字符形式打印 c1，然后以数字形式打印 c1 */
13:
14:         printf("\nAs a character, variable c1 is %c", c1);
15:         printf("\nAs a number, variable c1 is %d", c1);
16:
17:         /*以字符形式打印 c2，然后以数字形式打印 c2 */
18:
19:         printf("\nAs a character, variable c2 is %c", c2);
20:         printf("\nAs a number, variable c2 is %d\n", c2);
21:
22:         return 0;
23:     }
```

输出▼

```
As a character, variable c1 is a
As a number, variable c1 is 97
As a character, variable c2 is Z
As a number, variable c2 is 90
```

分析▼

在第 3 课中学过 char 类型的最大取值是 127，而 ASCII 码的最大取值是 255。实际上，ASCII 码被分成了两部分。标准的 ASCII 码最大值是 127，其中包含所有的字母、数字、标点符号和键盘上的其他字符。从 128 到 255 是扩展的 ASCII 码，用于表示特殊的字符，如外来字母和图形符号（参见附录 A）。因此，对于标准的文本数据，可以使用 char 类型的变量。如果要打印扩充的 ASCII 字符，则必须使用 unsigned char 类型的变量。

程序清单 10.2 打印了一些扩展的 ASCII 字符。

输入▼

程序清单 10.2　ascii.c：打印扩展的 ASCII 字符

```
1:      /* ascii.c--打印扩展的ASCII字符示例 */
2:
3:      #include <stdio.h>
4:
5:      unsigned char mychar;    /* 必须用unsigned char类型的变量储存扩展的字符 */
6:
7:      int main(void)
8:      {
9:          /* 打印扩展的ASCII字符（180~203） */
10:
11:         for (mychar = 180; mychar < 204; mychar++)
12:         {
13:             printf("ASCII code %d is character %c\n", mychar, mychar);
14:         }
15:
16:         return 0;
17:     }
```

输出▼

```
ASCII Code 180 is character ┤
ASCII Code 181 is character ╡
ASCII Code 182 is character ╢
ASCII Code 183 is character ╖
ASCII Code 184 is character ╕
ASCII Code 185 is character ╣
ASCII Code 186 is character ║
ASCII Code 187 is character ╗
ASCII Code 188 is character ╝
ASCII Code 189 is character ╜
ASCII Code 190 is character ╛
ASCII Code 191 is character ┐
ASCII Code 192 is character└
ASCII Code 193 is character┴
ASCII Code 194 is character ┬
ASCII Code 195 is character ├
ASCII Code 196 is character ─
ASCII Code 197 is character ┼
ASCII Code 198 is character ╞
ASCII Code 199 is character ╟
ASCII Code 200 is character╚
ASCII Code 201 is character╔
ASCII Code 202 is character ╩
ASCII Code 203 is character ╦
```

分析▼

该程序清单中，第 5 行声明了一个 unsigned char 类型的字符变量 mychar，其值域是 0~255。与其他数值数据类型一样，不能给 char 类型的变量初始化超出值域的值，否则会出现无法预料的结果。第 11 行，将 180 赋给 mychar。在 for 语句中，mychar 每次递增 1，直至 204。每次递增 muchar，第 13 行都打印 mychar 的值和 mychar 的字符值。记住，%c 用于打印字符值（或 ASCII 值）。

DO	DON'T
用%c 打印数字的字符值。 初始化字符类型变量时，要用单引号括起来。 查看附录 A 的 ASCII 表，还有哪些可打印的字符。	初始化字符变量时，不要使用双引号。 不要把扩展的 ASCII 字符值储存在有符号的 char 类型变量中。

> **警告**
>
> 有些计算机系统可能使用不同的字符集，但是，大部分系统都使用相同的 ASCII 值（0~127）。

10.3 使用字符串

char 类型的变量只能储存单个字符，用途有限。字符串（*string*）是简单的字符序列，应用广泛。人名和地址就要用到字符串。虽然 C 语言中没有储存字符串的特殊数据类型，但是可以用字符数组来储存这种类型的信息。

10.3.1 字符数组

如果要储存一个含有 6 个字符的字符串，就要声明一个包含 7 个元素的 char 类型数组。声明 char 类型的数组和声明其他数据类型的数组一样。例如，下面的声明：

```
char string[10];
```

声明了一个包含 10 个元素的 char 类型数组。该数组可用于储存的字符个数不超过 9 的字符串。

读者可能会质疑：包含 10 个元素的数组，为何只能储存 9 个字符？在 C 语言中，字符串是以空字符结尾的字符序列。空字符是一个特殊的字符，用\0 来表示。虽然空字符由两个字符组成（反斜杠和零），但仍将其视为单个字符，其 ASCII 值是 0。空字符是 C 语言中的的一个转义序列。

> **注意**
>
> 转义序列的内容，请参阅第 7 课。

例如，C 程序在储存字符串 Alabama 时，实际上储存了 7 个字符：A、l、a、b、a、m、a 和一个空字符\0，总共 8 个字符。因此，字符数组可以储存字符个数比该数组大小少 1 的字符串。

10.3.2 初始化字符数组

与 C 语言的其他数据类型一样，可以在声明字符数组时初始化它。可以逐个给字符数组的元素赋值，如：

```
char string[10] = { 'A', 'l', 'a', 'b', 'a', 'm', 'a', '\0' };
```

然而，用字符串字面量（*literal string*）赋值更方便，即用双引号把字符序列括起来：

```
char string[10] = "Alabama";
```

在程序中使用字符串字面量时，编译器会在字符串的末尾自动加上表示字符串末尾的空字符。如果声明数组时未指定下标数，编译器会自动计算数组大小。因此，下面的语句将创建并初始化一个包含 8 个元素的字符数组：

```
char string[] = "Alabama";
```

记住，字符串必须以空字符结尾。处理字符串的 C 函数（在第 18 课中介绍）通过查找空字符来确定字符串的长度。这些函数没有其他方法识别字符串的末尾。如果遗漏了空字符，程序会认为该字符串一直延续到内存中下一个空字符。这类错误通常会导致许多烦人的 bug。

10.4 字符串和指针

上面介绍了储存在 char 类型数组中，并以空字符结尾的字符串。因为已标记了字符串的末尾，所以要定义一个给定的字符串，只需指出该字符串的开始即可。

"意思是，指向字符串？"的确如此。如果你能这样想，就领会到实质了。第 9 课介绍过，数组名是指向该数组首元素的指针。因此，使用数组名便可访问储存在数组中的字符串。实际上，使用数组名是 C 语言访问字符串的标准方法。

更准确地说，使用数组名访问字符串是 C 库函数的访问方式。C 标准库包含了大量用于处理字符串的函数（将在第 18 课中介绍）。要把字符串传递给这些函数，只需传递数组名即可。用于显示字符串的 printf() 和 puts() 函数也是如此，本课稍后会详述。

读者也许注意到前面提到的"储存在数组中的字符串"，这是否意味着有些字符串没有储存在数组中？的确如此。下一节将解释其中的原因。

10.5 未储存在数组中的字符串

上一节介绍了通过数组名和空字符来定义一个字符串——数组名是 char 类型的指针，指向字符串的开始，而空字符则标记了字符串的末尾。其实，我们目前并不关心数组中的字符串具体储存在内存中的何处。实际上，数组的唯一用途就是为字符串提供已分配的空间。

除了声明数组是否还有其他储存字符串方法？如果指向字符串第 1 个字符的指针可用来指定该字符串的开始，那么如何分配内存空间？有两种方法：第 1 种方法是，在编译程序时为字符串字面量分配空间；第 2 种方法是，在执行程序时使用 malloc() 函数分配空间，这个过程称为动态分配（*dynamic allocation*）。

10.5.1 在编译期分配字符串的空间

前面提到过，指向 char 类型变量的指针可用于表示字符串的开始。回顾一下如何声明这样的指针：

```
char *message;
```

以上声明了一个指向 char 类型变量的指针 message。它现在尚未指向任何内容，但是如果改变指针的声明：

```
char *message = "Great Caesar\'s Ghost!";
```

当执行该声明时，字符串 Great Caesar's Ghost!（包含末尾的空字符）将被储存在内存中的某处，而且指针 message 被初始化为指向该字符串的第 1 个字符。不用关心字符串被储存到何处，编译器会自动处理这些事。一旦定义了 message，它就是指向该字符串的指针，可以当作指向字符串的指针来用。

上面的声明与下面的声明等价。*message 和 message[]是等价的，两者都表示“指向某内容的指针”。

```
char message[] = "Great Caesar\'s Ghost!";
```

如果在编写程序时就知道要储存什么字符串，用这种方法分配空间很好。但是更普遍的情况是，在编写程序时并不知道待储存的字符串是什么（即，程序要根据用户的输入或其他未知因素来储存字符串）。在这种情况下，如何分配内存？C 语言提供了 malloc()函数来按需分配存储空间。

10.5.2 malloc()函数

malloc()函数是 C 语言的一个*内存分配函数*。在调用 malloc()时，要为其传递所需内存的字节数。malloc()函数找到并预留所需大小的内存块，并返回内存块第 1 个字节的地址。编译器会自动分配合适的内存，我们不用关心在何处找到的内存。

虽然 malloc()函数返回地址，但是它的返回类型是 void。为何是 void？因为指向 void 类型的指针可兼容所有的数据类型。因为通过 malloc()函数分配的内存可储存任意 C 语言的数据类型，所以用 void 作为该函数的返回类型非常合适。

语　法

malloc()函数

```
#include <stdlib.h>
void *malloc(size_t size);
```

malloc()分配 size 字节的的内存块。与在程序开始时就立刻为所有的变量分配内存相比，在需要时才通过 malloc()分配内存能更高效地使用计算机的内存。使用 malloc()的程序，要包含 stdlib.h 头文件。一些编译器可以包含其他头文件。然而，为兼容起见，最好包含 stdlib.h。

malloc()函数返回一个指针，指向已分配的内存块。如果 malloc()无法分配要求的内存数量，将返回 NULL。因此，在分配内存时，即使需要分配的内存数很小，也必须检查其返回值。

示例 1

```
#include <stdlib.h>
#include <stdio.h>
int main( void )
{
    /* 为一个包含 100 个字符的字符串分配内存 */
    char *str = (char *) malloc(100);;
    if (str == NULL)
    {
        printf( "Not enough memory to allocate buffer\n");
        exit(1);
    }
    printf( "String was allocated!\n" );
    return 0;
}
```

示例 2

```
/* 为一个包含 50 个整数的数组分配内存 */
int *numbers = (int *) malloc(50 * sizeof(int));
```

示例 3

```
/* 为一个包含 10 个浮点值的数组分配内存 */
float *numbers = (float *) malloc(10 * sizeof(float));
```

10.5.3 malloc()函数的用法

可以使用 malloc()分配内存来储存单个 char 类型的变量。首先，声明一个指向 char 类型变量的指针：

```
char *ptr;
```

接下来，调用 malloc()并传递所需的内存块大小。由于 char 类型通常只占用 1 字节，因此需要 1 字节的内存块。malloc()返回的值被赋给该指针：

```
ptr = malloc(1);
```

该语句分配了 1 字节的内存块，并将其地址赋值给 ptr。与在程序中声明变量不同，这 1 字节的内存没有名称。只有指针才能引用这个变量。例如，要将字符'x'储存到此处，可以这样写：

```
*ptr = 'x';
```

用 malloc()为字符串分配内存和为单个 char 类型变量分配内存几乎一样。主要的区别是，要知道待分配的空间数量——字符串中最大的字符数量（最大值取决于程序的需要）。假设要为包含 99 个字符的字符串分配空间，加上末尾的空字符，总共的字符数量是 100。首先，要声明一个指向 char 类型变量的指针，然后调用 malloc()：

```
char *ptr;
ptr = malloc(100);
```

现在，ptr 指向预留的 100 字节的内存块，待处理的字符串将储存于此。在程序中使用 ptr，就相当于程序已按声明数组的方式显式分配了空间：

```
char ptr[100];
```

malloc()函数可以在需要时才分配存储空间。当然，可获得的空间没有限制。这取决于计算机中的内存数量和程序的其他存储要求。如果内存空间不足，malloc()函数将返回 NULL（即，0）。程序应该测试 malloc()返回值的情况，以便确认要求分配的内存是否成功分配。必须在程序中测试 malloc()的返回值是否等于符号常量 NULL，该常量定义在 stdlib.h 中。任何使用 malloc()函数的程序都必须包含头文件 stdlib.h。程序清单 10.3 演示了 malloc()的用法。

提示

以上示例都假定 1 个字符占用 1 字节内存。如果 1 字符占用的内存大于 1 字节，那么按照上面示例的写法会擦写内存的其他区域。另外，为字符分配存储空间时，应该用字面量值乘以数据类型的大小才能得出需要分配的空间数量。例如：

```
ptr = malloc(100);
```

实际上应声明为：

```
ptr = malloc( 100 * sizeof(char));
```

输入▼

程序清单 10.3 memalloc.c：使用 malloc()函数为字符串数据分配存储空间

```
1:      /* memalloc.c--使用 malloc()为字符串数据 */
2:      /*              分配内存空间的示例 */
3:
4:      #include <stdio.h>
5:      #include <stdlib.h>
6:
7:      char count, *ptr, *p;
8:
9:      int main(void)
10:     {
11:         /* 分配一块 35 字节的内存。测试是否分配成功。 */
12:         /* exit()库函数用于终止程序。 */
13:
14:         ptr = malloc(35 * sizeof(char));
15:
16:         if (ptr == NULL)
17:         {
18:             puts("Memory allocation error.");
19:             exit(1);
20:         }
21:
22:         /* 用 A~Z 对应的 ASCII 码 65~90, */
23:         /* 填充字符串。 */
24:
25:         /* p 是一个指针。 */
26:         /* 用于逐个处理字符串中的字符。 */
27:         /* ptr 仍指向字符串的开始。 */
28:
29:         p = ptr;
30:
31:         for (count = 65; count < 91; count++)
32:             *p++ = count;
33:
34:         /* 添加字符串末尾的空字符。 */
```

```
35:
36:         *p = '\0';
37:
38:         /* 在屏幕上显示字符串。 */
39:
40:         puts(ptr);
41:
42:         free(ptr);
43:
44:         return 0;
45:     }
```

输出▼

```
ABCDEFGHIJKLMNOPQRSTUVWXYZ
```

分析▼

该程序以简单的方式来使用 malloc() 函数。虽然程序看上去有点长，其实大部分是注释。第 1、2、11、12、22~27、34、38 行都是注释，详细说明了程序的用途。程序中使用了 malloc() 函数和 put() 函数，因此必须包含第 5 行的 stdlib.h 头文件和第 4 行的 stdio.h 头文件。第 7 行声明了程序中要用到的两个指针变量和一个字符变量。这些变量都没有被初始化，现在还不能使用它们！

第 14 行调用 malloc() 函数，其参数是 35 乘以 char 类型的大小。是否可以用 35？如果能保证所有运行该程序的计算机都用 1 字节储存 char 类型变量，就能这样做。第 3 课中介绍过，相同类型的变量在不同的编译器和系统中占用的内存大小可能不同。使用 sizeof 运算符可以保证代码的兼容性。

第 29 行，将 ptr 指针的值赋给 p 指针。因此，p 和 ptr 中储存的值相同。for 循环通过 p 指针将各值放入已分配的内存中。第 31 行的 for 语句中，把 65 赋给 count，每次循环递增 1，直至 91。每次循环都要把 count 的值赋值到 p 指针指向的地址上。注意，每次递增 count 时，p 指向的地址也递增 1。这意味着每个值都被依次存放在内存中。

也许读者还注意到 count 是 char 类型的变量，但是赋值给它的是数字。是否记得 ASCII 字符和相应的数值等价？数字 65 等价于 A、数字 66 等价于 B、数字 67 等价于 C，以此类推。将字母赋值给指针指向的内存后，循环结束。第 36 行，把空字符储存在 p 指向的最后一个地址上。加上了这个空字符，便能像字符串那样使用这些值。记住，ptr 仍指向第 1 个值——A。因此，如果将其作为一个字符串，在该指针未指向空字符之前，可以打印出所有的字符。第 40 行使用 puts() 函数证明了这一点。

注意第 42 行使用的新函数——free() 函数。如果在程序中动态地分配了内存，使用完毕后就必须将其释放或归还。free() 函数用于释放已分配的内存。系统之前分配了一部分内存，并把地址赋给 ptr。因此，第 42 行的 free 函数将这些内存归还系统。

DO	DON'T
	分配的内存不要超过所需。并非每台计算机都有大量的内存，应该节约使用。

	赋值给字符数组的字符串包含的字符数不能超过该数组可储存的最大字符数。例如，在下面的声明中： `char a_string[] = "NO";` a_string 指向"NO"。如果把"YES"赋给这个数组，将导致严重的问题。该数组最初只能储存 3 个字符——'N'、'O'和 1 个空字符，而"YES"有 4 个字符——'Y'、'E'、'S'和 1 个空字符。如果这样做，你完全不知道第 4 个字符（空字符）会擦写什么内容。

10.6 显示字符串和字符

如果在程序中使用了字符串数据，就很可能要在屏幕上显示这些数据。在 C 语言中，通常用 puts() 函数或 printf() 函数来显示字符串。

10.6.1 puts()函数

本书在前面的一些程序示例中使用过 puts() 库函数。puts() 函数因把字符串放在屏幕上而得名。puts() 函数唯一的参数是指向待显示字符串的指针。由于字符串字面量相当于指向字符串的指针，因此 puts() 函数除了可以显示指针指向的字符串，还可用于显示字符串字面量。puts() 函数会在它显示的字符串末尾自动插入换行符，因此用 puts() 显示的每个字符串都独占一行。

程序清单 10.4 演示了 puts() 函数的用法。

输入▼

程序清单 10.4 put.c：使用 puts() 函数在屏幕上显示文本

```
1:      /* 用 puts() 函数显示字符串 */
2:
3:      #include <stdio.h>
4:
5:      char *message1 = "C";
6:      char *message2 = "is the";
7:      char *message3 = "best";
8:      char *message4 = "programming";
9:      char *message5 = "language!!";
10:
11:     int main(void)
12:     {
13:         puts(message1);
14:         puts(message2);
15:         puts(message3);
16:         puts(message4);
17:         puts(message5);
18:
19:         return 0;
20:     }
```

输出▼

```
C
```

```
is the
best
programming
language!!
```

分析▼

这个程序相当简单。因为 puts()是标准输出函数，所以要包含 stdio.h 头文件（第 3 行）。第 5~9 行声明并初始化了 5 个不同的变量，每个变量都是一个字符指针。第 13~17 行使用 puts()函数打印每个字符串。

10.6.2 printf()函数

printf()库函数也能显示字符串。第 7 课中介绍过 printf()函数使用格式字符串和转换说明来控制输出。要显示字符串，必须使用%s 转换说明。

在 printf()函数的格式字符串中使用%s 时，该函数会将%s 与参数列表中相应的参数匹配。对于字符串，该参数必须是一个指向待显示字符串的指针。printf()函数在屏幕上显示字符串，在遇到字符串末尾的空字符时停止，例如：

```
char *str = "A message to display";
printf("%s", str);
```

printf()函数可以显示多个字符串，也可以将文本字面量和数值变量混合输出：

```
char *bank = "First Federal";
char *name = "John Doe";
int balance = 1000;
printf("The balance at %s for %s is %d.", bank, name, balance);
```

输出的结果是：

```
The balance at First Federal for John Doe is 1000.
```

就现在而言，要在程序中显示字符串，了解上述内容足矣。第 14 课将详细介绍如何使用 printf()函数。

10.7 读取从键盘输入的字符串

程序除了要显示字符串，还经常要接受用户通过键盘输入的字符串数据。C 语言库提供了两个函数可以完成这项工作：gets()和 scanf()。然而，在读取用户从键盘输入的字符串之前，必须先分配内存才能储存它们。可以使用本课前面介绍的两种方法——声明数组或使用 malloc()函数。

10.7.1 用 gets()函数输入字符串

get()函数获取从键盘输入的字符串。调用 gets()函数时，它将读取第 1 个换行符（按下 Enter 键生成）前用户通过键盘输入的所有字符。该函数会丢弃换行符，在末尾添加一个空字符，并将字符串返回给调用程序。get()函数读取的字符串被储存在指针（指向 char 类型）指定的位置上，该指针是传递给 gets()的参数。使用 gets()函数的程序必须包含 stdio.h 头文件。程序清单 10.5 演示了 puts()函数的用法。

输入▼

程序清单 10.5 get.c：使用 gets() 输入用户从键盘键入的字符串

```
1:      /* get.c--使用 gets()库函数的示例。 */
2:
3:      #include <stdio.h>
4:
5:      /* 分配一个字符数组储存输入 */
6:
7:      char input[257];
8:
9:      int main(void)
10:     {
11:         puts("Enter some text, then press Enter: ");
12:         gets(input);
13:         printf("You entered: %s\n", input);
14:
15:         return 0;
16:     }
```

输出▼

```
Enter some text, then press Enter:
This is a test
You entered: This is a test
```

分析▼

本例中，gets()的参数是 input，它是 char 类型数组的名称，也是指向数组第 1 个元素的指针。第 7 行声明了一个包含 257 个元素的数组。由于大部分计算机屏幕一行最多能容纳 256 个字符，因此该数组足以储存一整行字符（加上 gets()在末尾添加的空字符）。

上面的程序忽略了 gets()函数的返回值。gets()返回一个指向 char 类型的指针，其值是存放字符串的地址。该值与传递给 gets()函数的值相同，以这种方式返回调用程序能让程序检查输入的一行是否为空行（只按下 Enter 键），如程序清单 10.6 所示。

输入▼

程序清单 10.6 getback.c：使用 gets()函数的返回值测试输入是否为空行

```
1:      /* getback.c--使用 gets()函数的返回值 */
2:
3:      #include <stdio.h>
4:
5:      /* 声明一个字符数组储存输入的字符串，声明一个指向 char 类型的指针 */
6:
7:      char input[257], *ptr;
8:
9:      int main(void)
10:     {
11:         /* 显示输入说明 */
12:
13:         puts("Enter text a line at a time, then press Enter.");
14:         puts("Enter a blank line when done.");
15:
16:         /*只要未输入空行就执行循环 */
17:
18:         while (*(ptr = gets(input)) != '\0')
19:             printf("You entered %s\n", input);
20:
```

```
21:         puts("Thank you and good-bye\n");
22:
23:         return 0;
24:     }
```

输出▼

```
Enter text a line at a time, then press Enter.
Enter a blank line when done.
Friend me on Facebook
You entered Friend me on Facebook
Follow me on Twitter
You entered Follow me on Twitter
You are on your way to mastering C!
You entered You are on your way to mastering C!
Thank you and good-bye
```

分析▼

现在来分析一下程序。根据第 18 行的代码，如果输入一个空行（即，只按下 Enter 键），该字符串仍被储存，且末尾是空字符。但是该字符串的长度是 0，因此储存在第 1 个位置上的是空字符。gets()的返回值便指向该位置。因此，如果程序检测到该位置是一个空字符，便知道输入的这行一定是空行。

程序清单 10.6 通过第 18 行的 while 语句执行测试。该语句稍复杂，请按顺序仔细阅读。图 10.1 解释了该语句的组成。

警告

并非每次都知道 gets()将读取多少字符。gets()会不断储存字符，甚至超出缓冲区末尾，在使用时应特别小心。

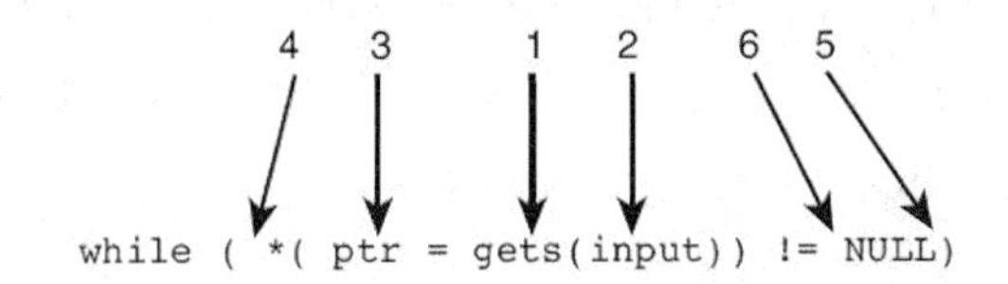

图 10.1　while 语句的组成部分，测试输入是否为空行

1. gets()函数在发现换行符之前，接受从键盘输入的数据。
2. 从键盘输入的字符串（丢弃换行符，加上末尾的空字符）将被储存在 input 指向的内存位置。
3. 字符串的地址被返回给 ptr 指针。
4. 赋值表达式的值是赋值运算符左侧变量的值。因此，对整个表达式 ptr = gets(input)求值得 ptr 的值。用圆括号将其括起来，并在前面写上间接运算符（*），可以获得储存在指针指向地址上的值。该值就是用户从键盘输入的第 1 个字符。
5. 如果输入的第 1 个字符不是空字符，关系运算符则返回 true，因此执行 while 循环。如果第 1 个字符是空字符（只按下 Enter 键），关系运算符则返回 false，while 循环将终止。

在使用 gets()或其他函数通过指针储存数据时，要确保指针指向已分配的空间。很容易犯这样的错误：

```
char *ptr;
gets(ptr);
```

上面的代码已声明了 ptr 指针，但并未初始化它，无法知道它指向何处。gets()函数不知道 ptr 未初始化指向某处，因此它将输入的字符串从 ptr 指向的位置开始储存。该字符串可能会擦写一些重要的数据，如程序或操作系统的代码。大部分编译器都无法捕捉这类错误，因此程序员（你）必须提高警惕。

语　法

gets()函数

```
#include <stdio.h>
char *gets(char *str);
```

gets()获取从标准输入设备（通常是键盘）输入的字符串 str。该字符串由换行符前面的所有字符组成，加上末尾的空字符。

gets()函数返回一个指针，指向已读取的字符串。如果读取字符串时出错，gets()函数将返回 null。

示例

```
/* gets()示例 */
#include <stdio.h>
char line[256];
int main( void )
{
   printf( "Enter a string:\n");
   gets( line );
   printf( "\nYou entered the following string:\n" );
   printf( "%s\n", line );
}
```

10.7.2　用 scanf()函数输入字符串

在第 7 课中介绍过 scanf()库函数接受用户从键盘输入的数值数据，该函数也能用于输入字符串。scanf()函数中的格式字符串告诉该函数如何读取用户输入的信息。要读取字符串，必须在 scanf()的格式字符串中使用%s 转换说明。与 gets()类似，要给 scanf()传递一个指向字符串存储位置的指针。

scanf()如何确定字符串的开始和结束位置？开始位置很好确定，就是它读取第 1 个非空白字符的位置。结束位置分两种情况：在格式字符串中，如果使用%s，scanf()会在遇到空白字符（如空格、制表符、换行符）处停止（不包括空白字符）；如果使用%ns（n 是一个整型常量，指定字段的长度），scanf()会读取 n 个字符或遇到新的空白字符处停止。

可以在 scanf()中使用多个%s 读取多个字符串，scanf()根据结束位置的规则，在输入中查找每个%s 对应的字符串，例如：

```
scanf("%s%s%s", s1, s2, s3);
```

假设为响应这条语句，输入 January February March，那么 January 将被赋给 s1、February 将被赋给 s2、March 将被赋给 s3。

使用字段长度说明符会怎样？如果执行下面的语句：

```
scanf("%3s%3s%3s", s1, s2, s3);
```

假设为响应这条语句，输入 September，那么 Sep 将被赋给 s1、tem 将被赋给 s2、ber 将被赋给 s3。

如果输入的字符串长度小于 scanf()函数指定的长度会出现什么情况？scanf()会等待用户输入剩下的字符串，在 scanf()读取完字符串之前程序不会继续运行。例如，为响应下面的语句：

```
scanf("%s%s%s", s1, s2, s3);
```

输入 January February，那么程序将等待用户输入 scanf()格式字符串中指定的第 3 个字符串。如果输入的字符串长度大于指定的长度，则剩余未匹配的字符串（仍留在键盘缓冲区内未被处理）会被后续的 scanf()函数或输入语句读取。例如，为响应下面的语句：

```
scanf("%s%s", s1, s2);
scanf("%s", s3);
```

输入 January February March，结果是：调用第 1 个 scanf()时，January 被赋给 s1、February 被赋给 s2；调用第 2 个 scanf()时，March 会将自动赋给 s3。

scanf()函数有一个返回值（整型），返回成功输入的字符数。该返回值经常被省略。如果只读取文本，gets()函数通常比 scanf()函数更好用。scanf()函数通常用于读取文本和数值混合的数据。程序清单 10.7 解释了这一点。第 7 课中学过，如果用 scanf()输入数值变量，必须在变量名前加上取址运算符（&）。

输入▼

程序清单 10.7　input.c：用 scanf()函数输入数值和文本数据

```
1:      /* 用 scanf()函数输入数值和文本数据 */
2:
3:      #include <stdio.h>
4:
5:      char lname[257], fname[257];
6:      int count, id_num;
7:
8:      int main(void)
9:      {
10:         /* 提示用户输入 */
11:
12:         puts("Enter last name, first name, ID number separated");
13:         puts("by spaces, then press Enter.");
14:
15:         /* 输入 3 个数据项 */
16:
17:         count = scanf("%s%s%d", lname, fname, &id_num);
```

```
18:
19:         /* 显示数据 */
20:
21:         printf("%d items entered: %s %s %d \n", count, fname, lname, id_num);
22:
23:         return 0;
24:     }
```

输出▼

```
Enter last name, first name, ID number separated
by spaces, then press Enter.
Cunningham Norman 1023
3 items entered: Norman Cunningham 1023
```

分析▼

scanf()要求传递给它的参数是变量的地址。程序清单 10.7 中，lname 和 fname 都是指针（指针中储存的是地址），因此无需在前面添加取址运算符（&）；而 id_num 是普通的变量名，因此需要在它前面加上&（第 17 行）。

> **提示**
>
> 该程序演示了 scanf()函数的一个使用限制。假设你要输入的名是 Mary Ellen（国外的名可能有多个部分），怎么办？由于两个单词之间有空格，虽然“Mary Ellen”是一个完整的字符串，但 scanf()函数只会把 Mary 存入 fname 变量中。因此，还需要创建两个变量储存名中的两个部分，或者要求用户在输入时不要添加空格。正因如此，gets()函数在读取用户输入的字符串方面比 scanf()更方便，特别是字符串中包含空格的情况。

一些程序员认为用 scanf()读取输入的数据很容易出错。他们更喜欢用 gets()来读取所有的数据（数值数据和字符串），然后在程序中把数字分离出来，并将其转换为数值变量。这些技术超出了本书讲解的范围，但是不错的编程练习。要完成这些任务，需要用到本书在第 18 课介绍的用于操控字符串的函数。

10.8 小　结

本课涵盖了 C 语言的 char 数据类型。char 类型变量的用途之一是储存单个字符。字符还通常以数字形式储存：ASCII 码将数值码赋给每个字符。因此，也可以使用 char 类型（signed char 和 unsigned char）储存数值较小的整数。

字符串是以空字符结尾的字符序列。字符串可用于储存文本数据。C 语言将字符串储存在 char 类型的数组中。要创建一个包含 n+1 和元素的 char 类型数组，才能储存一个长度为 n 的字符串。

使用内存分配函数（如，malloc()）可以在程序中动态地分配内存。用 malloc()函数分配的内存数量正好是程序需要的数量。如果估计过高，就会分配多余的内存。没有这些函数，你不得不猜测程序需要多少内存。在使用完分配的内存后，要用 free()函数将其返回给系统。

10.9 答疑

问：字符串和字符数组有什么区别？

答：字符串是以空字符结尾的字符序列。字符数组是一组字符序列。因此，字符串是以空字符结尾的字符数组。如果定义了数组的大小，也就限制了可储存的字符串长度[1]。例如，假设定义了一个可储存 10 个元素的 char 类型的数组，那么该数组最多只能储存包含 9 个字符的字符串。如下所示：

```
char state[10]="Minneapolis"; /* 错误！最多只能储存包含 9 个字符的字符串。 */
char state2[10]="MN";         /* 没问题，但是浪费内存空间，因为储存的字符太少。 */
```

另一方面，如果定义了一个指向 char 类型的指针，对待储存的字符串就没有这样的限制。实际的字符串被储存在内存的其他地方（不用了解具体储存在哪里）。没有长度的限制，也不会浪费内存空间。因此，指针可以指向任意长度的字符串。

问：为什么不声明一个稍大的数组储存值，而要使用内存分配函数（如 malloc()）？

答：虽然声明稍大的数组更容易些，但并未有效利用内存。编写类似本课这样的小程序，用 malloc() 函数分配内存的确有些麻烦。然而，在编写大型程序时，就需要根据需要来分配内存。而且，在使用完内存后要记得将其释放，方便程序中其他部分的变量或数组使用（第 21 课将介绍如何释放已分配的内存）。

问：是否所有的计算机都支持扩展的 ASCII 字符集？

答：大部分计算机都支持扩展的 ASCII 字符集，但是，一些老式的计算机并不支持（这些计算机现在已经越来越少了）。许多程序员都使用扩展字符集中的线字符和块字符。另外，许多国际字符集比 ASCII 中包含的字符更多。wchar_t 定义在 stddef.h 头文件中，用于储存更大的字符。欲了解 wchar_t 和其他字符集的细节，请查阅 ANSI 文档。

问：如果待储存字符串中的字符比字符数组所能容纳的字符多，会出现什么情况？

答：这样的错误很难查出来。如果这样做，内存中储存在字符数组后面的内容会被擦写。这将导致其他数据或某些重要的系统信息不可用。具体会出现什么问题取决于擦写了什么内容。通常，暂时不会出什么问题，但是请不要这样做。

10.10 课后研习

课后研习包含小测验和练习题。小测验帮助读者理解和巩固本课所学概念，练习题有助于读者将理论知识与实践相结合。

10.10.1 小测验

1. ASCII 字符集的数值范围是多少？
2. C 编译器如何解译用单引号括起来的字符？

[1] 译者注：字符串长度指的是字符串的字符个数（不包括末尾的空字符），可通过 strlen() 函数获得。

3. 在 C 语言中，什么是字符串？

4. 什么是字符串字面量？

5. 如果要储存一个包含 n 个字符的字符串，就需要一个包含 n+1 个元素的字符数组。为什么要多 1 个元素？

6. C 编译器如何解译字符串字面量？

7. 查看附录 A 的 ASCII 字符集，写出下面各字符等价的数值：

   a. a

   b. A

   c. 9

   d. 一个空格

   e. ╫

   f. ♠

8. 查看附录 A 的 ASCII 字符集，写出下面各数值等价的字符：

   a. 73

   b. 32

   c. 99

   d. 97

   e. 110

   f. 0

   g. 2

9. 为储存下面的变量，各需要分配多少字节的内存（假设 1 个字符占 1 字节）？

   a. `char *str1 = { "String 1" };`

   b. `char str2[] = { "String 2" };`

   c. `char string3;`

   d. `char str4[20] = { "This is String 4" };`

   e. `e. char str5[20];`

10. 使用下面的声明：

```
char *string = "A string!";
```

以下表达式的值分别是？

```
a. string[0]
b. *string
c. string[9]
d. string[33]
e. *string+8
f. string
```

10.10.2 练习题

1. 编写一行代码，声明一个名为 `letter` 的 `char` 类型变量，并初始化为字符`$`。

2. 编写一行代码，声明一个 `char` 类型的数组，并初始化为`"Pointers are fun!"`字符串。保证数组刚好能装得下这个字符串。

3. 编写一行代码，为"Pointers are fun!"字符串分配内存，不能使用数组。

4. 编写代码，为包含 80 个字符的字符串分配内存，然后通过键盘将输入字符串，并将其储存到已分配的内存中。

5. 编写一个函数，将一个数组中的字符拷贝到另一个数组中（提示：与第 9 课的练习类似）。

6. 编写一个函数，接受两个字符串，计算每个字符串中的字符数，并返回指向较长字符串的指针。

7. 选做题：编写一个接受两个字符串的函数。将两个字符串连成一个字符串，使用 malloc()函数分配足够的内存储存该字符串。返回指向这个新字符串的指针。

   例如，假设传递"Hello"和"World!"，那么函数应该返回指向"Hello World!"的指针（可使用练习题 5 和练习题 6 中的代码）。

8. **排错**：下面的代码中有哪些错误？

```
char a_string[10] = "This is a string";
```

9. **排错**：下面的代码中有哪些错误？

```
char *quote[100] = { "Smile, Friday is almost here!" };
```

10. **排错**：下面的代码中有哪些错误？

```
char *string1;
char *string2 = "Second";
string1 = string2;
```

11. **排错**：下面的代码中有哪些错误？

```
char string1[];
char string2[] = "Second";
string1 = string2;
```

12. **选做题**：查看 ASCII 字符集，编写一个程序用双线字符（*double-line character*）在屏幕上打印一个方框。

第 11 课

结构、联合和 typedef

在 C 语言中，通常通过一种称为结构的数据构造体来简化程序设计任务。结构（*structure*）是程序员根据程序设计需求设计的一种数据存储类型。本课将介绍以下内容：

- 什么是简单结构和复杂结构
- 如何声明并定义结构
- 如何访问结构中的数据
- 如何创建包含数组的结构和包含结构的数组
- 如何在结构中声明指针，如何声明指向结构的指针
- 如何将结构作为参数传递给函数
- 如何定义、声明、使用联合
- 如何对结构使用类型定义

11.1 简单结构

结构是一个或多个变量的集合，该集合有一个单独的名称，便于操作。与数组不同，结构可以储存不同类型（C 语言的任意数据类型，包括数组和其他结构）的变量。结构中的变量被称为结构的成员（*member*）。

我们先来学习简单的结构。注意，C 语言并未区分简单结构和复杂结构，但是用这种方式来解释结构，读者比较容易理解。

11.1.1 声明和定义结构

如果编写一个图形程序，就要处理屏幕上点的坐标。屏幕坐标由表示水平位置的 x 值和表示垂直位置的 y 值组成。可以声明一个名为 coord 的结构，其中包含表示屏幕位置的 x 和 y，如下所示：

```
struct coord
{
   int x;
   int y;
};
```

关键字 struct 表明结构声明的开始。struct 关键字后面必须是结构名。结构名也被称为结构的标签（*tag*）或类型名（*type name*）。稍后介绍如何使用标签。

结构标签后面是左花括号。花括号内是结构的成员变量列表。必须写明各成员的变量类型和名称。

上面的代码声明了一个名为 coord 的结构类型，其中包含了两个整型变量，x 和 y。然而，虽然

声明了 coord，但并未创建任何 coord 的结构实例，也未创建 x 变量和 y 变量。声明结构有两种方式。一种是，在结构声明后带有一个或多个变量名列表：

```
struct coord {
   int x;
   int y;
} first, second;
```

以上代码定义了类型为coord的结构，并声明了两个coord类型的结构变量，first和second。first 和 second 都是 coord 类型的实例（*instance*），first 包含两个整型成员，x 和 y；second 也是如此。这种方法把声明与定义结合在一起。

另一种方法是，把结构变量的声明和定义放在源代码的不同区域。下面的代码也定义了两个 coord 类型的实例：

```
struct coord {
   int x;
   int y;
};
/* 其他代码已省略 */
struct coord first, second;
```

在该例中，coord 类型结构的声明与结构变量的定义分离。在这种情况下，要使用 struct 关键字，后面紧跟结构类型名和结构变量名。

11.1.2　访问结构的成员

使用结构成员，就像使用同类型变量一样。在 C 语言中，使用结构成员运算符（.）来访问结构成员。结构成员运算符（*structure member operator*）也称为点运算符（*dot operator*），用于结构名和成员名之间。因此，要通过结构名 first 引用屏幕的位置（x = 50，y = 100），可以这样写：

```
first.x = 50;
first.y = 100;
```

要将该位置储存在 second 结构中，并显示在屏幕上，可以这样写：

```
printf("%d,%d", second.x, second.y);
```

那么，与单独的变量相比，结构有何优点？一个主要的好处是，通过简单的赋值表达式语句就能在相同类型的结构间拷贝信息。继续使用上面的例子，语句

```
first = second;
```

与下面的语句等价：

```
first.x = second.x;
first.y = second.y;
```

当程序中使用包含许多成员的复杂结构时，这样的写法很节约时间。等你学会一些高级技巧后，会发现结构的其他好处。一般而言，需要将不同类型变量的信息看作一个整体时，结构非常有用——可以将不同类的信息（名字、地址、城市等）作为结构的成员。

程序清单 11.1 将上述内容结合在程序中，虽然没什么实际的用途，但可用于解释结构。

输入▼

程序清单 11.1 simplestruct.c：声明并使用简单的结构

```
1:      /* simplestruct.c - 使用简单结构的示例*/
2:
3:      #include <stdio.h>
4:
5:      int length, width;
6:      long area;
7:
8:      struct coord{
9:          int x;
10:         int y;
11:     } myPoint;
12:
13:     int main(void)
14:     {
15:         /* 给坐标设置值 */
16:         myPoint.x = 12;
17:         myPoint.y = 14;
18:
19:         printf("\nThe coordinates are: (%d, %d).",
20:                 myPoint.x, myPoint.y);
21:
22:         return 0;
23:     }
```

输出▼

```
The coordinates are: (12, 14).
```

分析▼

该程序清单定义了一个简单的结构来储存坐标中的点。这与本课前面介绍的结构相同。第 8 行，在结构标签 coord 前面使用了 struct 关键字。第 9~11 行定义了结构的主体。该结构中声明了两个成员 x 和 y，都是 int 类型的变量。

第 11 行，声明了 coord 结构的实例：mypoint 结构变量。也可以单独声明一行：

```
struct coord myPoint;
```

第 16、17 行给 mypoint 的成员赋值。前面提到过，使用**结构变量名.成员名**便可对其赋值。第 19、20 行，在 printf 语句中使用了这两个变量。

语 法

struct 关键字

```
struct 标签 {
    结构成员;
    /* 可在此处添加语句 */
} 实例;
```

在声明结构时要使用 struct 关键字。结构是一个或多个变量（结构成员）的集合，这些变量的数据类型可以不同。结构不仅能储存简单变量，还能储存数组、指针和其他结构。

struct 关键字表明结构声明的开始，后面紧跟的是标签，即结构的名称。结构成员位于标签后面的花括号中。实例（*instance*）是结构声明的一部分。如果声明一个结构没有实例，那它仅仅描述了结构的模板，用于在后面的程序中定义结构变量。下面是模板的格式：

```
struct tag {
    structure_member(s);
    /*可在此处添加语句*/
};
```

要使用结构的模板，可以按以下格式：

```
struct tag instance;
```

示例 1

```
/* 声明一个名为 SSN 的结构模板 */
struct SSN {
    int first_three;
    char dash1;
    int second_two;
    char dash2;
    int last_four;
};
/* 使用结构模板 */
struct SSN customer_ssn;
```

示例 2

```
/* 声明一个结构和实例 */
struct date {
    char month[2];
    char day[2];
    char year[4];
} current_date;
```

示例 3

```
/* 声明并初始化一个结构 */
struct time {
    int hours;
    int minutes;
    int seconds;
} time_of_birth = { 8, 45, 0 };
```

11.2　复杂结构

介绍完简单结构，接下来介绍更有趣、更复杂的结构。这些结构中包含其他结构或数组。

11.2.1　包含结构的结构

前面提到过，C 结构可以包含任意 C 语言的数据类型。例如，结构可以包含其他结构。我们以前面用过的例子来说明。

假设图形程序需要处理矩形。我们可以通过两对角的坐标定义矩形。前面的例子中，可以在结构中储存两个坐标来表示一个点。因此，要处理矩形需要储存两个这样的结构。可以这样声明一个结构（假设前面已经声明了 coord 结构）：

```
struct rectangle {
    struct coord topleft;
    struct coord bottomrt;
};
```

该语句声明了一个 rectangle 类型的结构，其中包含两个 coord 类型的结构，分别是 topleft 和 bottomrt。

上面的结构声明只定义了 rectangle 结构的类型。要定义结构的实例，必须像这样写：

```
struct rectangle mybox;
```

如果前面声明了 coord 类型，也可以把结构声明和实例定义结合起来，如下所示：

```
struct rectangle {
   struct coord topleft;
   struct coord bottomrt;
} mybox;
```

要使用成员运算符（.）两次才能访问真正的数据位置（int 类型的成员）。因此，表达式：

```
mybox.topleft.x
```

指的是 rectangle 类型的 mybox 结构的成员 topleft 的成员 x。要通过坐标(0, 10),(100, 200)来定义矩形，可以这样写：

```
mybox.topleft.x = 0;
mybox.topleft.y = 10;
mybox.bottomrt.x = 100;
mybox.bottomrt.y = 200;
```

这也许有点难。参考图 11.1 有助于理解，图中显示了 rectangle 类型结构、rectangle 类型结构包含的两个 coord 类型的结构、coord 类型结构包含的两个 int 类型变量之间的关系。

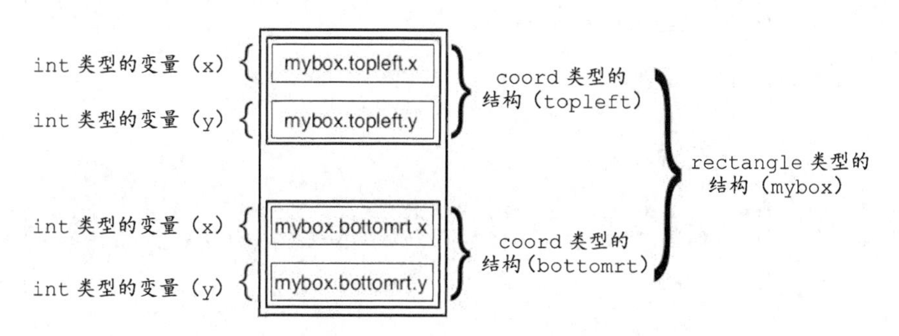

图 11.1 结构、结构内的结构、结构成员之间的关系

程序清单 11.2 中使用的结构就包含其他结构。该程序清单要求用户输入矩形的坐标，然后计算并显示矩形的面积。注意程序开头注释中的假设情况（第 3~8 行）。

输入▼

程序清单 11.2 struct.c：结构中包含结构的示例

```
1:     /* 结构中包含结构的程序示例 */
2:
3:     /*
4:         程序接收用户输入的矩形对角坐标，并计算矩形的面积。
5:         假设左上角的 x 坐标小于右下角的 x 坐标，
6:             左上角的 y 坐标大于右下角的 y 坐标。
7:         而且，所有的坐标都为非负整数。
8:      */
9:
```

```
10:     #include <stdio.h>
11:
12:     int length, width;
13:     long area;
14:
15:     struct coord{
16:         int x;
17:         int y;
18:     };
19:
20:     struct rectangle{
21:         struct coord topleft;
22:         struct coord bottomrt;
23:     } mybox;
24:
25:     int main(void)
26:     {
27:         /* 输入坐标 */
28:
29:         printf("\nEnter the top left x coordinate: ");
30:         scanf("%d", &mybox.topleft.x);
31:
32:         printf("\nEnter the top left y coordinate: ");
33:         scanf("%d", &mybox.topleft.y);
34:
35:         printf("\nEnter the bottom right x coordinate: ");
36:         scanf("%d", &mybox.bottomrt.x);
37:
38:         printf("\nEnter the bottom right y coordinate: ");
39:         scanf("%d", &mybox.bottomrt.y);
40:
41:         /* 计算 length 和 width */
42:
43:         width = mybox.bottomrt.x - mybox.topleft.x;
44:         length = mybox.topleft.y - mybox.bottomrt.y;
45:
46:         /* 计算并显示面积 */
47:
48:         area = width * length;
49:         printf("\nThe area is %ld units.\n", area);
50:
51:         return 0;
52:     }
```

输出▼

```
Enter the top left x coordinate: 0
Enter the top left y coordinate: 6
Enter the bottom right x coordinate: 9
Enter the bottom right y coordinate: 1
The area is 45 units.
```

分析▼

第 15~18 行声明了 coord 类型的结构，包含两个成员 x 和 y。第 20~23 行声明了 rectangle 类型的结构并定义了该结构的一个实例 mybox，rectangle 类型的结构包含的两个成员（topleft 和 bottomrt）都是 coord 类型的结构。

第 29~39 行提示用户输入数据，并将其储存在 mybox 结构的成员中。看上去只用储存两个值，因为 mybox 只有两个成员。但是，mybox 的每个成员都有自己的两个成员：coord 类型的 topleft 和 bottomrt，而它们又分别有两个成员 x 和 y。因此，总共为 4 个成员存入值。将用户输入的值存入这些成员后，便可使用结构名和成员名计算矩形的面积。要使用 x 和 y 的值，必须包含结构实例名。由于 x 和 y 属于结构中的结构，因此在计算时必须使用结构的实例名——mybox.bottomrt.x、mybox.bottomrt.y、mybox.topleft.x、mybox.topleft.y。

尽管 C 程序设计语言对嵌套的结构数量不作限制，但是 ANSI 标准最多只支持到 63 层。只要有足够内存，便可定义包含多层结构的结构。当然，嵌套的结构层太多并没什么好处。通常，C 程序中使用的嵌套很少超过 3 层。

11.2.2 包含数组的结构

可以声明一个包含数组的结构。数组可以是任意 C 数据类型（int、char 等）。例如，以下声明：

```
struct data
{
   short x[4];
   char y[10];
};
```

定义了一个结构的类型 data，该结构包含一个 short 类型的数组 x 和一个 char 类型的数组 y。x 中包含 4 个 short 类型的元素，y 中包含 10 个 char 类型的元素。稍后，可以声明一个 data 类型的结构变量 record，如下所示：

```
struct data record;
```

该结构的布局如图 11.2 所示。注意，图中 x 数组元素占用的空间是 y 数组元素占用空间的两倍，因为通常 short 类型占 2 字节，而 char 类型占 1 字节（第 3 课介绍过）。

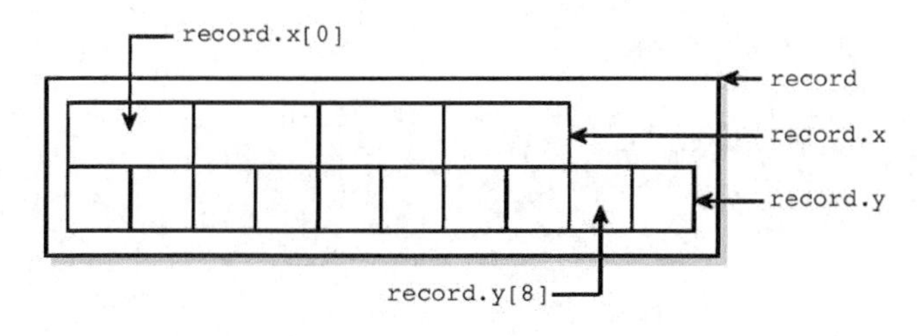

图 11.2 包含数组的结构布局

使用**结构名.成员名**来访问数组中的元素，此时成员名可用数组下标表示法：

```
record.x[2] = 100;
record.y[1] = 'x';
```

读者应该记得，字符数组通常都用来储存字符串。而且，第 9 课中还介绍过，数组名（不带方括号）是指向数组第 1 个元素的指针。由于，在 record 结构中，表达式

```
record.y
```

是指向 y[] 数组第 1 个元素的指针。因此，可以使用下面的语句在屏幕上打印 y[] 中的内容：

```
puts(record.y);
```

现在来看另一个例子。程序清单 11.3 中的结构包含了一个 float 类型的变量和两个 char 类型的数组。

输入▼

程序清单 11.3　arraystruct.c：包含数组成员的结构

```
1:      /* 包含数组成员的结构示例 */
2:
3:      #include <stdio.h>
4:      #define NAMESIZE 30
5:      /* 声明一个结构包含一个 float 类型的变量和两个 char 类型的数组，  */
6:      /* 并定义了一个结构实例。 */
7:
8:      struct data{
9:          float amount;
10:         char fname[NAMESIZE];
11:         char lname[NAMESIZE];
12:     } rec;
13:
14:     int main(void)
15:     {
16:         /* 通过键盘输入数据 */
17:
18:         printf("Enter the donor's first and last names,\n");
19:         printf("separated by a space: ");
20:         scanf("%s %s", rec.fname, rec.lname);
21:
22:         printf("\nEnter the donation amount: ");
23:         scanf("%f", &rec.amount);
24:
25:         /* 显示信息 */
26:         /* 注意： %.2f 指定了  */
27:         /* 浮点值保留小数点后 */
28:         /* 两位有效数字。 */
29:
30:         /* 在屏幕上显示数据*/
31:
32:         printf("\nDonor %s %s gave $%.2f.\n", rec.fname, rec.lname,
33:                 rec.amount);
34:
35:         return 0;
36:     }
```

输出▼

```
Enter the donor's first and last names,
separated by a space: Jayne Hatton
Enter the donation amount: 450
Donor Janye Hatton gave $450.00.
```

分析▼

该程序中的结构包含两个数组成员 fname[NAMESIZE]和 lname[NAMESIZE]。这两个数组分别用于储存姓名。通过符号常量来定义数组可容纳字符的最大数量，在以后修改数组储存更多字符的姓名时非常方便。第 8~12 行声明了一个 data 类型的数组，其中包含两个 char 类型的数组 fname 和 lname、一个 float 类型的变量 amount。该结构可用于储存姓名（姓和名两部分）和数值（如，此人捐助给慈善机构的数额）。

第 12 行声明了一个结构的实例 rec。程序的其他部分用 rec 储存用户输入的值（第 18~23 行），然后将其打印在屏幕上（第 32、33 行）。

11.3 结构数组

既然能创建包含数组的结构，那么是否能创建包含结构的数组？当然可以。实际上，结构数组是强大的程序设计工具。见下面详细分析。

前面介绍了如何根据程序的需要定义结构的类型。通常，程序需要使用多个数据的实例。例如，在一个管理电话号码的程序中，可以声明一个结构储存每个人的姓名和电话号码：

```
struct entry
{
   char fname[10];
   char lname[12];
   char phone[12];
};
```

电话号码列表中要储存许多实体（而不是一个实体），因此，要创建一个包含 entry 类型结构的数组。声明该结构后，可以这样写：

```
struct entry list[1000];
```

声明了一个名为 list 的数组，该数组包含了 1000 个元素。每个元素都是 entry 类型的结构，与其他类型的数组一样，以下标来区分。每个结构有 3 个元素，每个元素都是 char 类型的数组。如图 11.3 所示：

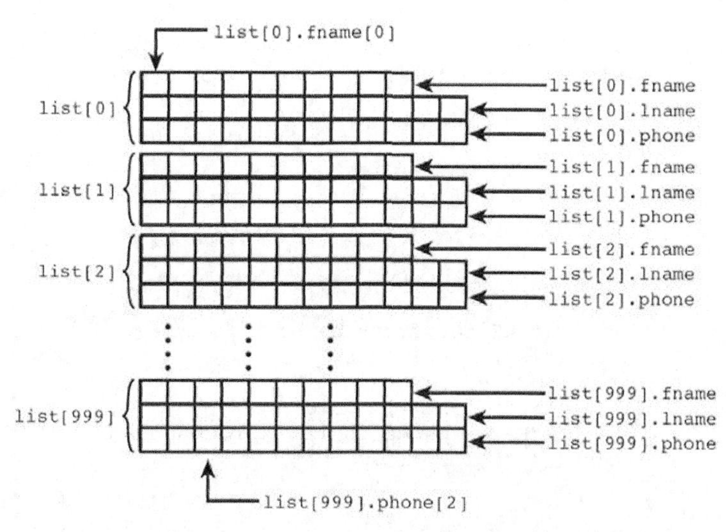

图 11.3 包含数组的结构布局

声明结构数组后，可以通过多种方式操控数据。例如，要把一个数组元素中的数据赋值给另一个数组的元素，可以这样写：

```
list[1] = list[5];
```

该语句将 list[5]结构中的每个成员都赋值给 list[1]结构相应的成员。除此之外，还可以移动结构成员的数据。下面的语句

```
strcpy(list[1].phone, list[5].phone);
```

将 list[5].phone 中的字符串拷贝给 list[1].phone（strcpy()库函数用于将一个字符串拷贝

给另一个字符串，详见第 18 章）。还可以移动结构的数组成员中某个元素的数据：

```
list[5].phone[1] = list[2].phone[3];
```

该语句把 list[2]的电话号码中的第 4 个字符拷贝给 list[5]的电话号码中的第 2 个字符（别忘了数组下标从 0 开始）。

程序清单 11.4 演示了如何使用包含数组的结构。

输入▼

程序清单 11.4 arrayrecords.c：结构数组

```
1:      /* arrayrecords.c--数组结构的使用示例 */
2:
3:      #include <stdio.h>
4:
5:      /* 声明一个储存电话号码条目的结构 */
6:
7:      struct entry {
8:          char fname[20];
9:          char lname[20];
10:         char phone[13];
11:     };
12:
13:     /* 声明一个结构数组 */
14:
15:     struct entry list[4];
16:
17:     int i;
18:
19:     int main(void)
20:     {
21:
22:         /* 利用循环输入 4 个人的数据 */
23:
24:         for (i = 0; i < 4; i++)
25:         {
26:             printf("\nEnter first name: ");
27:             scanf("%s", list[i].fname);
28:             printf("Enter last name: ");
29:             scanf("%s", list[i].lname);
30:             printf("Enter phone in 123-456-7890 format: ");
31:             scanf("%s", list[i].phone);
32:         }
33:
34:         /* 打印两行空行 */
35:
36:         printf("\n\n");
37:
38:         /* 利用循环显示数据 */
39:
40:         for (i = 0; i < 4; i++)
41:         {
42:             printf("Name: %s %s", list[i].fname, list[i].lname);
43:             printf("\t\tPhone: %s\n", list[i].phone);
44:         }
45:
46:         return 0;
47:     }
```

输出▼

```
Enter first name: Ellen
Enter last name: Hatton
Enter phone in 123-456-7890 format: 317-555-1267
Enter first name: Tim
Enter last name: Costello
Enter phone in 123-456-7890 format: 317-555-6723
Enter first name: Anne
Enter last name: Bono
Enter phone in 123-456-7890 format: 812-555-3400
Enter first name: Stewart
Enter last name: Costello
Enter phone in 123-456-7890 format: 317-555-9490
Name: Ellen Hatton                 Phone: 317-555-1267
Name: Tim Costello                 Phone: 317-555-6723
Name: Anne Bono                    Phone: 812-555-3400
Name: Stewart Costello             Phone: 317-555-9490
```

分析▼

该程序清单与本书的其他程序清单类似，第 1 行是注释。程序中使用了输入/输出函数，因此要包含头文件 stdio.h（第 3 行）。第 7~11 行定义了一个名为 entry 的结构模板，其中包含 3 个字符数组：fname、lname、phone。第 17 行定义了一个 int 类型的变量，用于在程序中计数。main() 函数开始于第 19 行。main() 中的第 1 个 for 语句执行了 4 次循环，用于把用户输入的数据存入结构的 char 类型数组中（第 24~32 行）。注意，list 使用下标的方式与第 8 课中介绍的下标使用方式相同。

第 36 行在获取用户输入的信息和输出数据之间打印两行空行。第 40~44 行把之前用户输入的数据显示在屏幕上。通过带下标的**数组名.结构成员名**打印结构数组中的值。

要熟悉程序清单 11.4 中使用的技巧。许多现实中的编程任务都要用到包含数组成员的数组结构。

DO	DON'T
用已定义的结构类型声明实例时，要使用 struct 关键字。 声明结构实例的作用域规则与其他类型变量相同（详见第 12 课）。	使用结构成员时，不要遗漏点运算符（.）和结构实例名。 不要混淆结构标签和结构实例！结构标签用于定义结构的模板或格式；而结构实例是用结构标签声明的变量。

11.4 初始化结构

与 C 语言其他类型的变量一样，在声明结构时可以初始化它。这个过程与初始化数组类似：结构声明后面加上一个等号和一个用花括号括起来的初始化值列表（各值用逗号分隔）。如下所示：

```
1: struct sale {
2:     char customer[20];
3:     char item[20];
4:     float amount;
5: } mysale = {
6:                 "Acme Industries",
7:                 "Left-handed widget",
8:                 1000.00
9:             };
```

执行声明时，将执行以下操作。

1. 声明结构，定义一个结构类型，名为 sale（第 1~5 行）。
2. 声明一个 sale 类型结构的实例，名为 mysale（第 5 行）。
3. 把结构成员 mysale.customer 初始化为字符串"Acme Industries"（第 5、6 行）。
4. 把结构成员 mysale.item 初始化为字符串"Left-handed widget"（第 7 行）。
5. 把结构成员 mysale.amount 初始化为 1000.00（第 8 行）。

对于包含结构成员的结构，应按顺序列出初始化值列表。结构成员的初始化值应该与该结构声明中的顺序一致。下面的例子就解释了这一点：

```
1: struct customer {
2:      char firm[20];
3:      char contact[25];
4: }
5:
6: struct sale {
7:      struct customer buyer;
8:      char item[20];
9:      float amount;
10: } mysale = { { "Acme Industries", "George Adams"},
11:                  "Left-handed widget",
12:                  1000.00
13:             };
```

按以下顺序初始化。

1. 把结构成员 mysale.buyer.firm 初始化为字符串"Acme Industries"（第 10 行）。
2. 把结构成员 mysale.buyer.contact 初始化为字符串"Geotge Adams"（第 10 行）。
3. 把结构成员 mysale.buyer.item 初始化为字符串"Left-handed widget"（第 11 行）。
4. 把结构成员 mysale.buyer.amount 初始化为 1000.00（第 12 行）。

初始化结构数组与此类似，提供的初始化数据被依次应用在数组的结构中。例如，要声明一个包含 sale 类型结构的数组，并初始化前两个数组成员（即，前两个结构），可以这样写：

```
1:      struct customer {
2:          char firm[20];
3:          char contact[25];
4:      };
5:
6:      struct sale {
7:          struct customer buyer;
8:          char item[20];
9:          float amount;
10:     };
11:
12:
13:     struct sale y1990[100] = {
14:         { { "Acme Industries", "George Adams" },
15:             "Left-handed widget",
16:             1000.00
17:         },
18:         { { "Wilson & Co.", "Ed Wilson" },
19:             "Type 12 gizmo",
20:             290.00
21:         }
```

```
22:      };
```

以上代码将执行下列操作。

1. 把结构成员 y1990[0].buyer.firm 初始化为字符串"Acme Industries"（第 14 行）。
2. 把结构成员 y1990[0].buyer.contact 初始化为字符串"Geotge Adams"（第 14 行）。
3. 把结构成员 y1990[0].buyer.item 初始化为字符串"Left-handed widget"（第 15 行）。
4. 把结构成员 y1990[0].buyer.amount 初始化为 1000.00（第 16 行）。
5. 把结构成员 y1990[1].buyer.firm 初始化为"Wilson & Co."（第 18 行）。
6. 把结构成员 y1990[1].buyer.contact 初始化为字符串"Ed Wilson"（第 18 行）。
7. 把结构成员 y1990[1].buyer.item 初始化为字符串"Type 12 gizmo"（第 19 行）。
8. 把结构成员 y1990[1].buyer.amount 初始化为 290.00（第 20 行）。

11.5 结构和指针

指针是 C 语言中的重要部分，在结构中也可以使用指针。可以把指针作为结构成员，也可以声明指向结构的指针。接下来，将详细介绍相关内容。

11.5.1 包含指针成员的结构

把指针作为结构成员来使用非常地灵活。声明指针成员与声明普通指针的方式相同，即用间接运算符（*）。如下所示：

```
struct data
{
int *value;
int *rate;
} first;
```

上面的声明定义了一个 data 类型（包含两个指向 int 类型的指针）和该结构的实例 first。与所有的指针一样，不能使用未初始化的指针。如果在声明时没有初始化，可以稍后为其赋值后再使用。记住，要把变量的地址赋给指针。假设 cost 和 interest 都被声明为 int 类型的变量，可以这样写：

```
first.value = &cost;
first.rate = &interest;
```

现在才能使用这两个指针。第 9 课介绍过，对前面加上间接运算符（*）的指针求值得指针所指向内容的值。因此，对表达式*first.value 求值得 cost 的值，对表达式*first.rate 求值得 interest 的值。

指向 char 类型的指针也许是作为结构的成员使用得最频繁的指针。第 10 课中介绍过，字符串是一组以空字符结尾的字符序列，字符串储存在字符数组中，而数组名是指向该字符串第 1 个字符的指针。为复习以前学过的内容，可以声明一个指向 char 类型的指针，然后让它指向一个字符串：

```
char *p_message;
p_message = "Teach Yourself C In One Hour a Day";
```

对于结构中指向 char 类型的指针成员，可以这样做：

```
struct msg {
    char *p1;
    char *p2;
} myptrs;
myptrs.p1 = "Teach Yourself C In One Hour a Day";
myptrs.p2 = "By SAMS Publishing";
```

图 11.4 解释了以上结构声明和赋值表达式语句的结果。结构中的每个指针成员都指向字符串的第 1 个字节，这些字符串储存在内存中的其他地方。图 11.3 解释了如何在内存中储存包含 char 类型数组成员的结构，可将图 11.4 与图 11.3 作比较。

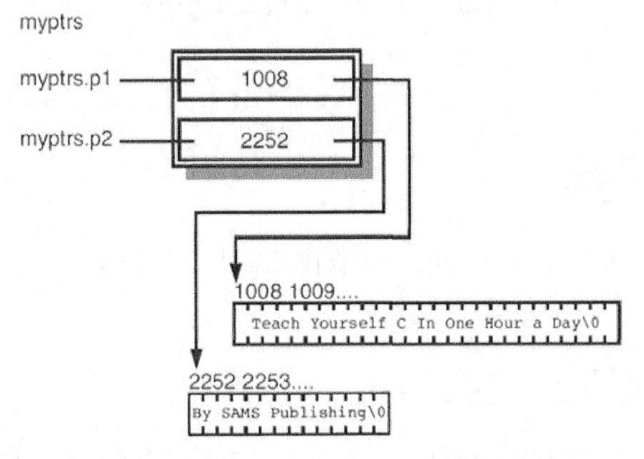

图 11.4　结构包含指向 char 类型的指针成员

在可以使用指针的地方就能使用结构的指针成员。例如，要打印指针指向的字符串，可以这样写：

```
printf("%s %s", myptrs.p1, myptrs.p2);
```

char 类型的数组成员和指向 char 类型的指针成员都能把字符串“储存”在结构中。下面的 msg 结构就使用了这两种方法：

```
struct msg
{
    char p1[30];
    char *p2;     /* 注意：未初始化 */
} myptrs;
```

因为数组名是指向数组第 1 个元素的指针，所以可以用类似的风格使用这两个结构成员（注意，在给 p2 拷贝值之前要先初始化它）。

```
strcpy(myptrs.p1, "Teach Yourself C In One Hour a Day");
strcpy(myptrs.p2, "By SAMS Publishing");
/* 其他代码已省略 */
puts(myptrs.p1);
puts(myptrs.p2);
```

这两种方法有何区别？如果声明一个包含 char 类型数组的结构，除了要指定数组的大小，在声明该类型结构的实例时，还要为数组分配存储空间。而且，不能在结构中储存超过指定大小的字符串。下面是一个例子：

```
struct msg
{
```

```
    char p1[10];
    char p2[10];
} myptrs;
...
strcpy(p1, "Minneapolis");    /* 错误！字符串中的字符数超出数组指定的大小。 */
strcpy(p2, "MN");             /* 没问题，但是浪费存储空间， but wastes space because
*/
/* 因为该字符串的字符数小于数组指定的大小 */
```

但是，如果声明一个结构包含指向 char 类型的指针，就没有上述限制。在声明该类型结构的实例时，只需为指针分配存储空间。实际的字符串被储存在内存的别处（暂时不用关心具体储存在何处）。用这种方法储存字符串，没有长度的限制，也不会浪费存储空间。结构中的指针可以指向任意长度的字符串。虽然实际的字符串并未储存在结构中，但是它们仍然是结构的一部分。

警告

使用未初始化指针，会无意中擦写已使用的内存。使用指针之前，必须先初始化指针。可以通过为其赋值另一个变量的地址，或动态地分配内存来完成。

11.5.2 创建指向结构的指针

在 C 语言中，可以声明并使用指向结构的指针，就像声明指向其他数据类型的指针一样。本课稍后会介绍，在需要把结构作为参数传递给函数时，通常会用到指向结构的指针。指向结构的指针还用于链表（*linked list*）中，链表将在第 16 课中介绍。

接下来介绍如何在程序中创建指向结构的指针，并使用它。首先声明一个结构：

```
struct part
{
    short number;
    char name[10];
};
```

然后，声明一个指向 part 类型的指针：

```
struct part *p_part;
```

记住，声明中的间接运算符（*）表明 p_part 是一个指向 part 类型的指针，不是一个 part 类型的实例。

该指针在声明时并未初始化，还不能使用它。虽然上面已经声明了 part 类型的结构，但是并未定义该结构的实例。记住，声明不一定是定义，在内存中为数据对象预留存储空间的声明才是定义。由于指针要指向一个内存地址，因此必须先定义一个 part 类型的实例。下面便声明了该结构的实例：

```
struct part gizmo;
```

现在，将该实例的地址赋值给 p_part 指针：

```
p_part = &gizmo;
```

上面的语句将 gizmo 的地址赋值给 p_part（第 9 课中介绍过取址运算符&）。图 11.5 解释了结构和指向结构的指针之间的关系。

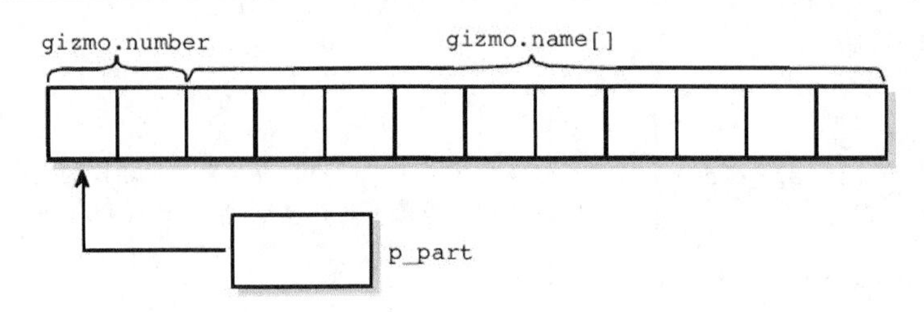

图 11.5 指向结构的指针指向该结构的第 1 个字节

现在已经创建了一个指向 gizmo 结构的指针，如何使用它？通过指向结构的指针访问其成员的第 1 种方法是：使用间接运算符（*）。第 9 课中提到过，如果 ptr 是一个指向数据对象的指针，那么表达式*ptr 则引用该指针所指向的对象。

将其应用到当前的例子中可知，p_part 是指向 part 类型结构 gizmo 的指针，因此*p_part 引用 gizmo。然后，在*p_part 后面加上结构成员运算符（.），便可访问 gizmo 的成员。要给 gizmo.number 赋值 100，可以这样写：

```
(*p_part).number = 100;
```

必须用圆括号把*p_part 括起来，因为结构成员运算符（.）的优先级比间接运算符（*）高。

通过指向结构的指针访问其成员的第 2 种方法是：使用间接成员运算符（*indirect membership operator*）->（由连字符号和大于号组成）。注意，将-与>一起使用时，C 编译器将其视为一个运算符。这个符号应放在指针名和成员名之间。例如，要通过 p_part 指针访问 gizmo 的成员 number，可以这样写：

```
p_part->number
```

来看另一个例子，假设 str 是一个结构，p_str 是指向 str 的指针，memb 是 str 的一个成员，要访问 str.memb 可以这样写：

```
p_str->memb
```

因此，有 3 中访问结构成员的方法：

- 使用结构名；
- 通过间接运算符（*）使用指向结构的指针；
- 通过间接成员运算符（->）使用指向结构的指针。

如果 p_str 是指向 str 结构的指针，下面 3 个表达式都是等价的：

```
str.memb
(*p_str).memb
p_str->memb
```

注意

间接成员运算符也称为结构指针运算符（*structure pointer operator*）。

11.5.3 使用指针和结构数组

前面介绍过，结构数组是强大的编程工具，指向结构的指针也是如此。可以将两者结合起来，使用指针访问数组的结构元素。

前面的示例中，声明了一个结构：

```
struct part
{
    short number;
    char name[10];
};
```

以上声明定义了结构的类型 part，下面的声明：

```
struct part data[100];
```

定义了一个 part 类型的数组。

接下来，可以声明一个指向 part 类型的指针，并让其指向 data 数组的第 1 个结构：

```
struct part *p_part;
p_part = &data[0];
```

由于数组名即是指向数组第 1 个元素的指针，因此上面代码的第 2 行也可以这样写：

```
p_part = data;
```

现在，已经创建了一个包含 part 类型结构的数组和一个指向该数组第 1 个元素（即，数组中的第 1 个结构）的指针。因此，可以使用下面的语句来打印数组第 1 个元素的内容：

```
printf("%d %s", p_part->number, p_part->name);
```

那么，如何打印数组中的所有元素？这要用到 for 循环，每迭代一次打印一个元素。如果使用指针表示法访问结构的成员，则必须改变 p_part 指针，使其每次迭代都指向下一个数组元素（即，数组中的下一个结构）。如何做？

这里要用到 C 语言的指针算术。将一元递增运算符（++）应用于指针，意味着：以指针指向对象的大小递增指针。假设一个 ptr 指针指向 obj 类型的数据对象，下面的语句：

```
ptr++;
```

相当于与下面语句的效果：

```
ptr += sizeof(obj);
```

指针算术特别适用于数组，因为数组元素按顺序被储存在内存中。假设指针指向数组元素 n，用++运算符递增指针，指针便指向元素 n+1。如图 11.6 所示，x[] 数组包含的每个元素都占 4 字节（例如，结构包含两个 short 类型的成员）。ptr 指针被初始化为 x[0]，每次递增 ptr，它便指向数组的下一个元素。

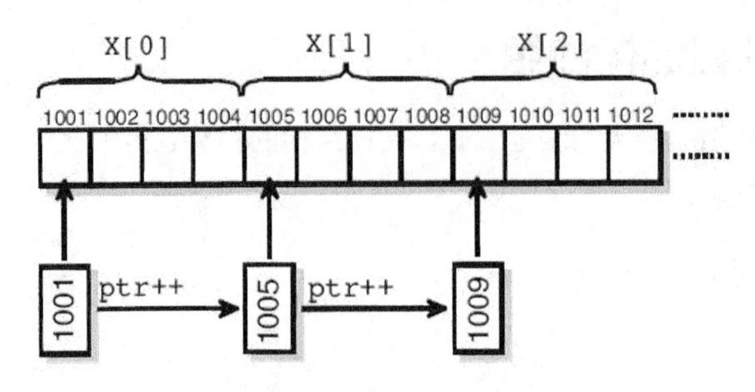

图 11.6　每次递增指针，该指针都会指向下一个元素

这意味着递增指针便可遍历任意类型的结构数组（或任意类型的结构）。在完成相同的任务时，这种表示法通常比下标表示法更易于使用，也更简洁。

输入▼

程序清单 11.5　pointerstep.c：递增指针来访问连续的数组元素

```
1:     /* pointerstep.c--使用指针表示法遍历结构数组 */
2:
3:
4:     #include <stdio.h>
5:
6:     #define MAX 4
7:
8:     /* 定义一个包含 part 类型结构的数组 data，  */
9:     /* 并初始化为包含 4 个结构的数组。 */
10:
11:    struct part {
12:        short number;
13:        char name[12];
14:    } data[MAX] = { { 1, "Thomas" },
15:                    { 2, "Christopher" },
16:                    { 3, "Andrew" },
17:                    { 4, "Benjamin" }
18:                  };
19:
20:    /* 声明一个指向 part 类型的指针和一个计数器变量。 */
21:
22:    struct part *p_part;
23:    int count;
24:
25:    int main(void)
26:    {
27:        /* 将数组的地址赋值给 p_part 指针，使其指向数组的第 1 个元素。 */
28:
29:        p_part = data;
30:
31:        /* 遍历数组 */
32:        /* 每次迭代都递增指针。 */
33:
34:        for (count = 0; count < MAX; count++)
35:        {
36:            printf("At address %d: %d %s\n", p_part, p_part->number,
37:                    p_part->name);
38:            p_part++;
39:        }
40:
41:        return 0;
42:    }
```

输出▼

```
At address 4202496: 1 Thomas
At address 4202510: 2 Christopher
At address 4202524: 3 Andrew
At address 4202538: 4 Benjamin
```

分析▼

首先，第 11~18 行，程序定义并初始化了一个包含结构的数组，名为 data。然后，在第 22 行声明了一个指向 data 结构的指针。第 29 行，main() 函数首先设置 p_part 指针指向前面定义的 data 数组的第 1 个 part 结构（数组名是指向该数组第 1 个元素的指针）。第 34~39 行，使用 for 循环来打印数组中所有的元素，每次迭代便递增 p_part 指针。该程序还同时显示了每个元素的地址。

仔细查看显示的地址。你的计算机上显示的地址可能本例显示的不同，但是两相邻地址间的差值应该相同——都等于 part 结构的大小。这清楚地解释了为指针递增 1，指针中储存的地址便自动递增该指针所指向数据类型的大小。

11.5.4　给函数传递结构实参

与其他数据类型一样，可以把结构作为实参传递给函数。程序清单 11.6 演示了如何给函数传递结构实参。该程序修改了程序清单 11.3，把原来在 main() 中直接打印，改为调用一个函数在屏幕上显示传入结构的内容。

输入▼

程序清单 11.6　structfun.c：给函数传递结构实参

```
1:      // structfunc.c--给函数传递一个结构。
2:
3:      #include <stdio.h>
4:
5:      /* 声明一个结构储存数据 */
6:
7:      struct data {
8:          float amount;
9:          char fname[30];
10:         char lname[30];
11:     } rec;
12:
13:     /* 函数原型。 */
14:     /* 该函数没有返回值，接收一个 data 类型的结构。 */
15:
16:     void print_rec(struct data diplayRec);
17:
18:     int main(void)
19:     {
20:         /* 从键盘输入数据 */
21:
22:         printf("Enter the donor's first and last names,\n");
23:         printf("separated by a space: ");
24:         scanf("%s %s", rec.fname, rec.lname);
25:
26:         printf("\nEnter the donation amount: ");
27:         scanf("%f", &rec.amount);
28:
29:         /* 调用函数显示结构中的内容 */
```

```
30:          print_rec(rec);
31:
32:          return 0;
33:      }
34:      void print_rec(struct data displayRec)
35:      {
36:          printf("\nDonor %s %s gave $%.2f.\n", displayRec.fname,
37:              displayRec.lname, displayRec.amount);
38:      }
```

输出▼

```
Enter the donor's first and last names,
separated by a space: Jayne Hatton
Enter the donation amount: 450
Donor Jayne Hatton gave $450.00.
```

分析▼

第 16 行是 print_rec 的函数原型，它接受一个结构。与传递其他数据类型的变量一样，实参与形参的类型必须相匹配。在本例中，实参是 data 类型的结构。第 34 行的函数头中也说明了这一点。当调用 print_rec 函数时，只能传递结构的实例名，本例是 rec（第 30 行）。给函数传递结构与传递简单变量相同。

当然，也可以通过传递结构的地址（即，指向结构的指针）把结构传递给函数。实际上，更早版本的 C 语言只能用这种方式传递数组。虽然现在不必这样了，但以前编写的程序会使用这种方式传递数组。如果把指向结构的指针作为参数传递给函数，在该函数中必须使用间接成员运算符（->）或点运算符（以 **(*ptr).**成员名的方式）来访问结构成员。

DO	DON'T
声明结构数组后，要好好利用数组名。因为数组名即是指向数组第 1 个结构的指针。 指向结构的指针要配合间接成员运算符（->）来访问结构的成员。	不要混淆数组和结构。 不要忘记，为指针递增 1，该指针中储存的地址便自动递增它指向数据类型的大小。如果指针指向一个结构，则递增一个结构类型的大小。

11.6 联合

联合（*union*）与结构类似，它的声明方式与结构相同。联合与结构不同的是，同一时间内只能使用一个联合成员。原因很简单，联合的所有成员都占用相同的内存区域——它们彼此擦写。

11.6.1 声明、定义并初始化联合

联合的声明和定义的方式与结构相同。唯一的区别是，声明联合用 union 关键字，而声明结构用 struct 关键字。下面声明了一个包含一个 char 类型变量和一个 int 类型变量的联合：

```
union shared
{
    char c;
    int i;
};
```

上面 shared 类型的联合可创建包含一个字符值 c 或一个整型值 i 的联合实例。注意，联合中的

成员是“或”的关系。如果声明的是结构，则创建的结构实例中都包含这两个值。而联合在同一时间内只能储存一个值。图 11.7 解释了如何在内存中储存 shared 联合。

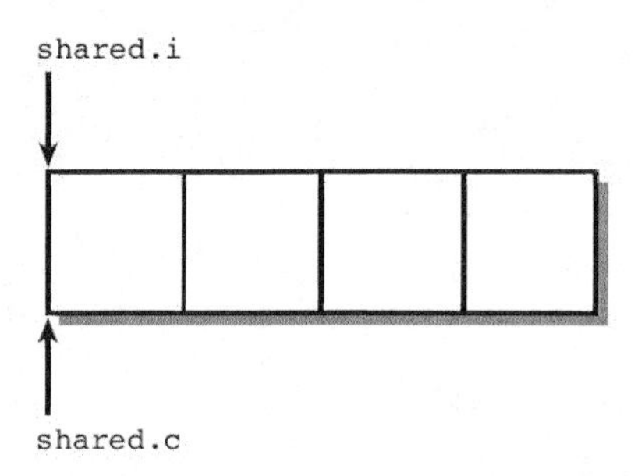

图 11.7 联合每次只能储存一个值

在声明联合时可以同时初始化它。由于每次只能使用一个成员，因此只需初始化一个成员。为避免混乱，只允许初始化联合的第 1 个成员。下面的代码声明并初始化了 shared 类型的联合：

```
union shared generic_variable = {'@'};
```

注意，只初始化了 shared 类型的联合 generic_variable 的第 1 个成员。

11.6.2 访问联合成员

可以像访问结构成员一样，通过点运算符（.）访问联合的成员。但是，每次只能访问一个联合成员。由于在联合中，每个成员都储存在同一个内存空间中，因此同一时间内只能访问一个成员。程序清单 11.7 是一个错误访问联合的示例。

输入▼

程序清单 11.7 union.c：错误使用联合的示例

```
1:      // union.c--同时使用多个联合成员的错误示例
2:      #include <stdio.h>
3:
4:      int main(void)
5:      {
6:          union shared_tag {
7:              char   c;
8:              int    i;
9:              long   l;
10:             float  f;
11:             double d;
12:         } shared;
13:
14:         shared.c = '$';
15:
16:         printf("\nchar c   = %c", shared.c);
17:         printf("\nint i    = %d", shared.i);
18:         printf("\nlong l   = %ld", shared.l);
19:         printf("\nfloat f  = %f", shared.f);
20:         printf("\ndouble d = %f", shared.d);
21:
22:         shared.d = 123456789.8765;
23:
24:         printf("\n\nchar c   = %c", shared.c);
25:         printf("\nint i    = %d", shared.i);
26:         printf("\nlong l   = %ld", shared.l);
27:         printf("\nfloat f  = %f", shared.f);
```

```
28:        printf("\ndouble d = %f\n", shared.d);
29:
30:        return 0;
31:    }
```

输出▼

```
char c = $
int i = 65572
long l = 65572
float f = 0.000000
double d = 0.000000
char c = 7
int i = 1468107063
long l = 1468107063
float f = 284852666499072.000000
double d = 123456789.876500
```

分析▼

程序清单中，第 6~12 行声明了 shared_tag 类型的联合 shared。shared 包含 5 个成员，每个成员的类型都不同。第 14 行和第 22 行分别给联合的成员赋值。然后，第 16~20 行和第 24~28 行使用 printf() 函数输出联合的每个成员。

注意，读者在运行该程序时，输出中除了 char c = $和 double d = 123456789.876500 这两行，其他可能都与本例的输出不同。因为第 14 行给 char 类型的变量 c 赋了初始值，所以在给其他成员赋初值之前，只应该使用该成员。如果打印联合的其他成员（i、l、f、d），其结果是无法预知的（第 16~20 行）。第 22 行给 double 类型的变量 d 赋值。注意，除了 d，其余各变量值都无法预知。此时，第 14 行赋给 c 的值也丢失了，因为第 22 行给 d 赋值时已经擦写了 c 的值。这是联合的成员占用同一内存空间的证明。

语 法

union 关键字

```
union 标签 {
    联合成员;
    /* 可在此处添加其他语句 */
}实例;
```

声明联合时要使用 union 关键字。联合是一个或多个变量（联合成员）的集合，每个联合成员都占用相同的内存区域。

union 关键字是联合声明的开始，后面的标签是联合的类型名，标签后面用花括号括起来的是联合的成员。在声明联合时可以同时声明它的实例。如果声明联合时没有声明实例，该联合便是一个模板，以供程序稍后声明联合的实例。模板的格式如下：

```
union tag {
    union_member(s);
    /* 可在此处添加其他语句*/
};
```

按下面的格式使用模板：

```
union tag instance;
```

要使用上面的格式，必须先声明联合的标签。

示例 1

```
/* 声明一个名为 tag 的联合模板 */
union tag {
   int nbr;
   char character;
}
/* 使用联合模板 */
union tag mixed_variable;
```

示例 2

```
/* 声明一个联合和实例 */
union generic_type_tag {
   char c;
   int i;
   float f;
   double d;
} generic;
```

示例 3

```
/* 初始化一个联合 */
union date_tag {
   char full_date[9];
   struct part_date_tag {
         char month[2];
         char break_value1;
         char day[2];
         char break_value2;
         char year[2];
    } part_date;
}date = {"01/01/97"};
```

程序清单 11.8 演示了较实用的联合用法。虽然比较简单，但是比较常用。

输入▼

程序清单 11.8　union2.c：联合的实用用法

```
1:      // union2.c--联合的典型用法
2:
3:      #include <stdio.h>
4:
5:      #define CHARACTER   'C'
6:      #define INTEGER     'I'
7:      #define FLOAT       'F'
8:
9:      struct generic_tag{
10:         char type;
11:         union shared_tag {
12:             char   c;
13:             int    i;
14:             float  f;
15:         } shared;
16:     };
17:
18:     void print_function(struct generic_tag generic);
19:
20:     int main(void)
21:     {
22:         struct generic_tag var;
```

```
23:
24:         var.type = CHARACTER;
25:         var.shared.c = '$';
26:         print_function(var);
27:
28:         var.type = FLOAT;
29:         var.shared.f = (float) 12345.67890;
30:         print_function(var);
31:
32:         var.type = 'x';
33:         var.shared.i = 111;
34:         print_function(var);
35:         return 0;
36:     }
37:     void print_function(struct generic_tag generic)
38:     {
39:         printf("\n\nThe generic value is...");
40:         switch (generic.type)
41:         {
42:         case CHARACTER: printf("%c", generic.shared.c);
43:             break;
44:         case INTEGER:   printf("%d", generic.shared.i);
45:             break;
46:         case FLOAT:     printf("%f", generic.shared.f);
47:             break;
48:         default:        printf("an unknown type: %c\n",
49:             generic.type);
50:             break;
51:         }
52:     }
```

输出▼

```
The generic value is...$
The generic value is...12345.678711
The generic value is...an unknown type: x
```

分析▼

该程序是使用联合的最简单版本。程序演示了如何在一个存储空间中储存多个数据类型。可以在 generic_tag 类型的结构中把一个字符、一个整数或一个浮点数储存在相同的内存区域。该区域是一个名为 shared 的联合，这与程序清单 11.7 相同。注意，generic_tag 类型的结构中添加了一个 char 类型的成员 type，用于储存 shared 中包含的变量类型信息。type 可以防止误用 shared 结构变量，因此能避免像程序清单 11.7 那样的错误数据。

第 5、6、7 行分别定义了 3 个符号常量：CHARACTER、INTEGER、FLOAT。在程序中使用这些常量能提高代码的可读性。第 9~16 行声明了一个 generic_tag 类型的结构。第 18 行是 print_function()函数的函数原型，该函数没有返回值，因此返回类型是 void。第 22 行声明了结构实例 var，第 24 行和第 25 行分别为 var 的成员储存值。第 26 行调用 print_function()完成打印任务。第 28~30 行和第 32~34 行重复以上步骤分别存储并打印其他类型的值。

print_function()函数是该程序的核心。虽然该函数用于打印 generic_tag 类型结构变量的值，但是也可以编写一个类似的函数给该变量赋值。print_function()函数通过对结构变量中的 type 成员求值，以打印与之匹配的值。这样能避免出现程序清单 11.7 的错误输出。

DO	DON'T
要记住正在使用联合的哪一个成员。如果为联合的某类型成员赋值，然后却使用另一个类型的成员，将产生不可预知的结果。 记住，联合的大小是其中占用内存最多的数据类型大小。	除了联合的第 1 个成员，不要再初始化其他成员。

11.7　用 typedef 创建结构的别名

使用 typedef 关键字可以创建结构或联合类型的别名。例如，下面的代码为指定的结构声明了 coord 别名。

```
typedef struct {
   int x;
   int y;
} coord;
```

稍后，可以使用 coord 标识符声明该结构的实例：

```
coord topleft, bottomright;
```

注意，typedef 与前面介绍的结构标签不同。如果编写下面的声明：

```
struct coord {
   int x;
   int y;
};
```

coord 标识符就是该结构的标签。可以使用该标签声明结构的实例，但是与使用 typedef 不同，要使用结构标签，必须包含 struct 关键字：

```
struct coord topleft, bottomright;
```

使用 typedef 和使用结构标签声明结构稍有不同。使用 typedef，代码更加简洁，因为声明结构实例时不必使用 struct 关键字；而使用结构标签，必须显式使用 struct 关键字表明正在声明一个结构。

11.8　小　结

本课介绍了如何使用一种为满足程序需求设计的数据类型——结构。结构可以包含 C 语言的任意数据类型，包括指针、数据和其他结构。结构中的每个数据项都称为成员，可以通过**结构名.成员名**的方式来访问它们。可以单独使用结构，也可以在数组中使用结构。

联合与结构类似。它们的主要区别是，联合把所有的成员都储存在相同的内存区域。这意味着每次只能使用一个联合成员。

11.9　答　疑

问：在声明结构时不声明实例，有哪些原因？

答：本课介绍了两种声明结构的方式。第 1 种是同时声明结构标签、结构体和实例。第 2 种是声明结构标签和结构体，不声明实例。稍后使用 struct 关键字、结构标签和实例名来声明实例。许多程序员在声明结构标签和结构体时都不声明任何实例，而是稍后再声明结构实例。下一课将介绍变量作用域。作用域是对实例而言，但是对结构标签和结构体不起作用。

问：typedef 和结构标签，哪一个更常用？

答：许多程序员使用 typedef 提高代码的可读性，但是实际上差别不大。市面上有很多包含函数的插件库，这些插件库（尤其是数据库插件）通常都包含大量的 typedef，使其产品与众不同。

问：是否能通过赋值运算符把一个结构赋值给另一个结构？

答：视编译器而定。较新版本的 C 编译器允许结构之间的赋值，但是较老版本的编译器不允许。对于老版本的 C 编译器，必须分别为每个结构成员赋值。联合也是如此。

问：联合的大小如何确定？

答：由于联合中的每个成员都储存在相同的内存位置上，因此联合占用的存储空间是它占用内存最大的成员的数据类型大小。

11.10　课后研习

课后研习包含小测验和练习题。小测验帮助读者理解和巩固本课所学概念，练习题有助于读者将理论知识与实践相结合。

11.10.1　小测验

1. 结构与数组有何区别？
2. 什么是结构成员运算符？它有什么用途？
3. 创建结构要用到 C 语言的哪个关键字？
4. 结构标签和结构实例有何区别？
5. 下面的代码段做了什么？

```
struct address
{
    char name[31];
    char add1[31];
    char add2[31];
    char city[11];
    char state[3];
    char zip[11];
} myaddress = { "Bradley Jones","RTSoftware","P.O. Box 1213","Carmel","IN",
                "46082-1213"};
```

6. 如果创建了一个名为 word 的 typedef，如何使用它来声明一个名为 myword 的变量？
7. 假设声明了一个结构数组和一个指向该数组第 1 个元素的指针 ptr（即，数组的第 1 个结构）。如何让 ptr 指向数组的第 2 个元素？

11.10.2　练习题

1. 编写代码，声明一个包含多个 int 类型成员的结构，类型名为 time。
2. 编写代码执行两个任务：声明一个 data 类型的结构，该结构包含一个 int 类型的成员和两个

float 类型的成员；声明一个 data 类型的结构实例，名为 info。

3. 继续练习题 2，如何将 100 赋值给 info 结构的 int 类型成员？
4. 编写代码，声明并初始化一个指向 info 的指针。
5. 继续练习题 4，用两种方式使用指针表示法，将 5.5 赋值给 info 结构的第 1 个 float 成员。
6. 编写代码，声明一个 data 类型的结构，可储存 20 个字符的字符串。
7. 创建一个名为 RECORD 的 typedef，并用于创建一个结构的实例。该结构包含 5 个字符数组的结构，其数组名分别是：address1、address2、city、state、zip。
8. 使用练习题 7 的 typedef，声明并初始化一个名为 myaddress 的实例。
9. **排错**：下面的代码有那些错误？

```
struct {
    char zodiac_sign[21];
    int month;
} sign = "Leo", 8;
```

10. **排错**：下面的代码有那些错误？

```
/* 创建一个联合 */
union data{
   char a_word[4];
   long a_number;
}generic_variable = { "WOW", 1000 };
```

第 12 课

变量作用域

第 5 课中介绍过，在函数内部声明的变量与在函数外部声明的变量不同。其实这已经介绍了变量作用域的概念，只是你还不知道而已。变量作用域是 C 语言中的重要部分。本课将介绍以下内容：

- 变量作用域的概念及其重要性
- 什么是外部变量，为何要避免使用它们
- 局部变量的细节
- 静态变量和自动变量的区别
- 局部变量和块
- 如何选择存储类别

12.1 什么是作用域

变量的作用域（*scope*）指的是程序中的哪些部分可以访问变量，换句话说，变量在程序中的哪些地方可见。C 语言中提到变量时，可交替使用可访问和可见这两个术语。对于作用域，变量指的是 C 语言的所有数据类型：简单变量、数组、结构、指针等，还包括由 `const` 关键字定义的符号常量。

作用域还会影响变量的生命期（*lifetime*）：变量在内存中存活的时间，或者说何时分配和释放变量占用的存储空间。本课先简单地演示什么是作用域，然后再详细探讨可见性和作用域。

12.1.1 演示作用域

请看程序清单 12.1 的程序。第 5 行定义了一个 x 变量，第 11 行使用 `printf()` 显示 x 的值，然后调用 `print_value()` 再次显示 x 的值。注意，并未将 x 作为参数传递给 `print_value()` 函数，该函数在第 19 行将 x 作为参数传递给 `printf()`。

输入▼

程序清单 12.1　scope.c：在 print_value()函数中访问 x 变量

```
1:       // scope.c--解释变量作用域
2:
3:       #include <stdio.h>
4:
5:       int x = 999;
6:
7:       void print_value(void);
8:
9:       int main(void)
10:      {
11:          printf("%d\n", x);
```

```
12:         print_value();
13:
14:         return 0;
15:     }
16:
17:     void print_value(void)
18:     {
19:         printf("%d\n", x);
20:     }
```

输出▼

```
999
999
```

分析▼

编译并运行该程序没有任何问题。现在，稍微修改一下程序，将 x 变量的定义移至 `main()`函数中。新的源代码如程序清单 12.2 所示，x 变量的定义在第 9 行。

输入▼

程序清单 12.2　scope2.c：在 print_value()函数中不可访问 x 变量

```
1:      // scope2.c--解释变量作用域
2:
3:      #include <stdio.h>
4:
5:      void print_value(void);
6:
7:      int main(void)
8:      {
9:          int x = 999;
10:
11:         printf("%d\n", x);
12:         print_value();
13:
14:         return 0;
15:     }
16:
17:     void print_value(void)
18:     {
19:         printf("%d\n", x);
20:     }
```

分析▼

如果编译程序清单 12.2，编译器会生成一条类似的错误消息：

```
list1202.c(19) : Error: undefined identifier 'x'.（错误：未定义标识符'x'）
```

在错误消息中，用圆括号括起来的编号是出错的行号。第 19 行是在 `print_value()`函数中调用 `printf()`函数。

这条错误消息指出，编译到第 19 行时，`print_value()`函数中的 x 变量未定义，也就是说 x 变量不可见。但是，第 11 行调用 `printf()`函数时，并未生成任何错误消息。这说明在 `main()`中，x 变量是可见的。

程序清单 12.1 和 12.2 唯一的区别是，x 变量的定义位置不同。移动 x 的定义便改变了它的作用域。在程序清单 12.1 中，x 被定义在 `main()`的外面，因此它是外部变量（*external variable*），其作用域是整个程序。main()函数和print_value()函数都可以访问 x 变量。在程序清单 12.2 中，x 被定义在 main()函数里面，因此它是局部变量（*local variable*），其作用域是在 main()函数内。在 print_value()函数看来，x 变量并不存在。因此，编译器会生成一条错误消息。在详细介绍局部变量和外部变量之前，我们先要理解作用域的重要性。

12.1.2　作用域的重要性

要理解变量作用域的重要性，先回顾一下第 5 课讨论的结构化编程。结构化编程把程序分成若干独立的函数，每个函数都执行特殊的任务。这里的关键是函数独立。为了真正让函数独立，每个函数的变量都不能受其他函数代码的影响。只有隔离每个函数数据，才能确保函数在完成自身任务时不会被其他函数破坏。在函数中定义变量，便可“隐藏”这些变量，让程序的其他部分无法访问它们。

然而，并非所有情况都要在函数间完全隔离所有的数据。程序员通过指定变量的作用域能很好地控制数据隔离的程度。

12.2　创建外部变量

定义在所有函数外面的变量称为外部变量（*external variable*），这意味着也定义在 main()函数外。到目前为止，本书程序清单中定义的大部分变量都是外部变量，即位于源代码中 main()函数的前面。外部变量有时也称为全局变量。

> **注意**
>
> 如果在声明外部变量时未显式初始化它，编译器会自动将其初始化为 0。

12.2.1　外部变量作用域

外部变量的作用域是整个程序。这意味着在程序中，外部变量对 main()函数和其他所有函数都可见。例如，程序清单 12.1 中的 x 变量就是一个外部变量。当编译和运行该程序时，x 变量对于 main()函数和 print_value()函数都可见。如果在该程序中添加其他函数，x 变量也对它们可见（即，可以访问 x 变量）。

严格地说，外部变量的作用域是整个程序并不准确。应该说，外部变量的作用域是包含该变量定义的整个源代码文件。如果源代码文件包含了整个程序，则这两种作用域的说法是等价的。大部分中小型 C 程序都被包含在一个文件中，目前本书程序清单中的程序便是如此。

然而，程序的源代码也可能包含在多个独立的文件中。第 22 课将讲解为何要这样做以及如何做，那时你会明白在某些情况下，需要对外部变量做特殊处理。

12.2.2　何时使用外部变量

虽然本书前面的程序示例都使用外部变量，实际上，很少用到外部变量。这是为什么？因为在使用外部变量时，就已经违反了结构化编程的核心——模块化独立原则。模块化独立的思想是，函数中的每个函数或模块都包含为了完成任务所需的所有代码和数据。相对较小的程序（你现在编写的这些程序），这也许不太重要，但是随着学习的深入，在需要编写更大型、更复杂的程序时，过分依赖外部变量会导致一些问题。

那么，何时需要使用外部变量？如果程序中的大部分函数或所有函数都需要访问某些变量，就让这些变量称为外部变量。用 const 关键字定义的符号常量[1]就很适合做外部变量。如果程序中只有部分函数需要访问一个变量，应将该变量作为参数传递给函数，而不是让它成为外部变量。

12.2.3 extern 关键字

当函数使用外部变量时，最好在函数内使用 extern 关键字声明该函数。声明形式如下：

```
extern 类型 变量名;
```

类型是变量的类型，变量名是变量的名称。例如，在程序清单 12.1 中的 main() 函数和 print_value() 函数中添加 x 的声明，如程序清单 12.3 所示。

输入▼

程序清单 12.3 extern.c：在 main() 函数和 print_value() 函数中声明外部变量 x

```
1:      // extern.c--声明外部变量示例
2:
3:      #include <stdio.h>
4:
5:      int x = 999;
6:
7:      void print_value(void);
8:
9:      int main(void)
10:     {
11:         extern int x;
12:
13:         printf("%d\n", x);
14:         print_value();
15:
16:         return 0;
17:     }
18:
19:     void print_value(void)
20:     {
21:         extern int x;
22:         printf("%d\n", x);
23:     }
```

输出▼

```
999
999
```

分析▼

该程序打印 x 的值两次，第 1 次在 main() 函数中（第 13 行），第 2 次在 print_value() 函数中（第 22 行）。第 5 行声明并初始化 int 类型的变量 x 为 999。第 11 行和第 21 行分别声明 x 为 extern int。注意，定义变量和用 extern 关键字声明变量不同。前者为该变量预留存储空间，而后者指明

[1] 译者注：用 const 关键字创建的符号常量实质是变量（叫 const 变量更合适）。

了该函数使用的这个变量是定义在别处的外部变量。其实，本例并不需要使用 extern 来声明，没有第 11 行和第 21 行，程序依然能正常运行。但是，如果 print_value() 函数和 x 的声明（第 5 行）分别位于不同代码模块中，在 print_value() 函数中声明 x 时就必须使用 extern 关键字。

如果移除第 5 行的声明，编译器在编译时会报错，提示变量未定义或定义在别处（具体内容视编译器而定）。

12.3　创建局部变量

在函数内部定义的变量称为*局部变量*（*local variable*），其作用域是它所在的函数。第 5 课在函数中介绍了如何定义局部变量以及局部变量的优点。编译器不会自动初始化局部变量。如果在声明局部变量时未初始化它，则它的值是未定义的或是*垃圾*值。在首次使用局部变量之前，必须显式初始化它或为其赋值。

在 main() 函数中也可以创建局部变量，程序清单 12.2 中的 x 变量就是这种情况。该变量定义在 main() 函数中，如前面的程序分析可知，它只在 main() 中可见。

DO	DON'T
对于循环计数器这样的变量，要使用局部变量。 使用局部变量可以将其与程序中其他部分的变量隔离开来。	在程序中，不要把只供少数函数使用的变量声明为外部变量。

12.3.1　静态变量和自动变量

默认情况下，局部变量都是*自动变量*（*automatic variable*）。这意味着局部变量在每次调用函数时被创建，在函数执行完毕时被销毁。实际上这说明，定义该变量的函数在两次函数调用期间，不会保留自动变量的值。

假设程序中有一个函数使用局部变量 x，而且在第 1 次调用该函数时，x 被赋值为 100。然后该函数将计算结果返回主调函数，稍后再次被调用。此时，x 变量的值是否仍是 100？不是的。x 变量的第 1 个实例在完成第 1 次函数调用时已被销毁。再次调用函数时，会创建一个 x 变量的新实例，原来的 x 变量已被销毁。

如何在两次函数调用期间保留局部变量的值？例如，打印机在打印下一页时，可能需要打印函数把已打印内容的行号发送给它。要在两次调用期间保留局部变量的值，必须用 static 关键字定义该变量，如下所示：

```
void print(int x)
{
   static int lineCount;
   /* 在此处添加代码 */
}
```

程序清单 12.4 演示了自动变量和静态局部变量的区别。

输入▼

程序清单 12.4 static.c：自动变量和静态局部变量的区别

```
1:       // static.c--自动变量和静态局部变量的区别
2:       #include <stdio.h>
3:       void func1(void);
4:       int main(void)
5:       {
6:           int count;
7:
8:           for (count = 0; count < 20; count++)
9:           {
10:              printf("At iteration %d: ", count);
11:              func1();
12:          }
13:
14:          return 0;
15:      }
16:
17:      void func1(void)
18:      {
19:          static int x = 0;
20:          int y = 0;
21:
22:          printf("x = %d, y = %d\n", x++, y++);
23:      }
```

输出▼

```
At iteration 0: x = 0, y = 0
At iteration 1: x = 1, y = 0
At iteration 2: x = 2, y = 0
At iteration 3: x = 3, y = 0
At iteration 4: x = 4, y = 0
At iteration 5: x = 5, y = 0
At iteration 6: x = 6, y = 0
At iteration 7: x = 7, y = 0
At iteration 8: x = 8, y = 0
At iteration 9: x = 9, y = 0
At iteration 10: x = 10, y = 0
At iteration 11: x = 11, y = 0
At iteration 12: x = 12, y = 0
At iteration 13: x = 13, y = 0
At iteration 14: x = 14, y = 0
At iteration 15: x = 15, y = 0
At iteration 16: x = 16, y = 0
At iteration 17: x = 17, y = 0
At iteration 18: x = 18, y = 0
At iteration 19: x = 19, y = 0
```

分析▼

该程序的 `func1()` 函数（第 17~23 行）声明并初始化了一个静态局部变量和一个自动变量。每次调用该函数时，都会在屏幕上显示两个变量的值，并分别将其值递增 `1`（第 22 行）。`main()` 函数（第 4~15 行）包含了一个 `for` 循环（第 8~12 行），先打印一条消息，再调用 `func1()` 函数（第 11 行）。`for` 循环一共迭代 20 次。

查看输出发现，每次迭代后，静态变量 `x` 的值都递增 `1`，因为在每次调用期间都保存了 `x` 的值。而自动变量 `y` 在每次调用时都被初始化为 `0`，因此它的值一直是 `0`。

该程序还表明，静态变量和自动变量显示初始化（即，在声明的同时初始化）的处理方式也不同。

函数中的静态变量在第 1 次调用函数时只初始化一次，程序在后续调用时知道该变量已经被初始化，不会重复初始化它。因此静态变量仍保留函数退出时的值。而自动变量在每次调用函数时都会被初始化为指定的值。

如果改动程序清单 12.4，在声明时不初始化两个局部变量，第 17~23 行的 func1() 函数如下：

```
17: void func1(void)
18: {
19:     static int x;
20:     int y;
21:
22:     printf("x = %d, y = %d\n", x++, y++);
23: }
```

在编译修改后的程序时，会出现不同的情况。也许无法通过编译，编译器会报告一条错误的消息，指明第 22 行使用了未初始化的局部变量；或者运行成功，输出的结果中 y 的值是一个垃圾值。这些情况因操作系统和编译器而异。如果未显示初始化静态变量，编译器会自动将其初始化为 0；但是编译器不会自动初始化自动变量，你必须显示初始化它。在未初始化之前，局部变量中的值是未定义的垃圾值。使用未初始化的局部变量，将出现无法预知的结果。

在默认情况下，局部变量都是自动变量，因此无需在声明中指明。如果你愿意，也可以在类型关键字前面加上 auto 关键字，如下所示：

```
void func1(int y)
{
   auto int count;
   /* 其他代码已省略 */
}
```

12.3.2 函数形参的作用域

在函数头的形参列表中的变量具有局部作用域（*local scope*）。例如下面的函数：

```
void func1(int x)
{
   int y;
   /* 其他代码已省略 */
}
```

x 和 y 都是局部变量，其作用域是整个 func1() 函数。当然，x 的初始值是主调程序传递给函数的值。可以像使用其他局部变量那样使用 x。

因为形参变量的初始值一定是传入的相应实参值，所以不必考虑形参是静态变量还是自动变量。

12.3.3 外部静态变量

使用 static 关键字也可以将外部变量声明为静态外部变量：

```
static float rate;
int main( void )
{
   /* 其他代码已省略 */
}
```

普通外部变量与静态外部变量的区别在于各自的作用域不同。普通外部变量对于它所在的文件中且在它声明之后的所有函数可见，而且其他文件中的函数也可以使用它；而静态外部变量只能用于它所在的文件中且在它声明之后的所有函数，其他文件中的函数不能使用它。

当源代码包含在多个文件中时，这些区别才会显现出来。第 22 课将介绍相关内容。

12.3.4 寄存器变量

register 关键字用于建议编译器将自动变量储存于寄存器，而不是普通内存中。寄存器是什么？使用它有何优势？

计算机中的中央处理器（CPU）包含一些被称为*寄存器*（*register*）的数据存储位置。实际的数据运算（如加法、除法）就是在 CPU 的寄存器中进行的。CPU 必须从内存中将数据把至寄存器才能执行一些操作，然后再将数据返回到内存中。在寄存器和内存间移动数据需要一些时间。如果一开始就把某些变量放在寄存器中，操纵数据的速度会更快。

声明自动变量时使用 register 关键字，可请求编译器把该变量储存在寄存器中。看下面的例子：

```
void func1(void)
{
   register int x;
   /* 其他代码已省略 */
}
```

注意是*请求*，不是*告诉*编译器。根据程序的需求，寄存器可能无法储存该变量。如果寄存器不可用，编译器将视该变量为普通的自动变量。换句话说，register 关键字是建议，而不是命令。register 存储类别的好处是，为函数频繁使用的变量（如循环中使用的计数器变量）提供极大便利。

register 关键字只能用于简单的数值变量，不可用于数组或结构。也不可用于静态或外部存储类别。不能声明一个指向寄存器变量的指针。

编译器经过十几年发展，已经可以最大限度地优化程序代码，似乎没有必要再使用 register 关键字。本人并不推荐使用 register 关键字，但是为了看懂以前编写的旧式代码，有必要理解这些。

DO	DON'T
要初始化局部变量，否则不知道其中包含的值是什么。 即使默认情况下编译器会把外部变量自动初始化为 0，仍应该显式初始化它。显式初始化变量可以避免忘记初始化局部变量。	如果某些变量只供少数函数使用，不要把这些变量都声明为外部变量。更好的做法是将其作为参数传递给函数。 不要把非数值变量、结构、数组声明为寄存器变量。

12.4 局部变量和 main()函数

根据前面介绍的内容，main() 函数和其他所有的函数都可以使用局部变量。严格地说，main() 函数与其他的函数一样，操作系统运行程序时首先调用的是 main() 函数，程序结束时控制将从 main() 函数返回操作系统。

这意味着定义在 main() 函数中的局部变量，在程序开始执行时被创建，其生命期是从被创建开始至程序的结束。但是，静态局部变量的概念是在两次调用 main() 函数期间其值保持不变，这说不通。因为变量在程序结束时就不存在了，不可能在执行两次程序期间都存在。因此，在 main() 函数中，自动变量与静态局部变量相同。虽然可以在 main() 函数中将局部变量定义成静态变量，但实际没什么效果。

DO	DON'T
请记住，在大多数方面，main() 函数都与其他函数类似。	不要在 main() 函数中声明静态变量，这样起不到什么作用。

12.5　如何使用存储类别

在选择特定变量应使用哪种存储类别时，可参考表 12.1，其中总结了 C 语言可用的 5 种存储类别。

表 12.1　C 语言的 5 种存储类别

存储类别	关键字	生命期	在何处定义	作用域
自动	auto[1]	临时	函数内	局部
静态	static	临时	函数内	局部
寄存器	register	临时	函数内	局部
外部	extern[2]	常驻	函数外	全局（所有文件）
静态外部外部	static	常驻	函数外	文件（当前文件）

[1] auto 关键字可选。

[2] 在函数中要使用 extern 关键字来声明定义在别处的静态外部变量。

应尽量使用自动存储类别，只在必要时才使用其他类别。下面是一些指导原则：

- 对于每个变量，首先考虑自动局部存储类别；
- 在除 main() 以外的其他函数中，如果要在多次调用函数期间保留变量的值，使用静态变量；
- 如果程序绝大多数函数或所有的函数都使用某些变量，应将其定义为外部存储类别。

12.6　局部变量和块

到目前为止，本课只讨论了函数中的局部变量。这是使用局部变量的基本方式，除此之外，还可以在程序的任意块（用花括号括起来的部分）中定义变量。在块中声明变量时，必须将声明放在块的开始位置。如程序清单 12.5 所示。

输入▼

程序清单 12.5　block.c：在程序的块中定义局部变量

```
1:      // block.c--在块中定义局部变量的示例
2:
3:      #include <stdio.h>
4:
5:      int main(void)
6:      {
7:          /* 在 main() 中定义一个局部变量 */
8:
```

```
 9:         int count = 0;
10:
11:         printf("\nOutside the block, count = %d", count);
12:
13:         /* 块开始 */
14:         {
15:             /* 在块中定义一个局部变量 */
16:
17:             int count = 999;
18:             printf("\nWithin the block, count = %d", count);
19:         }
20:
21:         printf("\nOutside the block again, count = %d\n", count);
22:         return 0;
23:     }
```

输出▼

```
Outside the block, count = 0
Within the block, count = 999
Outside the block again, count = 0
```

分析▼

在该程序中，在块内部定义的 count 与在块外部定义的 count 无关。第 9 行定义并初始化 int 类型的变量 count 为 0。由于该变量声明在 main()的开始位置，因此整个 main()函数都可以访问它。第 11 行，打印了 count 变量的值（0）。main()函数中包含一个块（第 14~19 行），在这个块中定义了另一个 int 类型的 count 变量。第 17 行将该变量初始化为 999，第 18 行打印块中的 count 变量的值（999）。由于块结束于第 19 行，因此第 21 行打印的是原来 main()函数中第 9 行定义的 count 变量。

在 C 语言编程中，这样使用局部变量并不常见，你也很少会用到。但是，程序员在隔离程序中的问题时，通常会这样做。用花括号将某部分的代码临时隔离，并创建局部变量来帮助查找问题所在。这样使用局部变量还有一个好处：声明和初始化变量的代码与使用该变量的代码很近，有助于理解程序。

DO	DON'T
可暂时在块的开始位置创建变量，有助于查出问题所在。	

12.7 小　结

本课涵盖了 C 语言变量存储类别的作用域和生命期的概念。C 语言中的所有变量，无论是简单变量、数组还是结构，都有一个指定的存储类别，用于决定变量的作用域（在程序中何处可见）和生命期（变量在内存中的存活时间）。

对于结构化编程，正确使用存储类别非常重要。在函数中使用局部变量，提高了函数间的独立性。尽量使用自动存储类别的变量，除非有特殊原因需要使用外部或静态变量。

12.8 答 疑

问：既然外部变量在程序中的任何地方都可用，为何不将所有的变量都声明为外部变量？

答：随着程序越来越大，包含的变量也越来越多。外部变量在程序运行期间会一直占用内存，而自动变量只在执行它所在的函数时才占用内存。因此，使用局部变量节约内存空间。然而，更重要地是，使用局部变量能减少程序不同部分不必要的交互，从而减少了程序的 bug，同时也遵循了结构化编程的原则。

问：第 11 课中提到，作用域影响结构实例，但不会影响结构标签。这是为什么？

答：当声明不带实例的结构时，创建的是一个模板，即只定义了一个结构类型，此时并未声明任何变量。直到声明了结构的实例，该实例（即结构变量）才会占用内存和具有作用域。因此，可以在函数外部声明结构标签，不会占用任何内存。许多程序员通常都将结构标签声明在头文件中，然后在需要创建结构实例的文件中包含相关的头文件即可。第 22 课将介绍头文件的相关内容。

问：计算机如何区分同名的外部变量和局部变量？

答：这个问题超出了本书讨论的范围。你需要知道的是，如果声明了与外部变量同名的局部变量，在局部变量的作用域内时（定义局部变量的函数内），程序会暂时忽略外部变量，直至离开局部变量的作用域。

问：是否可以声明类型不同的同名外部变量和局部变量？

答：可以。声明与外部变量同名的局部变量时，这两个变量是完全不同的变量。这意味着可以使用任意类型。尽管如此，在声明同名的外部变量和局部变量时也应该谨慎。一些程序员在外部变量名前加前缀 `g`（如 `gCount` 而不是 `Count`），以区分源代码中的外部变量和局部变量。

12.9 课后研习

课后研习包含小测验和练习题。小测验帮助读者理解和巩固本课所学概念，练习题有助于读者将理论知识与实践相结合。

12.9.1 小测验

1. 作用域指的是什么？
2. 局部存储类别和外部存储类别最重要的区别是？
3. 定义变量的位置如何会影响它的存储类别？
4. 定义局部变量时，影响变量生命期的两项是？
5. 定义自动变量和静态局部变量时可以初始化它们，什么时候进行初始化？
6. 判断题：寄存器变量总是被保存在寄存器中。
7. 未初始化的外部变量的值是什么？
8. 未初始化的局部变量的值是什么？
9. 如果删除程序清单 12.5 的第 9 行和第 11 行，是否能通过编译？如果可以编译成功，第 21 行会打印什么？请先思考，再通过编译查看结果。

10. 如果在多次调用函数期间需要保留该函数中的 int 类型局部变量的值，应如何声明该变量？
11. extern 关键字有何用途？
12. static 关键字有何用途？

12.9.2 练习题

1. 编写代码，声明一个储存在 CPU 寄存器的变量。
2. 修改程序清单 12.2，更正其中的错误，不能使用外部变量。
3. 编写一个程序，声明一个名为 var 的 int 类型外部变量，并初始化它。该程序要在函数（不是 main() 函数）中打印 var 的值。是否需要将 var 作为参数传递给该函数？
4. 修改练习题 3 中的程序。在 main() 将 var 声明为局部变量，而不是外部变量。该程序仍然要在一个独立的函数中打印 var。是否需要将 var 作为参数传递给该函数？
5. 程序中是否能包含同名的外部变量和局部变量？编写一个程序来证明，该程序中包含一个外部变量和一个同名的局部变量。
6. **排错**：下面的代码中有哪些错误？

```
/* 计算 0~100 之间有多少个偶数 */
#include <stdio.h>
int main( void )
{
     int x = 1;
     static int tally = 0;
     for (x = 0; x < 101; x++)
     {
        if (x % 2 == 0) /*如果 x 是偶数...*/
           tally++; /* tally 加 1 */
     }
     printf("There are %d even numbers.\n", tally);
     return 0;
}
```

7. **排错**：下面的代码中有哪些错误？

```
#include <stdio.h>
void print_function( char star );
int ctr;
int main( void )
{
     char star;
     print_function( star );
     return 0;
}
void print_function( char star )
{
     char dash;
     for ( ctr = 0; ctr < 25; ctr++ )
     {
        printf( "%c%c", star, dash );
     }
}
```

8. 下面的程序会打印什么内容？不要运行程序，尝试通过阅读代码来回答。

```
#include <stdio.h>
void print_letter2(void); /* 函数原型 */
int ctr;
char letter1 = 'X';
```

```
char letter2 = '=';
int main( void )
{
     for ( ctr = 0; ctr < 10; ctr++ )
     {
        printf( "%c", letter1 );
        print_letter2();
     }
     return 0;
}
void print_letter2(void)
{
     for ( ctr = 0; ctr < 2; ctr++ )
        printf( "%c", letter2 );
}
```

9. **排错**：上面的程序是否能运行？如果不能运行，有什么问题？重写以修复这些问题。

第 13 课

高级程序控制

第 6 课中介绍过多种 C 语言的控制语句，用于控制程序执行其他语句的顺序。本课将介绍高级的程序控制，包括 goto 语句和一些循环中可以使用语句，本课将介绍以下内容：

- 如何使用 break 和 continue 语句
- 什么是无限循环，为什么要使用无限循环
- 什么是 goto 语句，为什么要避免使用
- 如何使用 switch 语句
- 如何控制程序的退出
- 如何在程序完成之前自动执行函数
- 如何在程序中执行系统命令

13.1 提前结束循环

在第 6 课中介绍了 for 循环、while 循环和 do…while 循环都可以控制程序的执行。这些循环根据程序中的条件，执行 C 语句块一次、多次或一次也不执行。这三种循环在满足特定条件时才会结束或退出。

然而，有时可能需要进一步控制循环。break 和 continue 语句便提供了这样的控制。

13.1.1 break 语句

break 语句只能放在 for 循环、while 循环或 do…while 循环中（也可放在 switch 语句中，本课暂不介绍，将在后面的课程中介绍）。程序执行到 break 语句时，会立即退出循环。下面是示例：

```
for ( count = 0; count < 10; count++ )
{
   if ( count == 5 )
   break;
}
```

如果没有 break 语句，该 for 循环将执行 10 次。然而，在第 6 次迭代时，count 等于 5，执行 if 语句中的 break 语句，导致 for 循环终止。然后，接着执行 for 循环右花括号后面的语句。如果执行到嵌套循环最内层的 break 语句时，会导致程序退出最内层的循环。

程序清单 13.1 演示了 break 的用法。

输入▼

程序清单 13.1　breaking.c：使用 break 语句

```
1:      // breaking.c--break 语句示例。
2:
3:      #include <stdio.h>
4:
5:      char s[] = "This is a test string. It contains two sentences.";
6:
7:      int main( void )
8:      {
9:          int count;
10:
11:         printf("\nOriginal string: %s", s);
12:
13:         for (count = 0; s[count]!='\0'; count++)
14:         {
15:             if (s[count] == '.')
16:             {
17:                 s[count + 1] = '\0';
18:                 break;
19:             }
20:         }
21:         printf("\nModified string: %s\n", s);
22:
23:         return 0;
24:     }
```

输出▼

```
Original string: This is a test string. It contains two sentences.
Modified string: This is a test string.
```

分析▼

该程序从字符串中去掉第 2 个句子，留下第 1 个句子。程序通过 for 循环（第 13~20 行）逐个字符查找字符串中的句点（.），该句点表示第 1 个句子结束。for 循环从第 13 行开始，通过递增 count 来遍历字符数组 s 中的字符。第 15 行检查当前字符是否是句点，如果是，则立即在句点后插入空字符（第 17 行）。实际上，这是截断字符串。在截断字符串后，就不需要再继续循环，因此 break 语句（第 18 行）立即终止该循环，程序接着执行循环后面的第 1 行代码（第 21 行）。如果没有找到句点，则不会改变字符串。

循环可以包含多个 break 语句，但是只有首次被执行的语句有效（如果有的话）。如果不执行任何 break 语句，循环将（根据测试条件）正常结束。图 13.1 解释了 break 语句的工作原理。

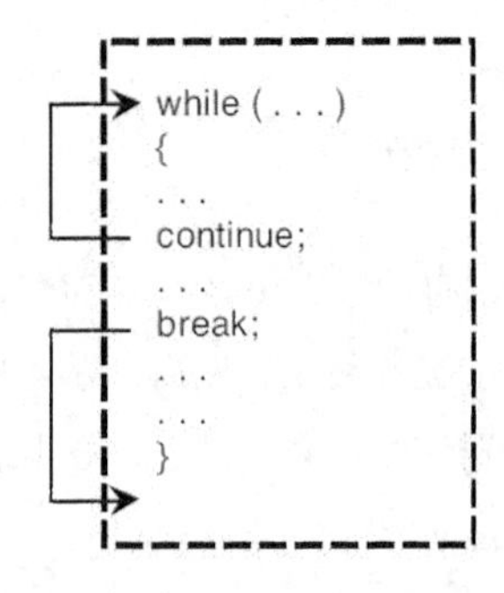

图 13.1　break 语句和 continue 语句的工作原理

语　法

break 语句

```
break;
```

break 用于循环或 switch 语句的内部，将导致程序控制立即退出当前循环（for、while 或 do...while）。这样，将不会再进行下一次循环，会接着执行循环或 switch 语句后面的第 1 条语句。

示例

```
int x;
printf ( "Counting from 1 to 10\n" );
/* for 循环中没有条件，将导致无限循环 */
for( x = 1; ; x++ )
{
   if( x == 10 )  /* 检查 x 的值是否为 10 */
      break;      /* 结束循环 */
   printf( "\n%d", x );
}
```

13.1.2　continue 语句

与 break 语句类似，continue 语句也只能位于 for 循环、while 循环或 do...while 循环中。执行 continue 语句时，将立即执行当前循环的下一次迭代，不执行 continue 和循环末尾之间的语句。continue 语句的工作原理见图 13.1，注意它与 break 语句的区别。

程序清单 13.2 使用了 continue 语句。该程序接受用户从键盘输入的一行文本数据，然后删除其中所有的小写元音字符，并显示剩下的内容。

输入▼

程序清单 13.2　contin.c：使用 continue 语句

```
1:     // contin.c--continue 语句示例。
2:
3:     #include <stdio.h>
4:
5:     int main( void )
6:     {
7:        // 声明一个字符数组（储存用户输入的字符串）和一个计数器变量。
8:
9:        char buffer[81];
10:       int ctr;
11:
12:       // 输入一行文本。
13:
14:       puts("Enter a line of text:");
15:       gets(buffer);
16:
17:       // 遍历字符串，
18:       // 只显示那些不是小写元音字母的字符。
19:
20:       for (ctr = 0; buffer[ctr] !='\0'; ctr++)
21:       {
22:
23:           // 如果字符是小写元音字母，继续下一次迭代，
```

```
24:            // 不显示该字符。
25:
26:            if (buffer[ctr] == 'a' || buffer[ctr] == 'e'
27:               || buffer[ctr] == 'i' || buffer[ctr] == 'o'
28:               || buffer[ctr] == 'u')
29:              continue;
30:
31:            // 如果不是小写元音字符，将其打印出来。
32:
33:            putchar(buffer[ctr]);
34:          }
35:          return 0;
36:      }
```

输出▼

```
Enter a line of text:
This is a line of text
Ths s ln f txt
```

分析▼

虽然这个程序不是很实用，但是可用于演示 continue 语句的用法。第 9 行和第 10 行声明了该程序中需要使用的变量。buffer[]储存用户输入的字符串（第 15 行），另一个变量 ctr 作为计数器变量，用于在第 20~34 行的 for 循环中遍历 buffer[]数组。该循环中的 if 语句（第 26~28 行）检查当前字符是否为小写元音字母。如果是，执行 continue 语句，控制将转回第 20 行（for 语句）；如果不是，控制转至第 33 行。第 33 行使用了一个新的库函数 putchar()，该函数用于在屏幕上显示一个字符。

语　法

continue 语句

```
continue;
```

continue 用于循环或 switch 语句的内部，将导致程序控制跳过当前迭代并开始下一次迭代。

示例

```
int x;
printf("Printing only the even numbers from 1 to 10\n");
for( x = 1; x <= 10; x++ )
{
   if( x % 2 != 0 )  /* 检查当前数字是否是奇数 */
      continue;      /* 继续读取下一个数字 */
   printf( "\n%d", x );
}
```

13.2　goto 语句

goto 语句是 C 语言的无条件跳转（分支）语句。程序执行至 goto 语句时，将立即跳转至 goto 语句指定的位置继续执行。与 if 语句不同，该语句是无条件的，因为无论情况如何，程序执行到 goto 语句都会进行跳转。

goto 语句的跳转目标通过行首的一个文本标签和冒号来识别。目标标签可独占一行，或者作为 C 语句的开始。程序中的每个目标都必须是唯一的。

goto 语句及其目标都必须在同一个函数中，但是可分别位于不同的块中。程序清单 13.3 简单演示了 goto 语句的用法。

输入▼

程序清单 13.3 gotoIt.c：使用 goto 语句

```
1:      // gotoIt.c--goto 语句的示例
2:
3:       #include <stdio.h>
4:
5:       int main( void )
6:       {
7:          int n;
8:
9:       start:
10:
11:         puts("Enter a number between 0 and 10: ");
12:         scanf("%d", &n);
13:
14:         if (n < 0 ||n > 10 )
15:            goto start;
16:         else if (n == 0)
17:            goto location0;
18:         else if (n == 1)
19:            goto location1;
20:         else
21:            goto location2;
22:
23:      location0:
24:         puts("You entered 0.\n");
25:         goto end;
26:
27:      location1:
28:         puts("You entered 1.\n");
29:         goto end;
30:
31:      location2:
32:         puts("You entered something between 2 and 10.\n");
33:
34:      end:
35:         return 0;
36:      }
```

输出 1▼

```
Enter a number between 0 and 10:
1
You entered 1.
```

输出 2▼

```
Enter a number between 0 and 10:
9
You entered something between 2 and 10.
```

分析▼

这个简单的程序要求用户输入 0~10 之间的数字。如果数字不在 0~10 之间，程序使用一条 goto

语句（第 15 行）跳转至 start（第 9 行）。否则，程序会在第 16 行检查数字是否为 0，如果是，则执行 goto 语句（第 17 行）跳转至 location0（第 23 行），打印一条消息（第 24 行）并执行另一条 goto 语句（第 25 行）。这条 goto 语句将跳转至程序末尾的 end。该程序对 1~10 之间的数字都采用相同的逻辑。

goto 语句的目标可位于代码的前面或后面。如前所述，唯一的限制是，goto 语句及其目标都必须在相同的函数中，但是可以位于不同的块中。虽然使用 goto 语句可在循环内外来回跳转，但是强烈建议读者不要在程序中使用 goto 语句，原因如下。

- 根本不需要 goto 语句。没有任何编程任务要求使用 goto 语句。完全可以使用 C 语言的其他分支语句来代替 goto 语句。
- goto 语句很危险。goto 语句看上去可以解决某些编程问题，但是它很容易被滥用。使用 goto 语句来跳转时，程序不会记录之前的位置，因此程序的执行杂乱无章。这种编程方式被称为面条式代码（*spaghetti code*）。

一些细心的程序员能用 goto 语句写出相当不错的程序。也许使用 goto 语句是解决某些编程问题最简单的方式，但是，这并不是解决问题的唯一方案。如果你执意要使用 goto 语句，务必小心谨慎！

DO	DON'T
尽量避免使用 goto 语句。	不要混淆 break 和 continue。break 结束循环，而 continue 开始当前循环的下一轮迭代。

语　法

goto 语句

```
goto 位置
```

位置是一条标签语句（*label statement*），用于识别 goto 语句跳转的位置。标签语句由标识符、冒号和一条 C 语句（可选）组成：

```
location:  一条 C 语句
```

可以让标签独占一行。有些程序员喜欢在后面加上一条空语句（一个分号），尽管不必这样做：

```
location: ;
```

13.3　无限循环

什么是无限循环？为何要在程序中使用无限循环？无限循环指的是，如果让其循环运行不加干扰，它将永远运行下去。for 循环、while 循环或 do...while 循环都可以成为无限循环。例如，如果这样写，就创建了一个无限循环：

```
while (1)
{
  /* 其他代码已省略 */
}
```

while 的测试条件是常量 1，恒为真，而且程序无法改变它。因为 1 自身并不会改变，因此循环不会终止。

上一节介绍过，break 语句可用于退出循环。如果没有 break 语句，无限循环便毫无用处。使用 break 语句就能充分利用无限循环。

可以创建下面这样的无限 for 循环：

```
for (;;)
{
   /* 其他代码已省略 */
}
```

或者 do...while 循环：

```
do
{
   /* 其他代码已省略 */
} while (1);
```

这 3 种循环的原理相同，下面的示例将使用 while 循环。

当需要测试许多条件来判断循环是否应该终止时，可以使用无限循环。要在 while 语句后面的圆括号中包含所有的测试条件，也许很困难。但是，在循环体中单独地测试条件，然后执行 break 语句退出循环要容易得多。一般而言，如果有其他办法，应尽量避免使用无限循环。

无限循环还可用于创建菜单系统，引导程序根据所选项执行相应的操作。第 5 课中介绍过一个程序，其中的 main() 函数充当了“交通警察”的角色，引导程序执行各种不同的函数，而程序的实际工作由这些函数来完成。这通常要包含多项选择的菜单：用户查看选项列表，输入选中的选项。其中有一个选项便是结束该程序。当用户选择此项时，程序便通过一条语句来执行相应的操作。

程序清单 13.4 演示了一个菜单系统。

输入▼

程序清单 13.4　menu.c：使用无限循环实现菜单系统

```
1:      /* menu.c--使用无限循环实现一个菜单系统 */
2:
3:      #include <stdio.h>
4:      #define DELAY  150000000        /* 用于 delay()函数中的循环 */
5:
6:      int menu(void);
7:      void delay(void);
8:
9:      int main( void )
10:     {
11:         int choice;
12:
13:         while (1)
14:         {
15:
16:             /* 获取用户选择的选项 */
```

```
17:
18:             choice = menu();
19:
20:             /* 根据输入执行不同的分支 */
21:
22:             if (choice == 1)
23:             {
24:                 puts("\nExecuting task A.");
25:                 delay();
26:             }
27:             else if (choice == 2)
28:             {
29:                 puts("\nExecuting task B.");
30:                 delay();
31:             }
32:             else if (choice == 3)
33:             {
34:                 puts("\nExecuting task C.");
35:                 delay();
36:             }
37:             else if (choice == 4)
38:             {
39:                 puts("\nExecuting task D.");
40:                 delay();
41:             }
42:             else if (choice == 5)       /* 退出程序 */
43:             {
44:                 puts("\nExiting program now...\n");
45:                 delay();
46:                 break;
47:             }
48:             else
49:             {
50:                 puts("\nInvalid choice, try again.");
51:                 delay();
52:             }
53:         }
54:         return 0;
55:     }
56:
57:     /* 显示一个菜单并获取用户输入的选项 */
58:     int menu(void)
59:     {
60:         int reply;
61:
62:         puts("\nEnter 1 for task A.");
63:         puts("Enter 2 for task B.");
64:         puts("Enter 3 for task C.");
65:         puts("Enter 4 for task D.");
66:         puts("Enter 5 to exit program.");
67:
68:         scanf("%d", &reply);
69:
70:         return reply;
71:     }
72:
73:     void delay( void )
74:     {
75:         long x;
76:         for ( x = 0; x < DELAY; x++ )
77:             ;
78:     }
```

输出▼

```
Enter 1 for task A.
Enter 2 for task B.
Enter 3 for task C.
Enter 4 for task D.
Enter 5 to exit program.
1
Executing task A.
Enter 1 for task A.
Enter 2 for task B.
Enter 3 for task C.
Enter 4 for task D.
Enter 5 to exit program.
6
Invalid choice, try again.
Enter 1 for task A.
Enter 2 for task B.
Enter 3 for task C.
Enter 4 for task D.
Enter 5 to exit program.
5
Exiting program now...
```

分析▼

> **警告**
>
> 程序清单 13.4 并未包含任何错误检查。如果输入一个非数字的值，会出现不可预知的结果。

在程序清单 13.4 中，第 18 行调用的 `menu()` 函数，其定义在第 58~71 行。该函数在屏幕上显示一个菜单，接受用户的输入并将其返回主程序。在 `main()` 函数中，用一系列嵌套的 `if` 语句测试返回值，并执行相应的操作。该程序只需要完成一个任务：在屏幕上显示一条消息，然而在实际的程序中，会调用各种函数执行用户选择的任务。

该程序还用了另一个函数——`delay()`，该函数定义在第 73~78 行，它所要完成的任务并不多。简单地说，第 76 行的 `for` 语句开始循环，但是什么也没做（第 77 行）。该语句唯一的用途是**延长**时间。这样能让程序暂停一下。调整 `DELAY` 的值可以设定暂停时间的长短。

> **警告**
>
> 还有比程序清单 13.4 更好的方法来暂停程序。如果你选择使用编译器特定的函数（如 `usleep()`、`sleep()` 或 `delay()`），一定要谨慎。这些函数都不是 ANSI 兼容的，这意味着其他编译器或平台可能无法运行该程序。

13.4 switch 语句

在 C 语言中，最灵活的程序控制语句是 `switch` 语句，让你在程序中根据不同的值来执行不同的语句。早期的控制语句（如 `if` 语句）只能对表达式求值得出两个值：真或假。为了根据多个值控制程序流，必须嵌套多个 `if` 语句，如程序清单 13.4 所示。然而，`switch` 语句则不必这样做。

switch 语句的一般形式如下所示：

```
switch (expression)
{
    case template_1: 语句
    case template_2: 语句
    ...
    case template_n: 语句
    default: 语句
}
```

在该语句中，*expression* 是任何求值结果为整数（long、int、char 类型）的表达式。switch 语句对 *expression* 求值，并与每个 case 标签后面的 *template* 作比较，会出现下面的情况之一：

- 如果找到与 *expression* 匹配的 *template*，程序将跳转执行 case 标签后面的语句；
- 如果没有匹配的 *template*，程序将跳转执行 default 标签（可选）后面的语句；
- 如果没有匹配的 *template*，也没有 defualt 标签，程序将跳转执行 switch 语句右括号后面的第 1 条语句；

程序清单 13.5 演示了如何使用 switch 语句，该程序根据用户输入的数字显示一条消息。

输入▼

程序清单 13.5　switch1.c：使用 switch 语句

```
1:      /* switch1.c-- switch 语句示例 */
2:
3:      #include <stdio.h>
4:
5:      int main( void )
6:      {
7:          int reply;
8:
9:          puts("Enter a number between 1 and 5:");
10:         scanf("%d", &reply);
11:
12:         switch (reply)
13:         {
14:         case 1:
15:             puts("You entered 1.");
16:         case 2:
17:             puts("You entered 2.");
18:         case 3:
19:             puts("You entered 3.");
20:         case 4:
21:             puts("You entered 4.");
22:         case 5:
23:             puts("You entered 5.");
24:         default:
25:             puts("Out of range, try again.");
26:         }
27:
28:         return 0;
29:     }
```

输出▼

```
Enter a number between 1 and 5:
2
You entered 2.
```

```
You entered 3.
You entered 4.
You entered 5.
Out of range, try again.
```

分析▼

好像有些不对劲？看上去虽然 `switch` 语句找到了第 1 个匹配的 `template`，然后却执行了后面的所有语句（并非只执行匹配的语句）。情况确实如此，`switch` 语句确实是这样工作的。实际上，`switch` 语句执行了 `goto` 语句来匹配 `template`。为确保只执行与匹配 `template` 相关的语句，还需要包含 `break` 语句。程序清单 13.6 重写了这个程序，其中包含了 `break` 语句。

输入▼

程序清单 13.6　switch2.c：正确使用 `switch`，在必要的地方加上 `break` 语句

```
1:      /* switch2.c--正确地使用 switch 语句 */
2:
3:      #include <stdio.h>
4:
5:      int main( void )
6:      {
7:          int reply;
8:
9:          puts("\nEnter a number between 1 and 5:");
10:         scanf("%d", &reply);
11:
12:         switch (reply)
13:         {
14:         case 0:
15:             break;
16:         case 1:
17:         {
18:             puts("You entered 1.\n");
19:             break;
20:         }
21:         case 2:
22:         {
23:             puts("You entered 2.\n");
24:             break;
25:         }
26:         case 3:
27:         {
28:             puts("You entered 3.\n");
29:             break;
30:         }
31:         case 4:
32:         {
33:             puts("You entered 4.\n");
34:             break;
35:         }
36:         case 5:
37:         {
38:             puts("You entered 5.\n");
39:             break;
40:         }
41:         default:
42:         {
43:             puts("Out of range, try again.\n");
44:         }
45:         }               /* switch 结束 */
```

```
46:          return 0;
47:      }
```

输出 1▼

```
Enter a number between 1 and 5:
1
You entered 1.
```

输出 2▼

```
Enter a number between 1 and 5:
6
Out of range, try again.
```

编译并运行这个版本的菜单程序，运行正常。

switch 语句通常用于实现程序清单 13.4 的菜单。下面的程序清单 13.7 用 switch 代替 if 来实现菜单，使用 switch 比嵌套的 if 语句简洁。

输入▼

程序清单 13.7　menu2.c：使用 switch 语句执行一个菜单系统

```
1:      /* menu2.c--使用无限循环和 switch 语句实现一个菜单系统 */
2:
3:      #include <stdio.h>
4:      #include <stdlib.h>
5:
6:      #define DELAY 150000000
7:
8:      int menu(void);
9:      void delay(void);
10:
11:     int main( void )
12:     {
13:         int command = 0;
14:         command = menu();
15:
16:         while (command != 5 )
17:         {
18:             /* 根据用户的输入获取用户选择的选项 */
19:
20:             switch(command)
21:             {
22:             case 1:
23:             {
24:                 puts("\nExecuting task A.");
25:                 delay();
26:                 break;
27:             }
28:             case 2:
29:             {
30:                 puts("\nExecuting task B.");
31:                 delay();
32:                 break;
33:             }
34:             case 3:
35:             {
36:                 puts("\nExecuting task C.");
37:                 delay();
38:                 break;
39:             }
40:             case 4:
```

```
41:              {
42:                  puts("\nExecuting task D.");
43:                  delay();
44:                  break;
45:              }
46:              case 5:     /* 退出程序 */
47:              {
48:                  puts("\nExiting program now...\n");
49:                  break;
50:              }
51:              default:
52:              {
53:                  puts("\nInvalid choice, try again.");
54:              }
55:              }  /* switch 结束 */
56:              command = menu();
57:          }      /* while 结束  */
58:          return 0;
59:      }
60:
61:      /* 显示一个菜单并读取用户输入的选项 */
62:      int menu(void)
63:      {
64:          int reply;
65:
66:          puts("\nEnter 1 for task A.");
67:          puts("Enter 2 for task B.");
68:          puts("Enter 3 for task C.");
69:          puts("Enter 4 for task D.");
70:          puts("Enter 5 to exit program.");
71:
72:          scanf("%d", &reply);
73:
74:          return reply;
75:      }
76:
77:      void delay( void )
78:      {
79:          long x;
80:          for( x = 0; x < DELAY; x++ )
81:              ;
82:      }
```

输出▼

```
Enter 1 for task A.
Enter 2 for task B.
Enter 3 for task C.
Enter 4 for task D.
Enter 5 to exit program.
1
Executing task A.
Enter 1 for task A.
Enter 2 for task B.
Enter 3 for task C.
Enter 4 for task D.
Enter 5 to exit program.
6
Invalid choice, try again.
Enter 1 for task A.
Enter 2 for task B.
Enter 3 for task C.
Enter 4 for task D.
Enter 5 to exit program.
```

```
5
Exiting program now...
```

分析▼

该程序使用的 switch 语句，带多个 case 分别对应屏幕上菜单中的选项。第 14 行第 1 次调用 menu 函数，将 command 变量设置为该函数的返回值。如果其值是 5 以外的任何数字，都将执行 while 循环。该循环主要由一个 switch 语句组成，后者根据用户输入菜单选项执行不同的代码。执行相应的代码后，程序会再次显示菜单，并获取用户输入新选项（第 56 行）。

有时，让程序依次执行 switch 语句中的所有 case 很有用。例如，假设你要测试程序在读取某些值时执行某些语句块，只需去掉 break 语句并将所有的 case 都放在该语句块前面即可。只要有与测试表达式匹配的 case 条件，程序将依次执行后面所有的 case 语句，直至到达最后待测试的语句。程序清单 13.8 便演示了这种用法。

输入▼

程序清单 13.8　fallthru.c：另一种方式使用 switch 语句

```
1:      /* switch 语句的另一种用法 */
2:
3:      #include <stdio.h>
4:      #include <stdlib.h>
5:
6:      int main( void )
7:      {
8:          int reply;
9:
10:         while (1)
11:         {
12:             puts("\nEnter a value between 1 and 10, 0 to exit: ");
13:             scanf("%d", &reply);
14:
15:             switch (reply)
16:             {
17:             case 0:
18:                 exit(0);
19:             case 1:
20:             case 2:
21:             case 3:
22:             case 4:
23:             case 5:
24:             {
25:                 puts("You entered 5 or below.\n");
26:                 break;
27:             }
28:             case 6:
29:             case 7:
30:             case 8:
31:             case 9:
32:             case 10:
33:             {
34:                 puts("You entered 6 or higher.\n");
35:                 break;
36:             }
37:             default:
38:                 puts("Between 1 and 10, please!\n");
39:             } /* switch 结束 */
40:         } /* while 结束 */
```

```
41:          return 0;
42:      }
```

输出▼

```
Enter a value between 1 and 10, 0 to exit:
11
Between 1 and 10, please!
Enter a value between 1 and 10, 0 to exit:
1
You entered 5 or less.
Enter a value between 1 and 10, 0 to exit:
6
You entered 6 or more.
Enter a value between 1 and 10, 0 to exit:
0
```

分析▼

该程序接受用户从键盘输入的数字，然后告知用户该值是否小于或等于 5、大于或等于 6、小于 1 或大于 10。如果该值是 0，将调用 exit() 函数结束该程序。

如果在前面的程序清单 13.4 中使用 break 会破坏嵌套 if 的逻辑结构，但是在 switch 语句中使用 break 则不会。break 不会破坏 while 无限循环。exit() 函数用于结束程序，将在下一节中详述。

语 法

switch 语句

```
switch (表达式)
{
   case template_1: 语句
   case template_2: 语句
   ...
   case template_n: 语句
   default: 语句
}
```

switch 语句包含多个分支。它比多个嵌套的 if 语句高效、方便。对 switch 语句的表达式求值，然后根据其值跳转执行与之匹配的分支 case 子句。如果没有与表达式求值结果匹配的 case 子句，将跳转至 default 子句。如果没有 default 子句，便跳转执行 switch 语句右花括号后面的语句。

示例 1

```
switch( letter )
{
   case 'A':
   case 'a':
       printf( "You entered A" );
       break;
   case 'B':
   case 'b':
       printf( "You entered B");
       break;
   ...
```

```
    ...
    default:
        printf( "I don't have a case for %c", letter );
}
```

示例 2

```
switch( number )
{
    case 0: puts( "Your number is 0 or less.");
    case 1: puts( "Your number is 1 or less.");
    case 2: puts( "Your number is 2 or less.");
    case 3: puts( "Your number is 3 or less.");
    ...
    ...
    case 99: puts( "Your number is 99 or less.");
             break;
    default: puts( "Your number is greater than 99.");
}
```

示例 2 中，由于只有 case 99 子句中包含 break 语句，因此在发现与 number 匹配的 case 子句后将打印后面所有的 case 子句中的内容，直至 case 99。如果 number 是 3，该程序会告知用户输入的数字小于或等于 3、小于或等于 4、小于或等于 5...直至小于或等于 99。程序将不断打印，直至运行至 case 99 中的 break 语句。

DO	DON'T
即使你认为已考虑了所有可能的 case，仍然要在 switch 中使用 default 子句。 需要根据同一个变量的不同值执行两种以上的操作时，使用 switch 语句代替 if 语句。 要对齐 case 子句，以提高代码的可读性。	牢记必要时在 switch 语句中加上 break 语句。

13.5 退出程序

通常，C 程序在执行到 main() 函数的右花括号时会正常结束。但是，也可以根据需要随时调用库函数 exit() 来结束程序。还可以指定一个或多个函数自动执行退出。

13.5.1 exit()函数

exit() 函数终止程序并将控制返回操作系统。该函数将一个 int 类型的参数传回操作系统，表明程序是正常终止还是异常终止。exit() 的语法如下：

```
exit(status)
```

status 表示状态值，其值为 0 时表明程序正常终止；为 1 时表明终止程序时出现了某些错误。通常都忽略该函数的返回值。要使用 exit() 函数，必须包含 stdlib.h 头文件。该头文件中定义了两个符号常量作为 exit() 的参数：

```
#define EXIT_SUCCESS 0
#define EXIT_FAILURE 1
```

因此，以 0 作为返回值退出程序时，调用 exit(EXIT_SUCCESS)；而以 1 作为返回值退出程序时，调用 exit(EXIT_FAILURE)。

DO	DON'T
如果程序出现问题，使用 exit()退出程序。 要把有意义的值传递给 exit()。	

13.6 小 结

本课涵盖了许多与程序控制相关的内容，介绍了 goto 语句以及为何要避免在程序中使用它；break 语句和 continue 语句能进一步控制循环，而且还可以在无限循环中使用这些语句，执行某些编程任务。除此之外，还介绍了如何使用 exit()函数控制程序的退出。

13.7 答 疑

问：switch 语句和嵌套 if 循环，哪个更好？

答：如果待测试变量的值超过两个，使用 switch 语句更好，代码可读性更高。过只需要测试真/假条件，可使用 if 语句。

问：为何不要使用 goto 语句？

答：初次接触 goto 语句时，可能认为它非常有用。然而，使用 goto 语句弊大于利。goto 语句可跳转至程序另一个位置，破坏了结构化编程。许多调试器（帮助跟踪程序问题的软件）都无法正确地处理 goto 语句。goto 语句也称为*面条式代码*——代码杂乱无章、逻辑不清。

问：为何不同的编译器使用不同的函数？

答：并非所有的编译器或计算机系统都提供相同的函数完成某些任务。例如，Borland 的 C 编译器就提供了 sleep()函数，而微软的编译器就不提供。

虽然所有的 ANSI 编译器都遵循标准，但是这些标准并未禁止编译器的制造商添加其他函数。因此，编译器的制造商可以创建和添加新的函数。通常，每个编译器制造商都会添加许多函数方便用户使用。

问：C 语言是否是标准化语言？

答：是的。实际上，C 语言是高度标准化语言。美国国家标准协会（ANSI）制定了 ANSI C 标准，规定了 C 语言的所有细节，包括其提供的函数。各 ANSI 标准编译器中 99%的程序语法和函数都相同。为了让自己的编译器出类拔萃，编译器供应商还会添加一些 ANSI 标准中没有的函数，方便用户使用。另外，还有一些编译器并未遵循 ANSI 标准。

13.8 课后研习

课后研习包含小测验和练习题。小测验帮助读者理解和巩固本课所学概念，练习题有助于读者将理论知识与实践相结合。

13.8.1 小测验

1. 什么情况适合使用 goto 语句？
2. break 语句和 continue 语句的区别是？
3. 什么是无限循环？如何创建无限循环？
4. 有哪两种情况会导致终止程序？
5. switch 语句可以对什么类型的变量求值？
6. default 语句有何用途？
7. exit()函数有何用途？

13.8.2 练习题

1. 编写一条语句，使程序进入循环的下一次迭代。
2. 编写语句，控制程序终止循环。
3. **排错**：下面的代码中有哪些错误？

```
switch( answer )
{
    case 'Y': printf("You answered yes");
       break;
    case 'N': printf("You answered no");
}
```

4. **排错**：下面的代码中有哪些错误？

```
switch( choice )
{
     default:
         printf("You did not choose 1 or 2");
     case 1:
         printf("You answered 1");
         break;
     case 2:
         printf("You answered 2");
         break;
}
```

5. 使用 if 语句，重写练习题 4。
6. 编写一个无限循环的 do...while 循环。

由于下述练习的答案不唯一，因此附录 D 中不提供这些练习的答案。这些练习都是选做题。

7. **选做题**：编写一个类似计算器的程序，该程序可进行加、减、乘、除运算。

第 14 课

输入和输出

几乎所有的程序都要执行输入和输出。程序处理输入和输出的能力是判断程序实用性的指标。前面的课程介绍过如何执行一些基本的输入和输入。本课将介绍以下内容：

- C 语言如何使用流进行输入和输出
- 各种从键盘读取输入的方式
- 在屏幕上显示文本和数值数据的方法
- 如何将输出传递给打印机
- 如何重定向输入和输出

14.1 C 语言和流

在详细介绍程序的输入/输出之前，先要了解一下流（*stream*）。在 C 语言中，无论从何处输入还是输出至何处，所有的输入/输出都通过流来完成。稍后将介绍，对程序员而言，这种标准的输入输出方式有明显的优势。当然，前提条件是你必须明白流的概念和基本原理。首先，要了解输入（*input*）和输出（*output*）的确切含义。

14.1.1 程序的输入/输出

本书前面介绍过，在执行 C 程序时，数据以程序声明的变量、结构、数组等形式被储存在随机存储器（CPU）中。那么，这些数据从何处来？程序如何处理它们？

- 数据来自程序的外部。数据从外部被移至 RAM 内（方便程序访问），被称为输入。最常见的程序输入源是键盘和磁盘文件。
- 数据也可从程序发送至外部，这称为输出。最常见的输出目标是屏幕、打印机、磁盘文件。

输入源和输出目标统称为设备（*device*）。键盘是设备、屏幕是设备，等等。一些设备（键盘）只能用于输入，而另一些设备（屏幕）只能用于输出，还有一些设备（闪存盘）可用于输入和输出。

无论是什么设备，是用于输入还是输出，C 语言都通过流进行输入和输出操作。

14.1.2 什么是流

流是一组字符序列。更确切地说，是一组数据的字节序列。流入程序的字节序列是输入流，从程序流出的字节序列是输出流。关注流，便无需关心它从何处来或去向何处。因此，流的主要优点是，输入/输出编程是设备独立的（*device-independent*）。程序员无需为每个设备（键盘、磁盘等）编写特殊的输入/输出函数。无论从何处输入或输出至何处，程序都将这些输入/输出视为连续的字节流。

流与文件息息相关。这里的文件指的不是磁盘文件，而是程序待处理的流和实际物理设备（用于输入或输出）之间的媒介。大多数情况下，C 语言的初学者无需了解这些文件，因为流、文件、设备之间的交互都由 C 库函数和操作系统自动完成。

14.1.3　文本流和二进制流

C 语言的流有两种模式：文本模式和二进制模式。文本流只由字符组成，如发送至屏幕的文本数据。文本流被组织成行，每行最多可包含 255 个字符，且以行结束符或换行符结尾。文本流中的某些字符（如，换行符）有特殊的含义。本课只讲解文本流。

14.1.4　预定义流

C 语言的 ANSI 标准有 3 种预定义流，被称为标准输入/输出文件。这些流在开始执行 C 程序时被自动打开，在程序结束时被自动关闭。程序员无需采取其他措施才能使用这些流。表 14.1 列出了标准流和它们连接的设备。所有的标准流都是文本模式流。

表 14.1　3 种标准流

名称	流	设备
stdin	标准输入	键盘
stdout	标准输出	屏幕
stderr	标准错误	屏幕

注意

在 DOS 系统下，还有两种流，stdprn（用于打印机端口）和 stdaux（用于串行端口）。然而，这些都不是 ANSI 标准流，而且只能在 DOS 和 Windows 系统下使用。可移植性是 C 语言程序设计的优势之一，应坚持使用表 14.1 中所列的 3 种标准流。尽管如此，有时你可能会看到以前的书或运行一些老式的代码，其中可能会涉及这两种流。

到目前为止，我们已经用过其中的两种流。使用 printf() 和 puts() 函数在屏幕上显示文本时，就已经使用了 stdout 流。同样地，使用 get() 或 scanf() 读取键盘的输入时，就已经使用了 stdin 流。标准流会被自动打开，而其他流（如，用于将信息储存至磁盘的流）必须显式打开（在第 17 章中将详细介绍）。本课接下来继续介绍标准流。

14.2　C 语言的流函数

C 标准库中有许多用于处理输入流和输出流的函数，其中大部分函数可以分为两种：一种用于处理标准流；一种要求程序员指定流。虽然表 14.2 中未列出 C 语言所有的输入/输出函数，但是涵盖了本课要介绍的所有函数。

表 14.2　标准库的流输入/输出函数

使用一个标准流	需要指定流的名称	描述
printf()	fprintf()	格式化输出
vprintf()	vfprintf()	带变量参数列表的格式化输出
puts()	fputs()	字符串输出
putchar()	putc(), fputc()	字符输出
scanf()	fscanf()	格式化输入
vscanf()	vfscanf()	带变量参数列表的格式化输入
gets()	fgets()	字符串输入
getchar()	getc(), fgetc()	字符输入
perror()		字符串只能输出至 stderr

所有这些函数都需要包含 stdio.h 头文件。除此之外，perror()函数还要包含 stdlib.h；vprintf()函数和 vfprintf()函数也要包含 varargs.h。编译器的库参考（*Library Reference*）中会写明是否添加了其他函数或需要包含其他头文件。

14.2.1　示例

程序清单 14.1 中的小程序演示了流的等效性。

程序清单 14.1　stream.c：流的等效性

```
1:      // stream.c--1 输入流和输出流的等效性
2:      #include <stdio.h>
3:
4:      int main( void )
5:      {
6:          char buffer[256];
7:
8:          // 输入一行文本，然后立即将其输出
9:
10:         puts(gets(buffer));
11:
12:         return 0;
13:     }
```

第 10 行，gets()函数输入键盘键入的一行文本（stdin）。由于 gets()返回一个指向字符串的指针，因此它可作为 puts()的参数。puts()用于把字符串显示在屏幕上（stdout）。程序运行时，用户从键盘输入一行文本，该文本便立即显示在屏幕上。

DO	DON'T
要充分利用 C 语言提供的标准输入/输出流。	不要修改或重命名标准流。 不要在输出函数（如，fprintf()）中使用输入流（如，stdin）。

对于 C 语言的初学者，使用 gets()函数就很好。然而，如果编写实际生活中使用的程序，应该使用 fgets()（稍后解释），因为 gets()函数会给程序带来安全隐患。

14.3　键盘输入

大部分程序都需要从键盘（即，stdin 流）进行输入。可以把输入函数划分为 3 种：字符输入、行输入、格式化输入。

14.3.1　字符输入

字符输入函数每次从流中读取一个字符。调用这些函数时，它们都返回流中的下一个字符。但是，如果到达文件末尾或出现错误，则返回 EOF。EOF 是一个符号常量，定义于 stdio.h 头文件中，其值为-1。根据字符输入函数是否缓冲（*buffer*）和回显（*echo*），可将其分类。

- 有些字符输入函数是缓冲的。这意味着操作系统先将所有的字符都储存在临时存储空间，然后在按下 Enter 键后，系统再将这些字符发送至 stdin 流。而对于那些无缓冲的字符输入函数，在按下一个按键时，其对应的字符便立刻被发送至 stdin 流。
- 有些字符输入函数会自动把它接受的每个字符都回显至 stdout。对于其他无回显的函数，会将字符发送至 stdin，而不是 stdout。由于 stdout 对应的是屏幕，因此输入将被回显至屏幕上。

接下来将分别介绍缓冲、无缓冲、回显、无回显字符输入函数。

(1)　getchar()函数

getchar()函数从 stdin 流中获取下一个字符。该函数是带回显的缓冲字符输入函数，其原型是：

```
int getchar(void)
```

程序清单 14.2 演示了 getchar()函数的用法。注意，putchar()函数（稍后解释）用于在屏幕上显示一个字符。

输入▼

程序清单 14.2　getchar.c：getchar()函数

```
1:      // getchar.c--getchar()函数示例
2:
3:      #include <stdio.h>
4:
5:      int main( void )
6:      {
7:          int ch;
8:
9:          while ((ch = getchar()) != '\n')
10:             putchar(ch);
11:
12:         return 0;
13:     }
```

输出▼

```
This is what's typed in.
This is what's typed in.
```

分析▼

第 9 行调用了 getchar()函数并等待从 stdin 接收的一个字符。由于 getchar()是缓冲输入函数，因此在用户按下 Enter 键之前，它不会接收到任何字符。但是，用户输入的每个字符都会被回显在屏幕上。

当用户按下 Enter 键后，操作系统会把用户输入的所有字符（包括换行符）都发送至 stdin。getchar()函数一次只返回一个字符，该字符将被赋值给 ch 变量。

每个字符都与换行符（\n）作比较，如果两者不相等，则通过 putchar()在屏幕上显示该字符。如果 getchar()返回的是换行符，while 循环便结束。

如程序清单 14.3 所示，可以使用 getchar()函数输入整行文本。但是，用其他函数更适合完成这样的任务。

输入▼

程序清单 14.3　getchar2.c：使用 getchar()函数输入整行文本

```
1:      // getchar2.c--使用 getchar()输入字符串
2:
3:      #include <stdio.h>
4:
5:      #define MAX 80
6:
7:      int main( void )
8:      {
9:          char ch, buffer[MAX+1];
10:         int x = 0;
11:
12:         while ((ch = getchar()) != '\n' && x < MAX)
13:             buffer[x++] = ch;
14:
15:         buffer[x] = '\0';
16:
17:         printf("%s\n", buffer);
18:
19:         return 0;
20:     }
```

输出▼

```
This is a string
This is a string
```

分析▼

该程序清单使用 getchar()的方式与程序清单 14.2 类似，但是该程序的循环中多加了一个条件。在 while 循环中，getchar()读取的字符不是换行符且总字符数小于 80 才能进入循环，把 ch 的值赋值给 buffer 数组。完成字符输入后，第 15 行在数组的末尾加上一个空字符，以便 printf()函数（第 17 行）打印已输入的字符串。

第 9 行，为何将 buffer 数组的大小声明为 MAX+1 而不是 MAX？如果声明 buffer 的大小是 MAX+1，则该数组最大可容纳 80 个字符和一个结尾的空字符。别忘了要在字符串的末尾加上一个空字符。

(2) getch()函数

getch()函数从 stdin 流中获取下一个字符，该函数是无回显且无缓冲字符输入函数。getch()函数不是 ANSI 标准的库函数，这意味着并非所有的系统都提供该函数。另外，要使用 getch()函数还需要包含其他头文件。一般而言，getch()函数的原型在 conio.h 头文件中。其函数原型如下：

```
int getch(void)
```

由于 getch()函数是无缓冲的，因此用户一按下键，它便返回对应的字符（无需等待用户按下 Enter 键）。由于 getch()不回显输入的内容，因此输入的字符不会显示在屏幕上。程序清单 14.4 演示了 getch()的用法。

警告

程序清单 14.4 使用了 getch()函数，该函数不是 ANSI 标准的库函数。在使用非 ANSI 函数时要格外小心，因为并非所有的编译器都支持这些函数。如果编译程序清单 14.4 出错，可能是因为编译器不支持 getch()。

输入▼

程序清单 14.4　getch.c：使用 getch()函数

```
1:      // getch.c--getch()函数（非 ANSI 标准函数）示例
2:
3:      #include <stdio.h>
4:      #include <conio.h>
5:
6:      int main( void )
7:      {
8:          int ch;
9:
10:         while ((ch = getch()) != '\r')
11:             putchar(ch);
12:
13:         return 0;
14:     }
```

输出▼

```
Testing the getch() function
```

分析▼

运行该程序时，用户一按下某个键，不用等待用户按下 Enter 键，getch()就返回对应的字符。该函数无回显，能在屏幕上显示字符是因为调用了 putchar()函数。为了更好地理解 getch()函数的工作原理，可以在第 10 行末尾加上一个分号，并删除第 11 行（putchar(ch)）。这样，重新运行该程序时，就无法在屏幕上显示你输入的内容。getch()函数获取字符，但是并不把它们回显在屏幕上。读者要明白，getch()函数已读取了用户输入的字符，之所以能在屏幕上显示出来是因为调用了 putchar()函数。

为何该程序将每个字符与\r（而不是\n）作比较？\r 是一个转义序列，表示回车符。当你按下 Enter 键时，键盘设备将回车符发送至 stdin。缓冲的字符输入函数会自动将回车符翻译成换行符，因此在用户按下 Enter 键后，程序必须把当前读取的字符与\n 作比较。而无缓冲的字符输入函数则不进行这样的翻译，所以输入的回车符仍是\r，因此程序清单 14.4 中要检测\r。

程序清单 14.5 使用 getch()来输入整行文本。该程序的运行情况表明，getch()不回显输入的内容。除了把 getchar()替换为 getch()、\n 替换为\r，该程序清单与程序清单 14.3 几乎完全相同。

输入▼

程序清单 14.5　getch2.c：使用 getch()函数输入整行文本

```
1:     // getch2.c--使用 getch()输入字符串
2:
3:     #include <stdio.h>
4:     #include <conio.h>
5:
6:     #define MAX 80
7:
8:     int main( void )
9:     {
10:        char ch, buffer[MAX+1];
11:        int x = 0;
12:
13:        while ((ch = getch()) != '\r' && x < MAX)
14:            buffer[x++] = ch;
15:
16:        buffer[x] = '\0';
17:
18:        printf("%s\n", buffer);
19:
20:        return 0;
21:    }
```

输出▼

```
Here's a string
```

警告

记住，getch()函数不是 ANSI 标准函数。这意味着并非所有的编译器都支持该函数。如果你使用 getch()时出问题，请检查编译器是否支持该函数。如果比较在意程序的可移植性，应该避免使用非 ANSI 函数。

(3)　getche()函数

getche()函数与 getch()函数类似，但是它会把每个字符都回显至 stdout。修改程序清单 14.4，用 getche()代替 getch()。运行程序时，用户输入的每个字符都会显示在屏幕上两次。一次是 getche()的回显，一次是 putchar()的回显。

警告

虽然 getche()函数不是 ANSI 标准函数，但是许多编译器都支持它。

(4)　getc()和 fgetc()函数

getc()和 fgetc()字符输入函数都不会自动使用 stdin，而是要程序员指定输入流。它们通常用于从磁盘读取字符。详见第 17 课。

DO	DON'T
要理解回显和不回显输入的区别。 要理解缓冲和无缓冲输入的区别。 如果编写可移植的程序，要使用 ANSI 标准函数。	并非所有编译器都可以正常运行非 ANSI 标准函数。

(5)　使用 ungetc()函数退回一个字符

退回一个字符是什么意思？我们用一个示例来说明。假设程序从输入流中读取字符，而且可以通过读取字符来检测是否已达输入的末尾。例如，假设用户只输入数字，那么在读到第 1 个非数字的字符时，程序便知道已达输入的末尾。虽然第 1 个非数字的字符可能是数据序列的重要组成部分，但是也应将其从输入中移除。它被丢弃了？不，它被退回或返回输入流，留在输入流中作为下一次流输入操作的第 1 个字符。

对于“退回”的字符，应使用 ungetc()库函数，其原型如下：

```
int ungetc(int ch, FILE *fp);
```

参数 ch 是被返回的字符。参数*fp 表明字该符被退回的流（可以是任意输入流）。就目前而言，可以简单地把 stdin 作为第 2 个参数（即，ungetc(ch, stdin);）。FILE *fp 表明流与磁盘文件相关联，第 17 课将介绍相关内容。

在两次读取流之间只能“退回”一个字符，不能“退回”EOF。如果字符退回成功，ungetc()函数则返回 ch，如果 ungetc()函数无法将字符退回流中，则返回 EOF。

14.3.2　行输入

行输入函数从输入流中读取一整行——这些函数读取换行符前面的所有字符。标准库中有两个行输入函数：gets()[1]和 fgets()。

(1)　gets()函数

第 10 课介绍过 gets()函数。该函数非常简单，从 stdin 读取一行数据，并将其储存在字符串中。gets()函数的原型如下：

```
char *gets(char *str);
```

读者应该能明白该函数原型的含义。gets()的参数是一个指向 char 类型的指针，并返回指向 char 类型的指针。gets()函数从 stdin 读取字符，直至遇到换行符（\n）或到达文件末尾，然后把换行符替换为空字符，并将字符串储存在 str 指向的位置上。

返回值是指向字符串的指针（与 str 相同）。如果 gets()函数在读取过程中出错，或者在读取

[1] 译者注：早在 C99 已经将 gets()函数标记为过时，C11 已删除了 gets()函数，推荐用 fgets()或 gets_s()函数代替。可见本书并不像作者写的那样符合 C11 标准，看来作者已经很久没关注标准了。

任何字符之前就读到了文件末尾，该函数便返回空指针。

调用 gets() 函数之前，必须分配足够的内存空间来储存字符串(第 10 课介绍过分配内存的方法)。该函数不知道是否已分配了 str 指向的空间，如果在未分配足够空间的情况下直接将字符串储存至 str 指向的位置，该字符串会擦写其他数据导致程序出错。

程序清单 10.5 和 10.6 都使用了 gets() 函数。

(2) fgets()函数

fgets() 函数与 gets() 函数类似，也从输入流中读取一行文本。但是，fgets() 比 gets() 更灵活，因为它允许程序员指定输入流和读取的最大字符数。fgets() 函数输入的文本通常来源于磁盘文件（磁盘文件的内容详见第 17 课）。要使用 fgets() 从 stdin 中读取数据，必须指定 stdin 为输入流。fgets() 的函数原型如下：

```
char *fgets(char *str, int n, FILE *fp);
```

最后一个参数（FILE *fp）用于指定输入流。就目前而言，可以用标准输入流（stdin）作为参数。

指针 str 指定了输入字符串的存储位置。参数 n 指定了输入的最大字符数。fgets() 函数从 stdin 读取字符，直至遇到换行符、文件末尾或已读取 n-1 个字符。待储存的字符串包含换行符，且以\0 结尾。fgets() 的返回值与 gets() 相同。

严格地说，如果一行指的是以换行符结尾的一组字符序列，那么 fgets() 函数并不一定输入整行文本。如果一行包含的字符超过 n-1 个，该函数就不会读取整行。从 stdin 中读取输入时，只有当用户按下 Enter 键后，fgets() 函数才会返回，但是只有前 n-1 个字符被储存至字符串中。只有待储存的字符数小于 n-1 时，字符串中才会包含换行符。程序清单 14.6 演示了如何使用 fgets() 函数。

输入▼

程序清单 14.6　fgets.c：使用 fgets() 函数读取键盘的输入

```
1:      // fgets.c-- fgets()函数演示
2:
3:      #include <stdio.h>
4:
5:      #define MAXLEN 10
6:
7:      int main( void )
8:      {
9:         char buffer[MAXLEN];
10:
11:        puts("Enter text a line at a time; enter a blank to exit.");
12:
13:        while (1)
14:        {
15:            fgets(buffer, MAXLEN, stdin);
16:
17:            if (buffer[0] == '\n')
18:                break;
19:
20:            puts(buffer);
21:        }
```

```
22:         return 0;
23:     }
```

输出▼

```
Enter text a line at a time; enter a blank to exit.
Roses are red
Roses are
 red
Violets are blue
Violets a
re blue
Programming in C
Programmi
ng in C
Is for people like you!
Is for pe
ople like
you!
```

分析▼

该程序在第 15 行调用了 fgets()函数。运行该程序时，分别输入少于和多于 MAXLEN 个字符，看看会发生什么情况。如果输入的字符数大于 MAXLEN，则第 1 次调用 fgets()时，将读取前 MAXLEN-1 个字符。其余字符仍留在键盘缓冲区内，下一次调用 fgets()函数或其他读取 stdin 的函数时，将读取这些字符。如果用户输入一个空行，程序将终止（第 17 和 18 行）。

14.3.3　格式化输入

以上介绍的输入函数都非常简单，它们读取输入流中的一个或多个字符，然后将其储存到内存中。但是这些函数都没有解释或格式化输入，而且无法使用数值变量。例如，如何从键盘输入 12.86，并将其赋值给 float 类型的变量？可以使用 scanf()和 fscanf()函数。第 7 课中简要介绍过 scanf()函数，本节将详细讲解其用法。

这两个函数几乎相同，唯一的区别是 scanf()使用 stdin，而 fscanf()允许用户指定输入流。本节只介绍 scanf()函数如何解释输入，而 fscanf()函数通常用于磁盘输入，将在第 17 课中介绍。

(1)　scanf()函数的参数

scanf()函数参数数量是可变的，但是至少要有两个参数。第 1 个参数是格式字符串，用特殊的字符告诉 scanf()如何解释输出。第 2 个参数和其他参数都是变量的地址，待输入的数据将被赋值给这些变量。下面是一个示例：

```
scanf("%d", &x);
```

第 1 个参数"%d"是格式字符串。在该例中，%d 告诉 scanf()查找一个有符号整型值。第 2 个参数的取址运算符（&）告诉 scanf()将输入的值赋给变量 x。下面详细介绍格式字符串。scanf()格式字符串包含以下内容：

- 忽略空格和制表符（空格和制表符可用于提高格式字符串的可读性）；
- 字符（除了%），与非空白字符匹配；
- 一个或多个转换说明（%开头，转换字符结尾），通常，格式字符串包含每个变量对应的转换说明。

转换说明是格式字符串中必不可少的部分。每个转换说明都以%开始，包含可选和必选的内容。scanf()函数依次把这些转换说明应用于格式字符串中的输入字段。输入字段（*input field*）由非空白字符序列组成，在读取到空白或到达指定输入字段宽度时结束。转换说明包含以下内容。

- %后面的赋值屏蔽字符（*）（可选）。如果包含该字符，scanf()将根据当前转换说明进行转换，但忽略其结果（即，不赋值给任何变量）。
- 字段宽度（可选）。字段宽度是一个十进制数，用于指定输入字段的宽度（单位为字符）。也就是说，为了执行当前的转换，字段宽度指定了 scanf()应转换 stdin 中的字符数。如果未指定字段宽度，则以后面的第 1 个空白作为输入字段的结束。
- 长度修饰符（可选）。长度修饰符是一个字符，可以是 h、l、L 等。使用该修饰符会改变其后转换字符的含义。具体细节在本章后面介绍。
- 转换字符（必不可少）。转换字符是一个或多个字符，它告诉 scanf()如何解释输入的内容。表 14.3 列出了这些字符以及描述。参数栏列出了相应变量的类型。例如，转换字符 d 对应 int *（指向 int 类型的指针）。

表 14.3 scanf()转换说明中使用的转换字符

转换字符	参数类型	类型的含义
d	int *	十进制整数
i	int *	十进制、八进制（以 0 开头）或十六进制（以 0X 或 0x 开头）整数
o	int *	八进制整数（以 0 开头，或不以 0 开头均可）
u	unsigned int *	无符号十进制整数
x	int *	十六进制整数（以 0X、0x 开头，或不以 0X、0x 开头均可）
c	char *	读取一个或多个字符，并将其依次储存到参数指定的内存位置上。末尾不需要添加\0。如果指定了字段宽度，则读取指定数量的字符（包括空白）。否则，只读取一个字符
s	char *	把非空白字符的字符串读取到指定的内存位置上，并在末尾加上空字符
a、e、f、g	float *	浮点数。可以使用十进制或科学计数法
[...]	char *	字符串。只读取方括号中的字符。遇到不匹配的字符、达到指定字段宽度或按下 Enter 键时，停止输入。为读取]，应首先将其列出：[]...]。另外，还会在字符串的末尾添加\0
[^...]	char *	与[...]相同，但是读取的是方括号中未列出的字符
%	无	字面%：读取%字符。不赋值

下面介绍一下长度修饰符，如表 14.4 所示。

表 14.4 长度修饰符

长度修饰符	类型的含义
hh	hh 修饰符放在转换字符 d、i、o、u、x、n 前时，指定了该参数是指向 signed char 或 unsigned char 的指针
h	h 修饰符放在转换字符 d、i、o、u、x、X、n 前时，指定了该参数是指向 short int 或 unsigned short int 类型的指针

长度修饰符	类型的含义
l	l 修饰符放在转换字符 d、i、o、u、x、X、n 前时，指定了该参数是指向 long 或 unsigned long 类型的指针；放在转换字符 a、A、e、E、f、F、g、G 前时，指定了该参数是指向 double 类型的指针
ll	ll 修饰符放在转换字符 d、i、o、u、x、X、n 前时，指定了该参数是指向 long long 或 unsigned long long 类型的指针
L	L 修饰符放在转换字符 a、A、e、E、f、F、g、G 前时，指定了该参数是指向 long double 类型的指针

(2)　处理额外的字符

使用 scanf()读取输入时，输入被缓冲。实际上，在用户按下 Enter 键之前，scanf()不会从 stdin 中读入任何字符；而在用户按下 Enter 键后，scanf()则按顺序处理 stdin 中的字符，读入与格式字符串中的转换说明相匹配的字符。当然，scanf()只处理格式字符串中需要的字符，其余的字符(如果有的话)将留在 stdin 中。这些未被处理的字符会引发一些问题，下面进一步讲解 scanf()函数的工作原理，探究其中的原因。

调用 scanf()后，用户输入了一行数据，可分为 3 种情况。为更好地分析这 3 种情况，假设 scanf("%d %d", &x, &y);，也就是说，scanf()需要两个十进制整数。可能有以下 3 种情况。

- 用户输入的数据与格式字符串匹配。例如，用户输入 12 14，然后按下 Enter 键。这种情况没有问题，输入的内容满足 scanf()的要求，没有字符留在 stdin 中。
- 用户输入的数据太少，与格式字符串不匹配。例如，用户输入 12，然后按下 Enter 键。在这种情况下，scanf()继续等待用户输入。接收到所需的输入后，程序继续运行，没有字符留在 stdin 中。
- 用户输入的数据比格式字符串所需的字符多。例如，用户输入 12 14 16，然后按下 Enter 键。在这种情况下，scanf()读取 12 和 14 后便返回。字符 1 和 6 留在了 stdin 中。

第 3 种情况（特指余下的字符）会导致一些问题。只要程序还在运行，余下的字符就会在 stdin 中，等待程序下一次从 stdin 读入。下一次读入时，将首先读取这些字符，然后才读取用户后来输入的字符。这就是问题所在。例如，下面的代码要求用户输入一个整数，然后输入字符串。

```
puts("Enter your age.");
scanf("%d", &age);
puts("Enter your first name.");
scanf("%s", name);
```

假设用户为提高精确度首先输入了 29.00，然后按下 Enter 键。第 1 次调用 scanf()时，该函数从 stdin 中读取了 29，并将其赋值给变量 age。而.00 则留在了 stdin 中。下一次调用 scanf()时，该函数要读取字符串。它在 stdin 中查找数据，发现了.00。结果它把字符串.00 赋值给 name。

如何才能避免类似的问题？一种解决方案是，要求用户输入数据时不犯错。但是，这不现实。

更好的方案是，确保 stdin 在用户在输入之前没有额外的字符。为此，可以调用 gets()函数来读取 stdin 中余下的所有字符（包括末尾的换行符）。不必在程序中直接调用 gets()函数，可以将其放在单独的函数中，并给该函数取一个描述性的名称，如 clean_kb()。如程序清单 14.7 所示。

输入▼

程序清单 14.7 cleaning.c：为避免错误，清除残留在 stdin 中的额外字符

```
1:     // clearing.c--清除 stdin 中的额外字符
2:
3:     #include <stdio.h>
4:
5:     void clear_kb(void);
6:
7:     int main( void )
8:     {
9:         int age;
10:        char name[20];
11:
12:        // 提示用户输入年龄
13:
14:        puts("Enter your age:");
15:        scanf("%d", &age);
16:
17:        // 清除 stdin 中残留的所有额外字符
18:
19:        clear_kb();
20:
21:        // 提示用户输入姓名
22:
23:        puts("Enter your first name:");
24:        scanf("%s", name);
25:
26:        // 显示用户输入的数据
27:        printf("Your age is %d.\n", age);
28:        printf("Your name is %s.\n", name);
29:
30:        return 0;
31:    }
32:
33:    void clear_kb(void)
34:
35:    // 清除 stdin 中残留的额外字符
36:    {
37:        char junk[80];
38:        gets(junk);
39:    }
```

输出▼

```
Enter your age:
15 or so
Enter your first name:
Gordon
Your age is 15.
Your name is Gordon.
```

分析▼

运行程序清单 14.7 时，在输入年龄后再输入一些额外的字符，然后按下 Enter 键。确保程序忽略了这些额外的字符，并正确地提示你输入姓名。然后修改该程序，把 clear_kb()注释掉（第 19 行），再运行程序。依旧按照刚才那样输入，按下 Enter 键后你会发现，随年龄一起输入的字符被赋给了 name。

(3) 使用 fflush()处理额外的字符

还有另一种清除 stdin 中额外字符的方法——用 fflush() 函数刷新流（包括标准输入流）中的信息。虽然 fflush() 通常用于磁盘文件（详见第 17 课），但是也可以让程序清单 14.7 更加简单。程序清单 14.8 中用 fflush() 函数代替 clear_kb() 函数，清除 stdin 中的额外字符。

输入▼

程序清单 14.8　cleaning2.c：使用 fflush() 函数清除 stdin 中额外的字符

```
1:       // clearing2.c--使用 fflush()函数清除 stdin 中的额外字符
2:
3:       #include <stdio.h>
4:
5:       int main( void )
6:       {
7:            int age;
8:            char name[20];
9:
10:           // 提示用户输入年龄
11:           puts("Enter your age:");
12:           scanf("%d", &age);
13:
14:           // 清除 stdin 中额外的字符
15:           fflush(stdin);
16:
17:           // 提示用户输入姓名
18:           puts("Enter your first name.");
19:           scanf("%s", name);
20:
21:           // 显示用户输入的数据
22:           printf("Your age is %d.\n", age);
23:           printf("Your name is %s.\n", name);
24:
25:           return 0;
26:      }
```

输出▼

```
Enter your age.
18 until next month
Enter your first name.
Alice
Your age is 18.
Your name is Alice.
```

分析▼

第 15 行使用了 fflush() 函数，其原型如下：

```
int fflush( FILE *stream);
```

stream 是待刷新的流。程序清单 14.8 中，传递给 fflush() 的是标准输入流 stdin。

(4)　scanf()示例

要学会 scanf() 函数，最好的方法是使用它。该函数功能强大，但是也偶尔让人很困惑。程序清单 14.9 演示了 scanf() 的一些不常见的用法。编译并运行这个程序，然后修改 scanf() 的格式字符串，看看会出现什么情况。

输入▼

程序清单 14.9　scanfdemos.c：使用 scanf()

```
1:      // scanfdemos.c-- scanf()的用法演示
2:
3:      #include <stdio.h>
4:
5:      int main( void )
6:      {
7:          int i1;
8:          int i2;
9:          long l1;
10:
11:         double d1;
12:         char buf1[80];
13:         char buf2[80];
14:
15:         // 使用 l 修饰符，输入长整型数和双精度浮点数
16:
17:         puts("Enter an integer and a floating point number.");
18:         scanf("%ld %lf", &l1, &d1);
19:         printf("\nYou entered %ld and %lf.\n",l1, d1);
20:         puts("The scanf() format string used the l modifier to store");
21:         puts("your input in a type long and a type double.\n");
22:
23:         fflush(stdin);
24:
25:         /* 使用字段宽度拆分输入 */
26:
27:         puts("Enter a 5 digit integer (for example, 54321).");
28:         scanf("%2d%3d", &i1, &i2);
29:
30:         printf("\nYou entered %d and %d.\n", i1, i2);
31:         puts("Note how the field width specifier in the scanf() format");
32:         puts("string split your input into two values.\n");
33:
34:         fflush(stdin);
35:
36:         /* 使用排除字符（空白）将输入拆分为两个字符串 */
37:
38:
39:         puts("Enter your first and last names separated by a space.");
40:         scanf("%[^ ]%s", buf1, buf2);
41:         printf("\nYour first name is %s\n", buf1);
42:         printf("Your last name is %s\n", buf2);
43:         puts("Note how [^ ] in the scanf() format string, by excluding");
44:         puts("the space character, caused the input to be split.");
45:
46:         return 0;
47:     }
```

输出▼

```
Enter an integer and a floating point number.
123 45.6789

You entered 123 and 45.678900.
The scanf() format string used the l modifier to store
your input in a type long and a type double.

Enter a 5 digit integer (for example, 54321).
54321

You entered 54 and 321.
Note how the field width specifier in the scanf() format
string split your input into two values.

Enter your first and last names separated by a space.
```

```
Ruth Alber
Your first name is Ruth
Your last name is Alber
Note how [^ ] in the scanf() format string, by excluding
the space character, caused the input to be split.
```

分析▼

该程序清单声明了多个变量（第 7~13 行），用于储存输入的数据。然后提示用户输入不同类型的数据。第 17~21 行提示用户输入数据，在用户按下 Enter 键后屏幕上显示一个长整型数和一个浮点数。第 23 行调用 fflush() 函数清理标准输入流中的残余字符。第 27 行提示用户输入一个五位数字，第 28 行获取用户输入的数据。由于格式字符串中包含宽度说明符，因此该五位数被拆分成两个整数：一个是两位整数，一个是三位整数。第 34 行调用 fflush() 函数再次清理标准输入流。最后，第 39~44 行使用了排除字符（空白）功能来拆分输入。第 40 行通过"%[^]%s"告诉 scanf() 获取空白前面的所有字符。这种方法有效地拆分了输入。

请读者认真修改该程序清单，输入其他的值，看看会发生什么情况。

scanf() 函数可满足大部分输入要求，尤其是涉及数字的输入（对于字符串，用 gets() 函数输入更容易）。尽管如此，也应该自己动手编写一些特殊的输入函数。欲了解用户定义的函数，请参阅第 19 章。

DO	DON'T
如果只使用标准输入文件（stdin），用 gets() 和 scanf() 函数分别代替 fgets() 和 fscanf() 函数。	不要忘记清除输入流中的残留字符。

14.4　屏幕输出

与输入函数类似，屏幕输出函数也分为 3 大类：字符输出、行输出、格式化输出。前面的课程中介绍过一些这样的函数，本节将进一步详细地讨论。

14.4.1　使用 putchar()、putc()和 fputc()输出字符

C 语言库中的字符输出函数将一个字符发送给流。putchar() 函数将输出发送给 stdout（通常与屏幕相关）。fputc() 和 putc() 函数将输出发送给参数列表中指定的流。

(1)　putchar()函数

putchar() 的函数原型在 stdio.h 中，如下所示：

```
int putchar(int c);
```

该函数把储存在变量 c 中的字符写入 stdout 中。虽然 putchar() 函数原型中指定了参数的类型是 int，但是既可以传递 char 类型，也可以传递 int 类型（只要其值对应一个字符，即 0~255）。该函数返回的字符即是要写入 stdout 中的字符，如果发生错误，则返回 EOF。EOF 的值是-1，因此可以作为函数（其返回类型是 int）的返回值。

程序清单 14.2 中演示过 putchar()的用法。下面的程序清单 14.10 展示了 ASCII 值在 14~127 之间的字符。

输入▼

程序清单 14.10　putchar.c：使用 putchar()函数

```
1:      // putchar.c-- 演示 putchar()函数
2:
3:      #include <stdio.h>
4:      int main( void )
5:      {
6:          int count;
7:
8:          for (count = 14; count < 128; )
9:              putchar(count++);
10:
11:         return 0;
12:     }
```

输出▼

```
♫☼►◄↕‼¶§▬↨↑↓→←∟↔▲▼ !"#$%&'()*+,-./0123456789:;<=>?@ABCDEF
GHIJKLMNOPQRSTUVWXYZ[\]^_'abcdefghijklmnopqrstuvwxyz{|}~Δ
```

putchar()函数还可用于显示字符串（如程序清单 14.11 所示），当然用其他函数会更合适。

输入▼

程序清单 14.11　putchar2.c：使用 printf()函数显示字符串

```
1:      // putchar2.c--使用 putchar()显示字符串
2:
3:      #include <stdio.h>
4:
5:      #define MAXSTRING 80
6:
7:      char message[] = "Displayed with putchar().";
8:      int main( void )
9:      {
10:         int count;
11:
12:         for (count = 0; count < MAXSTRING; count++)
13:         {
14:
15:             // 查找字符串末尾。
16:             // 找到后，写入一个换行符，并退出循环。
17:
18:             if (message[count] == '\0')
19:             {
20:                 putchar('\n');
21:                 break;
22:             }
23:             else
24:
25:                 // 如果未找到字符串末尾，写入下一个字符。
26:
27:                 putchar(message[count]);
28:         }
29:         return 0;
30:     }
```

输出▼

```
Displayed with putchar().
```

(2)　putc()和 fputc()函数

putc()和 fputc()的功能相同——把一个字符发送给指定的流。putc()是 fputc()通过宏来实现的。宏将在第 22 课中介绍。就现在而言，只需坚持使用 fputc()即可。该函数的原型如下：

```
int fputc(int c, FILE *fp);
```

读者对 FILE *fp 这部分不熟悉，该参数用于把输出流传给 fputc()（第 17 课将详细介绍）。如果指定 stdout 作为输出流，则 fputc()的行为与 putchar()完全相同。因此，下面两条语句等价：

```
putchar('x');
fputc('x', stdout);
```

14.4.2　使用 puts()和 fputs()输出字符串

在屏幕上显示字符串的情况比显示单个字符的情况多。库函数 puts()用于显示字符串，而 fputs()将字符串发送给指定的流。除此之外，fputs()和 puts()相同。puts()函数的原型如下：

```
int puts(char *cp);
```

*cp 是指向待显示字符串第 1 个字符的指针。puts()函数显示除结尾的空字符外的整个字符串，并在其末尾添加换行符。如果 puts()函数执行成功便返回一个正值，否则返回 EOF（EOF 是值为-1 的符号常量，定义在 stdio.h 中）。

使用 puts()函数可以显示各种类型的字符串，如程序清单 14.12 所示。

输入▼

程序清单 14.12　puts.c：使用 puts()函数显示字符串

```
1:     // puts.c-- puts()函数演示
2:
3:     #include <stdio.h>
4:     #define SIZE 5
5:
6:     // 声明并初始化一个包含指针的数组
7:     char *messages[SIZE] = { "This", "is", "a", "short", "message." };
8:
9:     int main( void )
10:    {
11:        int x;
12:
13:        for (x = 0; x < SIZE; x ++)
14:            puts(messages[x]);
15:
16:        puts("And this is the end!");
17:
18:        return 0;
19:    }
```

输出▼

```
This
is
```

```
a
short
message.
And this is the end!
```

分析▼

该程序示例声明了一个指针数组（下一课将介绍）。第 13 行和第 14 行打印 messages 数组中储存的每一个字符串。

14.4.3 使用 printf()和 fprintf()格式化输出

到目前为止，介绍的输出函数只能显示字符和字符串。如何显示数字？要显示数字，必须使用 C 语言库的格式化输出函数 printf()和 fprintf()。这两个函数也可以用于显示字符和字符串。第 7 课已经介绍过 printf()函数，而且几乎每课的程序清单中都会用到。本节将详细介绍该函数。

prinft()和 fprintf()的功能类似。prinft()函数把输出发送至 stdout；而 fprintf()函数把输出发送至指定的输出流，该函数通常用于把数据输出至磁盘文件。第 17 课中将详细介绍。

printf()函数参数数量是可变的，至少要有一个参数。第 1 个参数（也是唯一必不可少的参数）是格式字符串，告诉 printf()如何格式化输出。可选的参数是待显示其值的变量和表达式。介绍细节之前，先来看几个简单的例子，对 printf()有一定感性认识。

- 语句 printf("Hello, world.");在屏幕上显示消息 Hello, world.。该例子的 printf()函数只带一个参数，即格式字符串。这种情况下，格式字符串只包含一个待显示的字面量字符串。
- 语句 printf("%d", i);在屏幕上显示整型变量 i 的值。第 1 个参数格式字符串只包含格式化说明符%d，告诉 printf()函数显示一个十进制整数。第 2 个参数 i 是待显示变量的名称。
- 语句 printf("%d plus %d equals %d.", a, b, a+b);在屏幕上显示 2 plus 3 equals 5.（假设 a 和 b 都是整型变量，其值分别是 2 和 3）。printf()的这种用法有 4 个参数：一个包含字面量字符串和格式化说明符的格式字符串、两个待显示的变量和一个表达式。

接下来详细介绍 prinft()函数，其格式字符串包含以下内容：

- 转换说明告诉 printf()如何显示参数列表中的值。转换说明由%和一个或多个字符组成；
- 除转换说明之外的字符，按原样显示。

上面的第 3 个例子中，格式字符串%d plus %d equals %d.，3 个%d 都是转换说明，其余的字符串（包括空格）是直接显示的字面量字符。

接下来详细讲解转换说明。转换说明的组成如下，其中用方括号括起来的是可选项：

```
%[标记][字段宽度][.[精度]][l]转换字符
```

转换字符是转换说明中必不可少的部分（%除外）。表 14.5 列出了转换字符及其含义。

表 14.5　printf()和 fprintf()转换字符

转换字符	含义
d、i	以十进制显示一个有符号整数
u	以十进制显示一个无符号整数
o	以八进制显示一个无符号整数
x、X	以十六进制显示一个无符号整数，x 表示输出小写，X 表示输出大写
c	显示一个字符（参数是该字符的 ASCII 码）
e、E	以科学计数法显示 float 或 double 值(例如,将 123.45 显示为 1.234500e+002)。如果未使用 f 说明符指定精度，则显示小数点后面 6 位小数。e 和 E 控制输出字符的大小写
f	以十进制显示 float 或 double 值（例如，把 123.45 显示为 123.450000），如果未指定其他精度，则显示小数点后面 6 位小数
g、G	使用 e、E 或 f 格式。如果指数小于-3 或大于默认精度 6，则使用 e 或 E 格式。否则，用 f 格式，末尾多余的 0 将被截断
n	不显示任何内容。与 n 对应的是指向 int 类型的指针。printf()函数将当前输出的字符数赋值给该变量
s	显示字符串。其参数是一个指向 char 的指针。显示空字符前面或指定精度的所有字符。不显示末尾的空字符
%	显示%字符

可以把 l 修饰符加在转换字符前面。如果该修饰符加在转换字符 o、u、x、X、i、d 和 b 前，便指定了参数类型是 long，而不是 int；如果 l 修饰符加在 e、E、f、g、G 前，则指定参数类型是 double。如果把 l 放在其他转换字符前，会被忽略。

除了 l 修饰符外，还有 ll 修饰符。ll 修饰符与 l 修饰符类似，只是 ll 修饰符指定了参数的类型是 long long，而不是 long。

精度修饰符可以是小数点本身，也可以由小数点和其后的数字组成。精度修饰符可应用于 e、E、f、g、G 和 s 前面，指定待显示数字显示小数位数或输出的字符数（用于 s 前面时）。如果只使用小数点，则表明精度为 0。

字段宽度指定输出的最小字符数。字段宽度说明符的内容如下：

- 不以 0 开头的十进制整数。在输出左边添加空格，以满足指定字段宽度的要求；
- 以 0 开头的十进制整数。在输出左边添加 0，以满足指定字段宽度的要求；
- *字符。下一个参数（其类型为 int）用于指定字段宽度。例如，如果 w 是 int 类型，其值是 10，则语句 printf("%*d", w, a);打印 a（其字段宽度为 10）的值。

如果未指定字段宽度，或者指定的字段宽度比输出所需要的宽度小，则字段宽度便是实际输出的宽度。

在 printf()函数的格式字符串中，最后一个可选参数是紧跟%字符的标记。以下是可能的标记：

- 　　输出的内容左对齐，而不是默认的右对齐；

+ 　　在有符号数字前面显示+或-；

' '　　在正数前面加上空格；

#　　只用于转换字符 x、X 和 o 前面，该标记规定了非零数字前面要显示 0（如，对于 x、X、o 分别显示为 0x、0X、0o）。

printf()函数中的参数列表可以是用双引号括起来的字符串字面量，也可以是储存在内存中以空字符结尾的字符串。对于后一种情况，需要把指向字符串的指针传递给 printf()。例如，下述语句：

```
char *fmt = "The answer is %f.";
printf(fmt, x);
```

与下面的语句等价：

```
printf("The answer is %f.", x);
```

第 7 课中解释过，可在 printf()的格式字符串中包含转义序列，对输出进行特殊控制。表 14.6 列出了最常用的转义序列。例如，如果格式字符串包含换行转义序列（\n），则其后的输出将出现在下一行。

表 14.6　最常用的转义序列

转义序列	含义
\a	响铃
\b	后退一格
\n	换行
\t	水平制表符
\\	反斜杠
\?	问号
\'	单引号
\"	双引号

printf()函数比较复杂，学习函数最好的方式就是先看示例，然后再使用它。程序清单 14.13 演示了 printf()函数的多种用法。

输入▼

程序清单 14.13　printfdemo.c：printf()函数的一些用法

```
1:     // printfdemo.c-- printf()函数用法示例
2:
3:     #include <stdio.h>
4:
5:     char *m1 = "Binary";
6:     char *m2 = "Decimal";
7:     char *m3 = "Octal";
8:     char *m4 = "Hexadecimal";
9:
10:    int main( void )
11:    {
12:        float d1 = 10000.123;
13:        int n;
14:
15:
16:        puts("Outputting a number with different field widths.\n");
17:
18:        printf("%5f\n", d1);
```

```
19:         printf("%10f\n", d1);
20:         printf("%15f\n", d1);
21:         printf("%20f\n", d1);
22:         printf("%25f\n", d1);
23:
24:         puts("\n Press Enter to continue...");
25:         fflush(stdin);
26:         getchar();
27:
28:         puts("\nUse the * field width specifier to obtain field width");
29:         puts("from a variable in the argument list.\n");
30:
31:         for (n=5; n<=25; n+=5)
32:             printf("%*f\n", n, d1);
33:
34:         puts("\n Press Enter to continue...");
35:         fflush(stdin);
36:         getchar();
37:
38:         puts("\nInclude leading zeros.\n");
39:
40:         printf("%05f\n", d1);
41:         printf("%010f\n", d1);
42:         printf("%015f\n", d1);
43:         printf("%020f\n", d1);
44:         printf("%025f\n", d1);
45:
46:         puts("\n Press Enter to continue...");
47:         fflush(stdin);
48:         getchar();
49:
50:         puts("\nDisplay in octal, decimal, and hexadecimal.");
51:         puts("Use # to precede octal and hex output with 0 and 0X.");
52:         puts("Use - to left-justify each value in its field.");
53:         puts("First display column labels.\n");
54:
55:         printf("%-15s%-15s%-15s", m2, m3, m4);
56:
57:         for (n = 1; n< 20; n++)
58:             printf("\n%-15d%-#15o%-#15X", n, n, n);
59:
60:         puts("\n Press Enter to continue...");
61:         fflush(stdin);
62:         getchar();
63:
64:         puts("\n\nUse the %n conversion command to count characters.\n");
65:
66:         printf("%s%s%s%s%n", m1, m2, m3, m4, &n);
67:
68:         printf("\n\nThe last printf() output %d characters.\n", n);
69:
70:         return 0;
71:     }
```

输出▼

```
Outputting a number with different field widths.
10000.123047
10000.123047
   10000.123047
        10000.123047
             10000.123047
Press Enter to continue...
Use the * field width specifier to obtain field width
```

```
from a variable in the argument list.
10000.123047
10000.123047
   10000.123047
        10000.123047
             10000.123047
Press Enter to continue...
Include leading zeros.
10000.123047
10000.123047
00010000.123047
0000000010000.123047
000000000000010000.123047
Press Enter to continue...
Display in octal, decimal, and hexadecimal.
Use # to precede octal and hex output with 0 and 0X.
Use - to left-justify each value in its field.
First display column labels.
Decimal          Octal            Hexadecimal
1                01               0X1
2                02               0X2
3                03               0X3
4                04               0X4
5                05               0X5
6                06               0X6
7                07               0X7
8                010              0X8
9                011              0X9
10               012              0XA
11               013              0XB
12               014              0XC
13               015              0XD
14               016              0XE
15               017              0XF
16               020              0X10
17               021              0X11
18               022              0X12
19               023              0X13
Press Enter to continue...
Use the %n conversion command to count characters.
BinaryDecimalOctalHexadecimal
The last printf() output 29 characters.
```

14.5 何时使用 fprintf()

前面提到过，库函数 fprintf()可以指定输出流，其他与 printf()相同。fprintf()主要用于处理磁盘文件，第 16 课将详细介绍。这里，先简要介绍该函数的两种其他用途。

14.5.1 使用 stderr

stderr（标准错误流）是 C 语言的预定义流之一。通常程序的错误消息都被发送至 stderr，而不是 stdout。这是为什么？

输出到 stdout 的内容可被重定向至屏幕之外的其他地方。如果 stdout 被重定向，那么用户可能看不到程序发送给 stdout 的错误消息。把错误消息定位至 stderr，便可确保用户都能看见它们。为此，这样使用 fprintf()：

```
fprintf(stderr, "An error has occurred.");
```

可以编写一个函数来处理错误消息，在出现错误时调用该函数，而不是调用 fprintf()：

```
error_message("An error has occurred.");
void error_message(char *msg)
{
    fprintf(stderr, msg);
}
```

使用自定义的函数（而不是直接调用 fprintf()），灵活性更大，这也是结构化编程的优点之一。例如，在某些特殊的情况下，需要把程序的错误消息发送至打印机或磁盘文件。此时，只需改动 error_message()函数，便可将输出发送到指定地点。

DO	DON'T
如果程序中要将输出发送到 stdout、stderr、stdprn 或其他流，一定要使用 fprintf()函数。 要将错误消息打印在屏幕上，使用带 stderr 参数的 fprintf()函数。 创建如 error_message 这样的函数，可提高代码的结构化和可维护性。	不要重定向 stderr。 除了打印错误消息或警告，不要使用 stderr。

14.6 小　结

本课详细介绍了程序中重要的输入/输出。本课学习了在 C 语言中如何使用流，将所有的输入和输出都视为字节序列。除此之外，还学习了 ANSI C 的 3 种预定义流：

stdin	键盘
stdout	屏幕
stderr	屏幕

从 stdin 中读取的是从键盘输入的内容。使用 C 语言的标准库函数，可以逐字符、逐行地读取键盘输入的内容，也可以读取格式化数字和字符串。输入的字符可以是缓冲的、无缓冲的，可以是回显的、不回显的。

一般而言，通过 stdout 流把输出显示在屏幕上。与输入类似，可以逐字、逐行、以格式化数字或字符串来处理输出。如果要把输出发送给打印机，可以使用 fprintf()将数据发送到 stdprn 流。

使用 stdin 和 stdout 时，可以重定向输入和输出。输入可来源于键盘或磁盘文件；输出可以被发送至屏幕或磁盘文件。

本课还介绍了把错误消息发送给 stderr 流（而不是 stdout）的原因。由于 stderr 通常与屏幕连接，因此即使重定向程序的输出，用户在屏幕上也能看到错误消息。

14.7 答 疑

问：在程序中使用非 ANSI 函数有什么危险？

答：大部分编译器都包含许多有用的函数，这些函数都不是 ANSI 标准函数。如果你只打算在自己的编译器和平台上使用这些函数，就没什么问题。如果要在其他编译器或平台使用，就应该考虑兼容性，使用 ANSI 标准函数。

问：为何不应该总是用 fprintf()代替 printf()？或者用 fscanf()代替 scanf()？

答：如果使用标准输出流或标准输入流，则应使用 printf()和 scanf()。使用这些简单的函数，不用考虑其他流。

14.8 课后研习

课后研习包含小测验和练习题。小测验帮助读者理解和巩固本课所学概念，练习题有助于读者将理论知识与实践相结合。

14.8.1 小测验

1. 什么是流？C 程序中，流的用途是什么？
2. 下述设备中，哪些是输入设备？哪些是输出设备？
   a. 打印机
   b. 键盘
   c. 调制解调器
   d. 显示器
   e. 闪存盘
3. 列出所有编译器都支持的 3 种预定义流，并列出相关联的设备。
4. 下述函数分别使用哪一种流？
   a. printf()
   b. puts()
   c. scanf()
   d. gets()
   e. fprintf()
5. 从 stdin 中读取缓冲字符和无缓冲字符有何区别？
6. 从 stdin 中读取回显字符和无回显字符有何区别？
7. 使用 ungetc()函数一次是否可以“回退”多个字符？是否可以“回退”EOF 字符？
8. 使用行输入函数时，如何确定行尾？
9. 下述哪些是有效的转换字符？
   a. "%d"
   b. "%4d"
   c. "%3i%c"
   d. "%q%d"

e. `"%%%i"`

f. `"%91d"`

10. `stderr` 和 `stdout` 有何区别？

14.8.2　练习题

1. 编写一条语句，将`"Hello World"`打印在屏幕上。

2. 用两个不同的函数完成练习题 1。

3. 编写一条语句，读取一个字符串（最多 30 个字符）。如果有星号，则截断星号后面的字符。

4. 编写一条语句打印下面的内容：

```
Jack asked, "What is a backslash?"
Jill said, "It is '\'"
```

第 15 课

指向指针的指针和指针数组

第 9 课介绍了指针的基本概念，指针是 C 语言中重要的组成部分。接下来的两课，将进一步介绍一些指针的高级主题，增加编程的灵活性。本课将介绍以下内容：

- 如何声明指向指针的指针
- 如何将指针用于多维数组
- 如何声明指针数组

15.1 声明指向指针的指针

第 9 课介绍过，指针是数值变量，其值是另一个变量的地址。通过间接运算符（*）声明指针，例如以下声明：

```
int *ptr;
```

声明了一个名为 ptr 的指针，指向 int 类型的变量。假设声明了一个 int 类型的变量 myVar，下面的语句：

```
ptr = &myVar;
```

把 myVar 的地址赋给 ptr，让 ptr 指向 myVar。使用间接运算符可以访问指针指向的变量。下面的两条语句都把 12 赋值给 myVar：

```
myVar = 12;
*ptr = 12;
```

由于指针本身就是数值变量，它被储存在计算机内存的特定地址上。因此，可以创建指向指针的指针，该指针的值是另一个指针的地址，如下所示：

```
int myVar = 12;              /* myVar 是 int 类型的变量 */
int *ptr = &myVar;           /* ptr 是指向 myVar 变量的指针 */
int **ptr_to_ptr = &ptr;  /* ptr_to_ptr 是指向指针（该指针指向 int 类型）的指针 */
```

注意，声明指向指针的指针要使用两个间接运算符（**）。同样，在访问指针指向的指针所指向的变量时，也要使用两个间接运算符（**）。因此，下面的语句：

```
**ptr_to_ptr = 12;
```

把 12 赋值给 myVar 变量。而下面的语句：

```
printf("%d", **ptr_to_ptr);
```

则将 myVar 变量的值显示在屏幕上。如果只使用一个间接运算符，会产生错误。下面的语句：

```
*ptr_to_ptr = 12;
```

把 12 赋值给 ptr，导致本应储存被指向变量地址的 ptr 中储存的是 12。这显然是错误的。

声明并使用指向指针的指针，被称为多重解引用（*multiple indirection*）。图 15.1 显示了变量、指针、指向指针的指针之间的关系。C 语言并未限制多重解引用的层数，可以创建指向指针的指针的指针（无限多层）。但是，通常只会创建两层指针，创建多于两层的指针无疑是自找麻烦。

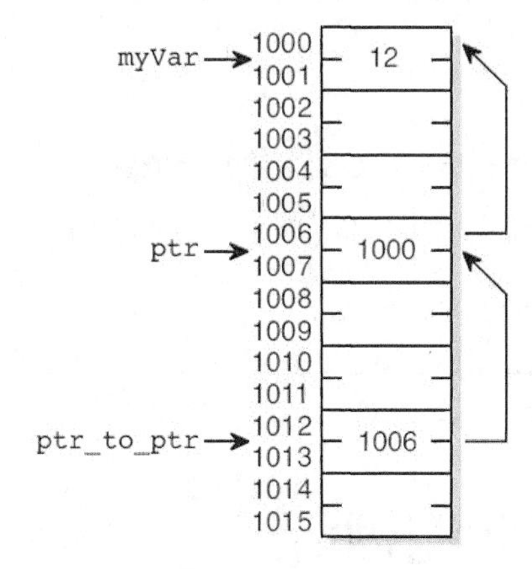

图 15.1　指向指针的指针

指向指针的指针最常用于指针数组（稍后详细介绍）。第 20 课的程序清单 20.5 演示了如何使用多重解引用。

15.2　指针和多维数组

第 8 课介绍了指针和数组的特殊关系。具体地说，数组名是指向该数组第 1 个元素的指针。因此，用指针表示法很容易访问某些类型的数组。前面程序清单中使用指针的数组都是简单的一维数组，对于多维数组，情况又如何？

声明多维数组时，使用方括号对表示维数，每维一对。例如，下面的语句声明了一个包含 8 个 int 类型变量的二维数组：

```
int multi[2][4];
```

可以把任何数组都看作是行列结构。因此，上例的二维数组由 2 行 4 列组成。另外，也可以将 multi 视为包含两个元素的数组，其中每个元素都是包含 4 个元素的数组。这样来理解多维数组与 C 语言实际处理多维数组的方式更吻合。

如果读者还是不太明白，请参考图 15.2，该图将上面的数组声明剖析为多个部分。

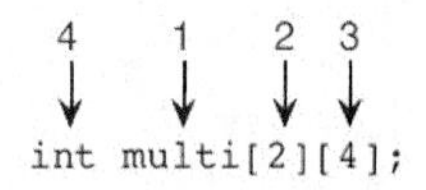

图 15.2　多维数组声明的组成部分

对以上声明的解释如下。

1. 声明一个名为 multi 的数组。
2. multi 数组包含两个元素。
3. 在这两个元素中，每个元素还包含 4 个元素。
4. 4 个元素中的每个元素都是 int 类型。

阅读多维数组的声明时，从数组名开始向右读，一对方括号为一组。读完最后一对方括号后，跳回声明的开头，确定该数组的基本数据类型。

如图 15.3 所示，也可按“数组的数组”的方式来理解多维数组。

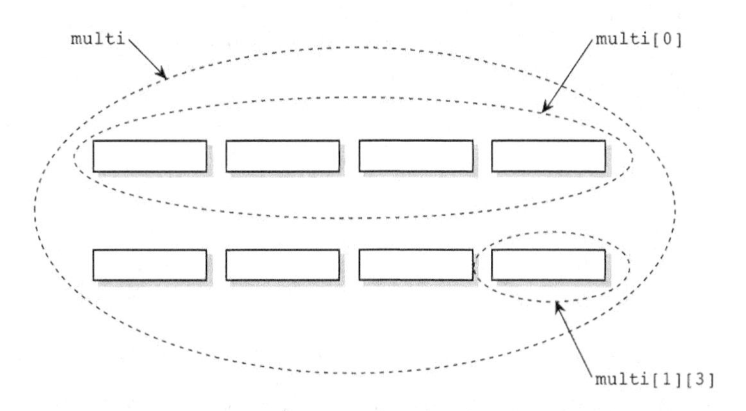

图 15.3　可将二维数组视为一个由数组组成的数组

现在，我们回到指针的主题（毕竟本课主要介绍指针）。前面的课程介绍过，可将数组名视为指针。与一维数组类似，多维数组名也是指向数组第 1 个元素的指针。继续以 multi 数组为例。multi 是指向二维数组（声明为 int multi[2][4]）第 1 个元素的指针。那么，multi 数组的第 1 个元素是什么？由于 multi 是一个包含数组的数组，因此它的第 1 个元素是 multi[0]（该元素中包含 4 个 int 类型的变量），而不是 int 类型的变量 multi[0][0]。

既然 multi[0]也是一个数组，那么它是否也指向某处？的确如此。multi[0]指向它的第 1 个元素 multi[0][0]。multi[0]为何也是一个指针？记住，数组名是指向该数组第 1 个元素的指针。multi[0]（不带最后一对方括号）是该数组第 1 个元素 multi[0][0]的名称，因此它是一个指针。

上述内容较难理解，如果读者不太明白，不用担心。对于 n 维数组，请记住以下规则：

- 数组名后有 n 对方括号时（每对方括号中都有合适的索引），将其视为数组数据（即，数据被储存在指定的数组元素中）；
- 数组名后的方括号少于 n 对时，将其视为指向数组元素的指针。

因此，在上例中，multi 是一个指针，multi[0]也是一个指针，而 multi[0][0]才是数组数据。

下面来看看这些指针实际上指向什么。程序清单 15.1 声明了一个二维数组（类似上面声明的二维数组），然后打印指针指向位置上的值。该程序还打印了第 1 个元素的地址。

输入▼

程序清单 15.1　multiarray.c：多维数组和指针的关系

```
1:      // multiarray.c--多维数组和指针的示例
2:
3:      #include <stdio.h>
4:
5:      int multi[2][4];
6:
7:      int main( void )
8:      {
9:          printf("\nmulti = %p", multi);
10:         printf("\nmulti[0] = %p", multi[0]);
11:         printf("\n&multi[0][0] = %p\n", &multi[0][0]);
12:
13:         return 0;
14:     }
```

输出▼

```
multi = 4210752
multi[0] = 4210752
&multi[0][0] = 4210752
```

分析▼

读者在运行该程序时，输出的值（4210752）可能与本例不同，但是 3 个值是相同的。multi 数组的地址与 multi[0]数组的地址相同，与 multi[0]数组的第 1 个整数元素（multi[0][0]）的地址相同。

在该程序中，如果这 3 个值都相同，那么它们之间又有何区别？第 9 课介绍过，C 编译器知道指针指向什么。更准确地说，编译器知道指针指向内容的大小。程序清单 15.2 中，使用 sizeof()运算符以字节为单位，显示各元素的大小。

输入▼

程序清单 15.2　multiarraysize.c：确定元素的大小

```
1:      // multiarraysize.c--多维数组元素的大小
2:
3:      #include <stdio.h>
4:
5:      int multi[2][4];
6:
7:      int main( void )
8:      {
9:          printf("\nThe size of multi = %p", sizeof(multi));
10:         printf("\nThe size of multi[0] = %p", sizeof(multi[0]));
11:         printf("\nThe size of multi[0][0] = %p\n", sizeof(multi[0][0]));
12:
13:         return 0;
14:     }
```

该程序的输出如下，假设编译器使用 4 字节储存整数：

输出▼

```
The size of multi = 32
The size of multi[0] = 16
The size of multi[0][0] = 4
```

分析▼

思考这些元素大小的值。multi 数组包含两个元素，每个元素又包含 4 个整数，每个整数占用 4 字节的内存。因此，multi 数组（8 个整数）总共占用 32 字节。multi[0]是包含 4 个整数的数组。每个整数占用 4 字节，因此，multi[0]的大小为 16 字节。multi[0][0]是一个整数，因此它的大小是 4 字节。

现在，记住这些值，回顾第 9 课介绍的指针算术。C 编译器知道被指向的对象的大小，在计算时会考虑这些大小。递增指针时，其值将增加它所指向对象的大小，指向下一个对象。

将这一规律应用于 multi 数组中，multi 是指向一个数组的指针，该数组的长度为 16，包含 4 个元素 int 元素。如果递增 multi，其值应该递增 16（即，递增包含 4 个 int 元素数组的大小）。如果 multi 指向 multi[0]，那么(multi + 1)则指向 multi[1]。程序清单 15.3 演示了上述内容。

输入▼

程序清单 15.3 multiarraymarh.c：多维数组的指针算术

```
1:      // multiarraymath.c--指向多维数组的指针算术
2:
3:
4:      #include <stdio.h>
5:
6:      int multi[2][4];
7:
8:      int main( void )
9:      {
10:         printf("\nThe value of (multi) = %u", multi);
11:         printf("\nThe value of (multi + 1) = %u", (multi+1));
12:         printf("\nThe address of multi[1] = %u\n", &multi[1]);
13:
14:         return 0;
15:     }
```

输出▼

```
The value of (multi) = 4210752
The value of (multi + 1) = 4210768
The address of multi[1] = 4210768
```

分析▼

读者运行该程序后显示的值会与此不同，但是 3 个值之间的关系相同。为 multi 递增 1，其值递增 16，该指针指向数组的下一个元素 multi[1]。

本例中，multi 是指向 multi[0]的指针，而 multi[0]本身也是指针（指向 multi[0][0]）。因此，multi 是指向指针的指针。要通过 multi 来访问数组数据，必须使用两个间接运算符。下述 3 条语句的任意一条，都能打印储存在 multi[0][0]上的值：

```
printf("%d", multi[0][0]);
printf("%d", *multi[0]);
printf("%d", **multi);
```

这些概念同样适用于三维或三维以上的数组。因此，三维数组是一个包含二维数组的数组，其中每个元素是一个二维数组，而二维数组本身又由一维数组组成。

上述多维数组和指针的概念较难理解。在使用多维数组时，要牢记：n 维数组的元素是 n-1 维数组，当 n 为 1 时，此一维数组的元素便是 n 维数组声明时指定数据类型的变量。

到目前为止，我们所使用的数组名都是指针常量，不可改变。如何声明指向多维数组元素的指针变量？以 multi 数组为例，首先声明了一个二维数组：

```
int multi[2][4];
```

然后，声明一个指针 ptr，指向 multi 数组的一个元素（即，指向一个包含 4 个元素的 int 数组），可以这样写：

```
int (*ptr)[4];
```

然后让 ptr 指向 multi 数组的第 1 个元素：

```
ptr = multi;
```

读者可能会问，上面的指针声明为何要加上圆括号？因为方括号（[]）的优先级大于*，如果写成：

```
int *ptr[4];
```

那么声明的是一个包含 4 个指针的数组，其中每个指针都指向 int 类型。实际上，还可以声明指针数组。但是，现在暂时不需要这样做。

指向多维数组元素的指针有何用途？与一维数组类似，在给函数传递数组时必须使用指针。如程序清单 15.4 所示，程序中使用两种方法把多维数组传递给函数。

输入▼

程序清单 15.4　ptrmulti.c：使用指针把多维数组传递给函数

```
1:      // ptrmulti.c--把指向多维数组的指针传递给函数
2:
3:
4:      #include <stdio.h>
5:
6:      void printarray_1(int (*ptr)[4]);
7:      void printarray_2(int (*ptr)[4], int n);
8:
9:      int main( void )
10:     {
11:         int  multi[3][4] = { { 1, 2, 3, 4 },
12:                              { 5, 6, 7, 8 },
13:                              { 9, 10, 11, 12 } };
14:
15:         // ptr 是指向一个数组的指针，该数组包含 4 个 int 类型变量。
16:
17:         int (*ptr)[4], count;
18:
19:         // 设置 ptr 指向 multi 数组的第 1 个元素。
20:
21:         ptr = multi;
22:
23:         // 每次循环都递增 ptr 指向 multi 数组的下一个元素。
24:         // （即，包含 4 个元素的 int 数组中的下一个元素）
25:
```

```
26:         for (count = 0; count < 3; count++)
27:             printarray_1(ptr++);
28:
29:         puts("\n\nPress Enter...");
30:         getchar();
31:         printarray_2(multi, 3);
32:         printf("\n");
33:         return 0;
34:     }
35:
36:     void printarray_1(int (*ptr)[4])
37:     {
38:     // 打印包含 4 个元素的 int 数组的所有元素。
39:     // p 是指向 int 类型的指针。
40:     // 必须使用强制类型转换把 ptr 中的地址赋值给 p。
41:
42:         int *p, count;
43:         p = (int *)ptr;
44:
45:         for (count = 0; count < 4; count++)
46:             printf("\n%d", *p++);
47:     }
48:
49:     void printarray_2(int (*ptr)[4], int n)
50:     {
51:     // 打印 n 个数组（每个数组都包含 4 个整数）的元素。
52:
53:         int *p, count;
54:         p = (int *)ptr;
55:
56:         for (count = 0; count < (4 * n); count++)
57:             printf("\n%d", *p++);
58:     }
```

输出▼

```
1
2
3
4
5
6
7
8
9
10
11
12
Press Enter...
1
2
3
4
5
6
7
8
9
10
11
12
```

分析▼

第 11~13 行，程序声明并初始化了一个整型数组 multi[3][4]。第 6 行和第 7 行分别是 printarray_1()和 printarray_2()的函数原型，这两个函数用于打印数组的内容。

printarray_1()函数（第 36~47 行）只需要一个指针参数，该指针指向一个包含 4 个 int 元素的数组。该函数打印数组中的 4 个元素。main()第 1 次调用 printarray_1()函数时（第 27 行），将指向 multi 第 1 个元素（第 1 个包含 4 个 int 元素的数组）的指针传递给该函数。然后，在调用该函数两次，每次都递增指针，使其指向 multi 数组的下一个元素。完成 3 次调用后，multi 数组中的 12 个整数便显示在屏幕上。

printarray_2()函数采用另一种方法打印数组。该函数也接受一个指向数组（包含 4 个 int 类型的元素）的指针，但是它还需要一个 int 类型的变量，以指定多维数组包含的元素数量（即，包含 4 个 int 类型元素的数组数量）。第 31 行，调用 printarray_2()函数显示 multi 数组的所有元素。

这两个函数都是用指针表示法遍历数组中的整数。读者可能不太理解两个函数中都出现的(int *)ptr（第 43 行和第 54 行）。(int *)表示强制类型转换，把变量的数据类型从声明的数据类型暂时转换为新的类型。在把 ptr 的值赋给 p 时，必须使用强制类型转换，因为这两个指针所指向的类型不同（p 是指向 int 类型的指针，而 ptr 是指向数组（包含 4 个 int 类型的元素）的指针）。C 语言不允许在不同类型指针之间进行赋值。强制类型转换告诉编译器：“仅将这条语句中的 ptr 视为指向 int 类型的指针。”第 21 课将详细介绍强制类型转换。

DO	DON'T

声明指向指针的指针时，要使用两个间接运算符(**)。
对指针进行递增运算时，其增加的值是它所指向类型的大小。
	声明指向数组的指针时，不要忘记使用圆括号。
	声明指向字符数组的指针，使用以下格式：
	`char (*letters)[26];`
	声明指向字符的指针数组，使用以下格式：
	`char *letters[26];`

15.3 指针数组

第 8 课介绍过，数组是一组数据存储位置，其数据类型都相同，并通过相同的名称引用它们。因为指针也是 C 语言中的数据类型，所以可以声明并使用指针数组。在某些情况下，指针数组的功能非常强大。

指针数组最常用于字符串。第 10 课中介绍过，字符串是储存在内存中的字符序列。字符串的开始位置由指向该字符串第 1 个字符的指针表示（指向 char 类型的指针），字符串的末尾由空字符标记。声明并初始化指向 char 类型的指针数组，便可通过该指针数组访问并操控大量的字符串。数组中的每个元素都指向不同的字符串，利用循环可以依次访问这些字符串。

15.3.1 复习字符串和指针

下面来复习一下第 10 课中字符串的相关内容。声明并初始化 char 类型的数组，是为字符串分配空间的一种方式：

```
char message[] = "This is the message.";
```

另外，也可以声明一个指向 char 类型的指针完成相同的任务：

```
char *message = "This is the message.";
```

上述两种声明是等价的。无论采用哪种方式，编译器都会分配足够的空间来储存字符串以及末尾的空字符。message 是指向字符串开始位置的指针。但是，下面两条声明，情况如何？

```
char message1[20];
char *message2;
```

第 1 行声明了一个 char 类型的数组，最多只能包含 20 个字符，message1 是指向该数组开始位置的指针。虽然已分配了数组的空间，但是并未初始化该数组，因此数组中的内容是不确定的。第 2 行声明了一个指向 char 类型的指针 message2，该声明并未分配用于储存字符串的空间，仅分配了储存指针的空间。如果要创建一个字符串，并让 message2 指向它，就必须首先为字符串分配空间（第 10 课中介绍过如何使用 malloc()内存分配函数来为字符串分配空间）。记住，对于任何字符串，都必须先为其分配存储空间。可以通过声明在编译时分配，或者通过 malloc()或其他内存分配函数在运行期分配。

15.3.2 声明指向 char 类型的指针数组

复习完字符串和指针的相关内容，那么如何声明指针数组？下面声明了一个指针数组，该数组包含 10 个指向 char 类型的指针：

```
char *message[10];
```

message[]数组的每个元素都是一个指向 char 类型的指针。可以在声明数组时初始化它，为其分配存储空间：

```
char *message[10] = { "one", "two", "three" };
```

该声明完成了以下任务：

- 分配了一个名为message、包含 10 个元素的数组，message 数组的每个元素都是指向 char 类型的指针；
- 在内存中分配了存储空间（无需关心具体存于何处），并储存了 3 个初始化字符串，每个字符串都以空字符结尾；
- 初始化 message[0]、message[1]、message[2]，使其分别指向"one"、"two"、"three"的第 1 个字符。

图 15.4 表明了指针数组和字符串的关系，解释了上述内容。注意，在本例中，并未初始化数组元素 message[3]~ message[9]。

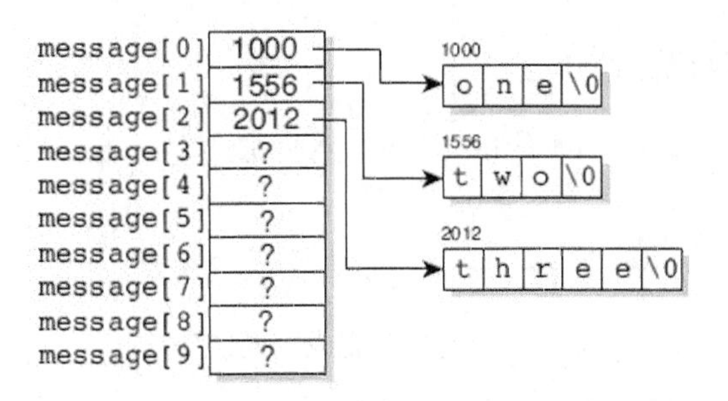

图 15.4　指向 char 类型的指针数组

程序清单 15.5 是使用指针数组的示例。

输入▼

程序清单 15.5　messag.c：初始化并使用指向 char 类型的指针数组

```
1:      // message.c--初始化指向 char 类型的指针数组
2:
3:      #include <stdio.h>
4:
5:      int main( void )
6:      {
7:          char *message[8] = { "Four", "score", "and", "seven",
8:                               "years", "ago,", "our", "forefathers" };
9:          int count;
10:
11:         for (count = 0; count < 8; count++)
12:             printf("%s ", message[count]);
13:         printf("\n");
14:
15:         return 0;
16:     }
```

输出▼

```
Four score and seven years ago, our forefathers
```

分析▼

该程序声明了一个包含 8 个指针（指向 char 类型）的数组，并初始化这些指针分别指向 8 个不同的字符串（第 7 行和第 8 行）。然后使用 for 循环（第 11 行和第 12 行）在屏幕上显示所有的元素。

读者也许看出来了，操控指针数组比操控字符串本身容易。在复杂的程序中（如本课后面的一个程序示例），特别是使用函数时指针数组的优势尤为明显。传递指针数组比传递多个字符串容易得多。接下来，我们重写程序清单 15.5，使用函数来显示那些字符串。如程序清单 15.6 所示。

输入▼

程序清单 15.6　message2.c：把指针数组传递给函数

```
1:      // message2.c--把指针数组传递给函数
2:
3:      #include <stdio.h>
4:
5:      void print_strings(char *p[], int n);
6:
7:      int main( void )
8:      {
```

```
 9:        char *message[8] = { "Four", "score", "and", "seven",
10:                             "years", "ago,", "our", "forefathers" };
11:
12:        print_strings(message, 8);
13:        return 0;
14:    }
15:
16:    void print_strings(char *p[], int n)
17:    {
18:        int count;
19:
20:        for (count = 0; count < n; count++)
21:            printf("%s ", p[count]);
22:        printf("\n");
23:    }
```

输出▼

```
Four score and seven years ago, our forefathers
```

分析▼

print_strings()函数需要两个参数（第16行），一个是指向char类型的指针数组，一个是数组的元素数目。因此，print_strings()函数可用于打印指针数组指向的任何字符串。

本课前面提到，后面会演示如何使用指向指针的指针。程序示例15.6就是这样的示例，该程序示例声明了一个指针数组，其数组名就是指向该数组第1个元素的指针。给函数传递该数组时，传递的便是指向指针（即，数组的第1个元素）的指针（即，数组名）。

15.3.3 示例

接下来介绍更复杂的示例。程序清单15.7中使用了许多前面介绍过的编程技巧，其中包括指针数组。该程序接受用户从键盘输入的多行数据，在读取数据时为其分配内存空间，并使用指向char类型的指针数组记录这些内容。用户输入完毕后键入空行时，程序将按顺序排序字符串并在屏幕显示出来。

如果重头开始编写这个程序，应该从结构化编程的角度来设计它。首先，列出程序要完成的任务。

1. 读取用户从键盘键入的多行文本，一次一行，直至用户输入空行。
2. 按字母顺序对输入的多行文本进行排序。
3. 将已排序的各行文本显示在屏幕上。

上述列出的任务表明，该程序至少要有3个函数：一个接受用户的输入、一个排序文本、一个显示已排序的文本。可以单独地设计这3个函数。输入函数（get_lines()）应完成哪些任务？同样，我们列出以下清单。

1. 记录用户输入的文本行数，在用户输入完毕后把这个值返回给主调程序。
2. 不允许用户输入的行数超过指定的最大值。
3. 为每行文本分配存储空间。
4. 把指向字符串的指针储存在数组中，以记录所有的文本行。

5. 用户键入空行后，程序返回主调程序。

接下来，分析第 2 个函数——对文本进行排序的函数，可命名为 sort()。这里使用的排序技术很简单，通过比较相邻两个字符串，如果后一个字符串小于当前的字符串，则交换它们的位置。更准确地说，该函数比较的是，指针数组中相邻的两个指针所指向的字符串，必要时交换两个指针的位置。

为确保排序的完整性，必须从头到尾遍历数组，两两字符串比较，必要时交换彼此的位置。对于一个包含 n 个元素的数组，必须遍历 n-1 次。这是为何？每次遍历数组，某元素最多移动一个位置。例如，如果本应排在第 1 的字符串位于最后，在第 1 次遍历时，它会被移至倒数第 2；第 2 次遍历时，它再向前移动一个位置，以此类推。因此，需要 n-1 次遍历才能将其移动到最前面。

注意，这是一种低效笨拙的排序方法。但是，这种方法容易理解，也方便实现。用于该程序中的排序绰绰有余。

最后一个函数把已排序的字符串显示在屏幕上。实际上，程序清单 15.6 已经包含了这样的函数，只需稍作修改便可用于程序清单 15.7 中。

输入▼

程序清单 15.7　sort.c：读取用户从键盘输入的文本行，按字母顺序排序，并显示已排序的文本

```
1:      // sort.c--输入用户从键盘键入的一系列字符串，
2:      // 将其排序，并将已排序的字符串显示在屏幕上。
3:      #include <stdlib.h>
4:      #include <stdio.h>
5:      #include <string.h>
6:
7:      #define MAXLINES 25
8:
9:      int get_lines(char *lines[]);
10:     void sort(char *p[], int n);
11:     void print_strings(char *p[], int n);
12:
13:     char *lines[MAXLINES];
14:
15:     int main( void )
16:     {
17:         int number_of_lines;
18:
19:         // 输入用户从键盘键入的字符串
20:
21:         number_of_lines = get_lines(lines);
22:
23:         if ( number_of_lines < 0 )
24:         {
25:             puts(" Memory allocation error");
26:             exit(-1);
27:         }
28:
29:         sort(lines, number_of_lines);
30:         print_strings(lines, number_of_lines);
31:         return 0;
32:     }
33:
34:     int get_lines(char *lines[])
35:     {
```

```
36:         int n = 0;
37:         char buffer[80];  // 临时储存每行
38:
39:         puts("Enter one line at time; enter a blank when done.");
40:
41:         while ((n < MAXLINES) && (gets(buffer) != 0) &&
42:                (buffer[0] != '\0'))
43:         {
44:             if ((lines[n] = (char *)malloc(strlen(buffer)+1)) == NULL)
45:                 return -1;
46:             strcpy( lines[n++], buffer );
47:         }
48:         return n;
49:
50:     } // get_lines()结束
51:
52:     void sort(char *p[], int n)
53:     {
54:         int a, b;
55:         char *tmp;
56:
57:         for (a = 1; a < n; a++)
58:         {
59:             for (b = 0; b < n-1; b++)
60:             {
61:                 if (strcmp(p[b], p[b+1]) > 0)
62:                 {
63:                     tmp = p[b];
64:                     p[b] = p[b+1];
65:                     p[b+1] = tmp;
66:                 }
67:             }
68:         }
69:     }
70:
71:     void print_strings(char *p[], int n)
72:     {
73:         int count;
74:
75:         for (count = 0; count < n; count++)
76:             printf("%s\n", p[count]);
77:     }
```

输出▼

```
Enter one line at time; enter a blank when done.
Katie
Maddie
Christopher
Benjamin
Andrew
Thomas
Margaret
John
Alice

Alice
Andrew
Benjamin
Christopher
John
Katie
Maddie
Margaret
Thomas
```

分析▼

有必要认真分析该程序的一些细节。程序中使用了一些新的库函数用于操控各种类型的字符串，这里将简要地介绍一下，欲了解这些函数的详细内容，请参阅第 18 课。要使用这些函数，必须在程序中包含 string.h 头文件。

get_lines()函数中，利用 while 循环（第 41~47 行）控制输入：

```
while ((n < MAXLINES) && (gets(buffer) != 0) && (buffer[0] != '\0'))
```

while 循环的测试条件有 3 个部分。第 1 个部分（n < MAXLINES）确保用户输入的文本行不超过指定的最大值。第 2 部分（gets(buffer) != 0）调用 gets()库函数将用户从键盘键入的文本行读入 buffer 中，并检查是否达到文件末尾（EOF）或发生其他错误。第 3 部分（buffer[0] != '\0'）检查输入的文本行的第 1 个字符是否为空字符，如果是，则说明用户输入的是空行。

如果上述 3 个条件都不满足，则结束 while 循环。然后把输入的文本行数作为返回值，返回主调程序。如果 3 个条件都满足，则执行下面的 if 语句（第 44 行）：

```
if ((lines[n] = (char *)malloc(strlen(buffer)+1)) == NULL)
```

调用 malloc()为输入的字符串分配存储空间。strlen()函数返回传递给它的字符串的长度，该值加上 1 作为 malloc()的参数，以分配足够的空间储存整个字符串和末尾的空字符。第 44 行 malloc()前面的(char *)是强制类型转换，把 malloc()返回的指针类型强制转换成指向 char 类型的指针。第 21 课将详细介绍相关内容。

库函数 malloc()返回一个指针。上面的 if 语句头中，将 malloc()返回的指针赋给指针数组中相应的元素。如果 malloc()函数返回 MULL，则 if 循环将返回值-1 返回给主调程序。main()中的代码检查 get_lines()的返回值是否小于 0，如果小于 0，程序将报告内存分配错误，然后终止程序（第 23~27 行）。

如果成功分配内存，该程序使用 strcpy()函数（第 46 行）把字符串从临时存储位置 buffer 拷贝到 malloc()分配的内存空间中。然后 while 循环重复读取下一行输入。

get_lines()执行完毕并返回 main()后，继续完成以下任务（假设内存分配成功）：

- 读取用户从键盘输入的文本行，并将其作为以空字符结尾的字符串储存到内存中；
- lines[]数组包含的指针都指向已储存的字符串，这些指针在数组中的顺序与字符串的输入顺序相同；
- 变量 number_of_lines 储存输入的文本行数。

接下来进行排序。记住，实际上并未移动字符串，只交换了数组 lines[]中的指针顺序。查看 sort()函数中的代码，其中包含一个嵌套 for 循环（第 57~68 行）。外层循环执行 number_of_lines-1 次。外层循环执行一次，内存循环就遍历指针数组一次（n 从 0 到 number_of_lines-1），通过库函数 strcmp()（第 61 行）比较两个相邻的字符串（即，第 n 个和第 n+1 个）。该函数接受两个指向字符串的指针。strcmp()函数的返回值有如下 3 种情况：

- 如果第 1 个字符串大于第 2 个字符串，则返回一个大于 0 的值；
- 如果两个字符串相同，则返回 0；
- 如果第 1 个字符串小于第 2 个字符串，则返回一个小于 0 的值。

该程序中，strcmp()函数的返回值大于 0 说明第 1 个字符串“大于”第 2 个字符串，必须交换它们（也就是说，必须交换 lines[]中对应的指针）。第 63~65 行，使用临时变量 tmp 完成了交换。

sort()执行完毕后，程序会正确地排列 lines[]中的指针：指向“最小”字符串的指针位于 lines[0]，指向“次小”字符串的指针位于 lines[1]，以此类推。假设用户输入以下几行文本：

```
dog
apple
zoo
program
merry
```

调用 sort()函数之前的情况，见图 15.5；调用 sort()函数之后的情况，见图 15.6。

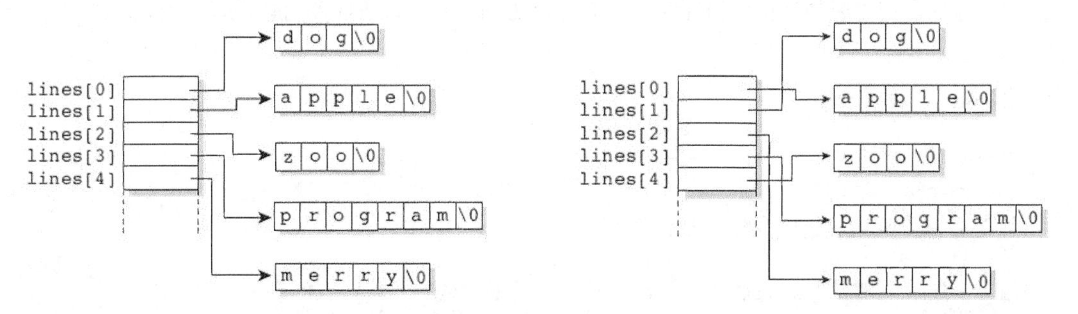

图 15.5 排序前，指针的顺序与输入的字符串顺序相同　　图 15.6 排序后，指针按字符串字母顺序排列

最后，程序调用 print_strings()函数将排序后的字符串显示在屏幕上。这与前面示例中使用的函数类似。

程序清单 15.7 是本书到目前为止最复杂的程序。该程序使用了前面课程中许多编程技巧。学习了前面的示例，有助于理解该程序的思路及细节。如果有不明白的地方，请复习本书前面的内容，直到完全弄懂为止。

15.4 小 结

本课介绍了指针的一些高级用法。指针是 C 语言的核心内容，不使用指针的 C 程序很少。本课介绍了如何使用指向指针的指针，以及如何用指针数组处理字符串。C 语言把多维数组看作是数组的数组，可以使用指针来处理这种数组。

15.5 答 疑

问：指向指针的指针可以有多少层？

答：请参阅编译器的使用手册，了解编译器是否对此做了限制。通常，不需要创建 3 层以上的指针（指向指针的指针的指针）。大多数程序最多不会超过两层。

问：指向字符串的指针和指向字符数组的指针有何区别？

答：没有。字符串可以看作是字符数组（末尾是`\0`的字符数组）。

15.6 课后研习

课后研习包含小测验和练习题。小测验帮助读者理解和巩固本课所学概念，练习题有助于读者将理论知识与实践相结合。

15.6.1 小测验

1. 编写代码，声明一个 `float` 类型的变量，声明并初始化一个指向该变量的指针，声明并初始化一个指向该指针的指针。

2. 根据上一题，假设要使用指向指针的指针把 `100` 赋给变量 `x`，下面的语句是否正确？

```
*ppx = 100;
```

   如果不正确，如何改正？

3. 假设声明了一个数组：

```
int array[2][3][4];
```

   在 C 编译器看来，该数组的结构是什么？

4. 根据第 3 题声明的数组，表达式 `array[0][0]`表示什么？

5. 根据第 3 题声明的数组，下述比较哪些为真？

```
array[0][0] == &array[0][0][0];
array[0][1] == array[0][0][1];
array[0][1] == &array[0][1][0];
```

6. 写一个函数原型，该函数接受指向 `char` 类型的指针数组，并返回 `void`。

7. 第 6 题的函数如何知道传递给它的指针数组包含多少个元素？

8. 下述声明分别声明了什么？

   a. `int *var1;`
   b. `int var2;`
   c. `int **var3;`

9. 下述声明分别声明了什么？

   a. `int a[3][12];`
   b. `int (*b)[12];`
   c. `int *c[12];`

15.6.2 练习题

1. 声明一个指针数组，包含 10 个指向 `char` 类型的指针。

2. **排错**：下面的代码有哪些错误？

```
int x[3][12];
int *ptr[12];
ptr = x;
```

由于以下练习有多种解决方案，因此附录 D 没有提供答案。

3. **选做题**：编写一个程序。声明一个 12×12 的字符数组，把 X 字符存入每个元素中，然后使用指向数组的指针，以网格形式将数组中的值打印在屏幕上。

第 16 课

函数指针和链表

上一课介绍了一些指针的高级用法，表现了指针的优势（特别是对于数组）。本课，将进一步学习其他指针的技巧，提高编程能力和创造力。本课将介绍以下内容：

- 如何声明函数指针
- 如何使用指针创建链表来储存数据

16.1 函数指针

函数指针（即，指向函数的指针）是调用函数的另一种方式。读者可能质疑："等等，指针如何能指向函数？指针储存的不是变量的地址吗？"

虽然指针储存的是变量的地址，但也并非只能储存变量的地址。程序在运行时，代码中的每个函数都被加载至以特殊地址开始的内存中。函数指针储存的是函数的开始地址——函数的入口。

为何要使用函数指针？因为它提供了一种调用函数更灵活的方式。程序通过函数指针可以在多个函数中调用最符合当前情况的函数。

16.1.1 声明函数指针

与所有的 C 变量一样，在使用函数指针之前必须先声明它。函数指针的通用声明格式如下：

```
type (*ptr_to_func)(parameter_list);
```

该声明把 ptr_to_func 声明为函数指针（该函数的返回类型是 *type*），并且接受 *parameter_list* 中的参数。下面是一些更具体的例子：

```
int (*func1)(int x);
void (*func2)(double y, double z);
char (*func3)(char *p[]);
void (*func4)();
```

第 1 行声明的函数指针 func1 指向接受一个 int 类型参数并返回 int 类型的函数。第 2 行声明的函数指针 func2 指向接受两个 double 类型参数并返回 void 类型的函数（无返回值）。第 3 行声明了函数指针 func3，该函数接受一个指针数组（该数组中包含的指针指向 char 类型），其返回类型为 char。最后一行声明的函数指针 func4 指向的函数没有任何参数，其返回类型为 void。

为何要用圆括号把*和指针名括起来？第 1 行的声明是否可以写成：

```
int *func1(int x);
```

把*和指针名括起来的原因是，间接运算符（*）的优先级比函数参数列表的圆括号低。如果删除第 1 行声明中*和指针两侧的圆括号（如上面声明所示），则声明的 func1 便成为一个函数，其返回类型是指向 int 类型的指针（返回指针的函数将在第 19 课中介绍）。声明函数指针时，一定要把间接运算符和指针名用圆括号括起来，否则会出问题。

16.1.2 初始化函数指针及其用法

声明函数指针后，还必须初始化它指向某个函数。对于被指向的函数，其返回类型和参数列表必须与函数指针的声明相匹配。例如，以下代码声明并定义了一个函数和一个指向该函数的指针：

```
float square(float x);    // 函数原型
float (*ptr)(float x);    // 函数指针的声明
float square(float x)     // 函数定义
{
   return x * x;
}
```

由于 square()和指针 ptr 的参数和返回类型都相同，因此也可以这样做：

```
ptr = square;
```

然后，便可通过指针调用该函数：

```
answer = ptr(x);
```

这非常简单。程序清单 16.1 是一个完整的示例，读者可以编译并运行它。该程序声明并初始化了一个函数指针，然后调用该函数两次。第 1 次通过函数名调用，第 2 次通过指针调用。两次调用的结果都相同。

输入▼

程序清单 16.1 ptrfunc.c：用函数指针调用函数

```
1:      // ptrfunc.c--声明并使用函数指针
2:
3:      #include <stdio.h>
4:
5:      // 函数原型
6:
7:      double square(double x);
8:
9:      // 声明函数指针
10:
11:     double (*ptr)(double x);
12:
13:     int main( void )
14:     {
15:         // 让指针指向 square()
16:
17:         ptr = square;
18:
19:         // 用两种方式调用 square()
20:         printf("%f  %f\n", square(6.6), ptr(6.6));
21:         return 0;
22:     }
23:
24:     double square(double x)
25:     {
26:         return x * x;
```

```
27:         }
```

输出▼

```
43.560000 43.5600000
```

注意

由于精度的影响，显示的某些数字可能与实际值不符。例如，43.56 可能显示为 43.559999。

分析▼

第 7 行声明了 square()函数。第 11 行声明了一个函数指针，指向接受一个 double 参数并返回类型为 double 的函数。这与 square()函数的声明匹配。第 17 行把 square 赋值给 ptr，这里并未在 square 和 ptr 后面加上圆括号。第 20 行打印 square()和 ptr()的返回值。

函数名（不带圆括号）是指向该函数的指针（看上去与数组类似）。既然如此，声明并使用单独的函数指针有何意义？函数名本身是一个指针常量，不能被改变（这也与数组类似）。但是，可以改变指针变量。因此，我们可以让函数指针指向不同的函数。

程序清单 16.2 调用一个函数，并把一个整型参数传递给它。根据不同的参数值，函数初始化指针指向 3 个不同的函数。然后通过指针调用相应的函数，每个函数都在屏幕上显示特定的消息。

输入▼

程序清单 16.2　ptrfunc2.c：用函数指针根据不同情况调用不同的函数

```
1:      // ptrfunc2.c--通过指针调用不同的函数
2:
3:      #include <stdio.h>
4:
5:      // 函数原型
6:
7:      void func1(int x);
8:      void one(void);
9:      void two(void);
10:     void other(void);
11:
12:     int main( void )
13:     {
14:         int nbr;
15:
16:         for (;;)
17:         {
18:             puts("\nEnter an integer between 1 and 10, 0 to exit: ");
19:             scanf("%d", &nbr);
20:
21:             if (nbr == 0)
22:                 break;
23:             func1(nbr);
24:         }
25:         return 0;
26:     }
27:
28:     void func1(int val)
29:     {
30:         // 函数指针
31:
```

```
32:         void (*ptr)(void);
33:
34:         if (val == 1)
35:             ptr = one;
36:         else if (val == 2)
37:             ptr = two;
38:         else
39:             ptr = other;
40:
41:         ptr();
42:     }
43:
44:     void one(void)
45:     {
46:         puts("You entered 1.");
47:     }
48:
49:     void two(void)
50:     {
51:         puts("You entered 2.");
52:     }
53:
54:     void other(void)
55:     {
56:         puts("You entered something other than 1 or 2.");
57:     }
```

输出▼

```
Enter an integer between 1 and 10, 0 to exit:
2
You entered 2.
Enter an integer between 1 and 10, 0 to exit:
9
You entered something other than 1 or 2.
Enter an integer between 1 and 10, 0 to exit:
0
```

分析▼

该程序采用一个无限循环（第 16~24 行），直到用户输入 0。当用户输入非零值时，该值将被传递给 func1()。注意，在 func1()中声明了一个函数指针 ptr（第 32 行），它只能在 func1()中可见。由于程序中的其他部分不用访问该函数指针，因此将其放在 func1 中很合适。然后，func1()根据用户输入的不同值，把相应的函数赋值给 ptr（第 34~39 行）。接着，第 41 行再单独调用 ptr()，这相当于调用相应的函数。当然，该程序只是为了演示函数指针的用法。不使用函数指针，也能轻松完成相同的任务。

接下来介绍另一种使用指针来调用不同函数的方法：把函数指针传递给函数。程序清单 16.3 是程序清单 16.2 的修订版。

输入▼

程序清单 16.3　passptr.c：使用 printf()函数显示数值

```
1:      // passptr.c--把函数指针作为参数传递给函数
2:
3:      #include <stdio.h>
4:
5:      // 函数原型
```

```
6:      // 函数 func1()接受一个函数指针参数，
7:      // 该指针指向的函数不接受任何参数，也没有返回值。
8:
9:      void func1(void (*p)(void));
10:     void one(void);
11:     void two(void);
12:     void other(void);
13:
14:     int main( void )
15:     {
16:         // 函数指针
17:         void (*ptr)(void);
18:         int nbr;
19:
20:         for (;;)
21:         {
22:             puts("\nEnter an integer between 1 and 10, 0 to exit: ");
23:             scanf("%d", &nbr);
24:
25:             if (nbr == 0)
26:                 break;
27:             else if (nbr == 1)
28:                 ptr = one;
29:             else if (nbr == 2)
30:                 ptr = two;
31:             else
32:                 ptr = other;
33:             func1(ptr);
34:         }
35:         return 0;
36:     }
37:
38:     void func1(void (*p)(void))
39:     {
40:         p();
41:     }
42:
43:     void one(void)
44:     {
45:         puts("You entered 1.");
46:     }
47:
48:     void two(void)
49:     {
50:         puts("You entered 2.");
51:     }
52:
53:     void other(void)
54:     {
55:         puts("You entered something other than 1 or 2.");
56:     }
```

输出▼

```
Enter an integer between 1 and 10, 0 to exit:
2
You entered 2.
Enter an integer between 1 and 10, 0 to exit:
11
You entered something other than 1 or 2.
Enter an integer between 1 and 10, 0 to exit:
0
```

分析▼

注意程序清单 16.2 和程序清单 16.3 之间的区别。函数指针的声明被移至 main()函数中（第 17 行），因为 main()函数中要使用它。在 main()中，根据用户输入的不同值，将不同的函数赋给 ptr（第 25~32 行），然后，把 ptr 传递给 func1()函数。实际上，func1()函数在程序清单 16.3 中的唯一作用是调用 ptr 指向的函数。再次提醒读者，这样做只是为了演示用法。编写实际生活中使用的程序也可以这样使用函数指针。

还有一种情况——排序，可能也会用到函数指针。有时需要根据不同的条件进行排序。例如，有时按字母顺序排序，有时按字母逆序排序。通过函数指针，程序便可根据实际情况调用相应的排序函数。更准确地说，通常要调用不同的比较函数。

请读者查看上一课的程序清单 15.7。实际上，在 sort()函数中，排序的顺序是由 strcmp()库函数的返回值来决定的。该返回值告诉程序，给定字符串是“大于”还是“小于”相邻的字符串。如果编写两个比较函数——一个按字母顺序排列（即，A 小于 Z），一个按字母逆序排列（即，A 大于 Z），会怎样？程序可以询问用户按何种顺序排列，通过函数指针，可以调用相应的比较函数。程序清单 16.4 是程序清单 15.7 的修订版。

输入▼

程序清单 16.4　ptrsort.c：用函数指针控制排序的顺序

```
1:      // ptrsort.c--从键盘输入一系列字符串，
2:      // 将其按升序或降序排列，
3:      // 然后，把排序后的字符串显示在屏幕上。
4:      #include <stdlib.h>
5:      #include <stdio.h>
6:      #include <string.h>
7:
8:      #define MAXLINES 25
9:
10:     int get_lines(char *lines[]);
11:     void sort(char *p[], int n, int sort_type);
12:     void print_strings(char *p[], int n);
13:     int alpha(char *p1, char *p2);
14:     int reverse(char *p1, char *p2);
15:
16:     char *lines[MAXLINES];
17:
18:     int main( void )
19:     {
20:         int number_of_lines, sort_type;
21:
22:         // 从键盘读入多行字符串
23:
24:         number_of_lines = get_lines(lines);
25:
26:         if ( number_of_lines < 0 )
27:         {
28:             puts("Memory allocation error");
29:             exit(-1);
30:         }
31:
32:         puts("Enter 0 for reverse order sort, 1 for alphabetical:" );
33:         scanf("%d", &sort_type);
```

```
34:
35:         sort(lines, number_of_lines, sort_type);
36:         print_strings(lines, number_of_lines);
37:         return 0;
38:     }
39:
40:     int get_lines(char *lines[])
41:     {
42:         int n = 0;
43:         char buffer[80];  // 临时储存每一行字符串
44:
45:         puts("Enter one line at time; enter a blank when done.");
46:
47:         while (n < MAXLINES && gets(buffer) != 0 && buffer[0] != '\0')
48:         {
49:             if ((lines[n] = (char *)malloc(strlen(buffer)+1)) == NULL)
50:                 return -1;
51:             strcpy( lines[n++], buffer );
52:         }
53:         return n;
54:
55:     } // get_lines()结束
56:
57:     void sort(char *p[], int n, int sort_type)
58:     {
59:         int a, b;
60:         char *x;
61:
62:         // 函数指针
63:
64:         int (*compare)(char *s1, char *s2);
65:
66:         // 根据 sort_type 参数的值,
67:         // 让指针指向相应的比较函数。
68:
69:         compare = (sort_type) ? reverse : alpha;
70:
71:         for (a = 1; a < n; a++)
72:         {
73:             for (b = 0; b < n-1; b++)
74:             {
75:                 if (compare(p[b], p[b+1]) > 0)
76:                 {
77:                     x = p[b];
78:                     p[b] = p[b+1];
79:                     p[b+1] = x;
80:                 }
81:             }
82:         }
83:     }  // sort()结束
84:
85:     void print_strings(char *p[], int n)
86:     {
87:         int count;
88:
89:         for (count = 0; count < n; count++)
90:             printf("%s\n", p[count]);
91:     }
92:
93:     int alpha(char *p1, char *p2)
94:     // 按字母顺序比较
95:     {
96:         return(strcmp(p2, p1));
```

```
97:      }
98:
99:      int reverse(char *p1, char *p2)
100:     // 按反向字母顺序比较
101:     {
102:         return(strcmp(p1, p2));
103:     }
```

输出▼

```
Enter one line at time; enter a blank when done.
Barb
Kate
Mary
Tracy
Fran
Mike
Joe
Enter 0 for reverse order sort, 1 for alphabetical:
0
Tracy
Mike
Mary
Kate
Joe
Fran
Barb
```

分析▼

main()中的第 32 行和第 33 行询问用户希望按哪种方式排列字符串。用户输入的值被储存在 sort_type 中。该值将与程序清单 15.7 中描述的其他信息一起被传递给 sort()函数。这里对 sort()函数做了两处修改。第 64 行声明了一个指向 compare()函数的指针，该函数接受两个指向 char 类型的指针（字符串）。第 69 行根据 sort_type 的值，将两个新增函数（alpha()和 reverse()）的其中一个赋给 compare。其中，alpha()函数使用了 strcmp()库函数，这与程序清单 15.7 中使用的方法相同；而 reverse()则通过交换两个参数的位置实现反序排列。

DO	DON'T

声明函数指针时，一定要使用圆括号。
下面声明了一个函数指针，指向无参数且返回 char 类型的函数：
`char (*func)();`
下面声明的是一个函数，该函数没有参数，返回指向 char 类型的指针：
`char *func();`
	不要使用未初始化的指针。
	不要把函数指针指向与其参数列表和返回类型不匹配的函数。

16.2 链　表

链表（*linked list*）是一种很有用的数据存储方式，在 C 语言中很容易实现。为何在介绍指针时讨论链表？读者很快就会明白，指针是链表的核心。

链表有多种，包括单项链表、双向链表和二叉树。这些链表用于储存不同类型的数据，其共性是：

各数据项中的信息以指针的形式定义了数据项之间的链接。这点与数组完全不同，数组是以储存数据项及其布局来链接各数据项。本节介绍最简单的链表：单项链表（简称为链表）。

16.2.1　链表的基本知识

链表中的数据项被储存在一个结构中（第 11 课介绍过结构）。结构中的数据元素用于储存数据，具体是什么元素取决于程序的需求。另外，结构中还包含一个指针。该指针用于链接链表中的各项。下面是一个简单的例子：

```
struct person {
    char name[20];
    struct person *next;
};
```

以上代码声明了一个 person 类型的结构。person 包含一个可容纳 20 个元素的字符数组。对于这样简单的数据，通常不会使用链表。这里只是为了讲解知识点，举一个简单的例子。person 结构还包含一个指向 person 类型的指针，换言之，该指针指向另一个同类型的结构。这说明 person 类型的结构不但可以储存一系列数据，还可以指向另一个 person 结构。图 16.1 说明了链表中结构是如何链接的。

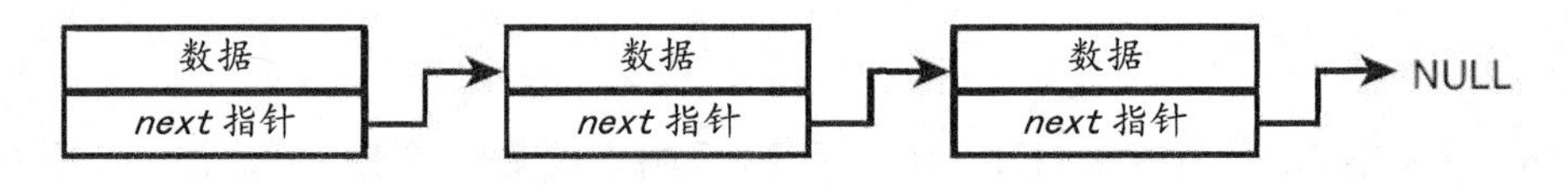

图 16.1　链表中的链接

注意，图 16.1 中，每个 person 结构都指向下一个 person 结构，但是最后一个 person 结构指向 NULL（未指向任何内容）。在链表中，指针的值是 NULL 的元素是链表的最后一个元素。

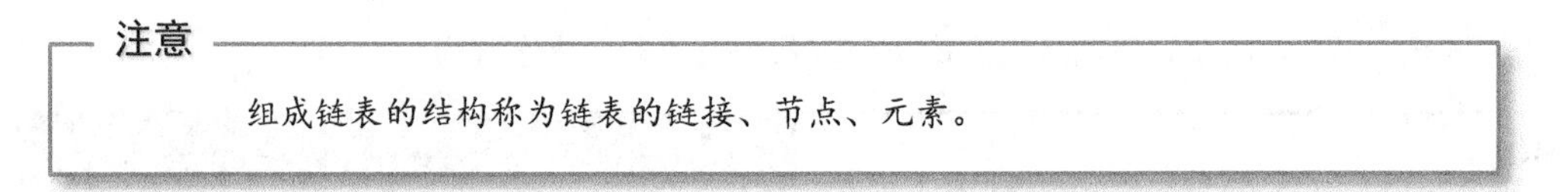

注意

组成链表的结构称为链表的链接、节点、元素。

上面介绍了如何标识链表的最后一个节点。接下来介绍如何标识第 1 个节点。我们通过一个被称为头指针（*head pointer*）的特殊指针（不是结构）来标识。头指针一定指向链表的第 1 个元素；第 1 个元素包含一个指向第 2 个元素的指针；第 2 个元素包含一个指向第 3 个元素的指针；以此类推，最后一个元素包含的指针其值为 NULL。图 16.2 解释了在链表中添加第 1 个元素前后，头指针的情况。

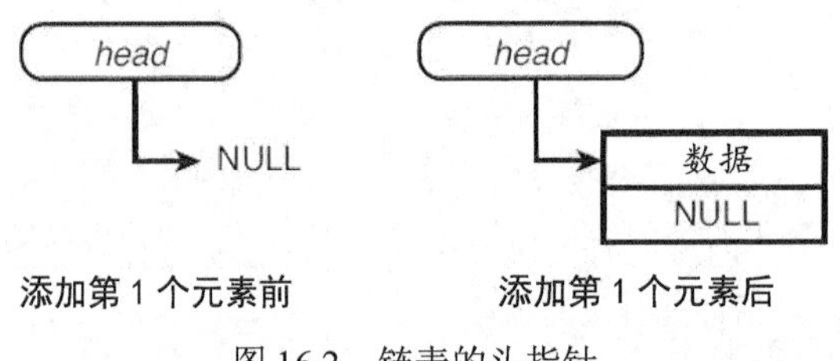

图 16.2　链表的头指针

注意

头指针是链表中指向第 1 个元素的指针。头指针有时也被称为首元素指针或顶指针。

16.2.2 使用链表

使用链表时，可以添加、删除、修改其中的元素或节点。修改元素不难，但是添加或删除元素有些麻烦。前面介绍过，链表中的元素通过指针相连。大部分添加和删除元素的工作都是通过操控指针来完成。可以将元素添加至链表的开头、中间或末尾，这取决于如何修改指针。

本课的最后将演示复杂的程序，其中包含了一个简单的链表。在查看实际的代码之前，先要了解如何使用链表。下面，继续以 person 结构为例。

(1) 前期准备

在使用链表之前，首先必须声明用于构成链表的结构和一个头指针。由于开始时链表为空，因此要将头指针初始化为 NULL。另外，还需要一个指向链表结构类型的指针，用于添加节点（可能还需要多个指针）。代码如下：

```
struct person {
   char name[20];
   struct person *next;
};
struct person *new;
struct person *head;
head = NULL;
```

(2) 在链表开头添加元素

如果头指针是 NULL，则该链表为空，新增的元素便是链表唯一的成员。如果头指针不是 NULL，则说明链表已包含一个或多个元素。然而，无论是哪种情况，把新元素添加至链表开头的步骤都相同。

1. 创建一个结构的实例，使用 malloc()分配内存空间。
2. 将新元素的 next 指针设置为头指针的当前值。如果链表为空，则设置为 NULL，否则设置为头指针的当前值。
3. 让头指针指向新的元素。

要完成上述任务的代码如下：

```
new = (person*)malloc(sizeof(struct person));
new->next = head;
head = new
```

注意 malloc()的返回值被强制类型转换，因此其返回类型是指向 person 结构的指针。

警告

必须先转换指针才能给指针赋值，次序非常重要。如果先给头指针赋值，链表会丢失。

图 16.3 说明了在空链表中添加新元素的过程，图 16.4 说明了在非空链表中添加新元素的过程。

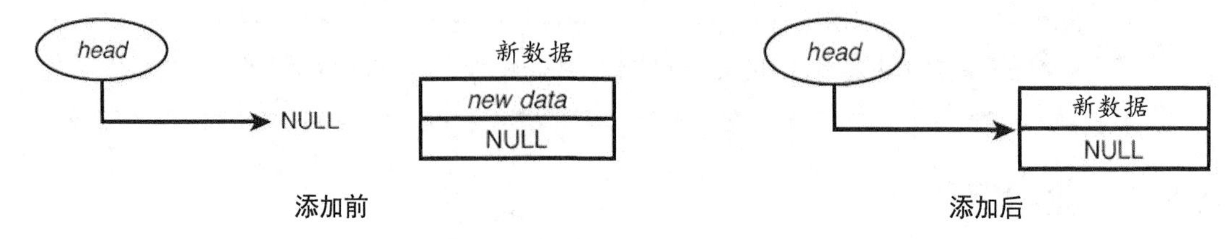

图 16.3　在空链表中添加一个新元素

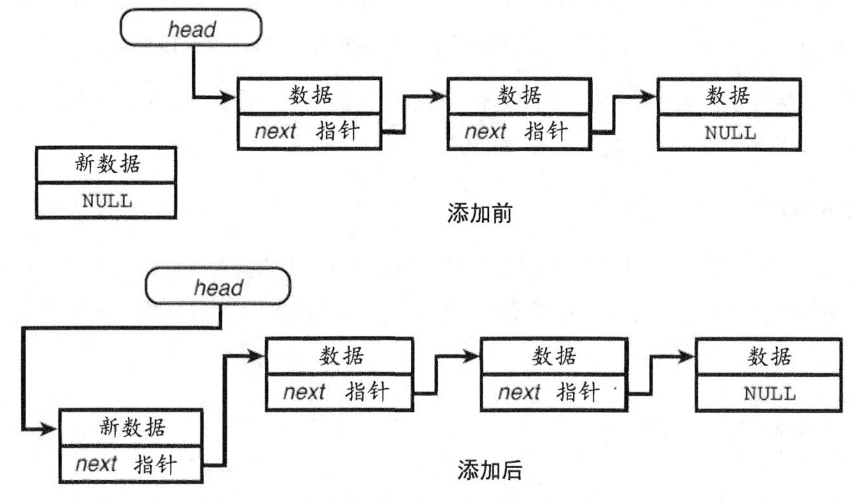

图 16.4　在非空链表的开头添加一个新元素

注意，这里用 malloc()为新元素分配内存。每次添加新元素时，只分配该元素所需的内存。也可以使用 calloc()函数来分配。不要混淆这两个函数，它们之间最大的区别是，calloc()会初始化新元素，而 malloc()不会。

警告

在上面的代码段中，并未检查 malloc()的返回值判断内存是否分配成功。在实际生活中使用程序，一定要检查内存分配函数的返回值。

提示

声明指针时，应将其声明为 NULL。切记一定要初始化指针。

(3)　在链表末尾添加元素

要在链表的末尾添加一个元素，需要从头指针开始遍历整个链表，找到链表的最后一个元素。然后执行以下步骤。

1. 创建结构的示例，使用 malloc()为其分配内存空间。
2. 把最后一个元素的 next 指针设置为指向新的元素（malloc()返回的地址）。
3. 把新元素的 next 指针设置为 NULL，表明它现在是链表的最后一个元素。

代码如下：

```
person *current;
...
```

```
current = head;
while (current->next != NULL)
    current = current->next;
new = (person*)malloc(sizeof(struct person));
current->next = new;
new->next = NULL;
```

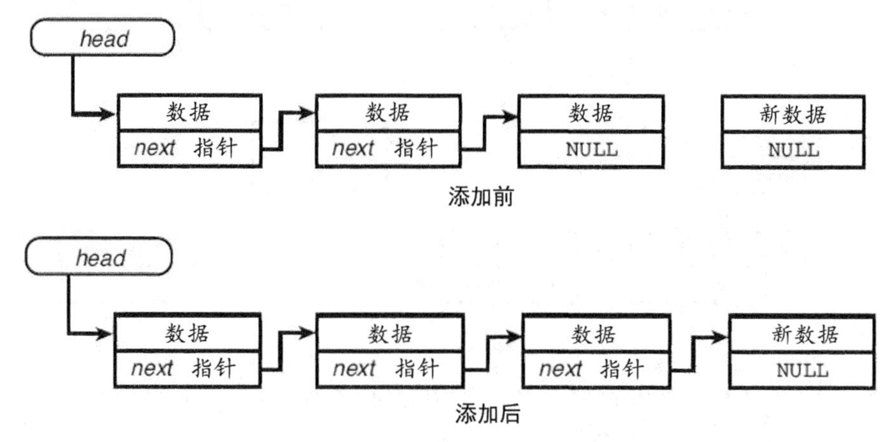

图 16.5 在链表的末尾添加一个新元素

图 16.5 说明了在链表末尾添加一个元素的过程。

(4) 在链表中间添加元素

使用链表时，大多数情况下要在链表中间添加元素。新元素具体添加在何处，取决于如何维护链表。例如，是否按一个或多个数据元素进行排序。因此，在添加元素之前，先要确定新元素要添加至链表的什么位置。其步骤如下。

1. 在链表中确定新元素将添加至哪一个元素的后面，该元素被称为标记元素。
2. 创建结构的实例，使用 malloc()分配内存空间。
3. 将标记元素的 next 指针设置为指向新元素（malloc()返回它的地址）。
4. 将新元素的 next 指针设置为指向标记元素原来指向的元素。

代码如下：

```
person *marker;
/* 此处代码设置标记元素的指针指向待添加元素 */
...
new = (LINK)malloc(sizeof(PERSON));
new->next = marker->next;
marker->next = new;
```

图 16.6 说明了在链表中间添加一个元素的过程。

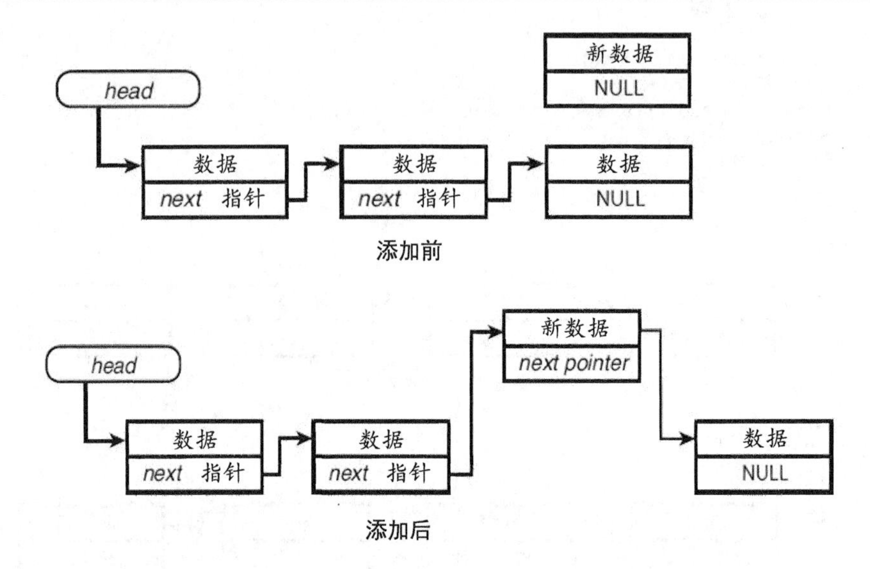

图 16.6　在链表的末尾添加一个新元素

(5)　删除链表中的元素

要删除链表中的元素，只要简单地操控指针即可。具体步骤取决于待删除元素位于链表什么位置：

- 要删除第 1 个元素，将链表中的头指针指向第 2 个元素；
- 要删除最后一个元素，将倒数第 2 个元素的 next 指针设置为 NULL；
- 要删除其他元素，将待删除元素的前一个元素的 next 指针指向待删除元素的后一个元素。

另外，必须释放待删除元素占用的内存，以防止程序占用不需要的内存（这称为*内存泄漏*）。释放内存要使用 free() 函数，第 21 课中将详细介绍该函数的内容。删除链表第 1 个元素的代码如下：

```
temp = head;
head = head->next;
free(temp);
```

删除链表最后一个元素的代码如下：

```
person *current1, *current2;
current1 = head;
current2= current1->next;
while (current2->next != NULL)
{
    current1 = current2;
    current2= current1->next;
}
free(current1->next);
current1->next = NULL;
if (head == current1)
    head = NULL;
```

删除链表中的其他元素，代码如下：

```
person *current1, *current2;
/* 此处代码要完成的是，在元素被删除之前，把 current1 指向该元素。 */
current2 = current1->next;
free(current1->next);
current1->next = current2->next;
```

完成上述步骤后，便删除了链表中的元素，因为链表中没有任何指针指向该元素。

16.2.3 简单链表示例

程序清单 16.5 演示了链表的基本用法。该程序只为了演示链表的用法而编写，不接受用户输入，除了显示大部分链表的基本用法外，并未完成任何实际用途的工作。该程序完成以下任务。

1. 声明一个链表需要的结构和指针。
2. 在链表开头添加一个元素。
3. 在链表末尾添加一个元素。
4. 在链表中间添加一个元素。

输入▼

程序清单 16.5 linkdemo.c：链表的基本用法

```
1:     // linkdemo.c--链表的基本用法
2:
3:
4:     #include <stdlib.h>
5:     #include <stdio.h>
6:     #include <string.h>
7:
8:     // 链表的 data 结构
9:     struct data {
10:        char name[20];
11:        struct data *next;
12:    };
13:
14:    // 为结构和指向该结构的指针定义 typedef
15:
16:    typedef struct data PERSON;
17:    typedef PERSON *LINK;
18:
19:    int main( void )
20:    {
21:        // 头指针、新指针和当前元素指针
22:        LINK head = NULL;
23:        LINK new = NULL;
24:        LINK current = NULL;
25:
26:        /*  添加第 1 个链表元素。
27:            虽然这个演示程序的链表一定为空,
28:            但是程序中并未假设链表为空。*/
29:
30:        new = (LINK)malloc(sizeof(PERSON));
31:        new->next = head;
32:        head = new;
33:        strcpy(new->name, "Abigail");
34:
35:        // 在链表末尾添加一个元素。
36:        // 假设链表至少有一个元素。
37:
38:        current = head;
39:        while (current->next != NULL)
40:        {
41:            current = current->next;
42:        }
```

```
43:
44:         new = (LINK)malloc(sizeof(PERSON));
45:         current->next = new;
46:         new->next = NULL;
47:         strcpy(new->name, "Carolyn");
48:
49:         // 在链表的第 2 个位置添加 1 个新元素
50:         new = (LINK)malloc(sizeof(PERSON));
51:         new->next = head->next;
52:         head->next = new;
53:         strcpy(new->name, "Beatrice");
54:
55:         // 按顺序打印所有的数据
56:         current = head;
57:         while (current != NULL)
58:         {
59:             printf("\n%s", current->name);
60:             current = current->next;
61:         }
62:
63:         printf("\n");
64:
65:         return 0;
66:     }
```

输出▼

```
Abigail
Beatrice
Carolyn
```

分析▼

第 9~12 行声明了链表需要的 data 结构。第 16 行和第 17 行为 data 结构和指向该结构的指针定义了 typedef。严格来说，没有必要这样，但是 typedef 能简化代码，因此在程序中可以使用 PERSON 和 LINK 分别代替 struct data 和 strct data *。

第 22~24 行声明了头指针和操控链表时需要使用的两个其他指针，并将这些指针都初始化为 NULL。

第 30~33 行将新的元素添加至链表的开头。第 30 行创建了一个新的结构，并为其分配了内存。注意，这里假设 malloc() 成功分配了内存，在实际的程序中千万不要这样做。第 31 行，将 head 指针赋值给新结构的 next 指针。为何不直接把 NULL 赋值给该指针？只有当链表为空时，才能这样做。但是，像程序中这样写，即使链表中包含一些元素也没问题。此时，新元素的指针指向原来的第 1 个元素。第 32 行，让 head 指针指向新的元素。第 33 行，在新元素中储存一些数据。

在链表末尾添加元素比较复杂。虽然在本例中，已知链表中只包含 1 个元素，但是在实际的程序中不能做这样的假设。因此，必须从第 1 个元素开始，遍历链表找到最后一个元素（该元素的 next 指针为 NULL）。第 38~42 行完成了这项任务。找到最后一个元素后，事情就简单了。只需创建一个新的结构并为其分配内存，让原来的最后一个元素的指针指向它，并把新元素的 next 指针设置为 NULL（因为现在该元素是链表的最后一个元素）。第 44~47 行完成了这些任务。注意，malloc() 的返回类型被强制转换为 LINK 类型（第 20 课将详细介绍强制类型转换的内容）。

接下来，要在链表的中间（该例中是第 2 个位置）添加一个新元素。为新的结构分配内存后（第 50 行），将新元素的 next 指针设置为指向原来的第 2 个元素（现在是第 3 个元素）（第 51 行）。第 1

个元素的 next 指针现在指向新元素（第 52 行）。

最后，程序打印链表中的所有内容。这非常简单，只需从 head 指针指向的元素开始，遍历链表至最后一个元素（其 next 指针为 NULL）（第 56~61 行）。

16.2.4 实现链表

介绍完如何在链表中添加元素后，接下来介绍如何使用链表。程序清单 16.6 中很长，该程序用链表储存 5 个字符。这些字符也可以是姓名、地址或其他数据。为简单起见，本例在每个节点上只储存一个字符。

该程序之所以复杂，在于添加节点的同时还排序节点。当然，该程序也因此变得很有用。根据节点的值，确定该节点被添加至链表的开头、中间还是末尾。链表中的节点都是经过排序的。如果要编写一个只在链表末尾添加节点的程序，其逻辑简单得多。但是，这样的程序用处不大。

输入▼

程序清单 16.6　linklist.c：实现一个字符链表

```
1:      /*============================================================*
2:       * 程序： linklist.c                                       *
3:       *                                                          *
4:       * 目的： 实现一个链表                          *
5:       *============================================================*/
6:      #include <stdio.h>
7:      #include <stdlib.h>
8:
9:      #ifndef NULL
10:     #define NULL 0
11:     #endif
12:
13:     /* 声明结构 */
14:     struct list
15:     {
16:         int ch;      /* 使用 int 储存字符 */
17:         struct list *next_rec;
18:     };
19:
20:     /* 结构和指针的 Typedef */
21:     typedef struct list LIST;
22:     typedef LIST *LISTPTR;
23:
24:     /* 函数原型 */
25:     LISTPTR add_to_list( int, LISTPTR );
26:     void show_list(LISTPTR);
27:     void free_memory_list(LISTPTR);
28:
29:     int main( void )
30:     {
31:         LISTPTR first = NULL;  /* 头指针 */
32:         int i = 0;
33:         int ch;
34:         char trash[256];        /* 为了清理 stdin 缓冲区 */
35:
36:         while ( i++ < 5 )       /* 根据输入的 5 个项，创建一个列表 */
37:         {
38:             ch = 0;
```

```
39:             printf("\nEnter character %d, ", i);
40:
41:             do
42:             {
43:                 printf("\nMust be a to z: ");
44:                 ch = getc(stdin);  /* 读取缓冲区中下一个字符  */
45:                 gets(trash);       /* 从缓冲区中移除 trash */
46:             } while( (ch < 'a' || ch > 'z') && (ch < 'A' || ch > 'Z'));
47:
48:             first = add_to_list( ch, first );
49:         }
50:
51:         show_list( first );          /* 显示整个列表 */
52:         free_memory_list( first );    /* 释放所有的内存 */
53:         return 0;
54:     }
55:
56:     /*==========================================================*
57:      * 函数: add_to_list()
58:      * 目的 : 在链表中插入新节点
59:      * 条目  : int ch = 待储存的字符
60:      *          LISTPTR first = 原头指针的地址
61:      * 返回 : 头指针(first)的地址
62:      *==========================================================*/
63:
64:     LISTPTR add_to_list( int ch, LISTPTR first )
65:     {
66:         LISTPTR new_rec = NULL;       /* 储存 new rec */
67:         LISTPTR tmp_rec = NULL;       /* 储存 tmp pointer          */
68:         LISTPTR prev_rec = NULL;
69:
70:         /* 分配内存 */
71:         new_rec = (LISTPTR)malloc(sizeof(LIST));
72:         if (!new_rec)      /* 分配内存失败 */
73:         {
74:             printf("\nUnable to allocate memory!\n");
75:             exit(1);
76:         }
77:
78:         /* 设置新节点的数据 */
79:         new_rec->ch = ch;
80:         new_rec->next_rec = NULL;
81:
82:         if (first == NULL)   /* 在链表中添加第 1 个节点 */
83:         {
84:             first = new_rec;
85:             new_rec->next_rec = NULL;  /* 多余步骤，但是这样做安全 */
86:         }
87:         else    /* 不是第 1 个节点 */
88:         {
89:             /* 判断是否在第 1 个节点前面 */
90:             if ( new_rec->ch < first->ch)
91:             {
92:                 new_rec->next_rec = first;
93:                 first = new_rec;
94:             }
95:             else   /* 节点被添加至中间或末尾 */
96:             {
97:                 tmp_rec = first->next_rec;
98:                 prev_rec = first;
99:
```

```
100:                /* 检查是否添加了节点 */
101:
102:                if ( tmp_rec == NULL )
103:                {
104:                    /* 正在将第 2 个节点添加至链表末尾 */
105:                    prev_rec->next_rec = new_rec;
106:                }
107:                else
108:                {
109:                    /* 检查是否添加在链表的中间 */
110:                    while (( tmp_rec->next_rec != NULL))
111:                    {
112:                        if( new_rec->ch < tmp_rec->ch )
113:                        {
114:                            new_rec->next_rec = tmp_rec;
115:                            if (new_rec->next_rec != prev_rec->next_rec)
116:                            {
117:                                printf("ERROR");
118:                                getc(stdin);
119:                                exit(0);
120:                            }
121:                            prev_rec->next_rec = new_rec;
122:                            break;   /* 已添加节点；退出 while */
123:                        }
124:                        else
125:                        {
126:                            tmp_rec = tmp_rec->next_rec;
127:                            prev_rec = prev_rec->next_rec;
128:                        }
129:                    }
130:
131:                    /* 检查是否添加至链表末尾 */
132:                    if (tmp_rec->next_rec == NULL)
133:                    {
134:                        if (new_rec->ch < tmp_rec->ch ) /* 1 b4 end */
135:                        {
136:                            new_rec->next_rec = tmp_rec;
137:                            prev_rec->next_rec = new_rec;
138:                        }
139:                        else  /* 在末尾 */
140:                        {
141:                            tmp_rec->next_rec = new_rec;
142:                            new_rec->next_rec = NULL;  /* 多余步骤 */
143:                        }
144:                    }
145:                }
146:            }
147:        }
148:        return(first);
149:    }
150:
151:    /*==========================================================*
152:     * 函数: show_list
153:     * 目的: 显示链表当前的信息
154:     *==========================================================*/
155:
156:    void show_list( LISTPTR first )
157:    {
158:        LISTPTR cur_ptr;
159:        int counter = 1;
160:
161:        printf("\n\nRec addr  Position  Data  Next Rec addr\n");
162:        printf("========  ========  ====  =============\n");
```

```
163:
164:        cur_ptr = first;
165:        while (cur_ptr != NULL )
166:        {
167:            printf("  %p   ", cur_ptr );
168:            printf("    %2i       %c", counter++, cur_ptr->ch);
169:            printf("     %p   \n",cur_ptr->next_rec);
170:            cur_ptr = cur_ptr->next_rec;
171:        }
172:    }
173:
174:    /*==========================================================*
175:     * 函数: free_memory_list
176:     * 目的: 释放链表中所有已分配的内存
177:     *==========================================================*/
178:
179:    void free_memory_list(LISTPTR first)
180:    {
181:        LISTPTR cur_ptr, next_rec;
182:        cur_ptr = first;                    /* 从开头开始 */
183:
184:        while (cur_ptr != NULL)             /* Go while not end of list */
185:        {
186:            next_rec = cur_ptr->next_rec; /* 获得下一个节点的地址 */
187:            free(cur_ptr);                  /* 释放当前节点 */
188:            cur_ptr = next_rec;              /* 调整当前节点 */
189:        }
190:    }
```

输出▼

```
Enter character 1,
Must be a to z: q
Enter character 2,
Must be a to z: b
Enter character 3,
Must be a to z: z
Enter character 4,
Must be a to z: c
Enter character 5,
Must be a to z: a
Rec addr Position Data Next Rec addr
======== ======== ==== =============
2224A0          1    a        222470
222470          2    b        222490
222490          3    c        222450
222450          4    q        222480
222480          5    z        0
```

注意

读者运行该程序后，显示的地址可能不同。

分析▼

该程序演示了如何在链表中加入节点。要理解这个程序并不容易，其中包含了前面讨论的在链表中加入节点的 3 种情况（即，在链表的开头、中间、末尾添加节点）。另外，该程序还考虑了添加第 1 个节点（被添加至链表的开头）和第 2 个节点（被添加至链表的中间）的特殊情况。

提示

> 要完全理解该程序，最简单的方法是在编译器的调试器中逐行地分析，并阅读下面的内容。认真分析程序的执行逻辑，有助于你更好地理解程序的思路。

读者对程序清单 16.6 开头几行的内容应该很熟悉了，不难理解。第 9~11 行检查是否定义了 NULL 值。如果没有，第 10 行将其定义为 0。第 14~22 行声明了用于构成链表的结构，并定义了 typedef，方便在程序中使用结构和指针。

main()函数中的内容较好理解。第 31 行，声明并初始化头指针 first 为 NULL。牢记，不要使用未初始化的指针。第 36~49 行的 while 循环用于获取用户输入的 5 个字符。在外层 while 循环中（循环 5 次），使用一个 do...while 来确保用户输入的是字母。这里使用 isalpha()函数会更简单。

获得字符后，调用 add_to_list()函数。将指向链表开头的指针和待添加的数据传递给该函数。

在调用 show_list()函数（显示链表数据）和 free_memory_list()函数（释放储存链表中所有节点的内存）后，main()结束。这两个函数的工作原理类似。在 while 循环中，都使用头指针 first 从链表的开头开始遍历，并根据 next_rec 的值判断是否继续循环。当 next_rec 的值为 NULL 时，便到达了链表的末尾。该函数结束。

该程序中最重要（且最复杂）的函数是 add_to_list()函数（第 56~149 行）。第 66~68 行声明并初始化 3 个指针为 NULL，它们分别用于指向不同的节点。new_rec 指针指向待添加的新节点；temp_rec 指针指向链表中的当前节点；如果链表中包含多个节点，prev_rec 指针便指向当前节点的前一个节点。

第 71 行为待添加的新节点分配内存。new_rec 指针被设置为 malloc()函数的返回值。如果内存分配失败，第 74 行和第 75 行将打印错误消息并退出程序。如果内存分配成功，则继续执行程序。

第 79 行，把结构中的数据设置为传递给函数的数据。这里只需要把传递给函数的 ch 赋给新节点的字符域（new_rec->ch）。在更复杂的程序中，这一步骤还包含给多个域赋值。第 80 行将新节点的 next_rec 设置为 NULL，以免它随机地指向某处。

第 82 行开始添加节点。首先检查链表是否为空。如果链表为空（头指针 first 是 NULL），则只需将头指针指向新节点即可。

如果新加的节点不是第 1 个节点（即，链表不为空），则进入 else 子句（第 87 行）。第 90 行检查新节点是否添加至链表的开头。如果新节点被添加至链表的开头，则新节点的 next_rec 指针应指向原来的第 1 个节点（第 92 行），然后头指针 first 指向新节点（第 93 行）。这样，新节点便添加至链表的开头。

如果链表不为空，且新节点不加入链表的开头，那么它便被添加至链表的中间或末尾。因此，第 97 行和第 98 行分别将前面声明的 tmp_rec 和 prev_rec 指针指向第 2 个节点和第 1 个节点。

注意，如果链表只有一个节点，那么 tmp_rec 应为 NULL。因为 tmp_rec 被设置为第 1 个节点的 next_ptr，而 next_ptr 的值是 NULL。第 102 行用于检查特殊的情况。如果 tmp_rec 为 NULL，说明新节点是第 2 个节点。因为节点不会添加到第 1 个节点前面，所以只会添加到链表的末尾。要完成该任务，只需把 prev_rec->next_rec 指向新节点即可。

如果 tmp_rec 指针的值不是 NULL，则说明链表中已经有多个节点。第 110~129 行的 while 语句遍历余下的节点，以判断新节点应添加至何处。第 112 行检查新节点的数据值是否小于当前被指向的节点。如果小于，说明新节点应添加在当前节点的位置；如果新节点的数据值大于当前节点的数据，则查看下一个节点。第 126 行和第 127 行分别设置 tmp_rec 和 next_rec 指向下一个节点。

如果新输入的字符“小于”当前节点中的字符，则按照前面介绍的逻辑，将新节点添加至链表中（第 114~122 行）。第 114 行，把当前节点的地址（tmp_rec）赋给新节点的 next_rec 指针。第 121 行将前一个节点的 next_rec 指针指向新节点。这样便完成了。这里使用一条 break 语句来跳出 while 循环。

> **注意**
>
> 第 115 行和第 120 行是测试代码。为了让读者看到，我们并未删除它们。只要程序正常运行，就不会执行这些代码。让新节点的 next_rec 指针指向当前节点后，该指针应该与前一个节点的 next_rec 指针（也指向当前节点）相同。如果不同，则说明出了问题！

上述内容介绍的是将节点添加至链表中间的逻辑。如果到达链表的末尾，则 while 循环（第 110~129 行）会结束，不会添加任何节点。第 132~144 行是将节点添加至链表末尾的情况。

如果到达链表的最后一个节点，tmp_rec->next_rec 则为 NULL。第 132 行用于检查这种情况。第 134 行检查新节点是添加在最后节点的前面还是后面。如果添加至最后一个节点后面，则最后节点的 next_rec 指针应指向新节点（第 132 行），而且新节点的 next_rec 指针应为 NULL（第 142 行）。

(1)　改进程序清单 16.6

链表并不好懂。从程序清单 16.6 可以看出，链表是一种按一定顺序存储数据的好方式。因为把新数据项添加至链表中的任意一处都很容易，而且要保持已排序数据项的顺序，链表所需的代码比数组简单得多。该程序清单稍作修改，便可用于排序姓名、电话号码或其他数据。另外，虽然该程序清单按升序排列（A~Z）数据，其实按降序排列（Z~A）也很简单。

(2)　删除链表中的节点

将信息添加至链表中是链表必不可少的功能。但是，有时也需要删除信息。删除节点（元素）与添加节点类似，也可以删除链表开头、中间、末尾的节点。无论那种情况，都必须调整相应的指针。另外，还必须释放被删除节点所占用的内存。

> **提示**
>
> 删除节点后，别忘了释放它所占用的内存。

DO	DON'T
理解 calloc()和 malloc()的区别。最重要的是，记住 malloc()不会初始化分配的内存，而 calloc()会。	删除节点时，别忘了释放它占用的内存。

16.3 小 结

本课深入讲解了指针的高级用法。介绍了如何声明并使用函数指针（重要而灵活的编程工具）。最后，还介绍了如何实现链表（强大而灵活的数据存储方法）。

本课和上一课介绍的主题都比较复杂，学习了关于指针的新知识，非常有趣。学完本课后，读者便涉及到了 C 语言的一些复杂的功能。C 语言之所以如此流行，功能强大和灵活是两大主要原因。

16.4 答 疑

问：要充分利用 C 语言，是否必须使用本课介绍的内容？

答：使用 C 语言并不一定要使用指针的高级主题。但是，如果不使用指针的这些概念，将无法充分利用 C 语言提供的强大功能。根据本课介绍的内容使用指针，可以简化许多编程任务，提高效率。

问：函数指针是否还可用于其他情况？

答：函数指针还可用于菜单。根据菜单的返回值，设置指针指向相应的函数。这样便可根据用户选择的菜单项调用相应的函数完成任务。

问：链表有哪两大优点？

答：首先，链表的大小可以在程序运行期间伸缩，无需在写代码时预定义。其次，很容易保持已排序链表的顺序，因为在链表中添加或删除节点非常方便。

16.5 课后研习

课后研习包含小测验和练习题。小测验帮助读者理解和巩固本课所学概念，练习题有助于读者将理论知识与实践相结合。

16.5.1 小测验

1. 什么是函数指针？
2. 声明一个函数指针，该函数返回 char 类型且接受一个指向 char 类型的指针数组。
3. 对于第 2 题，下面的声明是否正确？
```
char *ptr(char *x[]);
```
4. 声明链表使用的结构时，该结构必须包含什么？
5. 如果头指针等于 NULL，意味着什么？
6. 单向链表是如何连接的？

7. 下面分别声明了什么？

   a. `char *z[10];`
   b. `char *y(int field);`
   c. `char (*x)(int field);`

16.5.2　练习题

1. 声明一个函数指针，指向接受一个 `int` 参数并返回 `float` 变量的函数。
2. 声明一个函数指针数组。该数组中的每一个函数指针所指向的函数都接受一个字符串并返回 `int` 值。这种数组有何用途？
3. 编写一个单向链表所使用的结构。该结构可以储存朋友的名字和地址。

由于以下练习有多种解决方案，因此附录 D 没有提供答案。

4. **选做题**：编写一个程序，使用指向 `double` 变量的指针接受用户输入的 `10` 和数字，然后对数字进行排序，并在屏幕上打印出来。（提示：参考程序清单 16.3）
5. **选做题**：修改上一题，让用户指定是按升序还是降序进行排列。

第 17 课

磁盘文件

你编写的大部分程序都要使用文件写入硬盘中。这些文件包含某种用途的信息：数据存储、配置信息等。本课将介绍以下内容：

- 如何将流与磁盘文件关联起来
- C 语言的两种磁盘文件类型
- 如何打开文件
- 如何将数据写入文件
- 如何从文件中读取数据
- 何时关闭文件
- 磁盘文件管理
- 如何使用临时文件

17.1 将流与磁盘文件相关联

第 14 课介绍过，C 语言以流的方式执行所有的输入和输出，包括磁盘文件。读者已经熟悉了如何使用连接特定设备（如键盘、屏幕）的预定义流。磁盘文件流的原理与预定义流类似。这就是输入/输出流的优点之一，用于一种流的技术无需改动或稍作修改便可用于其他流。磁盘文件流与其他流的主要区别是，必须在程序中显式创建与特定磁盘文件相关联的流。

17.2 磁盘文件的类型

第 14 课中介绍过，C 语言的流分为两大类：文本流和二进制流。可以把流与文件相关联，然而要对文件使用正确的模式，必须先了解它们之间的区别。

文本流与文本模式文件相关联。文本模式文件由行序列组成。每行包含 0 个或多个字符，并以一个或多个字符标记行的末尾。要牢记，文本模式文件的“行”与字符串的行不同，前者没有表示末尾的空字符（\0）。如果使用文本模式流，将自动转换换行符（\n）和操作系统用于标记磁盘文件行末尾的字符。在 Microsoft Windows 系统，标记行尾的是回车符和换行符（CR-LF）。数据被写入文本模式文件时，每个\n 都会被转换成回车符和换行符（CR-LF）；而从磁盘文件读取数据时，每个回车符和换行符（CR-LF）都会被转换为\n。在 UNIX 系统中，不进行任何转换，换行符保持不变。

二进制流与二进制模式文件相关联。所有被写入和读取的数据都保持不变，无需分隔行，也不使用行尾字符。空字符和行尾字符没有任何特殊含义，处理时与其他数据字节一样。

一些文件输入/输出函数只能用于一种文件模式，而其他函数可用于多种文件模式。本课将介绍哪些函数可用于哪些模式。

17.3　文件名

每个磁盘文件都有一个文件名，在处理磁盘文件时必须使用文件名。文件名被储存为字符串，与其他文本数据一样。文件名的命名规则依操作系统而异。

在 C 程序中，文件名还要包含路径信息。**路径**（*path*）特指文件所在的驱动和目录（或文件夹）。如果指定的文件名没有路径，则假定该文件位于操作系统默认的当前目录中。在文件名中指定其路径信息是很好的编程习惯。

> **提示**
>
> 如果文件未指定路径，推荐假定该文件与正在执行的程序位于相同的目录中。可以在当前程序的路径中包含编程逻辑。

在 PC 中，反斜杠字符用于分隔路径中的目录名。例如，在 Windows 中，下面的名称

```
c:\data\list.txt
```

指的是在 `C` 盘的`\data` 目录中的 `list.txt` 文件。记住，反斜杠字符在 C 语言的字符串中有特殊的含义。要表示反斜杠本身，必须在其前面再加上一个反斜杠。因此，在 C 程序中，要这样表示文件名：

```
char *filename = "c:\\data\\list.txt";
```

然而，如果运行程序，用户通过键盘键入文件名时，只需键入一个反斜杠。

并非所有的系统都使用反斜杠作为目录的分隔符。例如，UNIX 就使用斜杠（/）来分隔。

17.4　打开文件

创建与磁盘文件相关联的流，称为**打开文件**。打开文件后，该文件便可读（可从文件将数据输入程序）、可写（可将程序中的数据保存至文件中）或可读写。文件使用完毕，必须关闭它（稍后介绍）。

要使用 `fopen()`库函数来打开文件。`fopen()`的函数原型位于 `stdio.h` 中，如下所示：

```
FILE *fopen(const char *filename, const char *mode);
```

根据该函数原型可知，`fopen()`返回指向 `FILE` 类型的指针（`FILE` 是一个结构，声明在 `stdio.h` 中）。程序通过 `FILE` 结构的成员完成许多文件访问操作，读者不必了解它。但是，要打开文件，就必须声明指向 `FILE` 类型的指针。调用 `fopen()`时，该函数会创建一个 `FILE` 结构的实例，并返回指向该结构的指针。接下来便可使用这个指针来操作文件。有时，硬件错误或尝试打开的文件不在闪盘中，会导致 `fopen()`函数运行失败，在这种情况下，该函数则返回 `NULL`。

参数 *filename* 是待打开文件的文件名。前面提到过，*filename* 应该包含指定的路径。*filename* 参数可以是用双引号括起来的字面量字符串，或指向字符串的指针。

参数 *mode* 指定以何种模式打开文件。就这里而言，*mode* 控制文件是二进制文件还是文本文件，

以及文件是可读、可写还是可读写文件。*mode* 的值列于表 17.1 中。

表 17.1 fopen()函数的 mode 值

模式	含义
r	以只读模式打开文件。如果文件不存在 fopen()返回 NULL
w	以写入模式打开文件。如果指定文件不存在，则创建它；如果指定文件存在，则删除它（不给出任何警告），并创建一个新的空文件
a	以附加模式打开文件。如果指定文件不存在，则创建它；如果指定文件存在，新数据将被附加至该文件末尾
r+	以读写模式打开文件。如果指定文件不存在，则创建它；如果指定文件存在，新数据将被添加至文件开头，擦写现有数据
w+	以读写模式打开文件。如果指定文件不存在，则创建它；如果指定文件存在，则清空现有数据，从头写入新数据
a+	以只读和附加模式打开文件。如果指定文件不存在，则创建它；如果指定文件存在，新数据将被附加至文件的末尾

默认的文件模式是文本。要以二进制模式打开文件，必须在 *mode* 参数后面加上 b。因此，*mode* 参数为 a 表示以附加模式打开文本模式文件，而 ab 则表示以附加模式打开二进制模式文件。

记住，如果打开文件出错，fopen()函数返回 NULL。导致该函数返回 NULL 的情况包括：

- 使用无效的文件名；
- 试图在未准备好的磁盘上打开文件（例如，驱动门未关闭、磁盘未格式化）；
- 打开文件的目录或磁盘驱动器不存在；
- 以 r 模式打开并不存在的文件。

使用 fopen()时，必须测试是否发生错误。虽然无法确定具体发生了什么错误，但是可以给用户显示一条消息并尝试再次打开文件，或结束程序。大多数 C 语言的编译器都包含了非 ANSI 的扩展，给用户提供一些更具体的错误信息。详情请查阅编译器的说明文档。

程序清单 17.1 演示了如何使用 fopen()。

输入▼

程序清单 17.1 openfile.c：使用 fopen()函数以不同模式打开磁盘文件[1]

```
1:      // openfiles.c--演示 fopen()函数
2:      #include <stdlib.h>
3:      #include <stdio.h>
4:
5:      int main( void )
6:      {
7:          FILE *fp;
8:          char ch, filename[40], mode[4];
9:
10:         while (1)
11:         {
```

[1] 译者注：读者请注意，该程序有错，读者需要在 while 语句体的开头（第 14 行）加上一条刷新缓冲区的函数，才能正常读取第 2 个文件名。

```
12:
13:             /* 输入文件名和模式 */
14:
15:             puts("\nEnter a filename: ");
16:             gets(filename);
17:             puts("\nEnter a mode (max 3 characters): ");
18:             gets(mode);
19:
20:             /* 尝试打开文件 */
21:
22:             if ( (fp = fopen( filename, mode )) != NULL )
23:             {
24:                 printf("\nSuccessful opening %s in mode %s.\n",
25:                         filename, mode);
26:                 fclose(fp);
27:                 puts("Enter x to exit, any other to continue.");
28:                 if ( (ch = getc(stdin)) == 'x')
29:                     break;
30:                 else
31:                     continue;
32:             }
33:             else
34:             {
35:                 fprintf(stderr, "\nError opening file %s in mode %s.\n",
36:                        filename, mode);
37:                 puts("Enter x to exit, any other to try again.");
38:                 if ( (ch = getc(stdin)) == 'x')
39:                     break;
40:                 else
41:                     continue;
42:             }
43:         }
44:         return (0);
45:     }
```

输出▼

```
Enter a filename: My first file.txt
Enter a mode (max 3 characters): a+
Successful opening My first file.txt in mode a+.
Enter x to exit, any other to continue.
j
Enter a filename: My second file.txt
Enter a mode (max 3 characters): w
Successful opening My second file.txt in mode w.
Enter x to exit, any other to continue.
j
Enter a filename: My third file.txt
Enter a mode (max 3 characters): r
Error opening My third file.txt in mode r.
Enter x to exit, any other to try again.
x
```

分析▼

第 15~18 行，该程序提示用户输入文件名和模式说明符。获得文件名后，第 22 行尝试打开该文件并将文件指针赋给 fp。第 22 行的 if 语句中检查待打开文件的指针是否不等于 NULL，这是个编程的好习惯。如果 fp 不等于 NULL，则打印一条消息告诉用户文件打开成功，并提示用户是继续还是退出。如果 fp 指针等于 NULL，则执行 else 子句（第 33~42 行），打印一条消息告诉用户打开文件出错。然后提示用户继续还是退出程序。

读者可以指定不同的文件名和模式，看看哪些情况会出错。如本例的输出所示，以 r 模式打开 My third file.txt 时会出错，因为该文件并不存在。出错后，程序提示用户再次输入信息或退出程序。为了让程序打开文件出错，可以输入一个无效的文件名（如[]）或无效的模式（如 e）。

17.5 读写文件数据

使用磁盘文件的程序可以将数据写入文件、从文件中读取数据，或兼而有之。可以通过 3 种方式将数据写入文件。

- 可以通过格式化输出将格式化的数据保存至文件中。只能在文本模式文件中使用格式化输出。格式化输出最基本的用法是创建包含文本和数值数据的文件，供其他程序（如电子表格或数据库）读取。很少情况会使用格式化输出创建 C 程序读取的文件。
- 可以通过字符输出将单个字符或成行的字符保存至文件中。虽然从技术上来说，可以将字符输出保存至二进制模式文件，但实现起来很复杂。读者应该只将字符输出保存至文本文件。字符输出的主要用法是以表格形式储存文本（不是数值）数据，供 C 程序和其他程序（如，文字处理软件）读取。
- 可以通过直接输出将内存中的部分内容保存至磁盘中。这种方法仅限于二进制文件。要保存 C 程序的数据以供今后使用，直接输出是最佳的方式。

要从文件中读取数据，也有 3 中选择：格式化输入、字符输入、直接输入。对于具体情况使用哪种类型的输入完全取决于待读取文件的性质。通常，读取数据的模式与数据被保存时的模式相同，但是也不一定非得这样。要以不同于写入的模式读取文件中的数据，必须对 C 语言的文件格式有深入的了解。

上述 3 种文件的输入和输出，都指出了各自最适用的情况。但是，这些规则也不是一成不变的。C 语言非常灵活（这是它的优点之一），因此聪明的程序员能让每种文件输出都满足要求。但是，作为一名新手程序员，最好能遵循这些规则（至少开始学习时应该这样）。

17.5.1 格式化输入和输出

格式化文件输入/输出处理以特定方式格式化的文本和数值数据。这与第 14 课中介绍的 printf() 和 scanf() 函数格式化键盘输入和屏幕输出类似。我们首先讨论格式化输出，然后再讨论输入。

(1) 格式化文件输出

格式化文件输出要使用 fprintf() 库函数，其函数原型在 stdio.h 头文件中，如下所示：

```
int fprintf(FILE *fp, char *fmt, ...);
```

第 1 个参数是指向 FILE 类型的指针。要将数据写入指定磁盘文件中，在通过 fopen() 打开文件时，必须将其返回的指针传递给 fprintf()。

第 2 个参数是格式字符串。第 14 课中讨论过 printf() 函数的格式字符串，fprintf() 函数中的格式字符串也遵循相同的规则。详细内容请参阅第 14 课。

最后的参数是...，这是什么意思？在函数原型中，省略号代表可变数量的参数。也就是说，除了文件指针和格式字符串参数，fprintf()函数还能接受 0 个、1 个或多个其他参数。这也与 printf()函数类似。这些参数是待输出至指定流的变量名。

记住，fprintf()与 printf()的工作原理类似，只是前者将其输出发送至参数列表的指定流中。实际上，如果将流参数指定为 stdout，那么 fprintf()与 printf()则完全相同。

程序清单 17.2 演示了 fprintf()函数的用法。

输入▼

程序清单 17.2　numberfile.c：使用 fprintf()函数格式化输出至文件和 stdout

```
1:      // numberfile.c--演示 fprintf()函数的用法
2:      #include <stdlib.h>
3:      #include <stdio.h>
4:
5:      void clear_kb(void);
6:
7:      int main( void )
8:      {
9:          FILE *fp;
10:         float data[5];
11:         int count;
12:         char filename[20];
13:
14:         puts("Enter 5 floating-point numerical values.");
15:
16:         for (count = 0; count < 5; count++)
17:             scanf("%f", &data[count]);
18:
19:         /* 获得文件名，并打开文件。
20:            首先要清除 stdin 中的额外字符 */
21:
22:         clear_kb();
23:
24:         puts("Enter a name for the file.");
25:         gets(filename);
26:
27:         if ( (fp = fopen(filename, "w")) == NULL)
28:         {
29:             fprintf(stderr, "Error opening file %s.", filename);
30:             exit(1);
31:         }
32:
33:         // 将数值数据写入文件和 stdout
34:
35:         for (count = 0; count < 5; count++)
36:         {
37:             fprintf(fp, "\ndata[%d] = %f", count, data[count]);
38:             fprintf(stdout, "\ndata[%d] = %f", count, data[count]);
39:         }
40:         fclose(fp);
41:         printf("\n");
42:         return(0);
43:     }
44:
```

```
45:     void clear_kb(void)
46:     // 清理stdin中的其他字符
47:     {
48:         char junk[80];
49:         gets(junk);
50:     }
```

输出▼

```
Enter 5 floating-point numerical values.
3.14159
9.99
1.50
3.
1000.0001
Enter a name for the file.
key numbers.txt
data[0] = 3.141590
data[1] = 9.990000
data[2] = 1.500000
data[3] = 3.000000
data[4] = 1000.000122
```

分析▼

读者可能觉得奇怪，为何输入 `1000.0001` 却显示为 `1000.000122`？这不是程序的错误，是由C语言在内部储存数字的方式导致的。有些浮点值无法精确地储存，因此会有类似这样的小误差。

该程序第37行和第38行使用 `fprintf()` 函数，将一些格式化文本和数值数据发送至 `stdout` 和指定的磁盘文件。这两行唯一的区别是，第1个参数（即，接收数据的流）不同。运行该程序后，用编辑器查看文件 `key number.txt` 的内容，该文件与程序文件位于相同的目录下。你会发现文件中的文本与屏幕上显示的内容完全相同。

注意，程序清单17.2使用了第14课中介绍的 `clear_kb()` 函数。该函数用于清除调用 `scanf()` 时留在 `stdin` 中的额外字符。如果未清理 `stdin`，这些额外字符（特别是换行符）会被 `gets()` 作为文件名输入，从而导致创建文件时产生错误。

(2) 格式化文件输入

格式化文件输入使用 `fscanf()` 库函数，该函数与 `scanf()` 函数类似（详见第14课）。只是 `fscanf()` 从指定流输入，而不是 `stdin`。`fscanf()` 的函数原型如下：

```
int fscanf(FILE *fp, const char *fmt, ...);
```

参数 `fp` 是 `fopen()` 返回的一个指向 `FILE` 类型的指针，`fmt` 是指向格式字符串的指针（指定了 `fscanf()` 如何读取输入）。格式字符串的组成与 `scanf()` 相同。最后，省略号（...）表示有一个或多个其他参数，即变量的地址，`fscanf()` 把输入赋给这些变量。

在使用 `fscanf()` 函数之前，还需要复习一下第14课的 `scanf()` 函数部分。`fscanf()` 函数与 `scanf()` 函数的工作原理相同，只是 `fscanf()` 从指定流（而不是 `stdin`）中读取字符。

为了演示 `fscanf()` 的用法，还需要创建一个文本文件，其中储存 `fscanf()` 函数可以读取的一些数字和字符串。用编辑器创建文件名 numberinput.txt，并输入 5 个浮点数。各数之间用空格或换行隔开。例如，该文件的内容可能如下：

```
123.45      87.001
100.02
0.00456     1.0005
```

现在，编译并运行程序清单 17.3。

输入▼

程序清单 17.3　fscanfnums.c：使用 fscanf() 函数从磁盘文件读取格式化数据

```
1:     // fscanfnums.c--使用 fscanf 读取格式化的文件数据
2:     #include <stdlib.h>
3:     #include <stdio.h>
4:
5:     int main( void )
6:     {
7:         float f1, f2, f3, f4, f5;
8:         FILE *fp;
9:
10:        if ( (fp = fopen("numberinput.txt", "r")) == NULL)
11:        {
12:            fprintf(stderr, "Error opening file.\n");
13:            exit(1);
14:        }
15:
16:        fscanf(fp, "%f %f %f %f %f", &f1, &f2, &f3, &f4, &f5);
17:        printf("The values are %f, %f, %f, %f, and %f\n.",
18:                f1, f2, f3, f4, f5);
19:
20:        fclose(fp);
21:        return(0);
22:    }
```

输出▼

```
The values are 123.449997, 87.000999, 100.019997, 0.004560, and 1.000500
```

> **注意**
>
> 精确度的问题可能导致某些数字显示的值与输入的值不同。如，100.02 可能显示为 100.01999。

分析▼

该程序从你创建的磁盘文件中读取 5 个值，然后将其显示在屏幕上。第 10 行，调用 fopen() 打开只读文件，同时检查是否成功打开文件。如果未打开文件，第 12 行则显示一条错误消息。然后退出程序（第 13 行）。第 16 行演示了如何使用 fscanf() 函数。除了第 1 个参数，fscanf() 与本书程序清单中一直使用的 scanf() 完全相同。fscanf() 的第 1 个参数指向程序要读取的文件。读者还可以使用编辑器创建其他输入文件，进一步了解 fscanf() 如何读取数据。

17.5.2　字符输入和输出

使用磁盘文件时，字符输入/输出指的是单个字符和成行字符。行由字符序列组成，以换行符结尾。字符输入/输出用于文本模式文件。接下来详细介绍字符输入/输出函数，稍后给出一个演示程序。

(1) 字符输入

用于读取文件的字符输入函数有 3 个：getc()和 fgetc()用于单个字符输入，fgets()用于行输入。

■ getc()和 fgetc()函数

getc()和 fgetc()函数完全相同，可交替使用。这两个函数从指定流中输入单个字符。getc()函数的原型在 stdio.h 中，如下所示：

```
int getc(FILE *fp);
```

参数 fp 是打开文件时 fopen()返回的指针。getc()函数返回待输入的字符，如果出错则返回 EOF。

本书前面的程序示例中，使用 getc()函数读取用户从键盘输入的字符。这再次说明了 C 语言流的灵活性——同一个函数既可用于键盘输入，也可用用文件输入。

既然 getc()和 fgetc()函数都返回一个字符，为何它们的原型却返回 int 类型？因为在读取文件时，需要读取文件末尾的标记，在某些系统中标记文件末尾的不是 char 类型的字符，而是 int 类型的整数。稍后在程序清单 17.10 中演示了 getc()函数的用法。

> **注意**
>
> getchar()函数也可用于读取字符。但是，该函数只能读取 stdin 流中的字符，不能读取指定文件中的字符。

■ fgets()函数

fgets()库函数可读取文件中的一行字符，其函数原型如下：

```
char *fgets(char *str, int n, FILE *fp);
```

参数 str 是指向缓冲区的指针，待储存的输入数据位于缓冲区中。n 是读取的最大字符数。fp 是指向 FILE 类型的指针（打开文件时 fopen()返回）。

调用 fgets()时，该函数将 fp 中的字符读入内存中（从 str 指向的位置开始存储），直至读到换行符或第 n-1 个字符。把 n 设置为已分配缓冲区 str 的字节数，可防止输入擦写缓冲区之外的空间（n-1 是为了给 fgets()函数添加在字符串末尾的\0 预留空间）。如果读取成功，fgets()返回 str；如果读取失败，fgets()则返回 NULL，这分两种情况。

- 如果任何字符都为赋给 str 之前，就发生读取错误或读到 EOF，fgets()返回 NULL，且 str 指向的内存不变。
- 如果发生读取错误或读到 EOF 时，已经有一个或多个字符被赋给 str，fgets()返回 NULL，str 指向的内存中包含垃圾内容。

fgets()函数也不一定读取一整行（即，下一个换行符之前的所有内容）。如果在读到换行符之前读取了 n-1 个字符，fgets()也会停止。下一次读取操作将从上一次停止的地方开始。为却败 fgets()读取一整行字符串，只在遇到换行符时才停止，必须确保输入缓冲区和传递给 fgets()的 n 值足够大。

(2)　字符输出

字符输出函数包括：putc()、fput()、puts()、fputs()。

■　putc()和 fputc()函数

库函数 putc()和 fputc()都将单个字符写入指定流中。putc()的函数原型在 stdio.h 中：

```
int putc(int ch, FILE *fp);
```

参数 ch 是待输出的字符。与其他字符函数一样，虽然一次只处理一个字符，但是该参数的类型仍是 int。参数 fp 是与文件相关联的指针（打开文件时 fopen()返回的指针）。如果成功，putc()函数返回写入的字符；如果失败，putc()函数返回 EOF。符号常量 EOF 定义在 stdio.h 中，其值是-1。由于所谓的字符，其值都是数值，因此 EOF 可用作错误指示符（仅限于文本模式文件）。

注意

putchar()函数也可用于写入字符。但是，该函数只能将字符写入 stdout 流中，不能写入指定的文件中。

■　fputs()函数

库函数 fputs()可以将一行字符写入流中。该函数与第 14 课介绍过的 puts()函数类似，唯一不同的是，fputs()可以指定输出流。另外，fputs()函数不会在字符串末尾添加换行符。如果需要，必须显式包含它。fputs()函数的原型在 stdio.h 中：

```
char fputs(char *str, FILE *fp);
```

参数 str 是一个指针，指向待写入的以空字符结尾的字符串。fp 是指向 FILE 类型的指针（打开文件时 fopen()返回）。str 指向待写入文件的字符串，但是不包括结尾的\0。如果成功，fputs()函数返回一个非负值；如果失败，则返回 EOF。

17.5.3　直接文件输入/输出

直接文件输入/输出（*direct file I/O*）最常见的用法是，保存待读取数据以供不同的 C 程序读取。直接输入/输出只用于二进制模式文件。直接输出是将数据块从内存写入磁盘中；直接输入则相反，将数据块从磁盘中读取至内存中。例如，调用一次直接输出函数，可将整个 double 类型的数组写入磁盘；调用一次直接输入函数，可将这个数组从磁盘读取至内存。fread()是直接输入输出函数，fwrite()是直接输出函数。

(1)　fwrite()函数

fwrite()库函数将数据块从内存写入二进制模式文件中，其函数原型在 stdio.h 中：

```
int fwrite(void *buf, int size, int count, FILE *fp);
```

参数 *buf* 是指向某内存区域的指针，该区域中储存着待写入文件的数据。指针类型是 void，说明该指针可以指向任何内容。

参数 *size* 指定了每个待写入数据项的字节大小。*count* 指定了待写入数据的项数。例如，如果要保存一个包含 100 个 int 类型元素的数组，那么 *size* 应该是 2（假设 int 占用 2 字节），*count* 应该是 100（因为数组包含了 100 个元素）。要确定 *size* 参数的值，应该使用 sizeof()运算符。

参数 fp 是指向 FILE 类型的指针，该指针由打开文件时 fopen()函数返回。fwrite()函数返回成功写入的项数，如果返回的值小于 *count*，说明发生了错误。为了检查错误，应该这样使用 fwrite()：

```
if( (fwrite(buf, size, count, fp)) != count)
fprintf(stderr, "Error writing to file.");
```

下面是一些使用 fwrite()的示例。要把一个 double 类型的变量 x 写入文件，可以这样写：

```
fwrite(&x, sizeof(double), 1, fp);
```

要把一个包含 50 个 address 类型的结构数组 data[]写入文件，有两种写法：

```
fwrite(data, sizeof(address), 50, fp);
fwrite(data, sizeof(data), 1, fp);
```

第 1 种方法将数组作为 50 个元素写入文件，每个元素的大小是 address 类型结构的大小。第 2 种方法把数组作为一个元素写入文件。这两种方法完成的任务相同。

接下来介绍 fread()，后面的程序演示了 fread()和 fwrite()的用法。

(2) fread()函数

fread()库函数把数据块从二进制模式文件读入内存，其函数原型在 stdio.h 中：

```
int fread(void *buf, int size, int count, FILE *fp);
```

参数 *buf* 是指向内存某区域的指针，该区域用于储存从文件读入的数据。与 fwrite()函数一样，该指针的类型是 viod。

参数 *size* 指定了每个待读入数据项的字节大小。*count* 指定了待写入数据的项数。注意，这些参数与 fwrite()函数中的参数类似。同样，sizeof()运算符用于确定 *size* 的值。参数 fp 是指向 FILE 类型的指针，该指针由打开文件时 fopen()函数返回。fread()函数返回成功读取的项数，如果读至文件末尾（EOF）或出现错误，该函数的返回值将小于 *count*。

程序清单 17.4 演示了 fwrite()和 fread()的用法。

输入▼

程序清单 17.4　direct.c：使用 fwrite()和 fread()函数直接访问文件

```
1:      // direct.c--fwrite()和fread()用法演示
2:      #include <stdlib.h>
3:      #include <stdio.h>
4:
5:      #define SIZE 20
6:
7:      int main( void )
8:      {
9:          int count, array1[SIZE], array2[SIZE];
10:         FILE *fp;
11:
12:         // 给array1[]中的元素赋值
13:
14:         for (count = 0; count < SIZE; count++)
15:             array1[count] = 2 * count;
16:
17:         // 打开二进制模式文件
18:
19:         if ( (fp = fopen("direct.txt", "wb")) == NULL)
20:         {
21:             fprintf(stderr, "Error opening file.");
22:             exit(1);
23:         }
24:         // 把array1[]保存至文件中
25:
26:         if (fwrite(array1, sizeof(int), SIZE, fp) != SIZE)
27:         {
28:             fprintf(stderr, "Error writing to file.");
29:             exit(1);
30:         }
31:
32:         fclose(fp);
33:
34:         // 以二进制模式打开相同的文件读取数据
35:
36:         if ( (fp = fopen("direct.txt", "rb")) == NULL)
37:         {
38:             fprintf(stderr, "Error opening file.");
39:             exit(1);
40:         }
41:
42:         // 读取array2[]中的数据
43:
44:         if (fread(array2, sizeof(int), SIZE, fp) != SIZE)
45:         {
46:             fprintf(stderr, "Error reading file.");
47:             exit(1);
48:         }
49:
50:         fclose(fp);
51:
52:         // 显示两个数组中的内容
53:
54:         for (count = 0; count < SIZE; count++)
55:             printf("%d\t%d\n", array1[count], array2[count]);
56:         return(0);
57:     }
```

输出▼

```
0   0
2   2
4   4
6   6
```

```
8    8
10   10
12   12
14   14
16   16
18   18
20   20
22   22
24   24
26   26
28   28
30   30
32   32
34   34
36   36
38   38
```

分析▼

程序清单 17.4 演示了 fwrite()和 fread()函数的用法。该程序在第 14 行和第 15 行为数组中的每个元素赋值。然后第 26 行调用 fwrite()将数组保存至磁盘。第 44 行，程序调用 fread()将磁盘中的数据读入另一个数组中。最后，程序把两个数组的内容显示在屏幕上。通过程序的输出可以看出，两个数组中的数据完全相同（第 54 行和第 55 行）。

在通过 fwrite()函数保存数据时，除了一些磁盘类型错误，很少会出现其他问题。然而，使用 fread()时要小心。在 fread()看来，磁盘上的数据就是一些字符的序列。该函数并不知道这些数据代表什么。例如，100 字节的数据块可能是 100 个 char 类型的变量、25 个 int 类型的变量、5 个 20 字节的结构。如果要求 fread()将数据块读入内存，它就可能这样做。然而，如果数据块中储存的一个 int 类型的数组，却读入一个 float 类型的数组中，虽然不会产生错误，但是会得到与预期不符的结果。编写程序时，必须正确地使用 fread()，将数据读入与之匹配的变量和数组中。注意，程序清单 17.4 在调用 fopen()、fwrite()和 fread()时都检查了它们是否成功完成任务。

17.6 文件缓冲：关闭和刷新文件

文件使用完毕后，应该使用 fclose()函数关闭它。本书前面的程序清单中用过 fclose()函数，其原型如下：

```
int fclose(FILE *fp);
```

参数 fp 是指向 FILE 类型的指针（与流相关联）。如果 fclose()关闭成功，则返回 0；如果关闭失败，则返回-1。关闭文件时，还要刷新文件的缓冲区。除了标准流（stdin、stdout 和 stderr），其他所有流都可以用 fcloseall () 函数关闭。该函数的原型如下：

```
int fcloseall(void);
```

该函数还会刷新所有的流缓冲区并返回已关闭流的数量。

程序结束时（执行到 main()函数的末尾或执行了 exit()函数），所有流都被自动刷新并关闭。但是，最好能显式关闭流，特别是那些与磁盘文件链接的流。在用完这些流后要及时将其关闭。原因与流缓冲区有关。

创建与磁盘文件链接的流时，会自动创建一个缓冲区，并将流与之相关联。缓冲区是一个内存块，用于临时储存待写入至文件和从文件读取的数据。之所以需要缓冲区，是因为磁盘驱动都是面向块的。这意味着，以指定大小的块读写数据时，磁盘驱动的效率最高。理想的块大小依使用的硬件而异，通常是几百上千字节。读者不必了解块大小的确切值。

与文件流相关联的缓冲区相当于流（即，面向字符的）和磁盘硬件（即，面向块的）之间的接口。程序将数据写入流的过程中，数据被保存在缓冲区中直至缓冲区被填满。然后缓冲区中的所有内容以块的方式被写入磁盘中。读取磁盘文件的数据时也发生类型的过程。操作系统负责创建缓冲区和操作缓冲区，整个过程是自动的，无需外界干预（虽然 C 语言提供一些操纵缓冲区的函数，但是这些函数超出了本书讨论的范围）。

实际上，缓冲区的这种操作意味着在程序执行期间，程序写入磁盘的数据可能仍留在缓冲区内，如果程序被挂起、突然停电或者发生其他问题，这些留在缓冲区中的数据可能会丢失，而你无法知道磁盘文件中包含的内容。

使用 fflush()和 flushall()库函数可以在不关闭流缓冲区的情况下刷新它。当要继续使用文件，同时想将文件缓冲区的数据写入磁盘时，可使用 fflush()函数；需要刷新所有打开流的缓冲区时，使用 flushall()。这两个函数的原型如下：

```
int fflush(FILE *fp);
int flushall(void);
```

参数 fp 是打开文件时 fopen()函数返回的指向 FILE 类型的指针。如果是以写入模式打开文件，fflush()会将其缓冲区内的数据写入磁盘中；如果是以只读模式打开文件，fflush()则清空缓冲区。fflush()函数在执行成功时返回 0，执行出错时返回 EOF。flushall()函数返回打开流的数量。

DO	DON'T
在读写文件之前，必须先打开文件。 调用 fwrite()和 fread()时，使用 sizeof()运算符确定数据项的长度。 记得关闭所有已打开的文件	不要假设文件访问没问题。在打开文件或读写文件时一定要确保函数是否执行成功。 除非确定要关闭所有的流，否则不要使用 fcloseall()函数。

17.7　顺序文件访问和随机文件访问

每个打开的文件都有一个相关联的文件位置指示符。文件的位置指示符指明在文件中进行读写操作的位置。位置以偏离文件开头的字节数表示。新文件被打开时，位置指示符位于文件的开头，位置是 0（因为文件是新建的，长度为 0，文件中没有其他的位置）。以附加模式打开现有文件时，位置指示符位于文件末尾；以其他模式打开现有文件时，位置指示符位于文件开头。

上一课介绍的文件输入/输出函数就利用了文件位置指示符，当然，操作工作是在幕后进行的。读写操作发生在位置指示符所标的位置，并更新位置指示符。例如，如果以只读模式的打开文件，读取 10 字节的数据，那么输入的便是文件中的前 10 字节（字节位置是从 0~9）。读取操作完成后，位置指示符在位置 10 上，下一次读取操作便从这里开始。因此，如果是按顺序读写文件中的所有数据，就不必在意位置指示符。流输入/输出函数会自动处理位置指示符。

C 语言的库函数提供了更多的控制，让你可以确定和修改文件位置指示符的值。控制了位置指示符，便能执行随机文件访问。这里，随机的意思是可以在文件的任意位置读写数据，不必读写前面所有的数据。

17.7.1 ftell()函数和 rewind()函数

库函数 rewind()可以把文件位置指示符设置至文件的开头，其原型在 stdio.h 中：

```
void rewind(FILE *fp);
```

参数 fp 是指向 FILE 类型的指针（与流相关联）。调用 rewind()后，文件的位置指示符被设置到文件的开头（0 字节）。如果已经读取了文件中的一些数据，想从该文件开头再读取数据，但是并不想关闭该文件再次打开，便可使用 rewind()函数。

ftell()函数用于确定文件位置指示符的值。该函数的原型也在 stdio.h 中：

```
long ftell(FILE *fp);
```

参数 fp 是指向 FILE 类型的指针（打开文件时 fopen()函数返回）。ftell()函数返回 long 类型，指出当前文件位置偏离开头多少字节（第 1 个字节的位置是 0）。如果产生错误，ftell()返回-1L（long 类型的-1）。

程序清单 17.5 演示了 rewind()和 ftell()函数的操作。

输入▼

程序清单 17.5　fileposition.c：使用 ftell()和 rewind 函数

```
1:      // fileposition.c--ftell()和 rewind()的用法演示
2:      #include <stdlib.h>
3:      #include <stdio.h>
4:
5:      #define BUFLEN 6
6:
7:      char msg[] = "abcdefghijklmnopqrstuvwxyz";
8:
9:      int main( void )
10:     {
11:         FILE *fp;
12:         char buf[BUFLEN];
13:
14:         if ( (fp = fopen("fileposition.txt", "w")) == NULL)
15:         {
16:             fprintf(stderr, "Error opening file.");
17:             exit(1);
18:         }
19:
```

```
20:         if (fputs(msg, fp) == EOF)
21:         {
22:             fprintf(stderr, "Error writing to file.");
23:             exit(1);
24:         }
25:
26:         fclose(fp);
27:
28:         // 以只读模式打开文件
29:
30:         if ( (fp = fopen("file position.txt", "r")) == NULL)
31:         {
32:             fprintf(stderr, "Error opening file.");
33:             exit(1);
34:         }
35:         printf("\nImmediately after opening, position = %ld", ftell(fp));
36:
37:         // 读取 5 个字符
38:
39:         fgets(buf, BUFLEN, fp);
40:         printf("\nAfter reading in %s, position = %ld", buf, ftell(fp));
41:
42:         // 接着再读 5 个字符
43:
44:         fgets(buf, BUFLEN, fp);
45:         printf("\n\nThe next 5 characters are %s, and position now = %ld",
46:                 buf, ftell(fp));
47:
48:         // 调用 rewind 函数
49:
50:         rewind(fp);
51:
52:         printf("\n\nAfter rewinding, the position is back at %ld",
53:                 ftell(fp));
54:
55:         // 读入 5 个字符
56:
57:         fgets(buf, BUFLEN, fp);
58:         printf("\nand reading starts at the beginning again: %s\n", buf);
59:         fclose(fp);
60:         return(0);
61:     }
```

输出▼

```
Immediately after opening, position = 0
After reading in abcde, position = 5
The next 5 characters are fghij, and position now = 10
After rewinding, the position is back at 0
and reading starts at the beginning again: abcde
```

分析▼

该程序将一个字符串（msg）写入 position.txt 文件，该字符串包含 26 个字母（按字母顺序排列）。第 14~18 行，以写入模式打开 position.txt 文件，并测试是否成功打开文件。第 20~24 行，调用 fputs() 函数将 msg 写入文件，并检查是否成功写入。第 26 行使用 fclose() 函数关闭文件，至此，完成了创建文件（供其他程序使用）的整个过程。

第 30~34 行，再次打开文件，但是这次以只读模式打开。第 35 行打印 ftell() 函数返回的值。

注意，此时位于文件的开头。第 39 行调用 fgets()函数读取 5 个字符。第 40 行打印了这 5 个字符和新的文件位置。ftell()返回的偏离值正确。在再次打印文件位置（第 52 行）之前，第 50 行调用 rewind()把指针重新指向文件的开始位置。这表明 rewrite 确实是重置了文件指针的位置。第 57 行再次读取，进一步确定程序的确回到了文件的开头。第 59 行，在结束程序之前关闭文件。

17.7.2 fseek()函数

使用 fseek()库函数，可以把位置指示符设置在文件的任意位置，更精确地控制流的位置指示符。该函数的原型在 stdio.h 中：

```
int fseek(FILE *fp, long offset, int origin);
```

参数 fp 是指向 FILE 类型的指针（与文件相关联）。***offset*** 指定了位置指示符移动的距离（以字节为单位）。参数 ***origin*** 指定了移动的相对开始位置。***origin*** 的值有 3 种，这 3 个值通过符号常量定义在 stdio.h 中，如表 17.2 所示。

表 17.2 fseek()函数中 origin 参数的取值

符号常量	值	描述
SEEK_SET	0	从文件开头开始，移动位置指示符 *offset* 字节
SEEK_CUR	1	从文件当前位置开始，移动位置指示符 *offset* 字节
SEEK_END	2	从文件末尾开始，移动位置指示符 *offset* 字节

如果成功移动指示符，则 fseek()函数返回 0；如果出现错误，则返回非 0 值。程序清单 17.6 中使用 fseek()进行随机文件访问。

输入▼

程序清单 17.6 randomfile.c：使用 fseek()函数随机访问文件

```
1:      // randomfile.c--使用 fseek()随机访问文件
2:
3:      #include <stdlib.h>
4:      #include <stdio.h>
5:
6:      #define MAX 50
7:
8:      int main( void )
9:      {
10:         FILE *fp;
11:         int data, count, array[MAX];
12:         long offset;
13:
14:         // 为数组各元素赋值
15:
16:         for (count = 0; count < MAX; count++)
17:             array[count] = count * 10;
18:
19:         // 以写入模式打开二进制文件
20:
21:         if ( (fp = fopen("RANDOM.DAT", "wb")) == NULL)
22:         {
23:             fprintf(stderr, "\nError opening file.");
24:             exit(1);
25:         }
```

```
26:
27:         // 将数组写入文件，然后关闭文件。
28:
29:         if ( (fwrite(array, sizeof(int), MAX, fp)) != MAX)
30:         {
31:             fprintf(stderr, "\nError writing data to file.");
32:             exit(1);
33:         }
34:
35:         fclose(fp);
36:
37:         // 以只读模式打开文件
38:
39:         if ( (fp = fopen("RANDOM.DAT", "rb")) == NULL)
40:         {
41:             fprintf(stderr, "\nError opening file.");
42:             exit(1);
43:         }
44:
45:         /* 询问用户希望读取哪一个元素。
46:            输入该元素并显示它，用户输入-1 时退出程序。 */
47:
48:         while (1)
49:         {
50:             printf("\nEnter element to read, 0-%d, -1 to quit: ",MAX-1);
51:             scanf("%ld", &offset);
52:
53:             if (offset < 0)
54:                 break;
55:             else if (offset > MAX-1)
56:                 continue;
57:
58:             // 将位置指示符移至指定元素
59:
60:             if ( (fseek(fp, (offset*sizeof(int)), SEEK_SET)) != 0)
61:             {
62:                 fprintf(stderr, "\nError using fseek().");
63:                 exit(1);
64:             }
65:
66:             // 读入单个整数
67:
68:             fread(&data, sizeof(int), 1, fp);
69:
70:             printf("\nElement %ld has value %d.", offset, data);
71:         }
72:
73:         fclose(fp);
74:         return(0);
75:     }
```

输出▼

```
Enter element to read, 0-49, -1 to quit: 5
Element 5 has value 50.
Enter element to read, 0-49, -1 to quit: 6
Element 6 has value 60.
Enter element to read, 0-49, -1 to quit: 49
Element 49 has value 490.
Enter element to read, 0-49, -1 to quit: 1
Element 1 has value 10.
Enter element to read, 0-49, -1 to quit: 0
Element 0 has value 0.
Enter element to read, 0-49, -1 to quit: -1
```

分析▼

该程序清单中的第 14~35 行与程序清单 17.5 类似。第 16 行和第 17 行，给 data 数组的 50 个 int 类型元素赋值。其中，每个元素的值都等于相应索引值的 10 倍。然后，把数组写入二进制文件 RANDOM.DAT 中。之所以知道这是二进制文件，是因为第 21 行以"wb"模式打开该文件。

在进入 while 无限循环之前，第 39 行再次以二进制只读模式打开文件。while 循环提示用户输入一个值，该值表示要读取数组中的第几个元素。注意，第 53~56 行检查输入的值知否超出了文件的范围。C 语言允许读取文件末尾后面的数据，就像允许读取超出数组范围的值一样，但是，其结果不确定的。因此，最好检查操作是否越界（像程序清单中第 53~56 行那样）。

用户输入待读取的元素后，第 60 行调用 fseek()来跳转至正确的便宜位置。由于参数是 SEEK_SET，因此是从文件开头开始偏移。注意，在文件中移动的距离不是 *offset*，而是 offset 乘以待读取元素的大小。第 68 行读取元素的值，第 70 行打印元素的值。

17.8 检测文件末尾

有时，如果知道了文件确切的长度，就不必检测文件的末尾。例如，如果使用 fwrite()函数保存一个包含 100 个 int 类型元素的数组，就已知了文件的长度是 400 字节（假设 int 类型是 4 字节）。另一种情况是，不知道文件有多长，但是仍要从文件的开头读取数据，直至文件末尾。检测文件末尾的方法有两种。

从文本模式文件中逐字符读取数据时，可以找到文件末尾字符。符号常量 EOF 被定义在 stdio.h 中，其值为-1（任何字符的 ASCII 码都不是-1）。当字符输入函数从文本模式流中读到 EOF 时，便可确定已读到文件末尾了。例如，可以编写下面的代码：

```
while ( (c = fgetc( fp )) != EOF )
```

对于二进制模式流，无法通过查找-1 来检测文件末尾，因为二进制流中的字节可能包含该值。这将导致提前结束输入。不过，可以使用库函数 feof()来检测文件末尾。该函数也可用于文本文件：

```
int feof(FILE *fp);
```

参数 fp 是指向 FILE 类型的指针（打开文件时 fopen()函数返回）。如果没有到达文件末尾，feof()函数返回 0；如果到达文件末尾，feof()则返回非 0 值。如果调用 feof()函数检测出文件末尾，则不允许再读取数据，除非调用了 rewind()、fseek()函数或者关闭并重新打开文件。

程序清单 17.7 演示了 feof()的用法。当文件提示用户输入文件名时，请输入一个文本文件名（例如，C 语言的源文件或者 stdio.h 这样的头文件名）。要确保该文件位于当前的目录中，否则应在文件名中输入路径。在 feof()函数检测到文件末尾之前，该程序每次读取文件中的一行，并将其显示至 stdout。

输入▼

程序清单 17.7　endOfFile.c：使用 feof()函数检测文件的末尾

```
1:      // endOfFile.c--检测文件末尾
```

```
2:     #include <stdlib.h>
3:     #include <stdio.h>
4:
5:     #define BUFSIZE 100
6:
7:     int main( void )
8:     {
9:         char buf[BUFSIZE];
10:        char filename[60];
11:        FILE *fp;
12:
13:        puts("Enter name of text file to display: ");
14:        gets(filename);
15:
16:        // 以只读模式打开文件
17:        if ( (fp = fopen(filename, "r")) == NULL)
18:        {
19:            fprintf(stderr, "Error opening file.");
20:            exit(1);
21:        }
22:
23:        // 如果未达到文件末尾，读取一行并显示。
24:
25:        while ( !feof(fp) )
26:        {
27:            fgets(buf, BUFSIZE, fp);
28:            printf("%s",buf);
29:        }
30:
31:        fclose(fp);
32:        return(0);
33:    }
```

输出▼

```
Enter name of text file to display:
hello.c
#include <stdio.h>
int main( void )
{
   printf("Hello, world.");
   return(0);
}
```

分析▼

该程序中的 while 循环（第 25~29 行）是复杂程序中顺序文件访问使用的典型 while 循环。只要未达到文件的末尾，就会不断执行 while 循环中的代码（第 27 行和第 28 行）。当调用 feof() 函数返回非 0 值时，循环结束，文件被关闭，程序结束。

DO	DON'T
使用 fseek(fp,SEEK_SET,0) 或者 rewind() 把文件位置重置到文件的开头。 对于二进制文件，使用 feof() 函数检测文件末尾。	读取文件时不要越过文件的开头或末尾。可通过检测文件的位置来避免读取越界。 在二进制文件中，不要使用 EOF 检测文件末尾。

17.9 文件管理函数

文件管理（*file management*）指的是处理现有文件——删除、重命名和拷贝文件（不是读写文件）。C 标准库中包含了删除和重命名文件的函数，你可以编写自己的文件拷贝程序。

17.9.1 删除文件

要删除文件，可以使用 `remove()` 库函数。其函数原型在 `stdio.h` 中：

```
int remove( const char *filename );
```

变量 *`filename`* 是一个指向待删除文件名的指针（文件名的相关内容参见 17.3 节）。指定的文件当前不能处于打开状态。如果文件存在，就删除它，且 `remove()` 函数返回 0；如果文件不存在、文件为只读、没有足够的访问权限或发生其他错误，那么 `remove()` 函数返回-1。

程序清单 17.8 演示了 `remove()` 函数的用法。小心：如果调用 `remove()` 删除一个文件，它将永远消失。

输入▼

程序清单 17.8 filedeleter.c：使用 `remove()` 函数删除磁盘文件

```
1:     // filedeleter.c-演示 remove()函数
2:
3:     #include <stdio.h>
4:
5:     int main( void )
6:     {
7:         char filename[80];
8:
9:         printf("Enter the filename to delete: ");
10:        gets(filename);
11:
12:        if ( remove(filename) == 0)
13:            printf("The file %s has been deleted.\n", filename);
14:        else
15:            fprintf(stderr, "Error deleting the file %s.\n", filename);
16:        return(0);
17:    }
```

输出▼

```
Enter the filename to delete: *.bak
Error deleting the file *.bak.
Enter the filename to delete: list1414.bak
The file list1414.bak has been deleted.
```

分析▼

该程序的第 9 行，提示用户输入待删除文件的文件名。然后，第 12 行调用 `remove()` 函数删除该文件。如果函数返回 0，程序会显示一条消息说明文件已被删除；如果函数返回非 0 值，则说明发生了错误，文件并未被删除。

提示

在删除文件之前，最好确认一下用户是否要删除文件。

17.9.2 重命名文件

rename()函数用于修改现有磁盘文件的文件名，其函数原型在 stdio.h 中：

```
int rename( const char *oldname, const char *newname );
```

oldname 和 *newname* 指向的文件名遵循本课前面介绍的文件命名规则。唯一的限制是，新旧文件名引用的文件必须位于相同的磁盘驱动器中，不能将文件重命名至另一个磁盘驱动器中。如果 rename()函数执行成功，则返回 0；如果发生错误，则返回-1。导致错误的原因有：

- *oldname* 文件不存在；
- *newname* 文件已存在；
- 试图将文件重命名至另一个磁盘。

程序清单 17.9 演示了 rename()的用法。

输入▼

程序清单 17.9 filerenamer.c：使用 rename()函数重命名磁盘文件

```
1:      // filerenamer.c--用 rename()改变文件名
2:
3:      #include <stdio.h>
4:
5:      int main( void )
6:      {
7:          char oldname[80], newname[80];
8:
9:          printf("Enter current filename: ");
10:         gets(oldname);
11:         printf("Enter new name for file: ");
12:         gets(newname);
13:
14:         if ( rename( oldname, newname ) == 0 )
15:             printf("%s has been renamed %s.\n", oldname, newname);
16:         else
17:             fprintf(stderr, "An error has occurred renaming %s.\n", oldname);
18:         return(0);
19:     }
```

输出▼

```
Enter current filename: My first file
Enter new name for file: SuperNewFile.txt
My first file has been renamed SuperNewFile.txt.
```

分析▼

从程序清单 17.9 可以看出，C 语言的功能很强大。虽然该程序只有 18 行代码，但是却可以代替一个操作系统命令，而且这样的功能很友好。第 9 行提示用户输入要重命名的文件名。第 11 行提示用户输入新的文件名。第 14 行的 if 语句中调用了 rename()函数，并检查是否成功重命名。如果重命名成功，第 15 行将打印一条相关的消息；否则，第 17 行打印一条错误消息。

17.9.3 拷贝文件

经常需要制作文件的副本，内容相同但文件名不同（或者文件名相同，但位于不同的磁盘驱动器）。

在 Windows 操作系统中，可以通过拷贝文件并将其粘贴到新目录中来完成文件副本的制作。其他操作系统也是这样。那么，在 C 程序中如何拷贝文件？C 语言没有用于拷贝文件的库函数，必须自己写。

这听起来有些复杂，但是也很简单。因为 C 语言使用流输入和流输出。请按如下步骤进行。

1. 以二进制只读模式打开源文件（用二进制模式确保了编写的函数可以拷贝所有类型的文件，而不仅仅是文本文件）。
2. 以二进制写入模式打开目标文件。
3. 读取源文件中的一个字符（记住，第 1 次打开文件时，位置指示符位于文件的开头，因此没必要显式设置它）。
4. 如果 `feof()`函数已经读到源文件的末尾，则表明已完成读取，接着要关闭两个文件，然后返回主调程序。
5. 如果未达到文件末尾，继续将字符写入目标文件中，然后回到第 3 步。

程序清单 17.10 中有一个名为 `copy_file()`的函数，该函数接受源文件和目标文件的文件名，然后按上述步骤执行拷贝操作。如果在打开任何一个文件时出错，该函数则不会进行拷贝，并向主调程序返回`-1`。拷贝操作完成后，程序将关闭两个文件，并返回 `0`。

输入▼

程序清单 17.10 filecopier.c：用于拷贝文件的函数

```
1:      // filecopier.c--拷贝文件
2:
3:      #include <stdio.h>
4:
5:      int file_copy( char *oldname, char *newname );
6:
7:      int main( void )
8:      {
9:          char source[80], destination[80];
10:
11:         // 获取源文件和目标文件的文件名
12:
13:         printf("\nEnter source file: ");
14:         gets(source);
15:         printf("\nEnter destination file: ");
16:         gets(destination);
17:
18:         if ( file_copy( source, destination ) == 0 )
19:             puts("Copy operation successful");
20:         else
21:             fprintf(stderr, "Error during copy operation");
22:         return(0);
23:     }
24:     int file_copy( char *oldname, char *newname )
25:     {
26:         FILE *fold, *fnew;
27:         int c;
28:
29:         // 以二进制只读模式打开源文件
30:
31:         if ( ( fold = fopen( oldname, "rb" ) ) == NULL )
32:             return -1;
```

```
33:
34:         // 以二进制写入模式打开目标文件
35:
36:         if ( ( fnew = fopen( newname, "wb" ) ) == NULL  )
37:         {
38:             fclose ( fold );
39:             return -1;
40:         }
41:
42:         /* 读取源文件的内容，一次读取 1 字节，
43:            如果未达到文件末尾，
44:            将读取的内容写入目标文件。 */
45:
46:         while (1)
47:         {
48:             c = fgetc( fold );
49:
50:             if ( !feof( fold ) )
51:                 fputc( c, fnew );
52:             else
53:                 break;
54:         }
55:
56:         fclose ( fnew );
57:         fclose ( fold );
58:
59:         return 0;
60:     }
```

输出▼

```
Enter source file: list1710.c
Enter destination file: tmpfile.c
Copy operation successful
```

分析▼

copy_file 函数功能强大，可以拷贝任何文件——从小型文本文件至大型程序文件。当然，它也有局限性。如果目标文件已存在，该函数将删除它，不会询问用户。读者可以修改 copy_file()，检查目标文件是否存在，然后询问用户是否擦写旧文件。这是很好的编程练习。

读者应该对程序清单 17.10 的 main() 函数很熟悉。这与程序清单 17.9 的 main() 函数类似，除了 if 语句。该程序使用了 file_copy() 代替程序清单 17.9 中的 rename() 函数。C 语言没有拷贝函数，因此第 24~60 行创建了一个拷贝函数。第 31 行和第 32 行，以二进制只读模式打开源文件(fold)，第 36~40 行，以二进制写入模式打开目标文件（fnew）。如果打开目标文件失败，则关闭源文件（第 38 行）。第 46~54 行的 while 循环完成文件的拷贝。第 48 行获取源文件（fold）的字符，第 50 行检查是否到达文件末尾。如果已到达文件末尾，则执行 break 语句跳出 while 循环；如果未读到文件末尾，将读取的字符写入目标文件（fnew）。最后，在返回 main() 函数之前，关闭两个文件（第 56 行和第 57 行）。

17.10　临时文件

有些程序在运行时要使用一个或多个临时文件。临时文件是在程序运行期间，用做某些用途而创

建的文件，然后在程序结束之前删除这些临时文件。由于程序会删除这些文件，因此在创建临时文件时，不必在意文件名。唯一的要求是，不能与其他已使用的文件名同名。C 标准库包含一个名为 tmpnam()的函数，用于创建与现有文件名不冲突的有效文件名。该函数的原型在 stdio.h 中：

```
char *tmpnam(char *s);
```

参数 s 是一个指针，它指向的缓冲区必须储存得下文件名。也可以给函数传递一个空指针(NULL)，在这种情况下，临时文件名被储存在 tmpnam()函数内部的缓冲区内，该函数返回指向该缓冲区的指针。程序清单 17.11 演示了 tmpnam()函数的两种创建临时文件名的方法。

输入▼

程序清单 17.11　tempfilemaker.c：使用 tmpnam()函数创建临时文件名

```
1:     // tempfilemaker.c--演示如何创建临时文件名
2:
3:     #include <stdio.h>
4:
5:     int main( void )
6:     {
7:         char buffer[10], *c;
8:
9:         // 在已定义缓冲区内获取临时文件名
10:
11:        tmpnam(buffer);
12:
13:        /* 获取另一个临时文件名，
14:           这次在函数内部的缓冲区内。 */
15:
16:        c = tmpnam(NULL);
17:
18:        // 显示文件名
19:
20:        printf("Temporary name 1: %s", buffer);
21:        printf("\nTemporary name 2: %s\n", c);
22:
23:        return 0;
24:
25:    }
```

输出▼

```
Temporary name 1: \s3us.
Temporary name 2: \s3us.1
```

注意

运行该程序时，创建的临时文件名可能与此不同。

分析▼

该程序生成并打印临时文件名，但实际上并未创建文件。第 11 行将临时文件名储存在字符数组 buffer 中，第 16 行将 tmpnam()函数返回的指针赋给 c。程序必须使用生成的文件名打开临时文件，然后在程序结束之前删除临时文件。下面的代码说明了这一点：

```
char tempname[80];
FILE *tmpfile;
```

```
tmpnam(tempname);
tmpfile = fopen(tempname, "w"); /* 使用相应的模式 */
fclose(tmpfile);
remove(tempname);
```

DO	DON'T
一定要记得删除创建的临时文件，系统不会自动删除它。	不要删除可能还会用到的文件。

17.11 小　结

本课介绍了 C 程序如何使用磁盘文件。C 语言把磁盘文件看作流（字符序列），就像第 14 课中介绍的预定义流一样。在使用与磁盘文件相关联的流之前，必须先打开文件；然后在使用完毕后，将其关闭。打开磁盘文件流有两种模式：文本模式和二进制模式。

打开磁盘文件后，便可将文件中的数据读入程序中，或将程序的数据写入文件。文件输入/输出的类型有 3 种方式：格式化输入/输出、字符输入/输出和直接输入/输出。

每个打开的文件都包含一个相关联的文件位置指示符。该指示符用于标明文件中进行读写操作的位置（里文件开头多少字节）。访问文件时，文件位置指示符会自动更新，你无需操心。对于随机文件访问，C 标准库提供了一些函数来操纵位置指示符。

C 语言还提供了一些基本的文件管理函数，用于删除和重命名磁盘文件。本课还介绍了一个拷贝文件的函数。

17.12 答　疑

问：调用 remove()、rename()、fopen()和其他函数时，是否可以在文件名中指定磁盘驱动器和路径？

答：可以。文件名可以包含路径和磁盘驱动器，也可以不包含。如果只使用文件名（不包括磁盘驱动器和路径），函数则当前目录中查找文件。记住，要使用反斜杠（\），必须使用转义序列。另外，UNIX 系统中用斜杠（/）作为目录分隔符。

问：是否可以读取文件末尾后面的数据？

答：可以。还可以读取文件开头之前的数据。但是，这样做将导致灾难性的结果。读取文件和处理数据一样，必须考虑偏移的距离。调用 `fseek()`时，应该进行检查，确保文件位置指示符没有超过文件的末尾。

问：如果关闭文件，会发生什么情况？

答：要养成使用完文件后及时关闭的编程习惯。在默认情况下，当程序退出时，文件会被关闭。但是，绝对不要依赖这点。如果不关闭文件，可能无法访问该文件，因为操作系统会认为该文件正被其他程序使用。

问：一次能打开多少文件？

答：这取决于操作系统中设置的变量。请参阅相应操作系统手册。

问：是否可以通过随机访问函数顺序读取文件？

答：顺序读取文件时，无需使用 `fseek()`这样的函数。因为文件指针留在上次读取完毕的位置上，下次读取时一定从这里开始。顺序读取文件时，可以使用 `fseek()`函数，但是这样做不会带来什么便利。

17.13　课后研习

课后研习包含小测验和练习题。小测验帮助读者理解和巩固本课所学概念，练习题有助于读者将理论知识与实践相结合。

17.13.1　小测验

1. 文本模式流和二进制模式流有哪些区别？
2. 在访问磁盘文件之前，首先必须做什么？
3. 通过 `fopen()`函数打开文件时，必须指定什么信息？该函数将返回什么？
4. 文件访问方法有哪 3 种？
5. 读取文件的方法有哪两种？
6. `EOF` 的值是什么？
7. 何时使用 `EOF`？
8. 在文本模式和二进制模式中，如何检测文件末尾？
9. 什么是文件位置指示符，如何修改它？
10. 第 1 次打开文件时，文件位置指示符指向何处？（如果不确定，请参阅上一课的程序清单 16.5）

17.13.2　练习题

1. 编写代码关闭所有文件流。
2. 用两种方法重置文件位置指针指向文件的开头。
3. **排错**：找出以下代码的错误。

```
FILE *fp;
int c;
if ( ( fp = fopen( oldname, "rb" ) ) == NULL )
    return -1;
while (( c = fgetc( fp)) != EOF )
    fprintf( stdout, "%c", c );
fclose ( fp );
```

由于以下练习有多种解决方案，因此附录 D 没有提供答案。

4. 编写一个程序，将文件中的内容显示到屏幕上。
5. 编写一个程序，打开一个文件，统计其中的字符数。然后程序将字符个数打印出来。
6. 编写一个程序，打开一个现有文本文件，将所有的小写字母转换为大写，然后将其拷贝至新的文本文件中。

7. 编写一个程序，打开任意磁盘文件，读取 128 字节的数据块，并将读取的内容以十六进制和 ASCII 格式显示到屏幕上。

8. 编写一个函数，以指定模式打开一个新的临时文件。由该函数创建的所有临时文件，在程序解释时应该能自动关闭和删除（提示：使用 `atexit()`库函数）。

第 18 课

操控字符串

C 程序储存在字符串中的文本数据，是许多程序的重要组成部分。到目前为止，我们已经学会了 C 程序如何储存字符串，以及如何输入和输出字符串。C 语言还提供了大量函数用于处理其他字符串。本课将介绍以下内容：

- 如何确定字符串的长度
- 如何拷贝和拼接字符串
- 用于比较字符串的函数
- 如何查找字符串
- 如何转换字符串
- 如何测试字符

18.1 确定字符串长度

前面的课程介绍过，在 C 程序中，字符串就是字符序列，其开头由指针标识，并且以空字符\0 结尾。有时需要知道字符串的长度（即，包含的字符数量）。使用库函数 strlen()函数可获得字符串的长度。该函数的原型在 string.h 中：

```
size_t strlen(char *str);
```

strlen()函数返回 size_t 类型，该类型在 string.h 中定义为 unsiged，因此 strlen()函数返回一个无符号整数。许多字符串函数都使用 size_t 类型。记住该类型表示 unsigned。

strlen()函数接受一个指针参数，它指向需要计算字符长度的字符串。该函数返回 str 和空字符之间的字符数量，但是不包括空字符。程序清单 18.1 演示了 strlen()函数的用法。

输入▼

程序清单 18.1　stringlen.c：使用 strlen()函数确定字符串长度

```
1:      // stringlen.c--演示 strlen()函数 */
2:
3:      #include <stdio.h>
4:      #include <string.h>
5:
6:      int main( void )
7:      {
8:          size_t length;
9:          char buf[80];
10:
11:         while (1)
```

```
12:          {
13:              puts("\nEnter a line of text, a blank line to exit.");
14:              gets(buf);
15:
16:              length = strlen(buf);
17:
18:              if (length != 0)
19:                  printf("\nThat line is %lu characters long.", length);
20:              else
21:                  break;
22:          }
23:          return(0);
24:      }
```

输出▼

```
Enter a line of text, a blank line to exit.
I am Iron Man!
That line is 14 characters long.
Enter a line of text, a blank line to exit.
```

分析▼

该程序用于演示 strlen()函数的用法。第 13 和 14 行显示一条消息并获取字符串（buf）。第 16 行调用 strlen()函数计算 buf 的字符长度，然后将其赋值给变量 length。第 18 行，检查 length 是否为 0，以确认该字符串是否为空。如果不是空行，第 19 行则打印该字符串的长度。

18.2　拷贝字符串

C 语言库中有两个用于拷贝字符串的函数。基于 C 语言处理字符串的方式，与其他语言不同，不能简单地把一个字符串赋值给另一个字符串。必须把源字符串从内存位置上拷贝至目标字符串的内存位置上。字符串拷贝函数包括 strcpy()和 strncpy()。这两个函数的原型都在头文件 string.h 中。

18.2.1　strcpy()函数

库函数 strcpy()将整个字符串拷贝至另一个内存位置上。其函数原型如下：

```
char *strcpy( char *destination, const char *source );
```

strcpy()函数将 source 指向的字符串（包括末尾的空字符\0）拷贝至 destination 指向的位置上。该函数返回指向新字符串的指针（destination）。

使用 strcpy()时，必须首先分配目标字符串的存储空间。因为该函数不知道是否分配了 destination 指向的空间。如果未分配 destination 指向的空间，该函数会擦写 strlen(source)字节的内存（从 destination 指向的位置开始）。这将导致无法预测的问题。程序清单 18.2 演示了 strcpy()函数的用法。

注意

如果程序使用 malloc()函数分配内存（如程序清单 18.2 所示），在程序使用完毕后一定要使用 free()函数释放内存。第 21 课将详细介绍 free()函数。

输入▼

程序清单 18.2　stringcopy.c：使用 strcpy() 函数之前，必须为目标字符串分配存储空间

```
1:      // stringcopy.c--演示 strcpy() 的用法
2:      #include <stdlib.h>
3:      #include <stdio.h>
4:      #include <string.h>
5:
6:      char source[] = "The source string.";
7:
8:      int main( void )
9:      {
10:         char dest1[80];
11:         char *dest2, *dest3;
12:
13:         printf("\nsource: %s", source );
14:
15:         // 拷贝至 dest1 没问题，
16:         // 因为 dest1 指向已分配的 80 字节空间。
17:
18:         strcpy(dest1, source);
19:         printf("\ndest1:  %s", dest1);
20:
21:         // 在拷贝至 dest2 之前，必选先分配空间。
22:
23:         dest2 = (char *)malloc(strlen(source) +1);
24:         strcpy(dest2, source);
25:         printf("\ndest2:  %s\n", dest2);
26:
27:         // 在拷贝字符串之前，必须先分配目标字符串的空间。
28:         // 下面的代码户导致严重的问题。
29:
30:         // strcpy(dest3, source);
31:         return(0);
32:     }
```

输出▼

```
source: The source string.
dest1: The source string.
dest2: The source string.
```

分析▼

该程序演示了如何将字符串拷贝至字符数组（如，dest1，声明于第 10 行）和指向 char 类型的指针（如，dest2，声明于第 11 行）。第 13 行打印源字符串。接着调用 strcpy() 函数将该字符串拷贝至 dest1 中（第 18 行）。第 24 行将 source 拷贝至 dest2 中。然后，打印 dest1 和 dest2，表示函数执行成功。注意，第 23 行通过 malloc() 函数为 dest2 分配适当的内存空间。如果将字符串拷贝至未分配内存的指针，将导致无法预料的问题。

18.2.2　strncpy()函数

strncpy() 函数与 strcpy() 函数类似。不同的是，strncpy() 函数要求指定待拷贝的字符数量。该函数的原型是：

```
char *strncpy(char *destination, const char *source, size_t n);
```

参数 destination 和 source 分别是指向目标字符串和指向源字符串的指针。该函数最多将 source 的前 n 个字符拷贝至 destination 中。如果 source 的长度小于 n，strncpy()函数会在 source 末尾添加足够的空字符，使得拷贝至 destination 中的字符总数为 n。如果 source 的长度大于 n，则不会在 destination 的结尾加上\0。strncpy()函数的返回值是 destination。

程序清单 18.3 演示了 strncpy()的用法。

输入▼

程序清单 18.3 stringcopy2.c：strncpy()函数的用法

```
1:      // stringcopy2.c--使用 strncpy()函数
2:
3:      #include <stdio.h>
4:      #include <string.h>
5:
6:      char dest[] = "..........................";
7:      char source[] = "abcdefghijklmnopqrstuvwxyz";
8:
9:      int main( void )
10:     {
11:         size_t n;
12:
13:         while (1)
14:         {
15:             puts("Enter the number of characters to copy (1-26)");
16:             scanf("%d", &n);
17:
18:             if (n > 0 && n< 27)
19:                 break;
20:         }
21:
22:         printf("\nBefore strncpy destination = %s", dest);
23:
24:         strncpy(dest, source, n);
25:
26:         printf("\nAfter strncpy destination = %s\n", dest);
27:         return(0);
28:     }
```

输出▼

```
Enter the number of characters to copy (1-26)
15
Before strncpy destination = ..........................
After strncpy destination = abcdefghijklmno...........
```

分析▼

该程序除了演示 strncpy()的用法外，还演示了一种有效确保用户输入正确信息的方法。第 13~20 行包含一个 while 循环，提示用户输入一个数字（1~26）。while 不断循环，直至用户输入一个有效的数据。因此，在用户输入有效数据之前，程序不会继续执行 while 语句后面的代码。当用户输入 1~26 之间的一个值，第 22 行将打印 dest 的原始值，第 24 行将用户指定数量的字符从 source 拷贝至 dest 中。第 26 行打印 dest 最终的值。

警告

确保拷贝的字符数量不超过为目标字符串分配的长度。还要注意，strncpy()函数不会在末尾添加空字符。

18.3 拼接字符串

如果读者不熟悉拼接拼接，可能要问："拼接是什么？是否合法？"拼接就是把两个字符串连接起来——将一个字符串加在另一个字符串末尾，大多数情况下是合法的。C 标准库有两个拼接函数：strcat()和 strncat()，两个函数都定义在头文件 string.h 中。

18.3.1 strcat()函数

strcat()的函数原型是：

```
char *strcat(char *str1, const char *str2);
```

该函数把 str2 附加在 str1 的末尾，并在新字符串的末尾添加空字符。必须为 str1 分配足够的空间以储存新字符串。strcat()函数的返回值是指向 str1 的指针。程序清单 18.4 演示了 strcat()的用法。

输入▼

程序清单 18.4 stringcat.c：使用 strcat()函数拼接字符串

```
1:      // stringcat.c--strcat()函数的用法示例
2:
3:      #include <stdio.h>
4:      #include <string.h>
5:
6:      char str1[27] = "a";
7:      char str2[2];
8:
9:      int main( void )
10:     {
11:         int n;
12:
13:         // 在 str2[]的末尾添加空字符
14:
15:         str2[1] = '\0';
16:
17:         for (n = 98; n< 123; n++)
18:         {
19:             str2[0] = n;
20:             strcat(str1, str2);
21:             puts(str1);
22:         }
23:         return(0);
24:     }
```

输出▼

```
ab
abc
abcd
abcde
```

```
abcdef
abcdefg
abcdefgh
abcdefghi
abcdefghij
abcdefghijk
abcdefghijkl
abcdefghijklm
abcdefghijklmn
abcdefghijklmno
abcdefghijklmnop
abcdefghijklmnopq
abcdefghijklmnopqr
abcdefghijklmnopqrs
abcdefghijklmnopqrst
abcdefghijklmnopqrstu
abcdefghijklmnopqrstuv
abcdefghijklmnopqrstuvw
abcdefghijklmnopqrstuvwx
abcdefghijklmnopqrstuvwxy
abcdefghijklmnopqrstuvwxyz
```

分析▼

字母 b~z 对应的 ASCII 码是 98~122。该程序在演示 strcat()函数的用法中使用了这些 ASCII 码。第 17~22 行的 for 循环依次将这些值赋给 str2[0]。由于 str2[1]是空字符（如第 15 行所示），相当于依次将"b"、"c"等赋值给 str2。每个字符串都拼接在 str1 后面（第 20 行），然后程序在屏幕上打印 str1（第 21 行）。

18.3.2　strncat()函数

库函数 strncat()函数也用于拼接字符串，但是该函数要求指明在源字符串末尾要附加的目标字符串长度。strncat()函数的原型是：

```
char *strncat(char *str1, const char *str2, size_t n);
```

如果 str2 中的字符数大于 n，那么该函数只将 str2 的前 n 个字符附加在 str1 末尾；如果 str2 中的字符数小于 n，该字符会将 str2 的所有字符附加在 str1 末尾。无论是那种情况，都会在新字符串的末尾添加空字符。必须为 str1 分配足够的空间以储存新的字符串。strncat()函数返回指向 str1 的指针。程序清单 18.5 使用 strncat()函数完成与程序清单 18.4 相同的输出。

输入▼

程序清单 18.5　stringcat2.c：使用 strncat()函数拼接字符串

```
1:    // stringcat2.c--strncat()函数的用法示例
2:
3:    #include <stdio.h>
4:    #include <string.h>
5:
6:    char str2[] = "abcdefghijklmnopqrstuvwxyz";
7:
8:    int main( void )
9:    {
10:       char str1[27];
11:       int n;
12:
```

```
13:         for (n = 1; n< 27; n++)
14:         {
15:             strcpy(str1, "");
16:             strncat(str1, str2, n);
17:             puts(str1);
18:         }
19:         return 0;
20:     }
```

输出▼

```
a
ab
abc
abcd
abcde
abcdef
abcdefg
abcdefgh
abcdefghi
abcdefghij
abcdefghijk
abcdefghijkl
abcdefghijklm
abcdefghijklmn
abcdefghijklmno
abcdefghijklmnop
abcdefghijklmnopq
abcdefghijklmnopqr
abcdefghijklmnopqrs
abcdefghijklmnopqrst
abcdefghijklmnopqrstu
abcdefghijklmnopqrstuv
abcdefghijklmnopqrstuvw
abcdefghijklmnopqrstuvwx
abcdefghijklmnopqrstuvwxy
abcdefghijklmnopqrstuvwxyz
```

分析▼

第15行 `strcpy(str1, "");`有何用途？该行将一个空字符串（只包含一个空字符）拷贝给`str1`，其结果是 `str1` 的第 1 个字符（`str1[0]`）被设置为 0（空字符）。也可以使用其他语句来完成相同的任务：`str1[0] = 0;`或 `str1[0] = '\0';`。

18.4 比较字符串

要确定两个字符串是否相等，就要比较两个字符串。如果两者不等，那么一个字符串肯定“大于”或“小于”另一个字符串。判断“大于”和“小于”，就要用到 ASCII 码。对于字母，相当于比较字母顺序。不过，所有的大写字母都“小于”小写字母。因为大写字母 A~Z 对应的 ASCII 码是 65~90，而小写字母 a~z 对应的 ASCII 码是 97~122。因此，对于比较字符串的 C 函数而言，"ZEBRA"应该小于"apple"。

ANSI C 库提供了两种用于比较字符串的函数：一种是比较字符串本身，另一种是比较字符串所包含的字符数量。

18.4.1 比较字符串本身

strcmp()函数用于逐字符比较两个字符串，其原型是：

```
int strcmp(const char *str1, const char *str2);
```

参数 str1 和 str2 都是指向待比较字符串的指针。该函数的返回值如表 18.1 所列。需要注意的是，待比较的两个字符串都作为常量传递给函数，因为要确保在比较过程中不能修改它们。程序清单 18.6 演示了 strcmp()函数的用法。

表 18.1　strcmp()函数的返回值

返回值	含义
< 0	str1 小于 str2
0	str1 等于 str2
> 0	str1 大于 str2

输入▼

程序清单 18.6　stringcompare.c：使用 strcmp()函数比较字符串

```
1:      // stringcompare.c--strcmp()函数的用法示例
2:
3:      #include <stdio.h>
4:      #include <string.h>
5:
6:      int main( void )
7:      {
8:          char str1[80], str2[80];
9:          int x;
10:
11:         while (1)
12:         {
13:
14:             // 输入两个字符串
15:
16:             printf("\n\nInput the first string, a blank to exit: ");
17:             gets(str1);
18:
19:             if ( strlen(str1) == 0 )
20:                 break;
21:
22:             printf("\nInput the second string: ");
23:             gets(str2);
24:
25:             // 比较输入的两个字符串并显示结果
26:
27:             x = strcmp(str1, str2);
28:
29:             printf("\nstrcmp(%s,%s) returns %d", str1, str2, x);
30:         }
31:         return(0);
32:     }
```

输出▼

```
Input the first string, a blank to exit: First string
Input the second string: Second string
strcmp(First string,Second string) returns -1
Input the first string, a blank to exit: test string
Input the second string: test string
```

```
strcmp(test string,test string) returns 0
Input the first string, a blank to exit: zebra
Input the second string: aardvark
strcmp(zebra,aardvark) returns 1
Input the first string, a blank to exit:
```

注意

在 UNIX 系统中，函数比较两个字符串不相等时，不必返回-1，但是肯定返回一个非 0 值。

ANSI 标准并未规定具体的返回值，只规定了返回值大于、小于或等于 0。

分析▼

该程序演示了 strcmp()函数的用法，提示用户输入两个字符串（第 16、17、22 和 23 行），并显示 strcmp()函数返回的结果（第 29 行）。运行程序体会一下 strcmp()函数如何比较字符串。输入两个大小写不同、字母相同的字符串（如 Smith 和 SMITH），会出现什么情况。strcmp()是大小写敏感的函数，这意味着该函数处理字符串时区分大小写。

18.4.2 比较部分字符串

库函数 strncmp()函数比较两个字符串指定数量的字符，其原型是：

```
int strncmp(const char *str1, const char *str2, size_t n);
```

strncmp()函数比较 str1 和 str2 的 n 个字符。在比较完 n 个字符或达到 str1 的末尾时，完成比较。该函数用于比较字符串的方法及其返回值与 strcmp()相同，比较时也区分大小写。程序清单 18.7 演示了 strncmp()的用法。

输入▼

程序清单 18.7 stringcompare2.c：使用 strncmp()函数比较部分字符串

```
1:      // stringcompare2.c--strncmp()函数的用法示例
2:
3:      #include <stdio.h>
4:      #include <string.h>
5:
6:      char str1[] = "The first string.";
7:      char str2[] = "The second string.";
8:
9:      int main( void )
10:     {
11:         size_t n, x;
12:
13:         puts(str1);
14:         puts(str2);
15:
16:         while (1)
17:         {
18:             puts("\n\nEnter number of characters to compare, 0 to exit.");
19:             scanf("%d", &n);
20:
21:             if (n <= 0)
22:                 break;
23:
24:             x = strncmp(str1, str2, n);
```

```
25:
26:             printf("\nComparing %d characters, strncmp() returns %d.", n, x);
27:         }
28:         return(0);
29:     }
```

输出▼

```
The first string.
The second string.
Enter number of characters to compare, 0 to exit.
3
Comparing 3 characters, strncmp() returns 0.
Enter number of characters to compare, 0 to exit.
6
Comparing 6 characters, strncmp() returns -3.
Enter number of characters to compare, 0 to exit.
0
```

分析▼

该程序比较第 6 行和第 7 行定义的两个字符串。第 13 和 14 行将字符串打印在屏幕上，方便用户查看。程序执行 while 循环（第 16~27 行），用于多次比较。如果用户输入 0（第 18 和 19 行），程序则跳出该循环（第 22 行）；否则，执行第 24 行的 strncmp()，并将结果打印在屏幕上（第 26 行）。

18.5　查找字符串

C 语言库包含了大量查找字符串的函数。换句话说，这些函数查找一个字符串是否在另一个字符串中。如果是，在什么位置。可以使用 6 个字符串查找函数，所有这些函数都在头文件 string.h 中：

- strchr()
- strrchr()
- strcspn()
- strspn()
- strpbrk()
- strstr()

18.5.1　strchr()函数

strchr()函数查找指定的字符在字符串中首次出现的位置。该函数的原型是：

```
char *strchr(const char *str, int ch);
```

该函数从左至右查找 str，直至找到 ch 字符或末尾的空字符。如果找到 ch，则返回指向该字符的指针；如果未找到，则返回 NULL。

当 strchr()函数查找字符时，它返回指向该字符的指针。由于 str 是指向该字符串第 1 个字符的指针，因此将 strchr()函数返回的指针值减去 str 的值，便可获得待查找字符的位置。如程序清单 18.8 所示。指向字符串第 1 个字符的位置是 0。与 C 语言其他字符串函数一样，strchr()函数对大小写敏感。因此，在"raffle"中找不到 F 字符。

输入▼

程序清单 18.8 stringsearch1.c：使用 strchr()函数查找字符串中的指定字符

```
1:      // stringsearch1.c--使用 strchr()函数查找指定字符
2:
3:      #include <stdio.h>
4:      #include <string.h>
5:
6:      int main( void )
7:      {
8:          char *loc, buf[80];
9:          int ch;
10:
11:         // 输入字符串和字符
12:
13:         printf("Enter the string to be searched: ");
14:         gets(buf);
15:         printf("Enter the character to search for: ");
16:         ch = getchar();
17:
18:         // 执行查找
19:
20:         loc = strchr(buf, ch);
21:
22:         if ( loc == NULL )
23:             printf("The character %c was not found.", ch);
24:         else
25:             printf("The character %c was found at position %d.\n",
26:                    ch, loc-buf);
27:         return(0);
28:     }
```

输出▼

```
Enter the string to be searched: How now Brown Cow?
Enter the character to search for: C
The character C was found at position 14.
```

分析▼

该程序使用 strchr()函数（第 20 行）在一个字符串中查找一个字符。strchr()返回一个指向待查找字符在字符串中首次出现的位置，如果字符串中没有该字符，strchr()则返回 NULL。第 22 行检查 loc 的值是否为 NULL，并打印一条相应的消息。如前所述，将 strchr()函数的返回值减去指向字符串的指针，可以确定待查找字符在字符串中的位置。

18.5.2 strrchr()函数

库函数 strrchr()与 strchr()函数一样，但是 strrchr()函数查找指定字符在字符串最后一次出现的位置。该函数的原型是：

```
char *strrchr(const char *str, int ch);
```

strrchr()函数返回一个指针，指向 str 中 ch 最后一次出现的位置。如果没找到匹配的字符，该函数则返回 NULL。要理解该函数的工作原理，可以修改程序清单 18.8 中的第 20 行，把 strrchr()替换为 strchr()。

18.5.3　strcspn()函数

库函数 strcspn()在第 1 个字符串中查找首次出现第 2 个字符串字符的位置，该函数的原型是：

```
size_t strcspn(const char *str1, const char *str2);
```

strcspn()函数在 str1 中搜索 str2 中的字符，但并不查找 str2 的字符。记住这一点很重要。该函数不查找 str2 字符串，只在 str1 中查找 str2 中的字符。如果函数找到匹配的字符，strcspn()便返回从 str1 开头到匹配字符位置的偏移量。如果未找到匹配字符，strcspn()便返回 strlen(str1)的值。这表明 str2 中的字符与 str1 中的字符第 1 个匹配的是空字符。程序清单 18.9 演示了如何使用 strcspn()。

输入▼

程序清单 18.9　stringsearch2.c：使用 strcspn()函数查找一组指定的字符

```
1:      // stringsearch2.c--用 strcspn()函数查找字符
2:
3:      #include <stdio.h>
4:      #include <string.h>
5:
6:      int main( void )
7:      {
8:          char  buf1[80], buf2[80];
9:          size_t loc;
10:
11:         // 输入字符串
12:
13:         printf("Enter the string to be searched: ");
14:         gets(buf1);
15:         printf("Enter the string containing target characters: ");
16:         gets(buf2);
17:
18:         // 执行查找
19:
20:         loc = strcspn(buf1, buf2);
21:
22:         if ( loc ==  strlen(buf1) )
23:             printf("No match was found.");
24:         else
25:             printf("The first match was found at position %lu.\n", loc);
26:         return(0);
27:     }
```

输出▼

```
Enter the string to be searched: How now Brown Cow?
Enter the string containing target characters: Car
The first match was found at position 9.
```

分析▼

该程序清单与程序清单 18.8 类似。不同的是，程序清单 18.8 查找的是单个字符首次出现的位置；而程序清单 18.9 查找的是，第 2 个字符串中的字符在第 1 个字符串中首次出现的位置。该程序调用 strcspn()函数，其参数是 buf1 和 buf2。如果 buf2 中的任意字符在 buf1 中，strcspn()便返回从 buf1 开头到首次出现在 buf1 中的字符的位置。第 22 行检查 strcspn()函数的返回值是否为 NULL。如果其值等于 NULL，说明在 buf1 中未找到 buf2 中的任何字符，程序将打印相应的消息（第

23 行)。如果能在 buf1 中找到 buf2 中的字符(函数的返回值不等于 NULL),则打印一条消息,显示该字符在 buf1 中的位置。

18.5.4 strspn()函数

strspn()与 strcspn()相关,该函数的原型是:

```
size_t strspn(const char *str1, const char *str2);
```

strspn()函数查找 str1,把 str1 中的字符逐一与 str2 中的字符作比较。该函数返回第 1 个与 str2 中的字符不匹配的 str1 中的字符位置。也就是说,strspn()返回两个字符串完全匹配的长度(也可以看作是开始不匹配的位置)。如果该函数返回 0,说明没有字符相匹配。程序清单 18.10 演示了 strspn()的用法。

输入▼

程序清单 18.10 stringsearch3.c:使用 strspn()函数查找开始不匹配的位置

```
1:      // stringsearch3.c--strspn()函数用法示例
2:
3:      #include <stdio.h>
4:      #include <string.h>
5:
6:      int main( void )
7:      {
8:          char  buf1[80], buf2[80];
9:          size_t loc;
10:
11:         // 输入字符串
12:
13:         printf("Enter the string to be searched: ");
14:         gets(buf1);
15:         printf("Enter the string containing target characters: ");
16:         gets(buf2);
17:
18:         // 执行查找
19:
20:         loc = strspn(buf1, buf2);
21:
22:         if ( loc ==  0 )
23:             printf("No match was found.\n");
24:         else
25:             printf("Characters match up to position %d.\n", loc-1);
26:
27:     }
```

输出▼

```
Enter the string to be searched: How now Brown Cow?
Enter the string containing target characters: How now what?
Characters match up to position 7.
```

分析▼

该程序与上一个程序类似,不同的是,第 20 行调用的是 strspn(),而不是 strcspn()。strspn()函数返回 buf1 与 buf2 开始不匹配的位置。第 22~25 行,根据该函数的返回值,打印相应的消息。

18.5.5　strpbrk()函数

库函数 strpbrk()与 strcspn()类似，查找一个字符串中查找另一个字符串中的字符首次出现的位置。不同的是，strpbrk()函数在查找时不考虑末尾的空字符。该函数的原型是：

```
char *strpbrk( const char *str1, const char *str2);
```

strpbrk()函数返回一个指针，指向 str1 中首次出现 str2 的字符。如果未找到匹配的字符，该函数将返回 NULL。正如前面解释 strchr()函数的内容，strpbrk()函数与此类似，把 strpbrk()返回的指针与 str1 相减，可得 str2 中的字符在 str1 中首次出现的位置。例如，将程序清单 18.9 中的 strcspn()替换成 strpbrk()。

18.5.6　strstr()函数

最后一个最常用的 C 语言字符串查找函数是 strstr()。该函数超找一个字符串在另一个字符串中首次出现的位置，它查找的是整个字符串，不是字符串中的字符。该函数的原型如下：

```
char *strstr(const char *str1, const char *str2);
```

strstr()函数返回一个指针，指向 str2 在 str1 中首次出现的位置。如果未找到匹配的字符串，该函数返回 NULL。如果 str2 的长度为 0，该函数返回 str1。如果 strstr()函数找到匹配的字符串，可以像前面介绍的 strchr()函数一样，通过指针减法得到 str2 距 str1 开头的距离。程序清单 18.11 演示了 strstr()函数的用法。

输入▼

程序清单 18.11　stringsearch4.c：使用 strstr()函数在一个字符串中查找另一个字符串

```
1:      // stringsearch4.c--strstr()函数的用法示例
2:
3:      #include <stdio.h>
4:      #include <string.h>
5:
6:      int main( void )
7:      {
8:          char *loc, buf1[80], buf2[80];
9:
10:         // 输入字符串
11:
12:         printf("Enter the string to be searched: ");
13:         gets(buf1);
14:         printf("Enter the target string: ");
15:         gets(buf2);
16:
17:         // 执行查找
18:
19:         loc = strstr(buf1, buf2);
20:
21:         if ( loc == NULL )
22:             printf("No match was found.\n");
23:         else
24:             printf("%s was found at position %d.\n", buf2, loc-buf1);
25:         return(0);
26:     }
```

输出▼

```
Enter the string to be searched: How now brown cow?
Enter the target string: cow
Cow was found at position 14.
```

分析▼

该函数是查找字符串的另一种方法：在一个字符串中查找另一个字符串。第 12~15 行提示用户输入两个字符串。第 19 行使用 `strstr()` 函数查找第 2 个字符串 `buf2` 是否在第 1 个字符串 `buf1` 中。该函数返回 `buf2` 首次出现在 `buf1` 中的位置，如果未找到匹配字符串，则返回 `NULL`。第 21~24 行根据该函数的返回值 `loc`，打印相应的消息。

DO	DON'T
这里介绍的许多函数中，有些函数只查找字符串的前 n 个字符。这些函数的函数名通常是 `strnxxx()`，其中 *xxx* 因函数而异。	C 语言区分大小写，因此 A 和 a 是不同的。

18.6 将字符串转换为数字

有时，需要将字符串转换为数值变量。例如，可以把字符串`"123"`转换成值为 `123` 的 `int` 类型变量。C 语言中有 4 种函数用于把字符串转换为数字，其原型都在 `stdlib.h` 头文件中。接下来将详细介绍这些函数。

18.6.1 将字符串转换为整型值

库函数 `atoi()` 用于将字符串转换为整型值，函数原型如下：

```
int atoi(const char *ptr);
```

`atoi()` 函数把 `ptr` 指向的字符串转换为整型值。除了数字外，字符串还可包含空白和加号（+）或减号（-）。从字符串开头开始转换，直至遇到不可转换的字符（如，字母和标点）为止。该函数会将转换后的整数返回主调程序。如果遇到不可转换的字符，`atoi()` 函数则返回 `0`。表 18.2 列出了一些示例。

表 18.2 使用 `atoi()` 函数将字符串转换为整型值

字符串	`auoi()` 的返回值
"157"	157
"-1.6"	-1
"+50x"	50
"twelve"	0
"x506"	0

第 1 个示例简单易懂。第 2 个示例，`"-1.6"`被转换为`-1`。因为字符串被转换为 `int` 值，`-1.6` 的小数部分被丢弃。第 3 个示例也很简单。`atoi()` 函数能识别加号，并将其视为数字的一部分。第 4 个示例要转换`"twelve"`，`atoi()` 函数不能转换单词。由于字符串不是以数字开头，因此 `atoi()`

返回 0。最后一个实例，也是这种情况。

18.6.2　将字符串转换为 long

库函数 atol()与 atoi()类似，不同的是，atol()函数的返回类型是 long。其函数原型如下：

```
long atol(const char *ptr);
```

对于表 18.2 所示的示例，atol()函数的返回值与 atoi()函数的返回值相同。不同的是，atol()返回值的类型是 long，不是 int。

18.6.3　将字符串转换为 long long 类型值

与 atoi()和 atol()函数类似，atoll()函数将字符串转换为 long long 类型的值。其函数原型如下：

```
long long atoll(const char *ptr);
```

18.6.4　将字符串转换为浮点值

atof()函数将字符串转换为 double 类型的值。其函数原型如下：

```
double atof(const char *str);
```

参数 str 指向待转换字符串的指针。字符串可包含空白和+、-字符。数字包含 0~9、小数点和指数指示符 E 或 e。如果没有可转换的字符，atof()函数返回 0。表 18.3 列出了一些使用 atof()的示例。

表 18.3　使用 atof()函数将字符串转换为浮点值

字符串	auof()的返回值
"12"	12.000000
"-0.123"	-0.123000
"123E+3"	123000.000000
"123.1e-5"	0.001231

程序清单 18.12 演示了 atof()函数的用法。程序提示用户输入一个字符串，然后进行转换。

输入▼

程序清单 18.12　stringtodouble.c：使用 atof()函数将字符串转换为 double 类型的值

```
1:      // stringtodouble.c--atof()函数的用法示例
2:
3:      #include <string.h>
4:      #include <stdio.h>
5:      #include <stdlib.h>
6:
7:      int main( void )
8:      {
9:          char buf[80];
10:         double d;
11:
12:         while (1)
13:         {
```

```
14:             printf("\nEnter the string to convert (blank to exit):    ");
15:             gets(buf);
16:
17:             if ( strlen(buf) == 0 )
18:                 break;
19:
20:             d = atof( buf );
21:
22:             printf("The converted value is %f.", d);
23:         }
24:         return(0);
25:     }
```

输出▼

```
Enter the string to convert (blank to exit): 1009.12
The converted value is 1009.120000.
Enter the string to convert (blank to exit): abc
The converted value is 0.000000.
Enter the string to convert (blank to exit): 3
The converted value is 3.000000.
Enter the string to convert (blank to exit):
```

分析▼

第 12~23 行的 `while` 循环控制程序不断运行，直至用户输入一个空行。第 14 和 15 行提示用户输入一个需要转换的字符串。第 17 行检查用户是否输入了空行。如果是空行，则跳出 `while` 循环，程序结束。第 20 行，调用 `atof()` 函数，把用户输入的字符串转换为 `double` 类型的值。第 22 行打印转换后的结果。

18.7　字符测试函数

`type.h` 头文件中包含了大量用于测试字符的函数原型，这些函数根据待测试的函数是否满足条件，返回 `TRUE` 或 `FALSE`。例如，待测试字符是字母还是数字？is*xxxx*() 函数实际上是定义在 `ctype.h` 中的宏。有关宏的概念，在第 22 课中介绍，可以查看 `ctype.h` 中定义的函数及其工作原理。现在，只需要掌握如何使用它们。

is*xxxx*() 函数的原型都一样：

```
int isxxxx(int ch);
```

参数 `ch` 表示待测试的字符。如果满足测试条件，is*xxxx*() 函数的返回值为 `TRUE`（非 0）；否则，返回 `FALSE`（0）。表 18.4 列出了所有的 is*xxxx*() 函数。

表 18.4　is*xxxx*() 函数

函数（宏）	行为
`isalnum()`	如果 ch 是字母或数字（0~9），返回 TRUE
`isalpha()`	如果 ch 是字母，返回 TRUE
`isblank()`	如果 ch 是空格或水平制表符，返回 TRUE
`iscntrl()`	如果 ch 是控制字符，返回 TRUE
`isdigit()`	如果 ch 是数字（0~9），返回 TRUE
`isgraph()`	如果 ch 是可打印的字符（空白除外），返回 TRUE
`islower()`	如果 ch 是小写字母，返回 TRUE

isprint()	如果 ch 是可打印的字符（包括空白），返回 TRUE
ispunct()	如果 ch 是标点符号，返回 TRUE
isspace()	如果 ch 是空白字符（空格、水平制表符、垂直制表符、换行符、换页符或回车），返回 TRUE
isupper()	如果 ch 是字母或数字（0~9），返回 TRUE
isxdigit()	如果 ch 是字母或数字（0~9），返回 TRUE

使用这些字符测试函数，可以完成许多有趣的事情。如程序清单 18.13 中的 get_int()函数所示。该函数通过 stdin 输入一个整数，并将其作为 int 类型的变量返回。函数跳过开头的空白，如果第 1 个非空白字符不是数字，则返回 0。

输入▼

程序清单 18.13　getaninteger.c：使用 is*xxxx*()函数实现一个输入 int 值的函数

```
1:        // getaninteger.c--使用字符测试函数
2:        // 创建整数输入函数。
3:
4:        #include <stdio.h>
5:        #include <ctype.h>
6:
7:        int get_int(void);
8:
9:        int main( void )
10:       {
11:           int x;
12:           x =  get_int();
13:
14:           printf("You entered %d.\n", x);
15:           return 0;
16:       }
17:
18:       int get_int(void)
19:       {
20:           int ch, i, sign = 1;
21:
22:           // 跳过空白
23:
24:           while  ( isspace(ch = getchar()) )
25:               ;
26:
27:           /* 如果第 1 个字符是非数字，
28:              退回该字符，并返回 0。 */
29:
30:           if (ch != '-' && ch != '+' && !isdigit(ch) && ch != EOF)
31:           {
32:               ungetc(ch, stdin);
33:               return 0;
34:           }
35:
36:           /* 如果第 1 个字符是负号，
37:              设置 sign 的值。 */
38:
39:           if (ch == '-')
40:               sign = -1;
41:
42:           /* 如果第 1 个字符是正号或负号，
43:              获取下一个字符。 */
44:
```

```
45:         if (ch == '+' || ch == '-')
46:             ch = getchar();
47:
48:         /* 读取字符，直至用户输入非数字 (0~9)。
49:            进行一些运算。 */
50:
51:         for (i = 0; isdigit(ch); ch = getchar() )
52:             i = 10 * i + (ch - '0');
53:
54:         // 如果 sign 为负，则 sign 乘以 i，再赋值给 i。
55:
56:         i *= sign;
57:
58:         /* 如果没遇到 EOF,
59:            则待读入的是非数字字符，因此退回该字符。 */
60:
61:         if (ch != EOF)
62:             ungetc(ch, stdin);
63:
64:         // 返回输入的值
65:
66:         return i;
67:     }
```

输出▼

```
-100
You entered -100.
abc3.145
You entered 0.
9 9 9
You entered 9.
2.5
You entered 2.
```

分析▼

该函数第 32 和 62 行使用第 14 课介绍过的库函数 ungetc()。该函数将一个字符"退回"或返回指定流。程序下次从指定流读取字符时，将首先读取被退回的字符。因为如果 get_int()函数从 stdin 中读取非数值字符，会将其退回 stdin 中，以便影响程序后续读取。

该程序中的 main()函数很简单。第 11 行声明了一个 int 类型的变量 x，第 12 行将 get_int()函数的返回值赋给 x 变量，并将其值打印在屏幕上（第 14 行）。程序的余下部分都是 get_int()函数。

get_int()函数并不简单。第 24 行的 while 循环，用于删除用户输入数据开头的空白。isspace()函数测试 getchar()函数获取的 ch 字符。如果 if 字符是空白，则重新取回下一个字符，直至取回的字符是非空白字符。第 30 行可以这样理解：如果输入的字符不是负号、正号、数字（0~9）或 EOF。如果输入的字符满足此条件，第 32 行的 ungetc()函数将获取的字符退回，然后函数结束，返回至 main()函数中；如果获取的字符有用，则继续执行。

第 39~46 行处理数字的符号。第 39 行检查输入的字符是否为负号，如果是负号，便将 sign 设置为-1。第 56 行，sign 用于确定数字最后是正数还是负数。由于默认是正数，因此，处理负号后便可继续进行。如果用户输入了符号（+或-），程序必须获取下一个字符（第 45 和 46 行）。

第 51 和 52 行的 for 循环将不断获取 0~9 的数字字符。第 51 行，获取用户输入的字符，并将其转换为数字。读者可能不太理解第 52 行。将 ch 与字符'0'相减，可以把该 ch 转换为一个真正的数字（别往里 ASCII 码）。获得正确的数值后，将其乘以 10 的合适次幂。for 循环将不断获取字符，直至读取的字符不是数字为止。然后第 56 行加上相应的 sign。

在返回 main()函数之前，程序还要做一些清理工作。如果最后读取的字符不是 EOF，则将其退回至 stdin 流中，以免影响程序其他部分读取数据（第 62 行）。第 66 行返回主调程序。

注意

虽然以上程序很简单，但是并不友好。在后面的编程练习中，修改该程序改善用户输入界面。

DO	DON'T
一定要充分利用 C 语言库提供的字符串函数。	不要混淆数字和字符。"2"和 2 不同。

18.7.1　ANSI 支持的大小写转换

虽然某些编译器包含一些函数可以转换字符串中字符的大小写（如，strlwr()和 strupr()），但是它们不是 ANSI 标准的一部分。ANSI 标准定义了两个转换大小写的函数。除了 is*xxxx*()函数中包含的大小写转换函数，ANSI 还定义了两个转换字符大小写的函数：toupper()和 tolower()。程序清单 18.14 中演示了这两个函数的用法。

输入▼

程序清单 18.14　stringconversion.c：使用 tolower()和 toupper()函数转换字符串中字符的大小写

```
1:     // stringconversion.c--字符转换函数 tolower()和 toupper()
2:     #include <ctype.h>
3:     #include <stdio.h>
4:     #include <string.h>
5:
6:     int main( void )
7:     {
8:         char buf[80];
9:         int  ctr;
10:
11:        while (1)
12:        {
13:            puts("\nEnter a line of text, a blank to exit.");
14:            gets(buf);
15:
16:            if ( strlen(buf) == 0 )
17:                break;
18:
19:            for ( ctr = 0; ctr< strlen(buf); ctr++)
20:            {
21:                printf("%c", tolower(buf[ctr]));
22:            }
23:
24:            printf("\n");
25:            for ( ctr = 0; ctr< strlen(buf); ctr++)
```

```
26:                {
27:                    printf("%c", toupper(buf[ctr]));
28:                }
29:                printf("\n");
30:            }
31:            return(0);
32:        }
```

输出▼

```
Enter a line of text, a blank to exit.
Time to shuffle off to Buffalo, New York.
time to shuffle off to buffalo, new york.
TIME TO SHUFFLE OFF TO BUFFALO, NEW YORK.
Enter a line of text, a blank to exit.
```

分析▼

该程序清单提示用户输入一行文本（第 13 行），使用 gets() 函数获取字符（第 14 行）。然后检查以确认字符串是否为空行（第 16 行）。由于 toupper() 和 tolower() 函数处理的是单个字符，第 19 行的 for 循环用于连续处理字符，转换字符的大小写。

> **注意**
>
> 尽可能使用 toupper() 和 tolower() 函数，而不是编译器自带的非 ANSI 函数。也可以使用 toupper() 和 tolower() 函数创建自己的函数，这样的函数也是 ANSI 兼容的。

18.8 小　结

本课介绍了各种操纵字符串的方式。使用 C 标准库函数，可以拷贝、拼接、比较和查找字符串。大部分编程任务都要使用这些函数。在 C 语言的标准库中，有许多转换字符串中字符大小写的函数和将字符串转换成数字的函数。C 语言还提供了各种字符测试函数（更准确地说是宏），用于测试单个字符。使用这些宏来测试字符，可以创建自定义的函数。

18.9 答　疑

问：如何知道函数是否是 ANSI 兼容的？

答：大多数编译器都有一个库函数参考手册，列出了所有的库函数及其用法。通常，该手册包含了函数兼容的有关信息。有时，不仅包含 ANSI 兼容性的内容，还会介绍与那些操作系统兼容（大多数编译器只会描述与编译器相关的信息）。

问：本课是否介绍了所有的字符串函数？

答：没有。但是本课介绍的这些字符串函数可以满足读者的一般需要。欲了解其他字符串函数，请参阅编译器的库参考手册。

问：拼接字符串时，strcat() 函数是否忽略末尾的空白？

答：不会。strcat() 函数处理空白的方式与其他函数相同。

问：是否可以将数字转换成字符串？

答：可以。你可以编写一个与程序清单 17.16 类似的函数，或者查阅库参考手册，看看是否有可用的函数。类似的函数有：itoa()、ltoa()、ultoa()和 sprint(f)。

18.10　课后研习

课后研习包含小测验和练习题。小测验帮助读者理解和巩固本课所学概念，练习题有助于读者将理论知识与实践相结合。

18.10.1　小测验

1. 什么是字符串的长度？如何确定字符串的长度？
2. 拷贝字符串之前，必须要确保什么？
3. 拼接是什么意思？
4. 比较字符串时，“一个字符串大于另一个字符串”是什么意思？
5. strcmp()和 strncmp()有什么区别？
6. isascii()用于测试什么值？
7. 参阅表 18.4，对于下面的 var，表中哪些函数（宏）返回 TRUE？
```
int var = 1;
```
8. 参阅表 18.4，对于下面的 var，表中哪些函数（宏）返回 TRUE？
```
char x = 65
```
9. 字符测试函数有什么用途？

18.10.2　练习题

1. 字符测试函数的返回值是什么？
2. 如果将下面的值分别传递给 atoi()函数，返回值是什么？
```
a. "65"
b. "81.23"
c. "-34.2"
d. "ten"
e. "+12hundred"
f. "negative100"
```
3. 如果将下面的值分别传递给 atof()函数，返回值是什么？
```
a. "65"
b. "81.23"
c. "-34.2"
d. "ten"
e. "+12hundred"
f. "1e+3"
```
4. **排错**：下面的代码中有哪些错误？
```
char *string1, string2;
string1 = "Hello World";
strcpy( string2, string1);
printf( "%s %s", string1, string2 );
```

由于以下练习有多种解决方案，因此附录 D 没有提供答案。

5. 编写一个程序，提示用户分别输入姓、名、中间名。然后将姓名储存在一个新的字符串中，其格式为：名的首字母、点号、空格、中间名首字母、点号、空格、姓。例如，假设输入的名、中间名、姓是 Ruth、Claire、Alber，则储存为 R. C. Alber。最后将储存的姓名显示在屏幕上。
6. 编写一个程序，验证 18.10.2 节中的第 8 题和第 9 题。
7. `strstr()`函数用于在一个字符串中查找另一个字符串首次出现的位置，该函数区分大小写。编写一个函数执行相同的任务，但是不区分大小写。
8. 编写一个函数，计算一个字符串在另一个字符串中出现的次数。
9. 编写一个程序，在一个文本文件中查找用户指定的字符串，如果能找到就报告该字符串所在的行号。例如，如果在你的 C 源文件中查找"`printf()`"，程序应该列出调用 `printf()`函数所在的所有行号。
10. 程序清单 18.13 演示了从`stdin`中输入整数的函数。编写一个函数`get_float()`，用于从`stdin`中输入浮点值。

第 19 课

函数的高级主题

经过前面的系统学习可知，函数是 C 语言的核心。本章将介绍更多使用函数的其他方式，包括以下内容：

- 给函数传递指针
- 给函数传递将指向 void 类型的指针
- 接受可变数量参数的函数
- 从函数返回指针

以上内容有些在本书前面提到过，今天的课程将做更详细的介绍。

19.1 给函数传递指针

默认情况下，参数是按值传递的。按值传递意味着传递给函数的是参数值的副本。按值传递有 3 个步骤。

1. 对参数表达式求值。
2. 将结果拷贝至栈（内存中的临时存储区域）中。
3. 函数从栈中取回参数的值。

这里要着重理解的是，如果将变量作为传递，函数就无法修改变量的值。图 19.1 演示了如何按值传递参数。如图所示，虽然图中的参数是 `int` 类型的变量，但是对于其他类型的变量和更复杂的表达式，其原理一样。

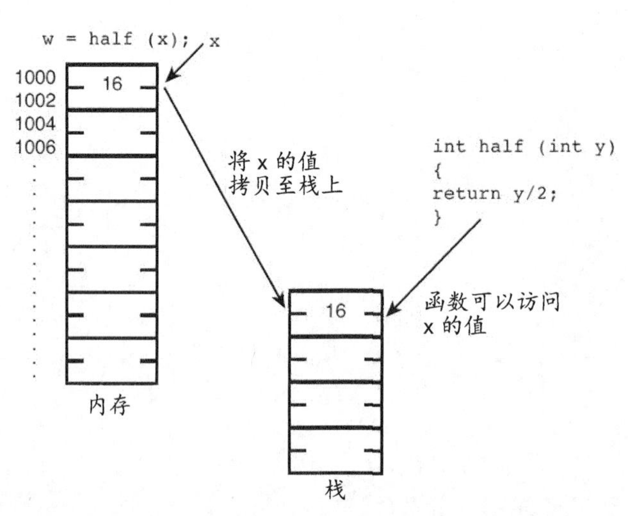

图 19.1　按值传递参数，函数无法修改原始参数的值

当变量按值传递给函数时，函数访问的是变量的值，不是变量本身。因此，函数中的代码无法更改原来的变量。这是默认情况下按值传递参数的主要原因：防止无意间修改函数的外部数据。

按值传递适用于基本数据类型（char、short、int、long、long long、float、double、long double）。除此之外，还有另一种传递参数的方式，传递的是指向参数变量的指针，而不是变量的值。这种传递参数的方式叫作*按引用传递*。由于函数有实际变量的地址，因此可以修改变量的值。

第 9 课介绍过，要把数组传递给函数，按值传递行不通，只能按引用传递。然而，对于其他数据类型，两种方法都可以。如果程序中使用大量结构，按值传递这些结构会导致程序耗尽栈的空间。除此之外，按引用传递代替按值传递有利也有弊：

- 按引用传递的优点是，函数可以修改参数变量的值；
- 按引用传递的缺点是，函数可以修改参数变量的值。

“什么？即是优点也是缺点？”是的，是优点还是缺点取决于具体情况。如果程序需要函数能够修改参数变量，按引用传递就能体现出优点；如果没有这种要求，按引用传递就是缺点，因为在运行期间可能无意间修改了参数变量。

读者可能质疑，为何不使用函数的返回值来修改参数变量？当然可以这样做，如下所示：

```
x = half(x);
float half(float y)
{
    return y/2;
}
```

但是要记住，函数只能返回一个值。通过按引用传递多个参数，可以实现让函数“返回”多个值给主调程序。图 19.2 演示了按引用传递一个参数的情况。

在实际的程序中，图 19.2 中的函数不一定使用按引用传递，这样使用是为了说明按引用传递的概念。按引用传递时，必须确保函数定义和函数原型中指定的参数是一个指针。函数体中，必须使用间接运算符来访问按引用传递的变量。

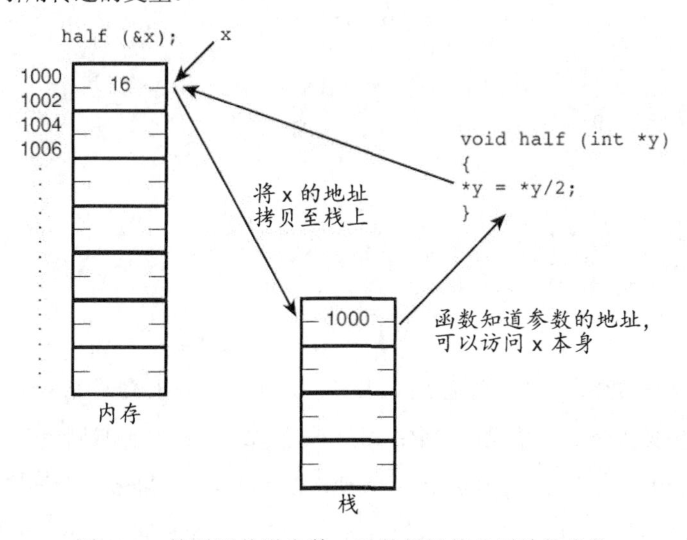

图 19.2　按引用传递参数，函数能够修改原始的参数

程序清单 19.1 演示了如何按引用传递和默认的按值传递。后面的输出显示，函数无法修改按值传递的变量，但是可以修改按引用传递的变量。当然，函数也可能不需要修改按引用传递的变量。在这种情况下，就没必要按引用传递。

输入▼

程序清单 19.1　differentarguments.c：按值传递和按引用传递

```
1:      // differentarguments.c--按值传递和按引用传递参数
2:
3:      #include <stdio.h>
4:
5:      void by_value(int a, int b, int c);
6:      void by_ref(int *a, int *b, int *c);
7:
8:      int main( void )
9:      {
10:         int x = 2, y = 4, z = 6;
11:
12:         printf("\nBefore calling by_value(), x = %d, y = %d, z = %d.",
13:                x, y, z);
14:
15:         by_value(x, y, z);
16:
17:         printf("\nAfter calling by_value(), x = %d, y = %d, z = %d.",
18:                x, y, z);
19:
20:         by_ref(&x, &y, &z);
21:         printf("\nAfter calling by_ref(), x = %d, y = %d, z = %d.\n",
22:                x, y, z);
23:         return(0);
24:     }
25:
26:     void by_value(int a, int b, int c)
27:     {
28:         a = 0;
29:         b = 0;
30:         c = 0;
31:     }
32:
33:     void by_ref(int *a, int *b, int *c)
34:     {
35:         *a = 0;
36:         *b = 0;
37:         *c = 0;
38:     }
```

输出▼

```
Before calling by_value(), x = 2, y = 4, z = 6.
After calling by_value(), x = 2, y = 4, z = 6.
After calling by_ref(), x = 0, y = 0, z = 0.
```

分析▼

该程序演示了按值传递和按引用传递的区别。第 5 行和第 6 行是两个函数的原型。第 5 行，`by_value()`函数接受 3 个 `int` 类型的参数；而第 6 行，`by_ref()`函数则接受 3 个指向 `int` 类型变量的指针。这两个函数的函数头分别位于第 26 行和第 33 行，它们的格式与其原型相同。两个函数要完成的任务类似（都是把 0 赋给 3 个传入的变量），但是不完全相同。在 `by_value()`函数中，直接将 0 赋给变量；在 by_ref() 函数中，使用了指针，因此在赋值之前必须先对指针解引用。

在 main() 函数中，每个函数只被调用一次。首先，给 3 个变量分别赋不同的非零值（第 10 行）。第 12 行，在屏幕上打印这些值。第 15 行，调用 by_value() 函数。第 17 行，在屏幕上再次打印 3 个变量的值。注意，它们的值并没有变。由于这 3 个变量按值传递给 by_value() 函数，因此该函数无法修改它们的原始内容。第 20 行，调用 by_ref() 函数。第 21 行，再次打印这 3 个变量的值。这次，变量的值都变成了 0。按引用传递使得 by_ref() 函数可以访问变量的实际内容。

也可以编写一个函数，其中一些参数按引用传递，一些参数按值传递。记住，在函数中要直接访问按引用传递的参数，要使用间接运算符（*）对其解引用。

DO	DON'T
如果不希望改变参数的原始值，应按值传递。 要使用间接运算符来解引用按引用传递给函数的变量。	如无必要，不要按值传递大量数据。否则，可能耗尽栈空间。 别忘记按引用传递的变量应是指针。

19.2 void 指针

前面章节介绍过，void 关键字用在函数声明中，指定函数不接受任何参数或没有返回值。void 还可用于创建通用指针（*generic pointer*），即指向任意数据对象类型的指针。例如下面的声明：

```
void *ptr;
```

将 ptr 声明为通用指针，但是没有指定它指向任何内容。

void 指针最常见的用途是用于声明函数的参数。如果希望一个函数能处理不同类型的参数(即，可以将 int 类型的变量传递给它，也可以将 float 类型的变量传递给它，等等)，便可将 void 指针作为函数的参数。这样，该函数就能接受任何类型的数据。如果声明一个接受 void 指针的函数，便可将指向任何内容的指针传递给该函数。

这是一个简单的示例：你希望编写一个函数，接受一个数值变量，将其除以 2 并返回参数变量的计算结果。因此，如果 val 变量的值是 4，那么调用 half(val)后，val 变量的值为 2。因为要修改参数的值，所以要按引用传递该参数。如果希望该函数能接受任何数值类型的变量，则应将该函数声明为接受一个 void 指针参数的函数：

```
void half(void *val);
```

现在，便可调用该函数，将任何指针作为参数传递给它。然而，还需注意的是，虽然无需知道 void 指针所指向的具体数据类型，但是不能对这样的指针执行解引用操作。只有知道指针指向的数据类型后，才能在函数中使用它。为此，可使用**强制类型转换**，告诉程序将 void 指针视为指向特定 type 的指针。如果 pval 是一个 void 指针，可以这样将其强制类型转换：

```
(type *)pval
```

这里，type 是某种数据类型。要告诉程序 pval 是指向 int 类型的指针，可以这样写：

```
(int *)pval
```

要解引用该指针，即访问 pval 指向的 int 类型变量，可以这样写：

```
*(int *)pval
```

强制类型转换将在第 21 课中详细介绍，接下来继续讲解本课的主题(将 void 指针传递给函数)。要使用 void 指针，函数必须知道该指针指向什么数据类型。对于上面提到的将参数除以 2 的函数而言，可能会处理 4 种数据类型：int、long、float、double。除了将 void 指针传递给函数外，还必须告诉函数该指针指向何种数据类型。可以这样修改函数定义：

```
void half(void *pval, char type);
```

根据 type 参数，该函数将 void 指针强制类型转换成指向特定类型的 pval 指针。然后，便可在函数中解引用该指针，使用它所指向的变量的值。half() 函数的最终版本如程序清单 19.2 所示。

输入▼

程序清单 19.2　typecast.c：使用 void 指针给函数传递不同的数据类型

```
1:      // typecast.c--使用 void 指针
2:
3:      #include <stdio.h>
4:
5:      void half(void *pval, char type);
6:
7:      int main( void )
8:      {
9:          // 初始化各种类型的变量
10:
11:         int i = 20;
12:         long l = 100000;
13:         float f = 12.456;
14:         double d = 123.044444;
15:
16:         // 显示各变量的初始值
17:
18:         printf("\n%d", i);
19:         printf("\n%ld", l);
20:         printf("\n%f", f);
21:         printf("\n%lf\n\n", d);
22:
23:         // 为每种类型的变量调用 half()函数
24:
25:         half(&i, 'i');
26:         half(&l, 'l');
27:         half(&d, 'd');
28:         half(&f, 'f');
29:
30:         // 显示各变量的新值
31:         printf("\n%d", i);
32:         printf("\n%ld", l);
33:         printf("\n%f", f);
34:         printf("\n%lf\n", d);
35:         return(0);
36:     }
37:
38:     void half(void *pval, char type)
```

```
39:     {
40:         // 根据 type 的值,
41:         // 强制类型转换 pval 指针，并除以 2。
42:
43:         switch (type)
44:         {
45:            case 'i':
46:                {
47:                    *((int *)pval) /= 2;
48:                    break;
49:                }
50:            case 'l':
51:                {
52:                    *((long *)pval) /= 2;
53:                    break;
54:                }
55:            case 'f':
56:                {
57:                    *((float *)pval) /= 2;
58:                    break;
59:                }
60:            case 'd':
61:                {
62:                    *((double *)pval) /= 2;
63:                    break;
64:                }
65:         }
66:     }
```

输出▼

```
20
100000
12.456000
123.044444
10
50000
6.228000
61.522222
```

分析▼

在该程序清单中，第 38~66 行的 half() 函数中没有进行错误检查（例如，传入的 type 参数是否有效）。因为在实际的程序中，不会用函数来执行除以 2 这样简单的任务。程序这样做仅用于演示。

读者可能认为，传递指针所指向变量的类型降低了函数的灵活性，如果函数不需要知道指针指向的数据对象的类型，会更通用。但是，这不是 C 语言的工作方式。在解引用 void 指针之前，必须将其强制转换成指向特定的类型。通过这种方法，只需编写一个函数。如果不使用 void 指针，则不得不专门为 4 个不同的数据类型写 4 个不同的函数。

当你需要用一个函数处理不同的数据类型时，通常可以编写一个宏来代替函数。对于上面的示例，函数要完成的任务相对简单，就很适合编写一个宏来代替函数（第 22 课将详细介绍宏）。

DO	DON'T
要强制类型转换 void 指针后才能使用它指向的值。	不要递增或递减 void 指针。

19.3 带可变数目参数的函数

前面介绍过一些库函数接受可变数目的参数，如 printf()和 scanf()。你也可以编写这样的函数。如果程序中要使用待可变数目参数列表的函数，必须包含 stdarg.h 头文件。

声明带可变数目参数列表的函数时，首先要列出固定形参——必不可少的形参（固定形参不能少于 1 个）；然后在形参列表末尾列出省略号（...），表示可将 0 个或多个其他参数传递给该函数。在这里的讨论中，请注意区别形参和实参（第 5 课对此做了详细讨论）。

函数调用时，函数如何知道传入多少个参数？当然是你告诉它。可以用其中的一个固定形参指明待传递参数的总数。例如，使用 printf()函数时，格式字符串中的转换说明的数目表明了函数要接受多少个额外参数。一种更直接的方法是，其中的一个固定形参便是额外参数的个数。稍后的示例中就使用了这样的方法，不过在此之前，我们先要看看 C 语言提供的一些处理可变参数列表的工具。

函数必须知道可变参数列表中每个参数的类型。以 printf()为例，转换说明指出了每个参数的类型。在其他情况下（如后面的示例中），可变参数列表中的所有参数类型都相同。要创建接受不同类型的可变参数列表，必须设计一个方法来传递参数类型的信息。例如，可以使用字符码，如程序清单 19.2 中的 half()函数所示。

使用可变参数列表的工具定义在 stdarg.h 中，这些工具用在函数中取回可变参数列表中的参数：

va_list	指针数据类型
va_start()	用于初始化可变参数列表的宏
va_arg()	用于轮流从可变参数列表中取回每个参数的宏
va_end()	取回所有参数后用于“清理”的宏

先简要地了解这些宏在函数中的用法，稍后提供使用范例。调用函数时，函数中的代码必须按照如下的步骤访问参数。

1. 声明一个 va_list 类型的指针变量。该指针用于访问各个参数，通常将该变量命名为 arg_ptr。
2. 调用 va_start()宏，将 arg_ptr 和最后一个固定参数的参数名传递给它。va_start()宏没有返回值，它将 arg_ptr 指针初始化为指向可变参数列表的第 1 个参数。
3. 为了取回每个参数，调用 va_arg()，并将 arg_ptr 和下一个参数的数据类型传递给它。va_arg()的返回值是下一个参数的值。如果该函数已取回可变参数列表中的 n 个参数，则要调用 va_arg()函数 n 次，依次取回函数调用中列出的参数。
4. 取回可变参数列表中的所有参数后，调用 va_end()，并将 atg_ptr 指针传递给它。在有些实现中，该宏不执行任何操作；但是在其他实现中，它执行必要的清理工作。应该养成调用 va_end()的习惯，以防使用的 C 程序实现要求这样做。

现在来看一个示例：程序清单 19.3 中的 average()函数，计算列表中整数的算术平均值。该程序将一个固定参数（表明后面还有多少个参数）传递给该函数。

输入▼

程序清单 19.3　variableaverage.c：使用可变数目的参数列表

```
1:      /* variableaverage.c--带可变数目参数列表的函数 */
2:
3:      #include <stdio.h>
4:      #include <stdarg.h>
5:
6:      float average(int num, ...);
7:
8:      int main( void )
9:      {
10:         float x;
11:
12:         x = average(10, 1, 2, 3, 4, 5, 6, 7, 8, 9, 10);
13:         printf("\nThe first average is %.2f.", x);
14:         x = average(5, 121, 206, 76, 31, 5);
15:         printf("\nThe second average is %.2f.\n", x);
16:         return(0);
17:     }
18:
19:     float average(int num, ...)
20:     {
21:         // 声明一个 va_list 类型的变量
22:
23:         va_list arg_ptr;
24:         int count, total = 0;
25:
26:         // 初始化参数指针
27:
28:         va_start(arg_ptr, num);
29:
30:         // 从可变参数列表中取回每个参数
31:
32:         for (count = 0; count < num; count++)
33:             total += va_arg( arg_ptr, int );
34:
35:         // 执行清理
36:
37:         va_end(arg_ptr);
38:
39:         /* 将总和 total 除以值的个数 num ，获得平均数。
40:            将 total 强制类型转换为 float,
41:            因此返回值的类型是 float。*/
42:
43:         return ((float)total/num);
44:     }
```

输出▼

```
The first average is 5.50.
The second average is 87.80.
```

分析▼

第 12 行，首次调用 average() 函数。传递的第 1 个参数（唯一的固定参数），指定了可变参数列表中有多少个值。在该函数中，第 32 和 33 行依次取回可变参数列表中的每个参数，并将其加进 total 中。取回所有的参数后，将 total 强制类型转换为 float 类型并将 total 除以 num 获得平均值（第 43 行）。

在还程序清单中，还需注意两点。第 28 行，调用 va_start()来初始化可变参数列表。在取回值之前必须先这样做。第 37 行，调用 va_end()进行“清理”工作。如果编写的程序中要用到带可变数目参数的函数，应该要使用这些函数。

严格来说，接受可变数目参数的函数不需要固定形参来表明待传入参数的个数。例如，可以用特定值（其他地方用不到的值）标记可变参数列表的末尾。然而，这种方法限制了可传递的参数，最好不要使用。

19.4　返回指针的函数

在前面的章节中，介绍了一些返回值是指针的 C 标准库函数。你也可以在函数声明和函数定义中使用间接运算符（*），编写返回指针的函数。声明这种函数的通用格式如下：

```
type *func(parameter_list);
```

这声明了一个 func()函数，返回一个指向 type 类型的指针。下面是两个更具体的例子：

```
double *func1(parameter_list);
struct address *func2(parameter_list);
```

第 1 行，声明的函数返回一个指向 double 类型的指针；第 2 行，声明的函数返回一个指向 address 类型（假设它是用户定义的结构）的指针。

不要混淆返回指针的函数和指向函数的指针。如果在函数声明中出现一对圆括号，把间接运算符和其后的名称括起来，则声明的是一个函数指针，如下面两个范例所示：

```
double (*func)(...);      // 指向函数的指针，该函数返回一个 double 类型的值。
double *func(...);        // 该函数返回指向 double 类型的指针。
```

了解声明的格式后，如何使用返回指针的函数？其实，这样的函数与其他函数没什么区别，可以像使用其他函数那样使用它们，将他们的返回值赋给一个相匹配类型的变量（这里指的是指针）。由于函数调用是一个 C 语言的表达式，因此，只要能使用相应类型指针的地方，便可使用返回指针的函数。

程序清单 19.4 是一个简单的示例，其中的函数接受两个参数，并确定哪一个参数更大。该程序清单演示了两种方法来完成这个任务：一个函数返回一个 int 类型的值，一个函数返回指向 int 类型的指针。

输入▼

程序清单 19.4　pointerreturn.c：从函数返回指针

```
1:      // pointerreturn.c--返回指针的函数
2:
3:      #include <stdio.h>
4:
5:      int larger1(int x, int y);
6:      int *larger2(int *x, int *y);
```

```
7:
8:      int main( void )
9:      {
10:         int a, b, bigger1, *bigger2;
11:
12:         printf("Enter two integer values: ");
13:         scanf("%d %d", &a, &b);
14:
15:         bigger1 = larger1(a, b);
16:         printf("\nThe larger value is %d.", bigger1);
17:         bigger2 = larger2(&a, &b);
18:         printf("\nThe larger value is %d.\n", *bigger2);
19:         return(0);
20:     }
21:
22:     int larger1(int x, int y)
23:     {
24:         if (y > x)
25:             return y;
26:         return x;
27:     }
28:
29:     int *larger2(int *x, int *y)
30:     {
31:         if (*y > *x)
32:             return y;
33:
34:         return x;
35:     }
```

输出▼

```
Enter two integer values: 1111 3000
The larger value is 3000.
The larger value is 3000.
```

分析▼

这个程序相对简单易懂。第 5 和 6 行是两个函数的原型。larger1()函数接受两个 int 类型的变量，并返回一个 int 类型的值；larger2()函数接受两个指向 int 类型变量的指针，并返回一个指向 int 类型的指针。main()函数很简单（第 8~20 行）。第 10 行，声明了 4 个变量，其中 a 和 b 用于储存待比较的两个变量。bigger1 和 bigger2 分别储存 larger1()和 larger2()的返回值。注意，bigger2 是指向 int 类型的指针，而 bigger1 是一个 int 类型的变量。

第 15 行，调用带参数 a 和 b 的 larger1()函数。函数的返回值被赋给 bigger1，然后打印 bigger1 的值（第 16 行）。第 17 行，调用以两个 int 类型变量的地址为参数的 larger2()函数，其返回值是一个指针，被赋给 bigger2 指针。接下来对该指针解引用，打印其值。

这两个比较函数很相似，都比较两个值并返回较大的值。不同的是，larger2()函数使用的是指针，而 larger1()函数不是。注意，在 larger2()中进行比较时，比较的两者都使用了间接运算符，但是第 32 和 34 行的 return 语句没有使用。

在许多情况下（如程序清单 19.4 所示），编写返回值和返回指针的函数都可行。到底采用哪种方法取决于具体的情况，主要是考虑你希望如何使用返回值。

DO	DON'T
编写带可变数目参数的函数时，要使用本课介绍的这些工具。即使你的编译器不要求，也要这样做。这些工具是 va_list、va_start()、ca_arg()、va_end()。	不要混淆指向函数的指针和返回指针的函数。

19.5 小　结

本课介绍了 C 程序中一些函数的高级主题。讲解了按值传递参数和按引用传递参数的区别，以及如何让函数能将多个值“返回”给主调程序的技术。介绍了如何使用 void 类型创建可指向任意 C 数据对象类型的通用指针。void 指针最常见的用途是，用于将不同类型的参数传递给函数。要牢记，在对 void 指针解引用之前，必须先将其强制类型转换为指定类型。

本课还介绍了如何使用定义在 stdarg.h 中的宏来编写接受可变数目参数的函数。这种函数提供了极大的编程灵活性。最后，介绍了如何编写返回指针的函数。

19.6 答　疑

问：在 C 语言编程中，是否经常将指针作为参数传递给函数？

答：是的。在许多情况下，函数需要更改多个变量的值，完成这种任务的方法有两种。第 1 种方法是，声明并使用全局变量。第 2 种方法是，把指针传递给函数，让函数可以直接修改数据。只有当程序中几乎所有的函数都使用变量时，才应使用第 1 种方法将其声明为全局变量；否则，不应该这样做（请参阅第 12 课的内容）。

问：修改变量的值时，哪种方法更好？是将函数的返回值赋给该变量，还是将指向该变量的指针传递给函数？

答：在函数中只修改一个变量时，通常最好的做法是将函数的返回值赋给该变量。原因很简单，不传递指针，便可以避免无意间修改数据，并使该函数独立于其他代码。

19.7 课后研习

课后研习包含小测验和练习题。小测验帮助读者理解和巩固本课所学概念，练习题有助于读者将理论知识与实践相结合。

19.7.1 小测验

1. 给函数传递参数时，按值传递和按引用传递有什么区别？
2. 什么是 void 指针？
3. 为什么要使用 void 指针？
4. 使用 void 指针时，强制类型转换有何作用？何时必须使用强制类型转换？

5. 是否可以编写一个没有固定参数只接受一个可变数目参数列表的函数？
6. 编写带可变数目参数列表的函数时，需要使用哪些宏？
7. 如果递增 void 指针，其值将增加多少？
8. 函数是否能返回指针？
9. 要从传递给函数的可变参数列表中取回值，应使用哪个宏？
10. 使用可变数目参数列表时，需要哪些工具？

19.7.2 练习题

1. 编写一个返回整数的函数原型，该函数接受一个指向字符数组的指针。
2. 编写一个函数原型，函数名是 numbers，接受 3 个整数参数。这些参数应按引用传递。
3. 编写代码，调用练习题 2 中的 numbers() 函数，并将整数 int1、int2、int3 传递给它。
4. **排错**：下面的代码中有哪些错误？

```
void squared(void *nbr)
{
    *nbr *= *nbr;
}
```

5. **排错**：下面的代码中有哪些错误？

```
float total( int num, ...)
{
     int count, total = 0;
     for ( count = 0; count < num; count++ )
        total += va_arg( arg_ptr, int );
     return ( total );
}
```

由于以下练习有多种解决方案，因此附录 D 没有提供答案。

6. 编写一个函数，接受可变数目的字符串作为参数，按顺序拼接这些字符串成为一个更长的字符串，并返回一个指向新字符串的指针。
7. 编写一个函数，接受一个任意数值类型的数组作为参数、找出数组中的最大值和最小值、返回指向这些值的指针（提示：要设法让函数知道数组中的元素个数）。
8. 编写一个函数，接受一个字符串和一个字符。该函数能查找字符串中指定字符首次出现的位置，并返回指向该位置的指针。

第 20 课

C 语言的函数库

正如你在本书中看到的，C 语言的功能强大在很大程度上依赖于标准库。今天的课程将介绍一些与其他课程的主题不相关的函数，包括以下内容：

- 数学函数
- 处理时间的函数
- 错误处理函数
- 查找和排序数据的函数

20.1 数学函数

C 标准库包含各种用于执行数学运算的函数，这些函数的原型都在 math.h 头文件中。数学函数都返回 double 类型。对于三角函数，角度的单位是弧度，不是常用的单位度。1 弧度等于 57.296 度，一个圆周（360 度）是 2π 弧度。

20.1.1 三角函数

三角函数用于执行一些图形和工程应用的计算，表 20.1 列出了这些函数。

表 20.1　三角函数

函数	原型	描述
acos()	double acos(double x)	返回参数的反余弦。参数的值域为[-1, 1]，返回值的值域是[0, π]
asin()	double asin(double x)	返回参数的反正弦。参数的值域为[-1, 1]，返回值的值域是[-2/π, 2/π]
atan()	double atan(double x)	返回参数的反正切。参数的值域为[-1, 1]，返回值的值域是[-2/π, 2/π]
atan2()	double tan2(double x, double y)	返回 x/y 的反正切。参数的值域为[-1, 1]，返回值的值域是[-π, π]
cos()	double cos(double x)	返回参数余弦
sin()	double sin(double x)	返回参数正弦
tan()	double tan(double x)	返回参数正切

20.1.2 指数函数和对数函数

指数函数和对数函数用于执行某些数学运算，如表 20.2 所示：

表 20.2 指数函数和对数函数

函数	原型	描述
exp()	double exp(double x)	返回 e^x。其中 e=2.7182818284590452354
log()	double log(double x)	返回 x 的自然对数。x 必须大于 0
log10()	double log10(double x)	返回以 10 为底 x 的对数。x 必须大于 0
frexp()	double frexp(double x, int *y)	该函数计算代表 x 值的规格化小数。函数的返回值 r 的值域为[0.5, 1.0]。该函数将一个整数指数赋值给 y，使得 x = $r*2^y$。如果 x 的值为 0，则 r 和 y 也为 0
ldexp()	double ldexp(double x, int y)	返回 $x*2^y$

20.1.3 双曲线函数

双曲线函数执行双曲线三角运算，表 20.3 列出了这些函数。

表 20.3 双曲线函数

函数	原型	描述
cosh()	double cosh(double x)	返回参数的双曲线余弦
sinh()	double sinh(double x)	返回参数的双曲线正弦
tanh()	double tanh(double x)	返回参数的双曲线正切

20.1.4 其他数学函数

C 标准库还包含许多其他数学函数，如表 20.4 所示。

表 20.4 其他数学函数

函数	原型	描述
sqrt()	double sqrt(double x)	返回参数的平方根，参数必须大于或等于 0
ceil()	double ceil(double x)	返回大于或等于参数的最小整数。例如，ceil(4.5)返回 5.0，ceil(-4.5)返回-4.0。虽然 ceil()返回整数，但是其类型仍是 double
abs() labs()	double abs(int x) long labs(long x)	返回参数的绝对值
floor()	long floor(long x)	返回小于或等于参数的最大整数。例如，floor(4.5)返回 4.0，floor(-4.5)返回-5.0
modf()	double modf(double x, double *y)	把 x 分成整数部分和小数部分，每个部分的符号与 x 相同。函数返回其小数部分，将整数部分赋值给*y
pow()	double pow(double x, double y)	返回 x^y。如果 x == 0 且 y <= 0，或者 x < 0 且 y 不是整数，将生成一条错误消息
fmod()	double fmod(double x, double y)	返回 x/y 的余数（浮点数），符号与 x 相同。如果 x == 0，该函数返回 0

20.1.5 演示数学函数

篇幅有限，不能演示所有的数学函数。程序清单 20.1 只有一个程序，演示了一些刚介绍过的函数。

输入▼

程序清单 20.1 math.c：使用 C 标准库的数学函数

```
1:      // math.c--演示一些C标准库的数学函数
```

```
2:
3:      #include <stdio.h>
4:      #include <math.h>
5:
6:      int main( void )
7:      {
8:
9:          double x;
10:         int power;
11:
12:         puts("Enter a number: ");
13:         scanf( "%lf", &x);
14:
15:         printf("\n\nOriginal value: %lf", x);
16:
17:         printf("\nCeil: %lf", ceil(x));
18:         printf("\nFloor: %lf", floor(x));
19:         if( x >= 0 )
20:             printf("\nSquare root: %lf", sqrt(x) );
21:         else
22:             puts("\nNegative number" );
23:
24:         printf("\nCosine: %lf\n", cos(x));
25:         puts("Enter a whole number between 2 and 10: ");
26:         scanf( "%d", &power);
27:         printf("\n%lf to the %d power is %lf\n", x, power, pow(x, power));
28:         return(0);
29:     }
```

输出▼

```
Enter a number: 98.6
Original value: 98.600000
Ceil: 99.000000
Floor: 98.000000
Square root: 9.929753
Cosine: -0.352432
Enter a whole number between 2 and 10: 5
98.600000 to the 5 power is 9319327515.421757
```

分析▼

该程序清单只使用了 C 标准库中的少数几个数学函数。第 13 行，提示用户输入一个数字，然后将其打印出来。接下来，该值被传递给 4 个 C 标准库的数学函数：`ceil()`、`floor()`、`sqrt()`、`cos()`。注意，用户输入的数字不是负数，才会调用 `sqrt()` 函数。因为根据该函数的定义，不能对负数进行平方根操作。第 26 行，提示用户输入第 2 个数字（整数），因为测试 `pow()` 函数需要两个参数。可以在该程序中添加其他数学函数，测试其功能。甚至可以创建一些菜单，编写一个基本的计算器程序。

20.2　处理时间

C 标准库中包含多个用于处理时间的函数。在 C 语言中，时间指的是时间和日期。许多时间函数的原型和时间函数要用到的结构定义，都位于 `time.h` 头文件中。

20.2.1　表示时间

在 C 语言中，时间函数表示时间有两种方式。较基本的方法是，从 1970 年 1 月 1 日午夜开始计算秒数，负数表示在此之前的时间。这些时间值被储存为 long 类型的整数。在 time.h 中，通过 typedef 语句将 time_t 和 clock_t 都定义为 long 类型。在时间函数中，使用它们而不是 long。

另一种表示时间的方法是，将时间分成多个组成部分：年、月、日等。为了以这种方式来表示时间，时间函数要使用定义在 time.h 中的 tm 结构：

```
struct tm {
int tm_sec;         // 1分钟的秒数 - [0,59]
int tm_min;         // 1小时的分钟数 - [0,59]
int tm_hour;        // 从午夜开始的小时数 - [0,23]
int tm_mday;        // 1个月的天数 - [1,31]
int tm_mon;         // 从1月开始的月份 - [0,11]
int tm_year;        // 从1900开始的年份
int tm_wday;        // 从周日开始的星期数 - [0,6]
int tm_yday;        // 从1月1日开始的天数 - [0,365]
int tm_isdst;           // 夏令时间标记
};
```

20.2.2 时间函数

本节介绍 C 标准库中多种处理时间的函数。记住，时间指的是日期和小时、分、秒。在本节后面，将通过一个程序来演示这些函数的用法。

(1) 获取当前时间

使用 time() 函数来获取系统内部时钟的当前时间，其函数原型如下：

```
time_t time(time_t *timeptr);
```

记住，在 time.h 中将 time_t 定义为 long。time() 函数返回从 1970 年 1 月 1 日午夜开始，经过的秒数。如果传入的指针不为 NULL，那么 time() 函数还会把该值储存在 timeptr 指向的 time_t 类型的变量中。因此，要将当前时间储存在 time_t 类型的变量 now 中，应该这样写：

```
time_t now;
now = time(0);
```

还可以这样写：

```
time_t now;
time_t *ptr_now = &now;
time(ptr_now);
```

(2) 转换时间的表示

有时，知道从 1970 年 1 月 1 日开始的秒数也不太有用。因此，C 语言提供了一个 localtime() 函数，用于将表示时间的 time_t 值转换为 tm 结构。tm 结构以更合适的格式储存了年、月、日和其他时间信息，方便显示和打印。localtime() 函数的原型是：

```
struct tm *localtime(time_t *ptr);
```

该函数返回一个指向静态 tm 结构的指针，因此使用该函数时，无需声明 tm 类型的结构，只需声明指向 tm 类型的指针即可。每次调用 localtime() 函数时，就复用并擦写该静态结构。如果要保存返回值，必须在程序中单独声明一个 tm 类型的结构，并将静态结构的值拷贝至新的结构中。

mktime()函数执行相反的转换——从 tm 结构转换为 time_t 值，其原型如下：

```
time_t mktime(struct tm *ntime);
```

该函数返回从 1970 年 1 月 1 日午夜开始，到 ntime 指针指向的 tm 类型结构所表示的时间之间的秒数。

(3) 显示时间

ctime()和 asctime()函数用于将时间转换成适合显示的格式字符串。这两个函数都返回一个以指定格式表示时间的字符串。它们的区别在于，ctime()接受以 time_t 表示的时间，而 asctime()接受以 tm 类型的结构表示的时间。两个函数的原型如下：

```
char *asctime(struct tm *ptr);
char *ctime(time_t *ptr);
```

这两个函数都返回一个指向字符串的指针，该字符串是一个静态的、以空字符结尾、包含 26 个字符的字符串，以下面的格式给出传递给函数的时间：

```
Thu Jun 13 10:22:23 1991
```

时间采用 24 小时制。这两个函数都使用静态字符串，每次调用函数时，静态字符串都会被擦写。

使用 strftime()函数能更好地控制时间的格式，该函数接受一个 tm 结构，并根据格式字符串格式化时间。该函数的原型如下：

```
size_t strftime(char *s, size_t max, char *fmt, struct tm *ptr);
```

strftime()函数根据格式字符串 fmt 的格式，格式化 ptr 指向的 tm 类型结构所表示的时间，并将结果作为以空字符结尾的字符串，写入 s 指向的内存中。参数 max 表示 s 指向的内存空间大小。如果字符串（包含末尾的空字符）中的字符超过 max 个，该函数则返回 0，s 字符串无效；否则，该函数返回写入的字符个数——strlen(s)。

格式字符串由表 20.5 中的一个或多个转换说明组成。

表 20.5　strftime()函数可使用的转换说明

说明符	替换为
%a	星期几的缩写
%A	星期几的全名
%b	月份名的缩写
%B	月份名的全名
%c	日期和时间的表示（如，10:41:50 30-Jun-91）
%C	用 00~99 的十进制数表示年份
%d	用十进制数 01~31 表示日
%D	相当于“%m/%d/%y”
%e	用十进制数 1~31 表示日
%F	相当于“%Y-%m-%d”
%h	与%b 相同，即月份名的缩写
%H	用十进制数 00~23 表示小时（24 小时制）

%I	用十进制数 00~11 表示小时（12 小时制）
%j	用十进制数 001~366 表示天
%m	用十进制数 01~12 表示月份
%M	用十进制数 00~59 表示分钟
%p	AM 或 PM
%r	本地时间（12 小时制）
%R	相当于“%H:%M”
%S	用十进制数 00~59 表示秒
%T	相当于“%H:%M:%S”
%u	用十进制数 1~7 表示星期几（1 表示星期一）
%U	用十进制数 00~53 表示第几周，每周从星期天开始
%w	用十进制数 0~6 表示星期几（0 表示星期天）
%W	用十进制数 00~53 表示第几周，每周从星期一开始
%x	日期的表示（如，30-Jun-91）
%X	时间的表示（如，10: 41: 50）
%y	用十进制数 00~99 表示年份
%Y	用十进制数表示年份（四位）
%z	本地时区或缩写，如果时区未知，则空着
%Z	时区名，如果未知，则空着
%%	1 个百分号（%）

（4）计算时间差

通过 difftime()宏可以计算两时间之差（单位为秒），该函数将两个 time_t 相减，并返回其差值。difftime()函数的原型是：

```
double difftime(time_t later, time_t earlier);
```

该函数将 later 减去 earlier，返回差值——两时间相差的秒数。defftime()常用于计算经过的时间，如程序清单 19.2 所示（其中还包含其他时间运算）。

使用 clock()函数可以计算程序持续的时间，该函数返回“从开启程序进程”到“程序中调用 clock()函数”所经过的时间，单位是 1/1000 秒单元。clock()函数的原型如下：

```
clock_t clock(void);
```

要计算程序中某部分的执行时间，可以调用两次 clock()——执行之前调用一次，执行完成后调用一次，然后将两个返回值相减。

20.2.3 使用时间函数

程序清单 20.2 演示了如何使用 C 标准库中的时间函数。

输入▼

程序清单 20.2 whattime.c：使用 C 标准库中的时间函数

```
1:      // whattime.c--演示如何使用时间函数
2:
3:      #include <stdio.h>
4:      #include <time.h>
5:
6:      int main( void )
7:      {
8:          time_t start, finish, now;
```

```
9:          struct tm *ptr;
10:         char *c, buf1[80];
11:         double duration;
12:
13:         // 记录程序开始执行时的时间
14:
15:         start = time(0);
16:
17:         // 记录当前时间，
18:         // 以另一种方式调用 time()。
19:
20:         time(&now);
21:
22:         // 将 time_t 值转换成 tm 类型的结构。
23:
24:         ptr = localtime(&now);
25:
26:         // 创建并显示一个包含当前时间
27:         // 的格式字符串。
28:
29:         c = asctime(ptr);
30:         puts(c);
31:         getc(stdin);
32:
33:         // 使用 strftime()函数创建多个
34:         // 不同的格式化时间版本。
35:
36:         strftime(buf1, 80, "This is week %U of the year %Y", ptr);
37:         puts(buf1);
38:         getc(stdin);
39:
40:         strftime(buf1, 80, "Today is %A, %x", ptr);
41:         puts(buf1);
42:         getc(stdin);
43:
44:         strftime(buf1, 80, "It is %M minutes past hour %I.", ptr);
45:         puts(buf1);
46:         getc(stdin);
47:
48:         // 获取当前时间和计算程序执行时间。
49:
50:         finish = time(0);
51:         duration = difftime(finish, start);
52:         printf("\nProgram execution time using time() = %f seconds.",
53:                 duration);
54:
55:         // 使用 clock()计算程序执行的时间，
56:         // 并打印出来。
57:
58:         printf("\nProgram execution time using clock() = %ld \
59:                 thousandths of sec.",clock());
60:         return(0);
61:     }
```

输出▼

```
Sat May 11 13:49:41 2013
This is week 18 of the year 2013
Today is Saturday, 05/11/13
It is 49 minutes past hour 01.
Program execution time using time() = 109.000000 seconds.
Program execution time using clock() = 109454 thousandths of sec.
```

分析▼

该程序中包含了许多注释，读者应该不难理解。由于程序中使用了时间函数，因此必须包含 time.h 头文件（第 4 行）。第 8 行，声明了 3 个 time_t 类型的变量：start、finish、now。这些变量用于储存从 1970 年 1 月 1 日午夜起，经过的时间（单位是秒）。第 9 行，声明了一个指向 tm 结构的指针。tm 结构在前面介绍过，其他变量的类型都是读者很熟悉的。

该程序在第 15 行调用 time() 函数记录程序开始执行的时间。然后，程序以另一种方式完成实质相同的工作。第 20 行，将一个指向 now 变量的指针传递给 time()，而不是用 time() 函数的返回值。第 22 行的注释中解释了第 24 行的代码，将 now 的 time_t 值转换成 tm 类型的结构。程序的下一个部分，在屏幕上以不同的格式打印当前时间的值。第 29 行，使用 asctime() 函数将信息赋给字符指针 c。第 30 行打印格式化信息。然后，程序等待用户按下 Enter 键。

第 36~46 行，使用 strftime() 函数，以 3 种不同的格式打印数据。根据表 20.5 所列，可以知道这些代码打印的内容。

然后，程序在第 50 行再次获取当前时间，这是程序结束时的时间。第 51 行，借助 defftime() 函数，根据结束时间和开始时间来计算程序的运行时间。第 52 行打印计算结果。最后，程序还打印 clock() 函数计算的程序执行时间。

20.3 错误处理

C 标准库中包含各种处理程序错误的函数和宏。

20.3.1 assert()宏

assert() 宏可诊断程序的 bug，它定义在 assert.h 头文件中，其原型是：

```
void assert(int expression);
```

参数 *expression* 可以使任何待测试的内容——变量或 C 语言的表达式。如果对 *expression* 求值为 TRUE，assert() 不执行任何操作；如果对 *expression* 求值为 FLASE，assert() 将在 stderr 上显示一条错误消息，并中止程序。

如何使用 assert()？assert() 最常见的用途是，查找程序的 bug（与编译错误不同）。bug 不会影响程序编译，但是会导致程序得到错误的结果或运行不当（如，死锁）。例如，你编写的一个金融分析程序可能偶尔给出错误的答案。你怀疑问题出自 interest_rate 变量的值为负（不应该出现这样的情况）。为了验证推测，可以在程序中使用 interest_rate 的地方这样写：

```
assert(interest_rate >= 0);
```

如果该变量为负，assert() 宏会发出警告。然后，便可以检查相关的代码，找出问题所在。

程序清单 20.3 演示了 assert() 的用法。如果输入一个非零值，程序将显示这个值，然后正常结束。如果输入 0，assert() 宏便强制中止程序。显示的错误消息视编译器而定，这是一个典型的示例：

```
Assertion failed: x, file list1903.c, line 13
```

注意，为了让 assert()工作，必须以调试模式编译程序。请参阅你使用的编译器文档，了解如何启用调试模式(稍后将举例介绍)。以发布模式编译最后一个版本的程序时，assert()宏将被禁用。

输入▼

程序清单 20.3　assert.c：使用 assert()宏

```
1:       // assert.c--assert()宏
2:
3:       #include <stdio.h>
4:       #include <assert.h>
5:
6:       int main( void )
7:       {
8:           int x;
9:
10:          printf("\nEnter an integer value: ");
11:          scanf("%d", &x);
12:
13:          assert(x != 0);
14:
15:          printf("You entered %d.\n", x);
16:          return(0);
17:      }
```

输出▼

```
Enter an integer value: 10
You entered 10.
Enter an integer value: 0
Assertion failed: x, file list1903.c, line 13
Abnormal program termination
```

读者运行程序后显示的错误消息可能与此不同，错误消息根据系统和编译器而定，但是基本思想相同。例如，Code::Blocks 编译器在用户输入 0 后，生成的错误消息如下：

输出▼

```
Enter an integer value: 0
Assertion failed: x != 0, file C:\Users\Dean\assert.c
This application has requested the Runtime to terminate it in an unusual way.
Please contact the application's support team for more information.
```

分析▼

运行该程序，看看第 13 行的 assert()显示的错误消息，其中包括未通过测试的表达式、文件名、assert()所在的行号。

assert()采取的动作取决于另一个名为 NDEBUG 的宏（意思是“不调试”）。如果 NDEBUG 宏未定义（默认），assert()则处于活动状态；如果定义了 NDEBUG 宏，assert()将被关闭，不再起作用。如果在程序中的不同位置使用了 assert()来帮助调试，那么在解决问题后，可以定义 NDEBUG 来关闭 assert()。这样做比在程序中查找并删除 assert()方便得多（也许稍后你发现还用得着它们）。要定义 NDUBUG 宏，必须使用#define 指令。可将下面的代码加入到程序清单 20.3 的第 2 行：

```
#define NDEBUG
```

现在，即使输入 0，程序也能将打印这个值，然后正常结束。

不用将 NDEBUG 定义为任何特定的值，只需将其包含在#include 指令中即可。第 22 课将详细介绍#define 指令。

20.3.2 errno.h 头文件

errno.h 头文件定义了多个用于定义和记录运行时错误的宏。这些宏与 perror()函数一起使用，该函数在下一节介绍。

errno.h 头文件中定义了一个名为 errno 的外部 int 类型变量。许多 C 库函数在函数运行期间发生错误，都会将一个值赋给该变量。errno.h 还定义了一组符号常量来表示这些错误，如表 20.6 所示。

表 20.6 errno.h 中定义的符号常量（用于表示错误）

名称	值	信息和含义
E2BIG	1000	参数列表过长（列表长度超过 128 字节）
EACCES	5	没有权限（例如，尝试写入只读模式打开的文件）
EBADF	6	文件描述符无效
EDOM	1002	数学参数超出值域（传入数学函数的参数超出其值域）
EEXIST	80	文件已存在
EMFILE	4	打开的文件过多
ENOENT	2	文件或路径无效
ENOEXEC	1001	执行格式错误
ENOMEM	8	内存不够（例如，没有足够的内存来执行 exec()函数）
ENOPATH	3	未找到路径
ERANGE	1003	结果超出范围（例如，数学函数返回的结果超出了返回数据类型的范围）

可以通过两种方式使用 errno。一些函数根据其返回值来表示发生了错误。在这种情况下，通过检查 errno 的值可确定错误的性质，并采取相应的措施。如果不知道是否发生了错误，也可以检测 errno 的值：如果 errno 的值不为 0，则说明出错了，而 errno 的特定值表明了错误的性质。处理完错误后必须把 errno 重置为 0。下一节将介绍 perror()函数，然后在程序清单 20.4 中演示 errno 的用法。

20.3.3 perror()函数

perror()函数是 C 标准库的另一个错误处理工具。调用 perror()时，该函数在 stderr 上显示一条消息，描述在库函数调用或系统调用期间最后发生的一个错误。perror()函数的原型在 stdio.h 中：

```
void perror(const char *msg);
```

参数 msg 指向一条可选的、用户定义的消息。perror()函数首先将打印这条消息，接着打印冒号和实现定义的消息（描述最后发生错误）。如果调用 perror()函数时没有发生错误，则显示的消息是 no error。

perror()函数不会处理错误情况，要采取错误必须在程序中编写相应的代码。这种措施可能是提示用户执行某种操作（如，终止程序）。程序可以通过测试 errno 的值，并根据错误的性质来决定如何处理。注意，程序使用外部变量 errno 时，无需包含 errno.h 头文件。只有在程序使用表 20.6 中列出的符号常量时，才需要包含 errno.h 头文件。程序清单 20.4 演示了如何使用 perror()和 errno 处理运行时错误。

输入▼

程序清单 20.4　perror.c：使用 perror()和 errno 处理运行时错误

```
1:      // 使用 perror()和 errno 处理错误
2:
3:      #include <stdio.h>
4:      #include <stdlib.h>
5:      #include <errno.h>
6:
7:      int main( void )
8:      {
9:          FILE *fp;
10:         char filename[80];
11:
12:         printf("Enter filename: ");
13:         gets(filename);
14:
15:         if (( fp = fopen(filename, "r")) == NULL)
16:         {
17:             perror("You goofed!");
18:             printf("errno = %d.\n", errno);
19:             exit(1);
20:         }
21:         else
22:         {
23:             puts("File opened for reading.");
24:             fclose(fp);
25:         }
26:         return(0);
27:     }
```

输出▼

```
Enter file name: math.c
File opened for reading.
Enter file name: notafile.xxx
You goofed!: No such file or directory
errno = 2.
```

分析▼

该程序根据是否能打开只读文件，打印不同的消息。第 15 行尝试打开文件。如果能打开文件，则执行 if 语句的 else 子句，打印如下消息：

```
File opened for reading.
```

如果在打开文件时出错（如，文件不存在），则执行 if 循环（第 17~19 行）。第 17 行调用 perror()函数，其参数是"You goofed!"。然后，打印错误号。如果用户输入一个不存在的文件，则程序输出如下：

```
You goofed!: No such file or directory.
```

```
errno = 2.
```

DO	DON'T
一定要在程序中检查可能出现的错误。绝不要假设程序没有任何错误。	如果不使用表 20.6 中所列的符号常量，则不用包含 errno.h 头文件。

20.4 查找和排序

查找和排序数据是程序最常执行的任务。C 标准库包含了一些用于完成这两种任务的通用函数。

20.4.1 用 bsearch()函数进行查找

库函数 bsearch()执行二分法查找，在数组中查找一个与键（*key*）相匹配的元素。要使用 bsearch()，数组中的元素必须按升序排列。另外，bsearch()要通过比较函数确定数据项之间的关系是大于、小于还是等于，因此程序还必须提供用于比较的函数。bsearch()的原型在 stdlib.h 中：

```
void *bsearch(const void *key, const void *base, size_t num, size_t width,
              int (*cmp)(const void *element1, const void *element2));
```

该函数原型相当复杂，有必要做详细介绍。参数 key 是一个指向待查找数据项的指针，base 是指向待查找数组首元素的指针。这两个参数都声明为 void 类型的指针，因此它们可以指向任意 C 语言的数据对象。const 修饰符表明被传入的值是常量，bsearch()函数不能修改它们。

参数 num 表示数组中的元素个数，width 表示每个元素的大小（单位是字节）。size_t 指的是 sizeof()运算符返回的数据类型是 unsigned。在获取 num 和 width 的值时，通常会用到 sizeof()运算符。

最后一个参数 cmp 是指向比较函数的指针。比较函数可以是用户自定义的函数，或者在查找字符串数据时，也可以是库函数 strcmp()。比较函数必须满足下述要求。

- 接受两个指针分别指向两个数据项。
- 返回 int 类型的值：
  如果元素 1 小于元素 2，则返回值小于 0；
  如果元素 1 等于元素 2，则返回值为 0；
  如果元素 1 大于元素 2，则返回值大于 0。

bsearch()函数返回一个 void 类型的指针，该指针指向第 1 个与键匹配的数组元素。如果没有找到匹配的元素，则返回 NULL。在使用返回的指针之前，必须将其强制转换成合适的类型。

sizeof()运算符用于确定 num 和 width 参数的值。如果 array[]是待查找的数组，则语句：

```
sizeof(array[0]);
```

将返回 width 的值——数组中一个元素的大小（单位是字节）。因为表达式 sizeof(array)返回的是整个数组的大小（单位是字节），因此，下面的语句可得出 num 的值——数组中元素的个数：

```
sizeof(array)/sizeof(array[0])
```

二分查找算法非常有效率，可用于快速查找大型数组。但是，二分查找要求数组按升序排列，这种算法的原理如下。

1. 将键（*key*）与数组正中的元素进行比价。如果匹配，则查找完成。否则，键必定小于或大于该元素。
2. 如果键小于数组正中间的元素，则与键匹配的元素必定在数组的前半部分。另一方面，如果键大于数组正中间的元素，则则与键匹配的元素必定在数组的后半部分。
3. 根据上述结果，确定查找数组的哪一个部分，然后返回第 1 步。

从上述分析可知，二分查找每比较一次，便排除待查找数组一半的元素。例如，查找一个包含 1000 个元素的数组，只需比较 10 次；查找一个包含 16000 个元素的数组，只需比较 14 次。一般而言，对包含 2^n 个元素的数组进行二分查找，只需比较 n 次。

20.4.2　用 qsort()函数进行排序

库函数 qsort()实现的是快速排序法，由 C.A.R. Hoare 发明。该函数用于排序数组中的元素。通常，排序的结果是升序，但是 qsort()也可用于降序排列。该函数的原型在 stdlib.h 中：

```
void qsort(void *base, size_t num, size_t size,
               int (*cmp)(const void *element1, const void *element2));
```

参数 base 指向待排序数组的首元素，num 表示数组中的元素个数，size 表示每个元素的大小（单位是字节）。参数 cmp 是指向比较函数的指针。qsort()使用的比较函数要满足的条件与前面介绍的 bsearch()函数使用的比较函数相同。通常，bsearch()和 qsort()函数都使用相同的比较函数。另外，qsort()函数没有返回值。

20.4.3　演示查找和排序

程序清单 20.5 演示了 qsort()和 bsearch()的用法。该程序对数组中的值进行排序和查找。注意，程序中使用了非 ANSI 函数 getch()。如果你使用的编译器不支持它，请将其替换成 ANSI 标准函数 getchar()。

输入▼

程序清单 20.5　searchandsort.c：使用 qsort()和 bsearch 函数对值进行排序和查找

```
1:      // searchandsort.c—用 qsort()和 bsearch()对值进行排序和查找
2:
3:      #include <stdio.h>
4:      #include <stdlib.h>
5:
6:      #define MAX 20
7:
8:      int intcmp(const void *v1, const void *v2);
9:
10:     int main( void )
11:     {
12:         int arr[MAX], count, key, *ptr;
13:
```

```
14:         // 提示用户输入一些整数
15:
16:         printf("Enter %d integer values; press Enter after each.\n", MAX);
17:
18:         for (count = 0; count < MAX; count++)
19:             scanf("%d", &arr[count]);
20:
21:         puts("Press Enter to sort the values.");
22:         getc(stdin);
23:
24:         // 将数组中的元素按升序排列
25:
26:         qsort(arr, MAX, sizeof(arr[0]), intcmp);
27:
28:         // 显示已排序的数组元素
29:
30:         for (count = 0; count < MAX; count++)
31:             printf("\narr[%d] = %d.", count, arr[count]);
32:
33:         puts("\nPress Enter to continue.");
34:         getc(stdin);
35:
36:         // 输入要查找的值
37:
38:         printf("Enter a value to search for: ");
39:         scanf("%d", &key);
40:
41:         // 执行查找
42:
43:         ptr = (int *)bsearch(&key, arr, MAX, sizeof(arr[0]),intcmp);
44:
45:         if ( ptr != NULL )
46:             printf("%d found at arr[%d].", key, (ptr - arr));
47:         else
48:             printf("%d not found.", key);
49:         return(0);
50:     }
51:
52:     int intcmp(const void *v1, const void *v2)
53:     {
54:         return (*(int *)v1 - *(int *)v2);
55:     }
```

输出▼

```
Enter 20 integer values; press Enter after each.
45
12
999
1000
321
123
2300
954
1968
12
2
1999
1776
1812
1456
1
9999
3
```

```
76
200
Press Enter to sort the values.
arr[0] = 1.
arr[1] = 2.
arr[2] = 3.
arr[3] = 12.
arr[4] = 12.
arr[5] = 45.
arr[6] = 76.
arr[7] = 123.
arr[8] = 200.
arr[9] = 321.
arr[10] = 954.
arr[11] = 999.
arr[12] = 1000.
arr[13] = 1456.
arr[14] = 1776.
arr[15] = 1812.
arr[16] = 1968.
arr[17] = 1999.
arr[18] = 2300.
arr[19] = 9999.
Press Enter to continue.
Enter a value to search for:
1776
1776 found at arr[14]
```

分析▼

程序清单 20.5 应用了前面介绍的排序和查找的所有知识。该程序让用户输入 MAX 个值（本例中是 20），然后排序并按顺序打印这些值。最后，提示用户输入一个要在数组中查找的值，然后打印一条说明查找结果的消息。

第 18 和 19 行，使用读者熟悉的代码来读取用户输入的值。第 26 行，调用 qsort() 函数排序数组的元素。第 1 个参数是指向数组首元素的指针，第 2 个参数 MAX 表示数组中的元素个数，size_of(arr[0]) 得出数组中每个元素的大小，最后一个参数是 intcmp。

intcmp() 函数定义在第 52~55 行，该函数返回传入的两个值的差值。这个函数看上去非常简单，但是，别忘记要考虑比较函数的返回值。如果两个元素相等，则返回 0；如果第 1 个元素大于第 2 个元素，则返回正数；如果第 1 个元素小于第 2 个元素，则返回负数。这正是 intcmp() 函数要做的。

bsearch() 函数用于查找。注意，它的参数与 qsort() 几乎相同，不同的是，bsearch() 的第 1 个参数是待查找的键。bsearch() 返回一个指针，该指针指向与键匹配元素的位置。如果未找到匹配的元素，则返回 NULL。第 43 行，把 bsearch() 的返回值赋给 ptr。然后，第 45~48 行的 if 语句中根据 ptr 的值，打印查找的结果。

程序清单 20.6 与程序清单 20.5 的功能相同。但是，程序清单 20.6 排序和查找的对象是字符串。

输入▼

程序清单 20.6　searchandsort2.c：使用 qsort() 和 bsearch() 对字符串进行排序和查找

```
1:      // searchandsort2.c--用 qsort() 和 bsearch() 对字符串进行排序和查找
```

```
2:
3:      #include <stdio.h>
4:      #include <stdlib.h>
5:      #include <string.h>
6:
7:      #define MAX 20
8:
9:      int comp(const void *s1, const void *s2);
10:
11:     int main( void )
12:     {
13:         char *data[MAX], buf[80], *ptr, *key, **key1;
14:         int count;
15:
16:         // 输入单词或短语
17:
18:       printf("Enter %d words or phrases, pressing Enter after each.\n",MAX);
19:
20:         for (count = 0; count < MAX; count++)
21:         {
22:             printf("Word %d: ", count+1);
23:             gets(buf);
24:             data[count] = malloc(strlen(buf)+1);
25:             strcpy(data[count], buf);
26:         }
27:
28:         // 排序字符串（实际上是排序指针）
29:
30:         qsort(data, MAX, sizeof(data[0]), comp);
31:
32:         // 显示已排序的字符串
33:
34:         for (count = 0; count < MAX; count++)
35:             printf("\n%d: %s", count+1, data[count]);
36:
37:         // 提示用户输入待查找的单词
38:
39:         printf("\n\nEnter a search key: ");
40:         gets(buf);
41:
42:         // Perform the search. First, make key1 a pointer
43:         // to the pointer to the search key.
44:
45:         key = buf;
46:         key1 = &key;
47:         ptr = bsearch(key1, data, MAX, sizeof(data[0]), comp);
48:
49:         if (ptr != NULL)
50:             printf("%s found.\n", buf);
51:         else
52:             printf("%s not found.\n", buf);
53:         return(0);
54:     }
55:
56:     int comp(const void *s1, const void *s2)
57:     {
58:         return (strcmp(*(char **)s1, *(char **)s2));
59:     }
```

输出▼

```
Enter 20 words or phrases, pressing Enter after each.
Word 1: Massachusetts
```

```
Word 2: Colorado
Word 3: New Hampshire
Word 4: Vermont
Word 5: Georgia
Word 6: Indiana
Word 7: Illinois
Word 8: Connecticut
Word 9: North Carolina
Word 10: New York
Word 11: Texas
Word 12: Florida
Word 13: Alaska
Word 14: Alabama
Word 15: Arkansas
Word 16: New Mexico
Word 17: South Carolina
Word 18: Kentucky
Word 19: Ohio
Word 20: California
1: Alabama
2: Alaska
3: Arkansas
4: California
5: Colorado
6: Connecticut
7: Florida
8: Georgia
9: Illinois
10: Indiana
11: Kentucky
12: Massachusetts
13: New Hampshire
14: New Mexico
15: New York
16: North Carolina
17: Ohio
18: South Carolina
19: Texas
20: Vermont
Enter a search key: Indiana
Indiana found.
```

分析▼

对于程序清单 20.6，要说明两点。该程序使用一个指向字符串的指针数组，第 15 课中介绍过指针数组。如上所示，可以通过排序指针数组来排序字符串。但是，要使用这种方法必须修改一下比较函数，使之接受两个指向待比较数组元素的指针参数。此外还需注意的是，排序指针数组根据的是指针指向的字符串的值，而不是指针本身的值。

因此，比较函数必须接受两个指向指针的指针。comp() 函数的每个参数都是指向数组元素的指针，由于每个元素本身就是指针（指向字符串的指针），因此，该函数的参数是指向指针的指针。在函数中，要对指针解引用，因为 comp() 函数的返回值取决于指针指向的字符串的值。

实际上，由于传入 comp() 函数的参数是指向指针的指针，会导致另一个问题。待查找的键被储存在 buf[] 中，而数组名（该例是 buf）是指向数组首元素的指针。但是，要传递的不是 buf 本身，而是指向 buf 的指针。问题是，buf 是一个指针常量，不是指针变量。buf 本身没有内存地址，它是一个符号，其值是数组的地址。因此，无法在 buf 前面使用取址运算符（&buf）创建指向 buf 的指针。

怎么办？首先，创建一个指针变量并将 buf 的值赋给它。该程序中，这个指针变量是 key。由于 key 是指针变量，因此它有自己的地址，这样便可创建一个储存该地址的指针（该例中是 key1）。最后调用 bsearch() 时，第 1 个参数是 key1（这是一个指向指针的指针，它指向的指针指向键字符串）。然后，bsearch() 函数将参数再传递给 comp()，一切正常运行。

DO	DON'T
检查编译器文档或 ANSI 文件，看是否有可用的其他标准函数。	在使用 bsearch() 函数之前，不要忘记将待查找数组按升序排列。

20.5 小 结

本课介绍了 C 标准库中一些比较有用的函数，包括执行数学运算、处理时间和处理错误的函数。除此之外，还介绍了用于排序和查找数据的函数，这些函数有助于节省编程的大量时间。

20.6 答 疑

问：为何几乎所有的数学函数都返回 double 类型？

答：这是为了提高精度，不是为了统一。double 比其他变量类型的精度高，因此结果更准确。第 21 课将介绍强制类型转换和提升的细节。这些主题都要用到精度。

问：在 C 语言中，是否只能用 bsearch() 和 qsort() 进行排序和查找？

答：这两个函数是 C 标准库提供的，不一定非要使用它们。许多计算机编程书籍都会介绍如何编写自己的查找和排序程序。你也可以购买其他专门用于查找和排序的例程。bsearch() 和 qsort() 最大的优势在于，它们是现成的，而且所有 ANSI 兼容的编译器都提供。

问：数学函数是否会检查数据的合法性？

答：千万不要假设输入的数据是正确的，一定要验证用户输入的数据是否有效。例如，如果把负值传递给 sqrt()，该函数会出错。如果你正在格式化输出，肯定不希望把错误打印出来。可以删除程序清单 20.1 中的 if 语句，输入一个负数，以理解上一句话的含义。

20.7 课后研习

课后研习包含小测验和练习题。小测验帮助读者理解和巩固本课所学概念，练习题有助于读者将理论知识与实践相结合。

20.7.1 小测验

1. C 语言所有的数学函数都返回什么数据类型？

2. C 语言的变量类型是 time_t，相当于什么类型？
3. time()和 clock()函数有什么区别？
4. 调用 perror()函数时，它会纠正什么错误条件？
5. 在使用 bsearch()函数查找数组之前，还必须做什么？
6. 如果使用 bsearch()在一个包含 16000 个元素的数组中查找一个元素，需要比较多少次？
7. 如果使用 bsearch()在一个包含 10 个元素的数组中查找一个元素，需要比较多少次？
8. 如果使用 bsearch()在一个包含两百万元素的数组中查找一个元素，需要比较多少次？
9. bsearch()和 qsort()使用的比较函数的返回值，应满足什么要求？
10. 如果在数组中未找到匹配的元素，bsearch()返回什么？

20.7.2 练习题

1. 编写调用 bsearch()的代码。待查找的数组名为 names，其元素都是字符串。比较函数名为 comp_names()。假设数组中所有元素的长度都相同。
2. **排错**：下面程序中有哪些错误？

```
#include <stdio.h>
#include <stdlib.h>
int main( void )
{
    int values[10], count, key, *ptr;
    printf("Enter values");
    for( ctr = 0; ctr < 10; ctr++ )
        scanf( "%d", &values[ctr] );
    qsort(values, 10, compare_function());
}
```

3. **排错**：下面程序中有哪些错误？

```
int intcmp( int element1, int element2)
{
    if ( element 1 > element 2 )
        return -1;
    else if ( element 1 < element2 )
        return 1;
    else
        return 0;
}
```

由于以下练习有多种解决方案，因此附录 D 没有提供答案。

4. **选做题**：修改程序清单 20.1，让 sqrt()可以处理负数。方法是，把 x 的绝对值传递给该函数。
5. **选做题**：编写一个程序，提供一个执行多种数学函数的菜单。尽可能多地用学过的数学函数。
6. **选做题**：使用本课介绍过的时间函数，编写一个让程序暂停大约 5 秒的函数。
7. **选做题**：在练习题 4 的程序中添加 assert()函数。如果用户输入负值，程序打印一条消息。
8. **选做题**：编写一个程序，接受 30 个姓名，并使用 qsort()函数将其排序。最后打印已排序的姓名。
9. 修改练习题 8，使得用户输入 QUIT 时，程序便停止获取姓名，并对已输入的姓名排序。
10. 参考第 15 课根据指针指向的字符串的值来排序指针数组的方法，编写一个程序，计算使用这种方法排序大型指针数组花费的时间，然后将其与使用 `qsort()`库函数完成同样任务所需的时间作比较。

第 21 课

管理内存

本课介绍一些C程序中管理内存的高级主题，包括以下内容：

- 类型转换
- 如何分配和释放内存空间
- 如何操控内存块
- 如何操控位

21.1 类型转换

在C语言中，所有的数据对象都有特定的类型。数值变量可以是int或float类型，指针可以是指向double或char类型等。程序经常需要在表达式和语句中包含多种不同的数据类型，这种情况下如何处理？有时，C语言会自动处理不同的类型。但是，有时必须将一种数据类型显式转换为另一种数据类型，避免计算结果错误。前面的章节中介绍过，在使用void指针之前必须将其转换或强制转换成特定类型。在这种情况或其他情况下，要清楚何时需要显式转换类型，如果不转换会产生什么错误。接下来将详细介绍自动类型转换和显式类型转换。

21.1.1 自动类型转换

顾名思义，自动类型转换由C编译器自动执行，无需程序员干预。但是，读者应该知道发生了什么情况，了解编译器如何对表达式求值。

> **注意**
>
> 通常，自动类型转换指的是隐式转换。

(1) 表达式中的类型提升

在C语言中，对表达式求值时，其结果为特定的数据类型。如果表达式中所有组成部分的类型相同，则结果也是这样的类型。例如，假设x和y都是int类型，下面的表达式也是int类型：

```
x + y
```

如果表达式中各组成部分类型不同，会怎样？在这种情况下，表达式的类型与综合性最高的部分类型相同。对于数值类型，综合性从低至高的顺序如下：

```
char
short
int
```

```
long
long long
float
double
long double
```

因此，对包含 int 和 char 类型的表达式求值，结果是 int 类型；对包含 long 和 float 类型的表达式求值，结果是 float 类型，等等。

创建表达式时，编译器同时使用两个变量或值。例如，对于下面的表达式：

```
Y + X * 2
```

编译器会首先使用 X 和 2 这两个运算对象。完成计算后，编译器会使用计算结果和 Y 运算对象。

必要时，表达式中的运算对象会被提升，以便与相关联的运算对象匹配。在表达式中，每个二元运算符两边的运算对象都要进行提升。当然，如果两边的运算对象的类型相同，就不必提升。如果两者类型不同，则按照下面的规则提升：

- 如果一个运算对象的类型是 long double，则将另一个运算对象提升为 long double；
- 如果一个运算对象的类型是 double，则将另一个运算对象提升为 double；
- 如果一个运算对象的类型是 float，则将另一个运算对象提升为 float；
- 如果一个运算对象的类型是 long，则将另一个运算对象提升为 long；

例如，如果 x 是 int 类型，y 是 float 类型，对表达式 x/y 求值会导致在计算之前 x 被提升为 float 类型。这样做并未改变 x 变量的类型，只是创建了一个 float 类型的 x 副本，并用于表达式的计算。表达式的值是 float 类型。同样，如果 x 是 double 类型，y 是 float 类型，则 y 会被提升为 double 类型。

(2) 赋值时的类型转换

在赋值时，也会发生类型提升。赋值运算符右边的表达式会被提升为左边数据对象的类型。注意，这样做可能会“降级”而不是提升。例如下面的赋值表达式语句，如果 f 是 float 类型，i 是 int 类型，那么 i 会被提升为 float 类型：

```
f = i;
```

把这条赋值表达式语句反过来：

```
i = f;
```

会导致 f 被降级为 int 类型。f 的小数部分在赋值过程中丢失。记住，f 本身并未改变，提升效果仅作用于 f 的副本。因此，执行下面的代码后：

```
float f = 1.23;
int i;
i = f;
```

i 变量的值是 1，f 变量的值仍是 1.23。这个例子表明，将浮点数转换成整型时，会丢失其小数部分。

> **注意**
>
> 如果变量被隐式降级时，绝大多数编译器都会给出警告。

在这里要注意，整型被转换成浮点型所得到的浮点值可能与原来的整型值不匹配。这是因为计算机内部使用的浮点格式无法精确地表示所有的整型数。例如，下面的代码可能显示的是 2.999995，而不是 3：

```
float f;
int i = 3;
f = i;
printf("%f", f);
```

虽然在大多数情况下，这样导致的误差都微不足道，但还是应该把整数储存在 short、int、long、long long 类型的变量中。

21.1.2 显示转换

强制类型转换（*typecast*）使用强制转换运算符在程序中显式地控制类型转换。强制类型转换由表达式和其前用圆括号括起来的类型名组成。对算术表达式和指针都可以执行强制类型转换，转换后的结果是，表达式被强制转换成指定的类型。通过这种方式，可以自行控制表达式的类型，而不是依赖编译器的自动转换。

(1) 强制转换算术表达式的类型

强制转换算术表达式，告诉编译器以特定的方式来表示该表达式的值。实际上，强制类型转换类似于前面介绍的类型提升。不同的是，强制类型转换由程序员控制（不是编译器控制）。例如，如果 i 是 int 类型，对于表达式(float)i，i 会被强制转换成 float 类型。也就是说，程序在内部以浮点格式制作了一个 i 的副本。

那么，何时需要强制转换算术表达式的类型？最常见的情况是，避免在执行整数除法运算时丢失结果的小数部分。程序清单 21.1 说明了这一点。请编译并运行该程序。

输入▼

程序清单 21.1　casting.c：进行整数除法时，丢失了结果的小数部分

```
1:      #include <stdio.h>
2:
3:      int main( void )
4:      {
5:          int i1 = 100, i2 = 40;
6:          float f1;
7:
8:          f1 = i1/i2;
9:          printf("%lf\n", f1);
10:         return(0);
11:     }
```

输出▼

```
2.000000
```

分析▼

程序输出的结果是 2.000000，但是 100/40 应该等于 2.5。怎么回事？第 8 行，表达式 i1/i2 包含两个 int 类型的变量。根据前面介绍的规则，i1/i2 表达式的结果应该是 int 类型，因为两个运算对象都是 int 类型。因此，结果中只包含了整数部分，小数部分丢失了。

读者可能认为，把 i1/i2 的结果赋给 float 类型的变量会将结算结果的类型提升为 float。确实这样做了，但是为时已晚，此时计算结果的小数部分已经丢失。

要避免这样的精度误差，必须将 int 类型的变量强制转换为 float 类型。如果 i1/i2 中的一个变量强制转换为 float 类型，根据前面介绍的规则，另一个变量会自动被提升为 float 类型，而表达式的值也会是 float 类型。这样便保留了计算结果的小数部分。为了说明这一点，请将上面源代码的第 8 行修改如下：

```
f1 = (float)i1/i2;
```

这样，程序才能显示正确的答案。

注意

在更复杂的表达式中，可能需要强制转换多个值的类型。

（2）强制转换指针的类型

读者已经在前面的章节中见过强制转换指针类型的示例。在第 19 课中介绍过，void 指针是通用指针，可指向任何内容。在使用 void 指针之前，必须将其强制转换成合适的类型。注意，给 void 指针赋值或将其与 NULL 作比较时，不需要强制类型转换。但是，在对其解引用或执行指针运算之前，必须将其强制转换成合适的类型。强制转换 void 指针的详细内容，请参阅第 19 课。

DO	DON'T
必要时，应通过强制类型转换对变量的值进行提升或降级。	不要因为编译器给出警告就使用强制类型转换。你可能发现，采用强制类型转换可移除警告，但是使用这种方法移除警告之前，一定要理解其中的原因。

21.2 分配内存存储空间

在程序的运行期分配内存存储空间，称为动态内存分配；而显式地在程序的源代码中声明变量、结构和数组来分配内存存储空间，称为静态内存分配。与静态内存分配相比，动态内存分配有明显的优势。静态分配内存要求程序员在编写程序时就明确需要多少内存，而动态内存分配让程序在运行期间对所需的内存（如用户输入）作出响应。C 标准库提供了许多用于动态分配内存的函数。要使用这些处理动态内存分配的函数，必须包含 stdlib.h 头文件。对某些编译器而言，必须包含 malloc.h 头文件。注意，所有的内存分配函数都返回 void 类型的指针。第 19 课介绍过，在使用 void 指针之前必须先将其强制转换成合适的类型。

在详细介绍内存分配函数之前，先来了解一下什么是内存分配。每台计算机都安装一定数量的内存（随机存储器，或 RAM），具体的数量因系统而异。当你运行程序时，无论是文字处理软件、图形程序、还是你编写的 C 程序，都会被从磁盘载入计算机内存中。程序占用的内存空间包括为程序代码和程序中所有的静态数据（即，源代码中声明的数据项）分配的空间。余下的便是供函数进行分配的空间。

可供分配的内存有多少？视情况而定。如果在系统中运行大型程序，而该系统安装的内存量适中，则余下的可用内存就很少。相反，在安装了大量内存的系统中运行小型程序，余下的可用内存就很多。这意味着，不能对可用内存量做任何假设。因此，调用内存分配函数时，必须检查其返回值，以确保成功分配内存。另外，程序必须妥善处理内存分配请求失败的情况。本章后面会介绍一种如何确定剩余多少可用内存的方法。

另外，操作系统也会影响可用的内存量。某些操作系统只允许程序使用一部分物理 RAM，而 UNIX 则允许程序使用全部的物理 RAM。更复杂的是，一些操作系统（如，Windows）提供了虚拟内存，允许在硬盘上分配存储空间。在这种情况下，程序可用的内存量不仅包括安装的 RAM，还包括硬盘上的虚拟内存空间。

在绝大多数情况下，我们都不用关心操作系统在内存分配上的具体细节。如果使用 C 函数分配内存，无论调用是否成功，都不用担心内部到底发生了什么。

21.2.1　用 malloc()函数分配内存

在前面的章节中介绍过如何使用 malloc()库函数为字符串分配存储空间。malloc()函数不仅可以为字符串分配空间，还可用于为任何类型分配存储空间。该函数按字节分配内存，其函数原型如下：

```
void *malloc(size_t num);
```

参数 size_t 定义在 stdlib.h 中，相当于 unsigned。malloc()函数分配 *num* 字节的存储空间，并返回指向第 1 个字节的指针。如果无法分配 malloc()函数请求分配的存储空间或 num == 0，该函数则返回 NULL。如果不熟悉 malloc()函数的用法和工作原理，请复习第 10 课的内容。

21.2.2　用 calloc()函数分配内存

calloc()函数也可用于分配内存。与 malloc()分配一组字节不同，calloc()函数分配一组对象，其函数原型是：

```
void *calloc(size_t num, size_t size);
```

记住，在大部分编译器中 size_t 都相当于 unsigned。参数 num 是待分配的对象数量，size 是每个对象的大小（单位是字节）。如果分配成功，将清空所有被分配的内存（设置为 0），然后该函数返回指向第 1 个字节的指针。如果分配失败，或者 num 或 size 为 0，则函数返回 NULL。

程序清单 21.2 演示是如何使用 calloc()。

输入▼

程序清单 21.2 callocmem.c：使用 calloc()函数动态地分配内存存储空间

```
1:      // callocmem.c--演示 calloc()的用法。
2:
3:      #include <stdlib.h>
4:      #include <stdio.h>
5:
6:      int main( void )
7:      {
8:          unsigned long num;
9:          int *ptr;
10:
11:         printf("Enter the number of type int to allocate: ");
12:         scanf("%ld", &num);
13:
14:         ptr = (int*)calloc(num, sizeof(long long));
15:
16:         if (ptr != NULL)
17:             puts("Memory allocation was successful.");
18:         else
19:             puts("Memory allocation failed.");
20:         return(0);
21:     }
```

输出▼

```
Enter the number of type int to allocate: 100
Memory allocation was successful.
Enter the number of type int to allocate: 99999999
Memory allocation was successful.
```

分析▼

该程序第 11 和 12 行提示用户输入一个值，该值用于确定程序要分配多少内存空间。程序尝试分配足够的内存空间（第 14 行）以储存指定数量的 long long 变量。如果分配成功，calloc()函数则返回指向已分配内存的指针；如果分配失败，该函数将返回 NULL。在这个程序中，calloc()的返回值被赋给指向 int 类型的指针 ptr。第 16~19 行的 if...else 语句根据 ptr 的值来判断是否成功分配内存，并打印相应的消息。

21.2.3 用 realloc()函数分配更多内存

realloc()函数用于修改之前由 malloc()或 calloc()函数分配的内存块大小，其函数原型是：

```
void *realloc(void *ptr, size_t size);
```

参数 ptr 是指向原内存块的指针，size 是新的内存块大小（单位是字节）。realloc()函数可能有多种结果：

- 如果有足够的内存空间用于扩大 ptr 指向的内存块，该函数将分配额外的内存并返回 ptr；
- 如果在当前位置没有足够的内存空间扩大当前内存块，该函数将分配 size 大小的新块，并将现有数据从旧内存块拷贝至新内存块。然后释放旧内存块，并返回指向新内存块的指针；
- 如果参数 ptr 为 NULL，该函数则类似于 malloc()，分配 size 字节的内存块并返回指向该内存块的指针；

- 如果参数 size 为 0，该函数则释放 ptr 指向的内存，并返回 NULL；
- 如果内存不够重新分配（扩大原内存块或分配新内存块），该函数则返回 NULL，而且原内存块不变。

程序清单 21.3 演示了 realloc()的用法。

输入▼

程序清单 21.3　reusingmem.c：使用 realloc()函数动态分配内存增加内存块的大小

```
1:      // reusingmem.c--使用 realloc()改变内存分配
2:
3:      #include <stdio.h>
4:      #include <stdlib.h>
5:      #include <string.h>
6:
7:      int main( void )
8:      {
9:          char buf[80], *message;
10:
11:         // 输入一个字符串
12:
13:         puts("Enter a line of text.");
14:         gets(buf);
15:
16:         // 分配最初的内存块并将字符串拷贝进去
17:
18:         message = realloc(NULL, strlen(buf)+1);
19:         strcpy(message, buf);
20:
21:         // 显示字符串
22:
23:         puts(message);
24:
25:         // 提示用户输入另一个字符串
26:
27:         puts("Enter another line of text.");
28:         gets(buf);
29:
30:         // 增加内存分配，然后拼接字符串。
31:
32:         message = realloc(message,(strlen(message) + strlen(buf)+1));
33:         strcat(message, buf);
34:
35:         // 显示字符串
36:         puts(message);
37:         return(0);
38:     }
```

输出▼

```
Enter a line of text.
This is the first line of text.
This is the first line of text.
Enter another line of text.
This is the second line of text.
This is the first line of text.This is the second line of text.
```

分析▼

该程序在第 14 行获取用户输入的字符串，将其读入 buf 字符数组中。然后将该字符串拷贝至 message 指向的内存中（第 19 行）。第 18 行，虽然之前没有为 message 分配内存，但仍调用 realloc() 函数分配 message 指向的内存空间。传递的第 1 个参数 NULL，告知 realloc() 函数是首次为 message 分配空间。

第 28 行，获取第 2 个字符串并存入 buf 中，该字符串将被拼接在 message 指向的字符串后面。由于 message 指向的内存空间只够储存第 1 个字符串，因此要重新分配空间以储存两个字符串（第 32 行）。最后，程序打印拼接后的字符串。

21.2.4 用 free()函数释放内存

通过 malloc() 或 calloc() 分配内存时，分配的是动态内存池中可用的内存。有时，动态内存池也叫作堆（*heap*），其内存量有限。程序使用完动态分配的内存块后，应将其释放，供后续使用。free() 函数可用于释放动态分配的内存，该函数的原型如下：

```
void free(void *ptr);
```

free() 函数释放 ptr 指向的内存，该内存必须由 malloc()、calloc() 或 realloc() 函数分配。如果 ptr 为 NULL，free() 函数不进行任何操作。程序清单 21.4 演示了 free() 函数的用法。

输入▼

程序清单 21.4 freemem.c：使用 free() 函数释放之前动态分配的内存

```
1:      // freemem.c--使用 free()释放动态分配的内存
2:
3:      #include <stdio.h>
4:      #include <stdlib.h>
5:      #include <string.h>
6:
7:      #define BLOCKSIZE 300000000
8:
9:      int main( void )
10:     {
11:         void *ptr1, *ptr2;
12:
13:         // 分配一个内存块
14:
15:         ptr1 = malloc(BLOCKSIZE);
16:
17:         if (ptr1 != NULL)
18:             printf("\nFirst allocation of %d bytes successful.",BLOCKSIZE);
19:         else
20:         {
21:             printf("\nAttempt to allocate %d bytes failed.\n",BLOCKSIZE);
22:             exit(1);
23:         }
24:
25:         // 尝试分配另一个内存块
26:
27:         ptr2 = malloc(BLOCKSIZE);
28:
29:         if (ptr2 != NULL)
30:         {
31:             // 如果分配成功，打印一条消息并退出。
32:
33:             printf("\nSecond allocation of %d bytes successful.\n",
```

```
34:                 BLOCKSIZE);
35:             exit(0);
36:         }
37:
38:         // 如果失败，释放第 1 个内存块并尝试再次分配。
39:
40:         printf("\nSecond attempt to allocate %d bytes failed.",BLOCKSIZE);
41:         free(ptr1);
42:         printf("\nFreeing first block.");
43:
44:         ptr2 = malloc(BLOCKSIZE);
45:
46:         if (ptr2 != NULL)
47:             printf("\nAfter free(), allocation of %d bytes successful.\n",
48:                 BLOCKSIZE);
49:         return(0);
50:     }
```

输出▼

```
First allocation of 300000000 bytes successful.
Second allocation of 300000000 bytes successful.
```

分析▼

该程序尝试动态分配两个内存块，定义了符号常量 BLOCKSIZE 确定分配多少内存。第 15 行，使用 malloc()第 1 次分配内存，第 17~23 行检查该函数的返回值是否为 NULL，以判断内存是否分配成功。然后打印一条消息，描述内存是否分配成功。如果内存分配失败，则退出程序。第 27 行，尝试第 2 次分配内存块，再次检查是否分配成功（第 29~36 行）。如果第 2 次分配成功，则调用 exit()函数结束该程序；如果分配失败，则打印一条描述内存分配失败的消息。然后，调用 free()函数释放第 1 次分配的内存块（第 41 行），并尝试再次分配第 2 个内存块。

DO	DON'T
使用完动态分配的内存后，必须将其释放。	不要假设调用 malloc()、calloc()或 realloc()一定会成功。换言之，一定要检查是否成功分配内存。

21.3 操控内存块

前面已经介绍了如何分配和释放内存块。C 标准库还提供了一些操控内存块的函数，用于将内存块设置为指定的值，或将一个内存块的信息拷贝、移至另一个内存块。

21.3.1 用 memset()函数初始化内存

使用 memset()函数可将所有字节的内存块设置成指定的值，其函数原型如下：

```
void *memset(void *dest, int c, size_t count);
```

参数 dest 指向待初始化的内存块，c 为设置的值，count 是从 dest 开始设置的字节数。注意，虽然 c 的类型是 int，但是它被视为 char 类型。也就是说，只能使用低位字节，即可以将其设置为 0~255 的值。

memset()用于将内存块设置为指定的值。由于该函数只能使用 char 类型作为初始值，因此对于操纵除 char 类型外的内存块，它没什么用，除非需要将内存块初始化为 0。也就是说，要将 int

类型的数组初始化为 99，使用 memset()函数的效率不高，但是可以用该函数将数组的所有元素都初始化为 0。程序清单 21.5 中演示了 memset()函数的用法。

21.3.2 用 memcpy()函数拷贝内存的数据

memcpy()函数用于拷贝内存块（有时称为缓冲区）之间拷贝数据。该函数不需要待拷贝数据的类型，它逐字节地拷贝数据，其原型如下：

```
void *memcpy(void *dest, void *src, size_t count);
```

参数 dest 和 src 分别指向目标内存块和源内存块，count 是待拷贝的字节数。该函数的返回值是 dest。如果两个内存块重叠，该函数可能无法正常运行——src 中的数据在拷贝前可能已被擦写。对于内存块相互重叠的情况，可使用接下来介绍的 memmove()函数来处理。程序清单 21.5 中演示了 memcpy()函数的用法。

21.3.3 用 memmove()函数移动内存的数据

memmove()函数类似于 memcpy()函数，将指定字节数的数据从一个内存块拷贝至另一个内存块。但是，memmove()更灵活，因为它能妥善处理重叠的内存块。由于 memcpy()函数的功能 memmove()函数都有（而且后者在处理重叠内存块时更灵活），因此，几乎不必使用 memcpy()。memmove()函数的原型如下：

```
void *memmove(void *dest, void *src, size_t count);
```

dest 和 str 分别指向目标内存块和源内存块，count 指定要拷贝的字节数。该函数的返回值是 dest。如果两个内存块重叠，该函数会确保重叠区域被擦写之前拷贝该区域中的源数据。程序清单 21.5 演示了 memset()、memcpy()和 memmove()函数的用法。

输入▼

程序清单 21.5 memfunction.c：演示 memset()、memcpy()和 memove()函数的用法

```
1:      // memfunctions.c--演示 memset()、memcpy()和 memmove()的用法
2:
3:      #include <stdio.h>
4:      #include <string.h>
5:
6:      char message1[60] = "Four score and seven years ago ...";
7:      char message2[60] = "abcdefghijklmnopqrstuvwxyz";
8:      char temp[60];
9:
10:     int main( void )
11:     {
12:         printf("\nmessage1[] before memset():\t%s", message1);
13:         memset(message1 + 5, '@', 10);
14:         printf("\nmessage1[] after memset():\t%s", message1);
15:
16:         strcpy(temp, message2);
17:         printf("\n\nOriginal message: %s", temp);
18:         memcpy(temp + 4, temp + 16, 10);
19:         printf("\nAfter memcpy() without overlap:\t%s", temp);
20:         strcpy(temp, message2);
21:         memcpy(temp + 6, temp + 4, 10);
22:         printf("\nAfter memcpy() with overlap:\t%s", temp);
23:
```

```
24:            strcpy(temp, message2);
25:            printf("\n\nOriginal message: %s", temp);
26:            memmove(temp + 4, temp + 16, 10);
27:            printf("\nAfter memmove() without overlap:\t%s", temp);
28:            strcpy(temp, message2);
29:            memmove(temp + 6, temp + 4, 10);
30:            printf("\nAfter memmove() with overlap:\t%s\n", temp);
31:            return 0;
32:        }
```

输出▼

```
message1[] before memset():  Four score and seven years ago ...
message1[] after memset():   Four @@@@@@@@@@seven years ago ...
Original message: abcdefghijklmnopqrstuvwxyz
After memcpy() without overlap: abcdqrstuvwxyzopqrstuvwxyz
After memcpy() with overlap: abcdefefefefefefqrstuvwxyz
Original message: abcdefghijklmnopqrstuvwxyz
After memmove() without overlap: abcdqrstuvwxyzopqrstuvwxyz
After memmove() with overlap: abcdefefghijklmnqrstuvwxyz
```

分析▼

memset()的操作非常简单。注意，指针表示法message1 + 5指定了memset()从message1[]的第6个字符开始设置（数组的索引从0开始）。因此，message1[]中的第6~15个字符被修改为@。

如果源内存块和目标内存块不重叠，memcpy()可以正常工作。temp[]中从第17个字符开始将连续的10个字符（q~z）拷贝至原来e~n的位置。但是，如果源内存块和目标内存块重叠，情况则不同。当函数尝试从位置4（e）开始拷贝10个字符至位置6（g），有8个位置发生重叠。读者可能认为字母e~n被拷贝，替换了字母g~p。但实际情况是，字母e和f重复出现了5次。

如果源内存块和目标内存块不重叠，memmove()与memcpy()的功能相同。但如果源内存块和目标内存块重叠，memmove()会将源内存块的字符拷贝至目标内存块。

DO	DON'T
如果要处理重叠的内存区域，使用memmove()而不是momcpy()。	不要用memset()初始化int、float、double类型的数组为非0值。

21.4　位

计算机最基本的存储单元是位。有时，操纵在C程序数据中的位，非常有用。C标准库提供了多种操控位的工具。

C语言提供了位运算符来操控整型变量的位。记住，位是数据存储的最小单位，且只可能有两个值：0或1。位运算符只能用于整型类型：char、int和long。在详细介绍位的相关内容之前，读者应该熟悉二进制表示法——计算机内部储存整数的方式。

C程序直接与系统硬件交互时（这一主题超出了本书讨论的范围），使用最频繁的就是位运算符。然而，位运算符还有其他的用法，下面将详细介绍这些内容。

21.4.1 移位运算符

有两种移位运算符，它们将整型变量中的位移动指定数目的位置。<<运算符把位左移，>>运算符把位右移。这两个二元运算符的语法如下：

```
x << n  和  x >> n
```

每个运算符都把 x 中的位沿指定方向移动 n 个位置。右移时，在变量的高位补 n 个 0；左移时，在变量低位补 n 个 0。下面举例说明。

二进制 00001100（十进制 12）右移 2 位的结果是：二进制 00000011（十进制 3）。

二进制 00001100（十进制 12）左移 3 位的结果是：二进制 01100000（十进制 96）。

二进制 00001100（十进制 12）右移 3 位的结果是：二进制 00000001（十进制 1）。

二进制 00110000（十进制 48）左移 3 位的结果是：二进制 10000000（十进制 128）。

在某些情况下，使用移位运算符可以将整型变量乘以或除以 2^n。整数左移 n 位相当于将该整数乘以 2^n，而左移 n 位相当于将该整数除以 2^n。只有当左移不溢出（即，不会因为移出高位而丢失）时，通过左移来实现乘法的结果才准确。通过右移来实现除法时，结果中的小数部分将丢失。例如，如果将 5（二进制 00000101）右移 1 位（即，5 除以 2），其结果是 2（二进制 00000010），不是 2.5。因为结果的小数部分（.5）丢失了。程序清单 21.6 演示了移位运算符的用法。

输入▼

程序清单 21.6　shiftit.c：使用移位运算符

```
1:      // shiftit.c--演示移位运算符
2:
3:      #include <stdio.h>
4:
5:      int main( void )
6:      {
7:          unsigned int y, x = 255;
8:          int count;
9:
10:         printf("Decimal\t\tshift left by\tresult\n");
11:
12:         for (count = 1; count < 8; count++)
13:         {
14:             y = x << count;
15:             printf("%d\t\t%d\t\t%d\n", x, count, y);
16:         }
17:         printf("\n\nDecimal\t\tshift right by\tresult\n");
18:
19:         for (count = 1; count < 8; count++)
20:         {
21:             y = x >> count;
22:             printf("%d\t\t%d\t\t%d\n", x, count, y);
23:         }
24:         return(0);
25:     }
```

输出▼

```
Decimal       shift left by       result
255           1                   510
255           2                   1020
255           3                   2040
```

```
255            4                4080
255            5                8160
255            6                16320
255            7                32640
Decimal        shift right by   result
255            1                127
255            2                63
255            3                31
255            4                15
255            5                7
255            6                3
255            7                1
```

21.4.2　按位逻辑运算符

按位逻辑运算符有 3 种，用于操纵整形数据类型的位。这些运算符的名称与以前介绍的 TRUE/FALSE 逻辑运算符类似，但是其工作原理不同。

表 21.1　按位逻辑运算符

运算符	操作
&	按位与
|	按位或
^	按位异或

以上运算符都是二元运算符，根据两个运算对象相应的位，将结果的位设置为 0 或 1。其工作原理如下：

- 只有当两个运算对象相应的位都是 1 时，**按位与**才将位的结果设置为 1；否则，设置为 0。按位与运算符用于关闭或清除值中的一个或多个位；
- 只有当两个运算对象相应的位都是 0 时，**按位或**才将位的结果设置为 0；否则，设置为 1。按位或运算符用于打开或设置值中的一个或多个位；
- 只有当两个运算对象相应的位不同时（即，一个是 1，一个是 0），**按位异或**才将位的结果设置为 1；否则，设置为 0。

表 21.2 中的示例演示了位运算符的工作原理。

表 21.2　位运算符的示例

运算符	操作
按位与（&）	11110000 & 01010101 01010000
按位或（|）	11110000 | 01010101 11110101
按位异或（^）	11110000 ^ 01010101 10100101

前面介绍过，按位与和按位或分别用于清除或设置整型值的指定位。下面解释一下这句话的含义。假设有一个 char 类型的变量，你想清除位置 0 和位置 4 上的位（即，让这两个位置上的位为 0），其他位的值保持不变。为此，可将该变量与另一个值（11101110）进行按位与运算。其原理如下。

第 2 个值中，值为 1 的每一个位置，其结果与原来变量对应位置上的值相同：

```
0 & 1 == 0
1 & 1 == 1
```

第 2 个值中，值为 0 的每一个位置，不管原来变量对应位置的值是什么，其结果均为 0：

```
0 & 0 == 0
1 & 0 == 0
```

使用按位与来设置位的原理与此类似。在第 2 个值中，值为 1 的位置，其结果为 1；在第 2 个值中，值为 0 的位置，其结果与原来变量对应位置的值相同：

```
0 | 1 == 1
1 | 1 == 1
0 | 0 == 0
1 | 0 == 1
```

21.4.3 求反运算符

这里要介绍的最后一个位运算符是求反运算符~，它是一元运算符。求反运算符用于把运算对象的每一位反转，即把所有的 0 变成 1，把所有的 1 变成 0。例如，~254（254 的二进制数是 11111110）等于 1（1 的二进制数是 00000001）。

21.4.4 结构中的位字段

最后一个与位有关的主题是结构中的位字段。第 11 课介绍了可根据程序的需要，定义自己的结构。通过使用位字段，可以实现更多定制，而且还节省内存空间。

位字段（*bit field*）是一个结构成员，包含了指定数目的位。可以声明位字段包含 1 字节、2 字节或储存在字段中的数据需要的字节。这样做有什么好处？

假设你正在编写一个员工数据库的程序，要记录公司员工的档案。数据库中的许多项都只要储存是/否，如“员工是否参与了牙科计划？”、“员工是否大学毕业？”。这种是/否信息可以用一个位来储存，1 代表是，0 代表否。

在 C 语言的标准数据类型中，结构中可使用的最小类型是 char。可以使用 char 类型的结构成员来储存是/否数据，但是 char 类型变量中的 7 位都被浪费了。使用位字段，可以在一个 char 类型的变量中储存 8 个是/否值。

位字段不仅限于储存是/否值。继续以上面提到的数据库为例，假设公司有 3 种不同的健康保险计划，数据库要记录每个员工是否参保。使用 0 表示没有参加任何保险计划，1、2、3 分别表示参加了第 1、第 2、第 3 种保险。一个两位的位字段就足够表示了。因为两位可以表示 0~3。同样，三位可以表示 0~7，四位可以表示 0~15，等等。

位字段命名方案和访问方式与普通结构成员相同。所有的位字段类型都是 unsigned int，并在成员名后面加上冒号和数字来指定其大小（单位是位）。下面的代码声明了一个结构，该结构包含一个名为 dental 的 1 位成员、一个名为 college 的 1 位成员和一个名为 health 的 2 位成员。

```
struct emp_data
{
    unsigned dental      : 1;
    unsigned college     : 1;
    unsigned health      : 2;
    ...
};
```

省略号表示其他结构成员已省略。结构的成员可以是位字段，也可以是普通的数据类型。注意，在结构声明中，位字段必须放在其他非位字段结构成员的前面。与访问其他结构成员一样，使用成员结构运算符访问位字段。可以对上面的结构进行扩展，使之更有用：

```
struct emp_data
{
    unsigned dental       : 1;
    unsigned college      : 1;
    unsigned health       : 2;
    char fname[20];
    char lname[20];
    char ssnumber[10];
};
```

然后，可以声明一个结构数组：

```
struct emp_data workers[100];
```

要给第 1 个数组元素赋值，可以这样编写代码：

```
workers[0].dental = 1;
workers[0].college = 0;
workers[0].health = 2;
strcpy(workers[0].fname, "Mildred");
```

如果在使用 1 位字段时，采用符号常量 YES 和 NO（值分别为 1、0），则代码的可读性更高。任何情况下，都可以把每个位字段看成一个包含指定位数的无符号整型数。对于 n 位的位字段，可为其赋值 $0 \sim 2^{n-1}$ 之间的值。如果把超出范围的值赋给位字段，编译器不会报错，但是会得到无法预知的结果。

DO	DON'T
使用位字段时，应该使用定义的符号常量 YES 和 NO，或 TRUE 和 FALSE。这样编写的代码比使用 0 和 1 的代码可读性更高。	不要定义 8 位或 16 位的位字段。因为这与使用 char 或 int 类型的变量相同。

21.5 小 结

本课介绍了许多 C 语言编程方面的主题，包括如何在运行期分配、重新分配和释放内存。介绍了一些为程序中的数据灵活分配内存存储空间的函数。详细讲解了如何对变量和指针执行强制类型转换，何时进行强制类型转换。需要强制类型转换却没有转换、强制类型转换使用不当是导致难以查找的程序 bug 的主要原因。另外，本课还介绍了如何使用 memset()、memcpy()和 memmove()函数操控内存块。最后，介绍了如何在程序中操控和使用位。

21.6 答 疑

问：动态内存分配有什么好处？在源代码中声明了存储空间，为何还要动态分配内存？

答：如果在源代码中声明所有数据的存储空间，那么程序可用的内存量将是固定的。在编写程序时，必须知道需要多少内存。动态内存分配让程序根据当前的情况和用户的输入，控制所需的内存量。程序可以根据需要使用内存，但是最多不能超过计算机中的可用内存。

问：为什么要释放内存？

答：刚开始学习 C 语言时，编写的程序都不大。随着学习的深入，编写的程序越来越大，使用的内存也越来越多。编写程序时，应尽可能高效地使用内存。而且在使用完内存后，必须及时将其释放。如果编写的程序要在多任务环境下运行，那么其他应用可能会使用该程序未使用的内存。虽然一些系统在程序结束后会自动释放内存，但并非所有的系统都会这样做。

问：如果没有调用 realloc()函数就重用一个字符串，会出现什么情况？

答：如果你已为字符串分配了足够空间，就不必调用 `realloc()`函数，只有在当前字符串的空间不够大时，才需要调用 `realloc()`。有时，C 编译器可以做许多事，即使有些是不应该做的。只要第 1 个字符串有足够的空间，把第 2 个字符串存到第 1 个字符串中没有任何问题。但是，如果第 1 个字符串没有足够的空间，这样做就会擦写该字符串后面内存。这些内存中可能没有数据，也可能储存了非常重要的数据。如果需要分配更大的内存，要调用 `realloc()`。

问：使用 memset()、memcpy()和 memmove()函数有什么好处？为何不用循环通过赋值表达式语句来初始化或拷贝内存？

答：有些情况可以使用循环，通过赋值表达式语句初始化内存。实际上，有时只能采用这种方式。例如，将 `float` 类型的数组初始化为 `1.23`。但是在其他情况下，如没有给数组或链表分配内存，就只能使用 mem...()函数。另外，在某些情况下，使用循环和赋值表达式语句也可以完成任务，但用 mem...()函数更简单，速度也更快。

问：在什么情况下使用移位运算符和按位逻辑运算符？

答：这些运算符常用于程序直接与计算机硬件交互时——通常要生成和解译成指定的位模式。这一主题超出了本书讨论的范围。即使你不需要直接操控硬件，但是在某些情况下，也可以使用移位运算符将一个整型值乘以或除以 2^n。

问：是否可以通过位字段获得大量内存？

答：是的，可以通过位字段获得大量内存。考虑与本课范例类似的例子：一份文件中储存了调查信息。被调查者对提出的问题做出真/假的回答。如果向 1 万名被调查者询问了 100 个问题，并且使用 `char` 类型来储存回答，则需要 10000×100（100 万）字节的内存（假设 `char` 变量的大小为 1 字节）。如果使用位字段，为每个答案分配 1 位，那么只需要 10000×100 位的内存。由于 1 字节为 8 位，因此这相当于 130000 字节，比之前的 100 万字节要少得多。

21.7 课后研习

课后研习包含小测验和练习题。小测验帮助读者理解和巩固本课所学概念，练习题有助于读者将理论知识与实践相结合。

21.7.1 小测验

1. 内存分配函数 malloc()和 calloc()有何不同?
2. 对数值变量进行强制类型转换，最常见的原因是?
3. 下列各表达式的类型是什么？（假设 c 的类型是 char，i 的类型是 int，l 的类型是 long，f 的类型是 float）

   a. (c + i + l)
   b. (i + 32)
   c. (c + 'A')
   d. (i + 32.0)
   e. (100 + 1.0)
4. 动态分配内存是什么意思?
5. memcpy()函数和 memmove()函数有何区别?
6. 假设程序中使用的一个结构必须将星期几储存为 1~7 其中的一个的值。如何做才能使内存的使用效率最高?
7. 要储存当前的日期，最少需要多少内存？（提示：月/日/年，将年份视为离 1900 年多久）
8. 10010010 << 4 的结果是多少?
9. 10010010 >> 4 的结果是多少?
10. 描述下面两个表达式的结果有何差异。

    (01010101 ^ 11111111)

    (~01010101)

21.7.2 练习题

1. 编写一行代码，使用 malloc()函数为 1000 个 long 类型变量分配内存。
2. 编写一行代码，使用 alloc()函数为 1000 个 long 类型变量分配内存。
3. 假设声明了一个数组：

   ```
   float data[1000];
   ```

   采用两种方法将该数组的每个元素初始化为 0。一种方法使用循环和赋值表达式语句，另一种方法使用 memset()函数
4. **排错**：下面程序中有哪些错误?

   ```
   void func()
   {
       int number1 = 100, number2 = 3;
       float answer;
       answer = number1 / number2;
       printf("%d/%d = %lf", number1, number2, answer)
   }
   ```
5. **排错**：下面程序中有哪些错误?

   ```
   void *p;
   p = (float*) malloc(sizeof(float));
   *p = 1.23;
   ```
6. **排错**：下面结构的写法是否有错?

   ```
   struct quiz_answers
   {
   ```

```
    char student_name[15];
    unsigned answer1 : 1;
    unsigned answer2 : 1;
    unsigned answer3 : 1;
    unsigned answer4 : 1;
    unsigned answer5 : 1;
}
```

由于以下练习有多种解决方案，因此附录 D 没有提供答案。

7. 编写一个程序，使用所有的按位逻辑运算符。这些运算符先应用于数字，再应用于结果。查看程序的输出，以确保你理解位运算符的工作原理。

8. 编写一个程序，显示一个数字对应的二进制值。例如，用户输入 3，程序应显示 00000011（提示：要使用位运算符）。

第 22 课

编译器的高级用法

这是本书的最后一课。到目前为止，你几乎已经学完了有关 C 语言编程语法的所有重要主题。本课将介绍一些 C 语言的其他特性，包括以下内容：

- ❑ 使用多个源代码文件编程
- ❑ 使用 C 预处理器
- ❑ 使用命令行参数

22.1 多源代码文件编程

到目前为止，读者所见到的 C 程序都是由一个源代码文件组成（当然，头文件除外）。通常，只需要一个源代码文件，尤其是小型程序。但是，也可以把程序的源代码分成多个文件，这样的做法叫作模块化编程（*modular programming*）。为何要这样做？接下来，将对此做详细解释。

22.1.1 模块化编程的优点

使用模块化编程主要的原因与结构化编程和对函数的依赖性紧密相关。随着读者的编程经验越来越丰富，你会开发更多可通用的函数。这些函数不仅用于最初的程序中，还可用于其他程序。例如，你编写了一组通用函数，用于在屏幕上显示信息。把这些函数放在独立的文件中，便可在其他需要在屏幕上显示消息的程序中再次用到它们。如果编写的程序由多个源代码文件组成，那么其中的每个文件都被称为模块。

22.1.2 模块化编程技术

C 程序可以只有一个 `main()` 函数。包含 `main()` 函数的模块叫作主模块（*main module*），其他模块叫作次模块（*secondary module*）。通常，每个次模块都通过一个头文件相关联（稍后解释原因）。现在，举例说明多模块化编程的基本知识。程序清单 22.1、22.2、22.3 分别是主模块、次模块和头文件。该程序读取用户输入的数字，并显示该数字的平方。

输入▼

程序清单 22.1　list2201.c：主模块

```
1:      /* 输入一个数字，并显示该数字的平方。 */
2:
3:      #include <stdio.h>
4:      #include "calc.h"
5:
6:      int main( void )
7:      {
8:          int x;
```

```
9:
10:        printf("Enter an integer value: ");
11:        scanf("%d", &x);
12:        printf("\nThe square of %d is %ld.\n", x, sqr(x));
13:        return(0);
14:    }
```

输入▼

程序清单 22.2　calc.c：次模块

```
1:    /* 包括计算函数的模块 */
2:
3:    #include "calc.h"
4:
5:    long sqr(int x)
6:    {
7:        return ((long)x * x);
8:    }
```

输入▼

程序清单 22.3　calc.h：calc.c 的头文件

```
1:    /* calc.h: calc.c 的头文件 */
2:
3:    long sqr(int x);
4:
5:    /* calc.h 结束 */
```

输出▼

```
Enter an integer value: 100
The square of 100 is 10000.
```

分析▼

下面详细讲解这 3 个文件的组成部分。头文件 calc.h 包含 sqr()函数（calc.c 中要使用该函数）的原型。因为所有使用 sqr()函数的模块都要包含 sqr()函数的源文件，所以这些模块中必须包含 calc.h 头文件。

次模块文件 calc.c 包含了 sqr()函数的定义。#include 指令用来包含头文件 calc.h。注意，头文件名用双引号括起来，而不是尖括号（稍后解释原因）。

主模块 list2201.c 中包含 main()函数，该模块也包含 calc.h 头文件。

使用编辑器创建这 3 个文件，如何编译和链接，生成可执行文件？集成开发环境可以为你创建一个多源文件的项目。例如，假设你使用 Code::Blocks，可以按以下步骤编译前面的程序清单。

1. 打开 Code::Blocks。
2. 选择 File|New|Project。从模板新建（*New from template*）的对话框如图 22.1 所示。

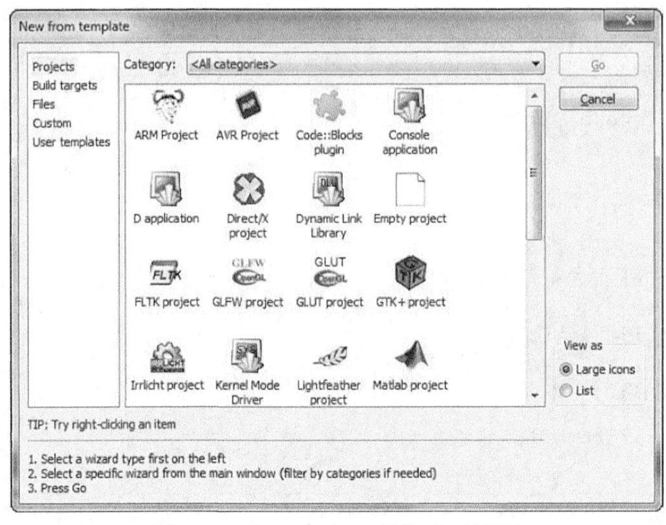

图 22.1　Code::Blocks 的新建对话框

3. 选择 Empty project，然后单击 Go，再单击 Next。空项目对话框如图 22.2 所示。

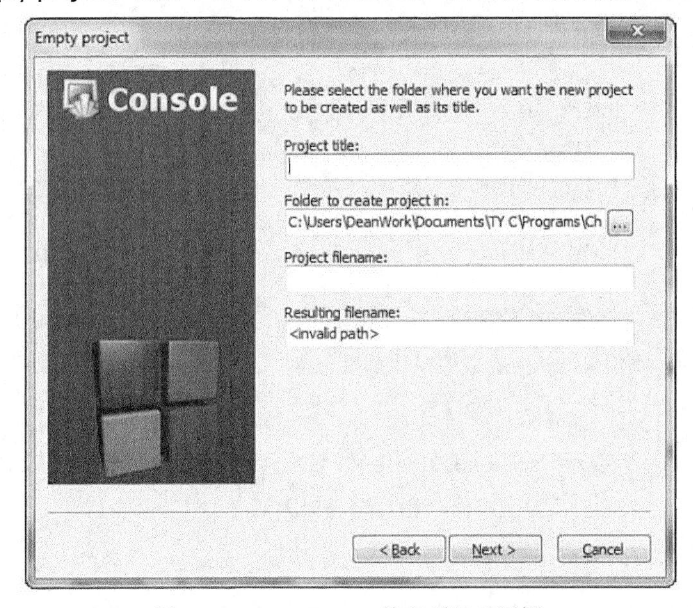

图 22.2　Code::Blocks 的空项目对话框

4. 输入项目名，如 Project2201。默认储存在上一次保存文件的文件夹中，项目的文件名默认与项目名相同。这些名称都可以修改。接下来单击 Next。

5. 显示的是额外对话框显示编译器的其他相关选项（如图 22.3 所示）、调试配置和发布配置。使用默认选项即可。解释这些选项超出了本书讨论的范围。单击 Finish。

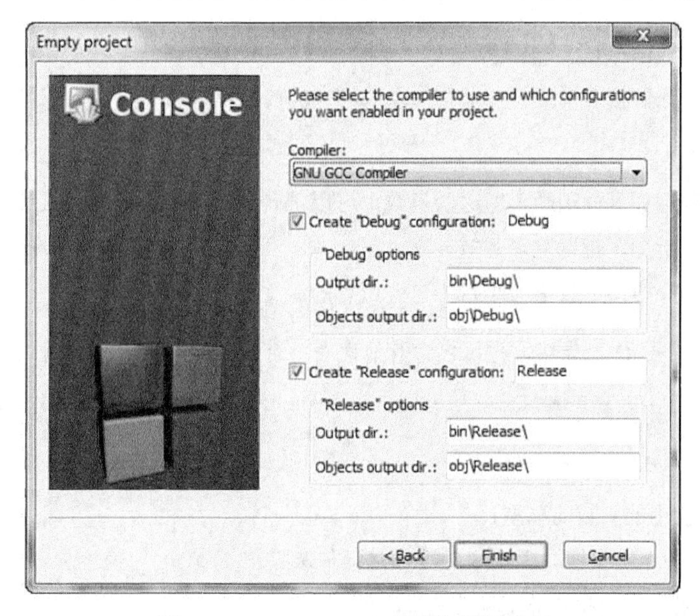

图 22.3　Code::Blocks 项目的额外选项

6. 集成开发环境（IDE）已打开，现在可以单击 Project menue，选择高亮的 Add Files to Project，把本课前面写好的文件添加至项目中。每次这样做，文件便列于左侧 Project 的 Source 中。图 22.4 显示对话框中 calc.h 文件处于高亮，两个.c 文件（calc.c 和 list2201.c）都列于对话框左侧的 Source 文件夹树中，表明这两个文件已添加至项目中。添加完 calc.h 后，左侧会添加一个新的文件夹名 Headers。
7. 单击 Build 按钮（以前编译源代码时用过，一个黄色的小齿轮）。

注意

上述步骤和屏幕截图只适用于 Code::Blocks 集成开发环境，但是，如果读者使用其他集成开发环境，应该与此类似。

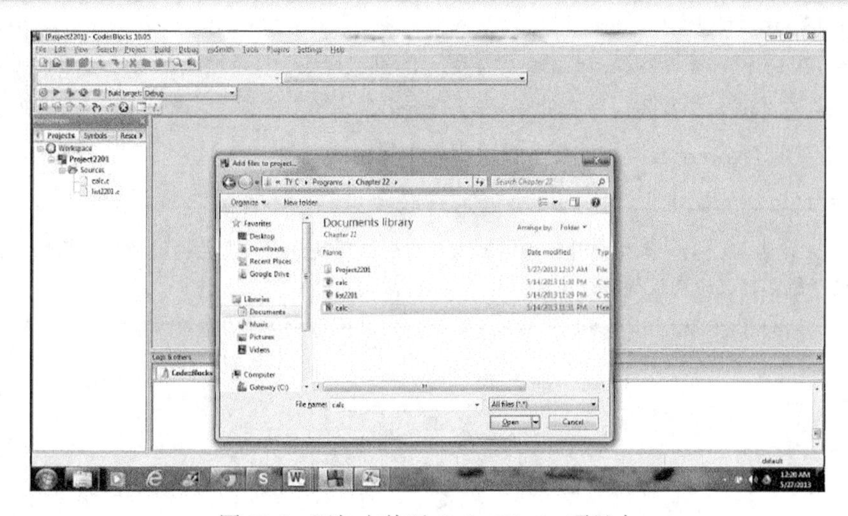

图 22.4　添加文件至 Code::Blocks 项目中

22.1.3　模块化的组成部分

如你所见，编译和链接多模块程序非常简单。唯一的问题是，每个文件中应包含哪些内容。本节介绍一些指导原则。

次模块应包含通用便利的函数，即这些函数也可用于其他程序。通常的做法是，为每个类型的函数创建一个次模块。例如，把键盘函数放在 keyboard.c 中、屏幕显示函数放在 screen.c 中，等等。要编译并链接多个模块，只需在项目中包含所有的源文件。

主模块应包含 main()，当然，也可包含其他程序特有（即，不通用）的函数。

通常，每个次模块中都要包含一个头文件。头文件名与其相应的模块名相同，但是其扩展名为.h。头文件应包含以下内容：

- 次模块中使用的函数的原型；
- #define 指令定义模块中使用的符号常量和宏；
- 模块中使用的结构和外部变量的定义。

因为头文件可能被多个源文件包含，所以要防止头文件中的某些部分被编译多次。为此，可以使用预处理器指令来实现有条件的编译（稍后介绍）。

22.1.4　外部变量和模块化编程

在许多情况下，主模块和次模块都是通过参数传递和函数的返回值进行数据通信。在这种情况下，不必对数据可见做特殊的处理。但是，如果希望外部变量在模块间都可见，应该怎么做？

第 12 课中介绍过，外部变量是在所有函数外面声明的变量。外部变量在它所声明的整个源代码文件可见，但不会对其他模块自动可见。要使其对每个模块都可见，必须在每个模块中使用 extern 关键字声明该变量。例如，如果在主模块中声明了外部变量：

```
float interest_rate;
```

在次模块的函数外做如下声明，便可让 interest_rate 在次模块中可见：

```
extern float interest_rate;
```

extern 关键字告诉编译器，interest_rate 的首次声明（为其预留存储空间的声明）在别处，但是该变量需要在本模块中可见。所有的 extern 变量都是静态变量，这些变量在模块中对所有函数可见。图 22.5 演示了 extern 关键字在多模块程序中的用法。

警告

如果使用 extern 声明变量，而实际上又并未在别处声明该变量，编译器会报错。这种错误可能在链接时或运行时发生。

```
/*    主模块      */
int x, y;
main()
{
...
...
}
```

```
/*  次模块    mod1.c */
extern int x, y;
func1()
{
...
}
...
```

```
/*  次模块    mod2.c */
extern int x;
func4()
{
...
}
...
```

图 22.5　使用 extern 关键字使外部变量在多个模块中可见

图 22.5 中，x 变量在 3 个模块中都可见。而 y 变量只在主模块和次模块 mod1.c 中可见。

DO	DON'T
在自己的源文件中创建通用函数，可以在需要时链接文件，将这些函数用于其他程序中。	编译多个源文件时，其中只能有一个文件包含 main()函数（其他函数也是如此，函数间不能重名）。 编译多文件时，不要总是使用源文件。如果源文件已被编译成目标文件，仅在修改了该文件时，才需要重新编译它。这样做节约大量时间。

22.2　C 预处理器

C 预处理器是所有 C 编译器软件包的一部分。编译 C 程序时，由编译器中的预处理器首先处理程序。当你运行编译器时，它将自动运行预处理器。

预处理器根据源代码中的预处理器指令修改源代码。预处理器的输出是修改后的源代码文件，该输出将作为下一个编译步骤的输入。通常，你看不到这样的文件，因为编译器在使用完毕后会将其删除。接下来，我们先来学习以#号开头的预处理器指令。

22.2.1　#define 预处理器指令

#define 预处理器指令有两个用途：创建符号常量和创建宏。

(1) 使用#define 创建简单的宏替换

其实，第 3 课就介绍过宏替换，只不过那时使用的术语是符号常量。使用#define 创建宏替换，用一种文本替换另一种文本。例如，要把 text1 替换为 text2，可以这样写：

```
#define text1 text2
```

该指令让预处理器遍历整个源代码文件，把其中的 text1 全部替换成 text2。但是，如果 text1 位于双引号中，则不替换。

宏替换最常用于创建符号常量，第 3 课中已经介绍过。例如，如果程序中包含以下代码：

```
#define MAX 1000
x = y * MAX;
z = MAX - 12;
```

在预处理期间，源代码将被替换成：

```
x = y * 1000;
z = 1000 - 12;
```

这与用编辑器的“查找-替换”功能将所有 MAX 替换为 1000 效果相同。其实，最初的源代码文件并未改变，编译器创建了源文件的一个临时副本，修改的是该副本中的内容。注意，#define 不仅限于创建符号数值常量。例如，可以这样编写：

```
#define ZINGBOFFLE printf
ZINGBOFFLE("Hello, world.");
```

虽然没必要这样做，但是读者要明白，有些作者把#define 定义的符号常量称为宏（符号常量也被称为明示常量*(manifest constant)*）。本书中，宏指的是下一节中描述的内容。

(2) 使用#define 创建函数宏

用#define 指令还可以创建函数宏。*函数宏*（*function macro*）是一种简写，用简单的写法表示复杂的写法。函数宏之所以称为“函数”，是因为这种宏能接受参数，就像真正的 C 函数那样。函数宏的优点之一是对参数类型不敏感。因此，可以把任何数值变量类型传递给接受数值参数的函数宏。

现在，来看一个例子。预处理器指令：

```
#define HALFOF(value) ((value)/2)
```

定义了一个名为 HALFOF 的宏，接受一个名为 value 的参数。预处理器将源代码中所有的 HALFOF(value)都替换为定义的文本，并在必要时插入参数。因此，源代码：

```
result = HALFOF(10);
```

会被替换为：

```
result = ((10)/2);
```

同样，程序中的代码行：

```
printf("%f", HALFOF(x[1] + y[2]));
```

被替换为：

```
printf("%f", ((x[1] + y[2])/2));
```

宏可以接受多个形参，每个形参都可多次用于替换文本。例如，下面的宏有 5 个形参，用于计算 5 个数的平均值：

```
#define AVG5(v, w, x, y, z) (((v)+(w)+(x)+(y)+(z))/5)
```

在下面的宏中，每个形参被使用了两次（其中的条件运算符确定两个值的大小，条件运算符在第 4 课中介绍过）。

```
#define LARGER(x, y) ((x) > (y) ? (x) : (y))
```

宏的形参数目不限，但是形参列表中的所有形参都必须用于替换的文本中。例如，下面的宏定义：

```
#define ADD(x, y, z) ((x) + (y))
```

是无效的。因为形参 z 没有出现在替换文本中。另外，调用函数宏时，必须传递正确数目的参数。

编写宏定义时，左圆括号必须紧跟宏名，中间不能有空格。左圆括号告诉预处理器，正在定义函数宏，这不是简单宏替换。查看下面的定义：

```
#define SUM (x, y, z) ((x)+(y)+(z))
```

由于 SUM 和(之间有空白，预处理器便将其视为简单的宏替换。源代码中的每处 SUM 都被替换成(x, y, z) ((x)+(y)+(z))，这显然不是你所希望的。

另外要注意的是，在替换文本中，每个参数都要用圆括号括起来。这样做可以避免将表达式作为参数传递给函数宏时产生多余的副作用。查看下面定义函数宏时参数不带圆括号的例子：

```
#define SQUARE(x) x*x
```

如果调用该宏时，以简单变量作为参数，则不会发生问题。但是，如果以表达式作为参数会怎样？

```
result = SQUARE(x + y);
```

得到的宏展开如下，其计算结果是不正确的：

```
result = x + y * x + y;
```

如果在定义上面的函数宏时使用圆括号，就可避免这样的问题。如下所示：

```
#define SQUARE(x) (x)*(x)
```

该宏展开如下，其计算结果正确：

```
result = (x + y)*(x + y);
```

在宏定义中使用#（有时也称为*字符串字面量运算符*）可提高灵活性。在替换文本的宏形参前面加上#，在展开宏时，传入的参数会被转换成用双引号括起来的字符串。因此，如果定义这样的宏：

```
#define OUT(x) printf(#x)
```

然后这样调用该宏：

```
OUT(Hello Mom);
```

该语句将展开为：

```
printf("Hello Mom");
```

#在执行转换时，会考虑特殊字符。因此，如果参数中的字符要求是转义字符，#运算符会在该字符前插入一个反斜杠。继续前面的示例：

```
OUT("Hello Mom");
```

调用时展开为：

```
printf("\"Hello Mom\"");
```

程序清单 22.4 演示了#运算符的用法。首先，要介绍函数宏中使用的另一个运算符：拼接运算符（##）。展开宏时，拼接运算符会拼接两个字符串，但是不会加上双引号，也不会对转义字符做特殊处理。该运算符主要是用于创建源代码序列。例如，定义并调用宏如下：

```
#define CHOP(x) func ## x
salad = CHOP(3)(q, w);
```

第 2 行调用宏，被展开为：

```
salad = func3 (q, w);
```

由此可知，使用##运算符可以决定调用那个函数。这实际上修改了源代码。

程序清单 22.4 演示了#运算符的一种用法。

输入▼

程序清单 22.4　macrorepl.c：在宏展开中使用#运算符

```
1:      // macrorepl.c--在宏扩展中使用#运算符
2:
3:      #include <stdio.h>
4:
5:      #define OUT(x) printf(#x " is equal to %d.\n", x)
6:
7:      int main( void )
8:      {
9:          int value = 123;
10:         OUT(value);
11:         return(0);
12:     }
```

输出▼

```
value is equal to 123.
```

分析▼

第 5 行使用了#运算符，在展开宏调用时，value 变量名将作为被双引号括起来的字符串传递给 printf()函数。扩展后，第 10 行的宏 OUT 变成：

```
printf("value" " is equal to %d.", value );
```

(3) 宏和函数

前面介绍了函数宏用于替换真正的函数，只用在代码相对简短时是这样。函数宏可以超过一行，但是通常不太可能包含许多行。在可以使用函数，也可以使用函数宏的情况下，该如何选择？这要在程序的速度和长度之间折衷。

源代码中的所有宏调用都会根据宏定义被展开为相应的代码。如果程序调用 100 次宏，在最后的程序中会有 100 份展开宏的副本。但是，函数代码只有一个副本。因此，从代码长度方面看，使用函数会更好。

程序调用函数时，转到函数处执行以及从函数返回都会涉及一定的处理开销，而“调用”宏没有任何处理开销。因为宏代码被直接嵌入到程序中。因此，就速度而言，使用函数宏更好。

对初学者而言，通常不必太关注程序的代码长度/速度权衡的问题。只有在对时间要求比较苛刻的大型程序中，才要认真考虑这些问题。

DO	DON'T
使用#define 来定义符号常量，符号常量可提高代码的可读性。可被定义为符号常量的例子很多，如颜色、真/假、是/否、键盘的按键、最大值等。本书的程序示例中经常使用符号常量。	不要滥用函数宏。如无必要不使用函数宏，除非确定比使用函数更合适。

22.2.2　#include 指令

读者知道如何使用#include 预处理器指令来包含头文件。当预处理器发现#include 指令时，会读取指定的文件，并将其插入指令所在的位置。一条#include 指令不能使用*或?通配符来包含一组文件，但是可以嵌套#include 指令。也就是说，被包含的文件可以包含#include 指令，#include 指令所在的文件也可以包含#include 指令。大多数编译器都对嵌套的深度有一定的限制，对于支持 ANSI 标准的编译器，通常可嵌套 15 层。

#include 指令有两种方式指定文件名。如果文件名用尖括号括起来（如，#include <stdio.h>），则预处理器会首先在标准目录中查找该文件。如果没有找到或者没有指定的标准目录，预处理器会在当前目录查找。

另一种指定要包含文件的方式是，用双引号把文件名括起来（如，#include "myfile.h"）。在这种情况下，预处理器会查找被编译的源代码文件所在的目录，不会查找标准目录。一般而言，你编写的头文件应保存在源代码文件所在的目录中，并用双引号将其括起来。标准目录只用于保存编译器提供的头文件。

22.2.3　#if、#elif、#else 和#endif

这 4 个预处理器指令用于控制条件编译。条件编译（*conditional compilation*）的意思是，只有满足某些条件，才会编译 C 源代码块。在很多方面，预处理器指令#if 和 if 语句类似。区别在于，if 语句控制是否执行某些语句，而#if 控制是否编译某些语句。

#if 块的结构如下：

```
#if condition_1
    statement_block_1
#elif condition_2
    statement_block_2
...
#elif condition_n
    statement_block_n
#else
    default_statement_block
#endif
```

#if 的 *conditon_1* 可以是求值结果为常量的任何表达式。不能使用 sizeof()运算符、强制类型转换或 float 类型。#if 最常用于测试#define 指令创建的符号常量。

statement_block 由一条或多条语句组成。这些语句可以是任何类型的语句，也可以是预处理器指令。不必用花括号把它们括起来，当然括起来也可以。

#if 和#endif 必不可少，但是#elif 和#else 指令是可选的。可以有许多条#elif 指令，但是只能有一条#else 指令。编译器遇到#if 指令时，会测试相关的 *conditon*。如果求值结果为 TRUE（非 0），就编译#if 后面的语句。如果求值结果为 FALSE（0），编译器会依次测试每个#elif 指令的 *conditon*，编译第 1 个被测试为 TURE 的#elif 后面的语句。如果测试所有#elif 的条件都是

FALSE，就编译#else 指令后面的语句。

注意，在#if…#endif 中最多只会编译一个语句块。如果编译器没有找到#else 指令，就不会编译任何语句。

这些条件编译指令的用途很多，可以发挥你的想象力。下面试举一例。假设你要编写的程序要使用大量的国家专属信息，每个国家的专属信息都储存在一个头文件中。当你要针对不同的国家编译该程序时，可以这样使用#if…#endif：

```
#if ENGLAND == 1
#include "england.h"
#elif FRANCE == 1
#include "france.h"
#elif ITALY == 1
#include "italy.h"
#else
#include "usa.h"
#endif
```

然后，使用#define 定义合适的符号常量，便可控制在编译期把哪一个头文件包含进来。

22.2.4　使用#if…#endif 帮助调试

#if…#endif 还有一种常见的用途：用于包含有条件的调试代码。可以定义一个 DEBUG 符号常量，并将其设置为 0 或 1。然后，在程序中插入下面的调试代码：

```
#if DEBUG == 1
调试代码置于此
#endif
```

在程序开发过程中，如果将 DEBUG 定义为 1，便可在程序中把调试代码包含进来，帮助查找 bug。程序可以正常运行后，再将 DEBUG 重新定义为 0，这样重新编译的程序就不会包含调试代码。

在编写条件编译指令时，defined()运算符很有用。该运算符检查某个名称是否被定义。因此，对下面的表达式求值的结果是 TURE 还是 FALSE 取决于 NAME 是否被定义：

```
defined( NAME )
```

通过使用 define()，可以根据名称是否被定义来控制编译，而不用管名称的值是多少。对于前面的调试代码，可以将#if…#endif 重写成：

```
#if defined( DEBUG )
调试代码置于此
#endif
```

还可以这样使用 defined()：仅当某名称没有被定义时，才定义它。可以这样使用!运算符：

```
#if !defined( TRUE ) /* 如果未定义为 TRUE */
#define TRUE 1
#endif
```

注意，defined()运算符不要求名称被定义为特定值。例如，下面的代码定义了 RED，但是并未将它定义为某特定值：

```
#define RED
```

即使是这样，表达式 define(RED)的值仍为 TRUE。当然，源代码中的 RED 会被移除，不会用任何内容替换它。因此，必须要小心使用这种定义方式。

22.2.5　避免多次包含头文件

随着程序越来越大，或者头文件使用越来越频繁，很可能无意间多次包含一个头文件。这可能导致编译器停止编译。使用前面介绍的指令，便可避免这样的问题。如程序清单 22.5 所示。

输入▼

程序清单 22.5　prog.h：使用预处理器指令处理头文件

```
1:      // prog.h--防止包含多个头文件!
2:
3:      #if defined( prog_h )
4:      // 已包含该文件
5:      #else
6:      #define prog_h
7:
8:      // 头文件信息置于此...
9:
10:
11:
12:     #endif
```

分析▼

第 3 行，检查 prog_h 是否已被定义。注意，prog_h 与头文件名类似。如果已经定义了 prog_h，程序将立即转到#endif 处（第 4 行是注释），因此不执行任何操作。

那么，如何定义 prog_h？第 6 行定义了 prog_h。头文件首次被包含时，预处理器检查 prog_h 是否已被定义。程序没有定义过，因此转到#else 处执行。在#else 后，首先定义了 prog_h，因此再包含该文件时，不会执行任何操作。第 7~11 行可以包含任意数目的声明或宏。

提示

创建头文件时，一定要包含预处理器指令检查（如程序清单 22.5 所示）。这样可以防止该头文件被包含多次。

22.2.6　#undef 指令

#undef 指令的功能与#define 相反，它撤销对名称的定义。下面举例说明：

```
#define DEBUG 1
/* 程序的这部分中，*/
/* 出现 DEBUG 的地方将被替换成 1，  */
/* 对表达式 defined(DEBUG)求值得 TRUE。 */
#undef DEBUG
/* 程序的这部分中， */
/* 出现 DEBUG 的地方不会被替换，  */
/* 对表达式 defined(DEBUG)求值得 FALSE. */
```

可以使用#undef 和#define 创建只定义在源代码中某些部分的名称。结合前面介绍的#if 指令，可以更好地控制条件编译。

22.3　预定义宏

大部分编译器都有许多预定义宏。最常用的是__DATE__、__TIME__、__LINE__和__FILE__。注意，这些宏名的前面和后面都有两个下划线。这是为了防止程序员重新定义它们。从理论上来说，程序员不会创建名称前后都有下划线的宏。

这些宏与本课前面介绍的宏类似。当预处理器发现这些宏时，会将其替换成相应的代码。__DATE__和__TIME__会被替换成当前的日期和时间。这些日期和时间的源文件是预编译过的。当程序有不同版本时，这些信息很有用。让程序显示它编译的日期和时间，可知运行的程序是否是最新的版本。

其他两个宏的用处更大。__LINE__将被替换成当前源文件行号。__FILE__将被替换成当前源代码的文件名。在调试程序或处理错误时，这两个宏最有用。考虑下面的 printf()语句：

```
31:
32: printf( "Program %s: (%d) Error opening file ", __FILE__, __LINE__ );
33:
```

如果 mygrog.c 程序调用了以上语句，将打印：

```
Program myprog.c: (32) Error opening file
```

现在看来这些信息并不重要，但是，随着程序越来越复杂，并包含多个源文件时，查找错误会越来越困难。使用__LINE__和__FILE__使得调试工作更容易。

DO	DON'T

使用__LINE__和__FILE__宏，使得错误消息的内容更有用。
一定要用圆括号把传递给宏的值括起来，这样可以避免错误。例如，要这样写：
`#define CUBE(x)  (x)*(x)*(x)`
而不是这样写：
`#define CUBE(x)  x*x*x`
	如果使用了#if 语句，不要忘记使用#endif。

22.4　命令行参数

C 程序可以访问通过命令行传递给它的参数。这里的参数指的是开始运行程序时，在程序名后面输入的信息。例如，通过 C:\>提示符开始运行名为 progname 的程序时，可以输入：

```
C:\>progname smith jones
```

程序在执行期间会检索这两个命令行参数 smith 和 jones。可以将其看作是传递给程序 main()函数的参数。这种命令行参数可将信息启动时（而不是运行时）传递给程序，有时这样做很方便。可传递任意数量的命令行参数。注意，只能在 main()函数中检索命令行参数。为此，可以这样声明 main()：

```
main(int argc, char *argv[])
{
  /* 语句置于此 */
```

```
}
```

第 1 个参数 argc 是一个整数，表示有多少个命令行参数。这个值至少为 1，因为程序名就是第 1 个参数。参数 argv[]是一个指针（指向字符串）数组，该数组的有效下标为 0 至 argc-1。argv[0]指针指向程序名（包括路径信息），argv[1]指向程序名后的第 1 个参数，以此类推。注意，并非一定要当参数命名为 argc 和 argv[]，可以使用任何有效的变量名来接受命令行参数。但是，这两个名称沿用至今，因此应该遵循这种做法。

命令行中的参数用空白隔开。如果要传递的参数中包含空白，应使用双引号将整个参数括起来。例如，下面的命令中：

```
C:>progname smith "and jones"
```

smith 是第 1 个参数（由 argv[1]指向），and joned 是第 2 个参数（由 argv[2]指向）。程序清单 22.6 演示了如何在程序中访问命令行参数。

输入▼

程序清单 22.6　commandargs.c：将命令行参数传递给 main()

```
1:       // commandargs.--访问命令行参数
2:
3:       #include <stdio.h>
4:
5:       int main(int argc, char *argv[])
6:       {
7:           int count;
8:
9:           printf("Program name: %s\n", argv[0]);
10:
11:          if (argc > 1)
12:          {
13:              for (count = 1; count < argc; count++)
14:                  printf("Argument %d: %s\n", count, argv[count]);
15:          }
16:          else
17:              puts("No command line arguments entered.");
18:          return(0);
19:      }
```

输出▼

```
list22_6
Program name: C:\LIST2206.EXE
No command line arguments entered.
list2206 first second "3 4"
Program name: C:\LIST22_6.EXE
Argument 1: first
Argument 2: second
Argument 3: 3 4
```

分析▼

该程序仅用于打印用户输入的命令行参数。注意，第 5 行使用的是前面介绍的 argc 和 argv 参数。第 9 行打印的是必不可少的命令行参数：程序名（argv[0]）。第 11 行检查是否有多个命令行参数。为何是检查是否有多个参数，而不是检查是否有参数？因为至少要有一个参数——程序名。如果有其他参数，for 循环便打印在屏幕上（第 13 和 14 行）；否则，打印一条消息（第 17 行）。

通常，把命令行参数分成两类：必不可少的（少了它们程序无法运行）和可选的（如，命令程序以某种方式运行的标记）。例如，假设一个程序要对文件中的数据排序。如果该程序从命令行接受用户输入的文件名，那么文件名必不可少。如果用户没有在命令行输入文件名，程序必须妥善处理这种情况。另外，该程序还可以接受一个参数/r，表示按逆序排列。这个参数就不是必需的，如果程序发现有该参数，便按指定的方式运行；如果没有该参数，则按另一种方式运行。

注意

图形 IDE 通常允许你在对话框中输入命令行参数。每种 IDE 的处理方式略有不同，因此要具体情况具体分析。

DO	DON'T
用 argc 和 argv 作为 main() 的命令行参数的变量名。大多数 C 语言程序员都熟悉这两个名称。	不要假设用户会输入正确数目的命令行参数。程序中一定要检查，如果参数数目不对，要显示一条消息，告诉用户应输入哪些参数。

22.5 小　结

本课介绍了 C 编译器中的一些高级的编程工具。讲解了如何把程序的源代码划分为多个文件或模块。这种做法叫作模块化编程，可以方便在多个程序中复用一些通用函数。本课还介绍了如何使用预处理器指令来创建函数宏，以实现有条件的编译或其他任务。最后，介绍了编译器提供的一些函数宏。

22.6 答　疑

问：编译多个文件时，编译器如何确定哪一个文件名才是可执行文件名？

答：读者可能认为编译器会使用包含 main() 函数的文件名。情况并非如此。从命令行进行编译时，第 1 个文件的文件名便是可执行文件的名称。

问：头文件的扩展名必须是.h？

答：不一定。可以给头文件指定任何扩展名。但是，标准的做法是使用 .h 扩展名。

问：包含头文件时，是否可以指定路径？

答：可以。如果要指出被包含文件所在的位置，可以这样做。在这种情况下，应该用双引号把文件名括起来。

问：本课是否介绍了所有的预定义宏和预处理器指令？

答：没有。本课只介绍了大多数编译器中都有的预定义宏和预处理器指令。大部分编译器还有其他的宏和常量。

问：使用 main() 来接受命令行参数时，下面的函数头是否可行？

```
main( int argc, char **argv);
```

答：这个问题你也许自己就能回答。该声明使用指向字符指针的指针，而不是指向字符数组的指针。

因为数组就是一个指针，因此上面的定义与本课介绍的实质上相同。该声明也很常用（请参阅第8课和第10课的内容）。

22.7　课后研习

课后研习包含小测验和练习题。小测验帮助读者理解和巩固本课所学概念，练习题有助于读者将理论知识与实践相结合。

22.7.1　小测验

1. 模块化编程的意思是什么？
2. 在模块化编程中，主模块是什么？
3. 定义一个宏时，为何要把每个参数用圆括号括起来？
4. 用宏代替普通函数，有哪些优缺点？
5. defined()运算符有何用途？
6. 使用#if 时，还必须包含什么？
7. 编译后的C文件扩展名是什么（假设文件尚未被链接）？
8. #include 有何功能？
9. 下面这行代码

```
#include <myfile.h>
```

与下面这行代码，有何区别？

```
#include "myfile.h"
```

10. __DATE__有何用途？
11. argv[0]指向什么？

22.7.2　练习题

由于以下练习有多种解决方案，因此附录D没有提供答案。

1. 使用编译器把多个源文件编译成一个可执行文件（可使用程序清单22.1、22.2和22.3，也可使用自己的源文件）。
2. 编写一个错误的函数，以错误号、行号和模块名为参数。该函数打印一条和石化的错误消息，然后退出程序。使用预定义宏获得行号和模块名（从出错的位置将行号和模块号传递给函数）。下面是一条格式化的错误消息示例：

```
module.c (Line ##): Error number ##
```

3. 修改练习题2编写的函数，让错误消息的描述更具体。使用编辑器创建一个文本文件，用于储存错误号和消息，并命名为ERRORS.TXT。该文件中可能包含一下类似的内容：

```
1 Error number 1
2 Error number 2
90 Error opening file
100 Error reading file
```

该函数应根据传递给它的错误号，在这个文件中查找相应的消息，并将消息显示在屏幕上。

4. 编写模块化程序时，有些头文件可能会被包含多次。使用预处理器指令编写头文件的框架，在编译期间，只有在第 1 次遇到该头文件时才编译。
5. 编写一个程序，接受两个文件名作为命令行参数。该程序将第 1 个文件拷贝至第 2 个文件中（有关文件的内容，请参阅第 17 课的内容）。
6. 这是本书最后一个练习题，练习的内容你可以自己决定。选择一个你感兴趣、且能满足你实际需求的编程任务。例如，你可以编写一个程序用于分类 MP3 歌曲、记录支票薄或计算购买房屋财务数据。要记住本书讲解的知识和提高编程水平，唯一的途径就是亲自动手去解决实际的编程问题。

附录 A

ASCII 表

十进制	十六进制	ASCII
0	00	null
1	01	☺
2	02	☻
3	03	♥
4	04	♦
5	05	♣
6	06	♠
7	07	•
8	08	◘
9	09	○
10	0A	◙
11	0B	♂
12	0C	♀
13	0D	♪
14	0E	♫
15	0F	☼
16	10	►
17	11	◄
18	12	↕
19	13	‼
20	14	¶
21	15	§
22	16	▬
23	17	↨
24	18	↑
25	19	↓
26	1A	→
27	1B	←
28	1C	∟
29	1D	↔
30	1E	▲
31	1F	▼
32	20	space
33	21	!
34	22	“
35	23	#
36	24	$
37	25	%
38	26	&
39	27	‘
40	28	(
41	29	)
42	2A	*
43	2B	+
44	2C	,
45	2D	-
46	2E	.
47	2F	/
48	30	0
49	31	1
50	32	2
51	33	3
52	34	4
53	35	5
54	36	6
55	37	7
56	38	8
57	39	9
58	3A	:
59	3B	;
60	3C	<
61	3D	=
62	3E	>
63	3F	?
64	40	@
65	41	A

十进制	十六进制	ASCII
66	42	B
67	43	C
68	44	D
69	45	E
70	46	F
71	47	G
72	48	H
73	49	I
74	4A	J
75	4B	K
76	4C	L
77	4D	M
78	4E	N
79	4F	O
80	50	P
81	51	Q
82	52	R
83	53	S
84	54	T
85	55	U
86	56	V
87	57	W
88	58	X
89	59	Y
90	5A	Z
91	5B	[
92	5C	\
93	5D	]
94	5E	^
95	5F	–
96	60	`
97	61	a
98	62	b
99	63	c
100	64	d

十进制	十六进制	ASCII
101	65	e
102	66	f
103	67	g
104	68	h
105	69	i
106	6A	j
107	6B	k
108	6C	l
109	6D	m
110	6E	n
111	6F	o
112	70	p
113	71	q
114	72	r
115	73	s
116	74	t
117	75	u
118	76	v
119	77	w
120	78	x
121	79	y
122	7A	z
123	7B	{
124	7C	¦
125	7D	}
126	7E	~
127	7F	Δ
128	80	Ç
129	81	ü
130	82	é
131	83	â
132	84	ä
133	85	à
134	86	å
135	87	ç

十进制	十六进制	ASCII
136	88	ê
137	89	ë
138	8A	è
139	8B	ï
140	8C	î
141	8D	ì
142	8E	Ä
143	8F	Å
144	90	É
145	91	æ
146	92	Æ
147	93	ô
148	94	ö
149	95	ò
150	96	û
151	97	ù
152	98	ÿ
153	99	Ö
154	9A	Ü
155	9B	¢
156	9C	£
157	9D	¥
158	9E	₧
159	9F	ƒ
160	A0	á
161	A1	í
162	A2	ó
163	A3	ú
164	A4	ñ
165	A5	Ñ
166	A6	ª
167	A7	º
168	A8	¿
169	A9	⌐

十进制	十六进制	ASCII
170	AA	¬
171	AB	½
172	AC	¼
173	AD	
174	AE	«
175	AF	»
176	B0	
177	B1	
178	B2	
179	B3	│
180	B4	┤
181	B5	╡
182	B6	╢
183	B7	╖
184	B8	╕
185	B9	╣
186	BA	║
187	BB	╗
188	BC	╝
189	BD	╜
190	BE	╛
191	BF	┐
192	C0	└
193	C1	┴
194	C2	┬
195	C3	├
196	C4	─
197	C5	┼
198	C6	╞
199	C7	╟
200	C8	╚

十进制	十六进制	ASCII
201	C9	╔
202	CA	╩
203	CB	╦
204	CC	╠
205	CD	═
206	CE	╬
207	CF	╧
208	D0	╨
209	D1	╤
210	D2	╥
211	D3	╙
212	D4	╘
213	D5	╒
214	D6	╓
215	D7	╫
216	D8	╪
217	D9	┘
218	DA	┌
219	DB	
220	DC	▄
221	DD	▌
222	DE	▐
223	DF	▀
224	E0	α
225	E1	β
226	E2	Γ
227	E3	π
228	E4	Σ
229	E5	σ
230	E6	μ
231	E7	γ

十进制	十六进制	ASCII
232	E8	Φ
233	E9	θ
234	EA	Ω
235	EB	δ
236	EC	∞
237	ED	ø
238	EE	∈
239	EF	∩
240	F0	Å
241	F1	±
242	F2	≥
243	F3	≤
244	F4	⌠
245	F5	⌡
246	F6	÷
247	F7	≈
248	F8	°
249	F9	•
250	FA	·
251	FB	√
252	FC	^{n}
253	FD	^{2}
254	FE	■
255	FF	

附录 B

C/C++关键字

表 B.1 中列出的标识符都是 C 语言的关键字，不可在 C 程序中做其他用途。当然，在双引号中可以使用它们。

在表后面还列出了一些 C++的关键字，本书并未对其进行描述。如果你的 C 程序可能要移植到 C++中，应避免使用这些关键字。

表 B.1　C 语言的关键字

关键字	描述
asm	表示内联汇编语言代码
auto	默认存储类别，意思是在进入块时创建变量，在离开块时销毁变量
break	无条件退出 for、while、switch 和 do...while 语句
case	用于 switch 语句中
char	最简单的 C 语言数据类型
const	数据修饰符，防止变量被修改（参见 volatile）
continue	重置 for、while 或 do...while 语句进入下一次迭代
default	与 switch 语句一起使用，处理不与 case 匹配的情况
do	与 while 语句一起使用，do...while 循环至少执行一次
double	储存双精度浮点值的数据类型
else	对 if 语句的条件求值为假时，执行的另一条语句
enum	数据类型，让声明的变量只接受某些值
extern	数据修饰符，表示该变量声明在程序的别处
float	储存浮点数的数据类型
for	循环，包括初始化、递增和条件部分
goto	跳转至预定义标签
if	根据 TRUE/FALSE 改变程序流
inline	用于声明内联函数，内联函数将被拷贝至代码中，与普通函数调用不同
int	储存整型值的数据类型
long	储存比 int 整型值大的数据类型
register	存储修饰符，表明应尽可能将变量储存在寄存器中
restrict	指针的访问修饰符
return	程序流从当前函数退出，并返回至主调函数，也可用于返回一个值
short	储存整型值的数据类型，不太常用，在大部分计算机中，其大小与 int 相同
signed	修饰符，表示变量可储存正值和负值（参见 unsigned）
sizeof	返回运算对象大小的运算符（以字节为单位）
static	修饰符，表明编译器应保留变量的值，还可用于限定变量或函数的作用域

关键字	描述
struct	可与变量的任意数据类型组合
switch	与 case 语句一起使用，改变程序流的方向
typedef	修饰符，用于创建现有变量和函数类型的别名
union	允许多个变量共享相同的内存空间
unsigned	修饰符，表明变量只能储存正值（参见 signed）
void	表示函数无返回值、指针是通用指针或可指向任何内容
volatile	修饰符，表明可修改该变量的值（参见 const）
while	只要条件为 TRUE 便重复执行某部分代码
_Bool	只能储存 0 或 1 的数据类型
_Complex	支持复数类型，不要求编译器支持_Complex
_Imaginary	支持虚数类型，不要求编译器支持_Imaginary

除了以上关键字，C++还包含以下关键字：

```
catch        new          template
class        operator     this
delete       private      throw
except       protected    try
finally      public       virtual
friend
```

附录 C

常用函数

本附录列出了大多数 C 编译器都支持的函数原型及其头文件。带有星号的函数是本书介绍过的。

所列函数均按字母排序，包括函数名、函数所在的头文件及原型。注意，头文件中使用的表示法与本书使用的表示法不同。在函数原型中，只显示了每个参数的类型，没有函数名。例如：

```
int func1(int, int *);
int func1(int x, int *y);
```

以上两个声明都指定了两个参数——第 1 个参数是 int 类型，第 2 个参数是指向 int 类型的指针。对于编译器而言，这两个声明是等价的。

函数	头文件	函数原型
abort*	stdlib.h	void abort(void);
abs	stdlib.h	int abs(int);
acos*	math.h	double acos(double);
asctime*	time.h	char *asctime(const struct tm*);
asin*	math.h	double asin(double);
assert*	assert.h	void assert(int);
atan*	math.h	double atan(double);
atan2*	math.h	double atan2(double, double);
atexit*	stdlib.h	int atexit(void (*)(void));
atof*	stdlib.h	double atof(const char *);
atof*	math.h	double atof(const char *);
atoi*	stdlib.h	int atoi(const char *);
atol*	stdlib.h	long atol(const char *);
bsearch*	stdlib.h	void *bsearch(const void *, const void*, size_t, size_t, int(*) (const void *, const void *));
calloc*	stdlib.h	void *calloc(size_t, size_t);
ceil*	math.h	double ceil(double);
clearerr	stdio.h	void clearerr(FILE *);
clock*	time.h	clock_t clock(void);
cos*	math.h	double cos(double);
cosh*	math.h	double cosh(double);
ctime*	time.h	char *ctime(const time_t *);
difftime	time.h	double difftime(time_t, time_t);
div	stdlib.h	div_t div(int, int);
exit*	stdlib.h	void exit(int);
exp*	math.h	double exp(double);
fabs*	math.h	double fabs(double);
fclose*	stdio.h	int fclose(FILE *);

函数	头文件	函数原型
fcloseall*	stdio.h	int fcloseall(void);
feof*	stdio.h	int feof(FILE *);
fflush*	stdio.h	int fflush(FILE *);
fgetc*	stdio.h	int fgetc(FILE *);
fgetpos	stdio.h	int fgetpos(FILE *, fpos_t *);
fgets*	stdio.h	char *fgets(char *, int, FILE *);
floor*	math.h	double floor(double);
flushall*	stdio.h	int flushall(void);
fmod*	math.h	double fmod(double, double);
fopen*	stdio.h	FILE *fopen(const char *, const char *);
fprintf*	stdio.h	int fprintf(FILE *, const char *, ...);
fputc*	stdio.h	int fputc(int, FILE *);
fputs*	stdio.h	int fputs(const char *, FILE *);
fread*	stdio.h	size_t fread(void *, size_t, size_t, FILE*);
free*	stdlib.h	void free(void *);
freopen	stdio.h	FILE *freopen(const char *, const char *, FILE *);
frexp*	math.h	double frexp(double, int *);
fscanf*	stdio.h	int fscanf(FILE *, const char *, ...);
fseek*	stdio.h	int fseek(FILE *, long, int);
fsetpos	stdio.h	int fsetpos(FILE *, const fpos_t *);
ftell*	stdio.h	long ftell(FILE *);
fwrite*	stdio.h	size_t fwrite(const void *, size_t, size_t, FILE *);
getc*	stdio.h	int getc(FILE *);
getch*	stdio.h	int getch(void);
getchar*	stdio.h	int getchar(void);
getche*	stdio.h	int getche(void);
getenv	stdlib.h	char *getenv(const char *);
gets*	stdio.h	char *gets(char *);
gmtime	time.h	struct tm *gmtime(const time_t *);
isalnum*	ctype.h	int isalnum(int);
isalpha*	ctype.h	int isalpha(int);
isascii*	ctype.h	int isascii(int);
iscntrl*	ctype.h	int iscntrl(int);
isdigit*	ctype.h	int isdigit(int);
isgraph*	ctype.h	int isgraph(int);
islower*	ctype.h	int islower(int);
isprint*	ctype.h	int isprint(int);
ispunct*	ctype.h	int ispunct(int);
isspace*	ctype.h	int isspace(int);
isupper*	ctype.h	int isupper(int);
isxdigit*	ctype.h	int isxdigit(int);
labs	stdlib.h	long int labs(long int);
ldexp	math.h	double ldexp(double, int);
ldiv	stdlib.h	ldiv_t div(long int, long int);
localtime*	time.h	struct tm *localtime(const time_t *);
log*	math.h	double log(double);
log10*	math.h	double log10(double);
malloc*	stdlib.h	void *malloc(size_t);
mblen	stdlib.h	int mblen(const char *, size_t);
mbstowcs	stdlib.h	size_t mbstowcs(wchar_t *, const char *, size_t);

函数	头文件	函数原型
mbtowc	stdlib.h	int mbtowc(wchar_t *, const char *, size_t);
memchr	string.h	void *memchr(const void *, int, size_t);
memcmp	string.h	int memcmp(const void *, const void *, size_t);
memcpy	string.h	void *memcpy(void *, const void *, size_t);
memmove	string.h	void *memmove(void *, const void*, size_t);
memset	string.h	void *memset(void *, int, size_t);
mktime*	time.h	time_t mktime(struct tm *);
modf	math.h	double modf(double, double *);
perror*	stdio.h	void perror(const char *);
pow*	math.h	double pow(double, double);
printf*	stdio.h	int printf(const char *, ...);
putc*	stdio.h	int putc(int, FILE *);
putchar*	stdio.h	int putchar(int);
puts*	stdio.h	int puts(const char *);
qsort*	stdlib.h	void qsort(void*, size_t, size_t, int (*)(const void*, const void *));
rand	stdlib.h	int rand(void);
realloc*	stdlib.h	void *realloc(void *, size_t);
remove*	stdio.h	int remove(const char *);
rename*	stdio.h	int rename(const char *, const char *);
rewind*	stdio.h	void rewind(FILE *);
scanf*	stdio.h	int scanf(const char *, ...);
setbuf	stdio.h	void setbuf(FILE *, char *);
setvbuf	stdio.h	int setvbuf(FILE *, char *, int, size_t);
sin*	math.h	double sin(double);
sinh*	math.h	double sinh(double);
sleep*	time.h	void sleep(time_t);
sprintf	stdio.h	int sprintf(char *, const char *, ...);
sqrt*	math.h	double sqrt(double);
srand	stdlib.h	void srand(unsigned);
sscanf	stdio.h	int sscanf(const char *, const char *, ...);
strcat*	string.h	char *strcat(char *,const char *);
strchr*	string.h	char *strchr(const char *, int);
strcmp*	string.h	int strcmp(const char *, const char *);
strcmpl*	string.h	int strcmpl(const char *, const char *);
strcpy*	string.h	char *strcpy(char *, const char *);
strcspn*	string.h	size_t strcspn(const char *, const char *);
strdup*	string.h	char *strdup(const char *);
strerror	string.h	char *strerror(int);
strftime*	time.h	size_t strftime(char *, size_t, const char *, const struct tm *);
strlen*	string.h	size_t strlen(const char *);
strlwr*	string.h	char *strlwr(char *);
strncat*	string.h	char *strncat(char *, const char *, size_t);
strncmp*	string.h	int strncmp(const char *, const char *, size_t);
strncpy*	string.h	char *strncpy(char *, const char *, size_t);
strnset*	string.h	char *strnset(char *, int, size_t);
strpbrk*	string.h	char *strpbrk(const char *, const char *);
strrchr*	string.h	char *strrchr(const char *, int);

函数	头文件	函数原型
strspn*	string.h	size_t strspn(const char *, const char *);
strstr*	string.h	char *strstr(const char *, const char *);
strtod	stdlib.h	double strtod(const char *, char **);
strtok	string.h	char *strtok(char *, const char*);
strtol	stdlib.h	long strtol(const char *, char **, int);
strtoul	stdlib.h	unsigned long strtoul(const char*, char**, int);
strupr*	string.h	char *strupr(char *);
system*	stdlib.h	int system(const char *);
tan*	math.h	double tan(double);
tanh*	math.h	double tanh(double);
time*	time.h	time_t time(time_t *);
tmpfile	stdio.h	FILE *tmpfile(void);
tmpnam*	stdio.h	char *tmpnam(char *);
tolower	ctype.h	int tolower(int);
toupper	ctype.h	int toupper(int);
ungetc*	stdio.h	int ungetc(int, FILE *);
va_arg*	stdarg.h	(type) va_arg(va_list, (type));
va_end*	stdarg.h	void va_end(va_list);
va_start*	stdarg.h	void va_start(va_list, lastfix);
vfprintf	stdio.h	int vfprintf(FILE *, constchar *, ...);
vprintf	stdio.h	int vprintf(FILE*, constchar *, ...);
vsprintf	stdio.h	int vsprintf(char *, constchar *, ...);
wcstombs	stdlib.h	size_t wcstombs(char *, const wchar_t *, size_t);
wctomb	stdlib.h	int wctomb(char *, wchar_t);

附录 D

参考答案

第1课　参考答案

小测验

1. C 语言功能强大、流行、可移植。
2. 编译器把 C 源代码翻译成计算机能够理解的机器语言指令。
3. 编辑、编译、链接、测试。
4. 不同的编译器有不同的要求。建议查阅你使用的编译器用户手册。
5. 不同的编译器有不同的要求。建议查阅你使用的编译器用户手册。
6. C 源文件合适的扩展名是.C（或.c）。注意，C++使用.CPP 扩展名。你也可以使用.CPP 扩展名编写并编译 C 程序，但是使用.C 扩展名更合适。
7. FILENAME.TXT 可以编译。但是，对于 C 源文件而言，其扩展名使用.C 比.TXT 更合适。
8. 应修改源代码更正问题，然后重新编译和链接，并再次运行该程序，看看问题是否已更正。
9. 机器语言由计算机能够理解的二进制指令组成，因为计算机无法理解 C 源代码，所以编译器要将源代码翻译成机器代码（也称为目标代码）。
10. 链接器把程序的目标代码和库函数的目标代码结合起来，生成一个可执行文件。

练习题

1. 查看目标文件时，会发现许多无用的字符和数据，其中混杂着源代码片段。
2. 该程序计算圆的面积。提示用户输入圆的半径，然后把该圆的面积显示在屏幕上。
3. 该程序打印由 X 字符组成的 10×10 方块。第 6 课中有类似的程序。
4. 该程序产生一个编译器错误。其错误消息类似于：
   ```
   Error: ch1ex4.c: Declaration terminated incorrectly
   ```
   这个错误由第 3 行末尾的分号导致。删除该分号，程序便可成功编译和链接。
5. 该程序编译没问题，但是会产生链接器错误。其错误消息类似于：
   ```
   Error: Undefined symbol _do_it in module...
   ```
   产生这个错误的原因是，链接器找不到 do_it 函数的调用。把 do_it 改为 printf 便可更正这个问题。

6. 该程序打印由笑脸字符组成的 10×10 方块，而不是由 X 字符组成的 10×10 方块。

第 2 课 参考答案

小测验

1. 块。
2. `main()`函数。
3. 注释用于说明程序的结构和操作。在`/*`和`*/`之间的文本就是程序的注释，编译器会忽略这些文本。另外，还可以使用单行注释。在两个斜杠后的同行文本都被视为注释。
4. 函数是独立的代码段，执行特定的任务，而且有指定的名称。程序通过函数名可以执行函数中的代码。
5. 用户定义的函数，由程序员创建。库函数，由 C 编译器提供。
6. `#include`指令命令编译器在编译时把另一个文件的代码加入到源代码中。
7. 不能嵌套注释。虽然一些编译器允许这样做，但并非所有的编译器都允许。为了保证代码的可移植性，请不要嵌套注释。
8. 注释可以超过一行。`/*`和`*/`之间的内容都是注释。
9. 包含文件也被称为头文件。
10. 包含文件是独立的磁盘文件，其中包含编译器使用各种函数、变量、常量和宏的信息。

练习题

1. 记住，`main()`是 C 程序必不可少的函数。下面的程序可能是最短小的程序：

```
void main(void)
{
}
```

也可以写成：

```
void main(void){}
```

2. a. 第 8、9、10、12、18、20 和 21 行是语句。

   b. 唯一的变量定义在第 18 行。

   c. 唯一的函数原型（`display_line()`的原型）在第 4 行。

   d. `display_line()`函数的定义在第 16~22 行。

   e. 第 1、15 和 23 行是注释。

3. /*和*/之间的文本或者//后面的本行文本是注释。例如：

```
/* 这是一种注释 */
/*???*/
// 这是另一种风格的注释
/ * 这是
多行
注释 */
```

4. 该程序按字母顺序打印所有的大写字母。学完第 10 课后，你能更好地理解这个程序。该程序的输出如下：

```
ABCDEFGHIJKLMNOPQRSTUVWXYZ
```

5. 该程序计算并打印用户输入的字符和空格个数。同样，学完第 10 课后，你会更理解这个程序。

第 3 课　参考答案

小测验

1. 整型变量可储存整数（没有小数部分的数字）；浮点型变量储存实数（有小数部分的数字）。
2. double 类型变量的值域比 float 类型变量大（可储存更大和更小的值）。另外，double 类型变量的精度比 float 变量高。
3. a. char 类型变量的大小是 1 字节。

   b. short 类型变量的大小不超过 int 类型变量。

   c. int 类型变量的大小不超过 long 类型变量。

   d. unsigned 类型变量的大小与 int 类型变量相同。

   e. float 类型变量的大小不超过 double 类型变量。
4. 符号常量名提高了代码的可读性。使用符号常量很方便修改其值。
5. a. #define MAXIMUM 100

   b. const int MAXIMUM = 100;
6. 字母、数字和下划线。
7. 变量名和符号常量名应描述待储存的数据。变量名应该为小写，符号常量名为大写。
8. 符号常量是表示字面常量的符号。
9. 如果 unsigned int 的大小是 2 字节，它能储存的最小值是 0；如果是有符号整型，可储存的最小值是-32768。

练习题

1. a. 因为人的年龄一定是整数，年龄也不可能为负数，所以建议使用 unsigned int。

   b. unsigned int

   c. float

   d. 如果年薪不是很高，可以使用 unsigned int。如果年薪超过$65535，就应该使用 long。

   e. float（价格的值一般都有小数部分）

   f. 因为最高分是 100 分，很少改动。因此，可以使用 const int 或#define。

   g. char

   h. float（如果只使用整数，则可以使用 int 或 long）

   i. 其值肯定为正数。可以使用 int、longhuo float。参见答案 1.d。

   j. double
2. 这里一并提供练习 2 和练习 3 的答案。

   记住，变量名应描述待储存的值。变量声明便创建了变量，声明时可以初始化变量，也可以不初始化。除了 C 语言的关键字，可以给变量使用任何名称。

a. `unsigned int age;`

b. `unsigned int friends;`

c. `float radius = 3;`

d. `long annual_salary;`

e. `float cost = 29.95;`

f. `const int max_grade = 100;` or `#define MAX_GRADE 100`

g. `char first_initial = 'G';`

h. `float temperature;`

i. `long net_worth = -30000;`

j. `double star_distance;`

3. 参见答案 2。

4. b、c、e、g、h、i、j 是有效的变量名。

注意，虽然 j 是有效的变量名，但是使用这样长的变量名很不明智。大多数编译器只会读取该变量名的前 31 个字符，而不会读取整个名称。

下面的做法是无效的：

(1) 变量名以数字开头；

(2) 在变量名中使用#；

(3) 在变量名中使用短线（-）。

第 4 课　参考答案

小测验

1. 这是一条赋值表达式语句，它命令计算机将 5 和 8 相加，并将结果赋给 x 变量。

2. 对其求值的结果为数值，就是表达式。

3. 根据运算符的相对优先级。

4. 执行第 1 个语句后，a 的值是 10，x 的值是 11。执行第 2 个语句后，a 和 x 的值都是 11。（两条语句必须单独执行）

5. 1

6. 19

7. (5 + 3) * 8 / (2 + 2)

8. 0

9. 参见本课第 4.8 节，其中列出了 C 语言的运算符及其优先级。

```
a. < 的优先级比 == 高
b. * 的优先级比 + 高
c. != 和 == 的优先级相同，因此它们的求值顺序是从左至右
d. >= 和> 的优先级相同，如果在一个语句或表达式中使用多个关系运算符，应使用圆括号。
```

10. 复合赋值运算符把二元数学运算和赋值运算结合起来，提供了一种简洁的表示法。本课介绍的复

合赋值运算符有+=、-=、/=、*= 和 %=。

练习题

1. 虽然该程序的格式很糟糕，但是可以正常运行。该程序的目的是演示空白不会影响程序的运行。使用空白是为了提高程序的可读性。

2. 以下面的格式组织练习题 1 会更好：

```
#include <stdio.h>
int x, y;
int main( void )
{
    printf("\nEnter two numbers ");
    scanf( "%d %d",&x,&y);
    printf("\n\n%d is bigger\n",(x>y)?x:y);
    return 0;
}
```

该程序提示用户输入两个数字，并将其储存到 x 和 y 中，然后打印值较大的变量。

3. 下面的代码段是参考答案。检查 x 是否大于等于 1，且小于等于 20。如果同时满足这两个条件，便将 x 赋给 y；如果不满足条件，则不赋值，y 的值不变。

```
if ((x >= 1) && (x <= 20))
    y = x;
```

4. 代码如下：

```
y = ((x >= 1) && (x <= 20)) ? x : y;
```

如果条件为 TRUE，则将 x 赋给 y；否则，将 y 赋给 y，这相当于保留 y 的值不变。

5. 代码如下：

```
if ((x < 1) && (x > 10) )
    语句
```

6. a. 7
   b. 0
   c. 9
   d. 1(TRUE)
   e. 5

7. a. TRUE
   b. FALSE
   c. TRUE （注意，只有一个等号，因此该 if 语句的条件中是赋值，而不是比较。）
   d. TRUE

8. 参考答案如下：

```
if( age < 21 )
    printf( "You are not an adult" );
else if( age >= 65 )
    printf( "You are a senior citizen!");
else
    printf( "You are an adult" );
```

9. 该程序有 4 个问题。第 1 个问题在第 3 行。赋值表达式语句的末尾应该是分号，不是冒号。第 2 个问题在第 6 行，if 语句的末尾应该没有分号。第 3 个问题比较常见，在 if 语句中使用了赋值运算符（=）而不是关系运算符（==）。第 4 个问题在第 8 行，应把 otherwise 改成 else。下面是正确的代码：

```
/* a program with problems... */
```

```
#include <stdio.h>
int x = 1;
int main( void )
{
    if( x == 1)
       printf(" x equals 1" );
    else
       printf(" x does not equal 1");
    return 0;
}
```

第 5 课 参考答案

小测验

1. 是的（想成为优秀的 C 语言程序员，应该回答“是的”）。
2. 结构化程序设计把复杂的编程任务划分为多个更容易处理的简单任务。
3. 把程序划分为多个更简单的任务后，便可编写函数来执行这些任务。
4. 函数定义的第 1 行必须是函数头。函数头包含函数名、函数的返回类型和形参列表。
5. 函数可以返回一个值或不返回值。返回值可以是任意变量类型。第 19 课介绍如何从函数返回多个值。
6. 没有返回值的函数的类型是 void。
7. 函数定义是完整的函数，包括函数头和函数的所有代码。函数定义决定了执行函数时进行哪些操作。函数原型只有一行，与函数头完全一样。不同的是，函数原型的末尾有分号。函数原型告诉编译器函数的名称、返回类型和形参列表。
8. 声明在函数中的变量是局部变量。
9. 局部变量独立于程序中的其他变量。
10. 程序的第 1 个函数应该是 main() 函数。

练习题

1. `float do_it(char a, char b, char c)`
   在末尾加上分号就是 do_it() 的函数原型。函数头后面应该是用花括号括起来的函数代码。
2. `void print_a_number( int a_number )`
   这是一个 void 函数。与练习题 1 一样，在函数头末尾加上分号就是函数原型。在实际的程序中，函数头后面应该是用花括号括起来的函数代码。
3. a. int

   b. long
4. 有两个问题。第 1 个问题，print_msg() 函数声明为 void 类型，却返回了一个值。应该删除 return 语句。第 2 个问题在第 5 行，调用 print_msg() 函数时，传递了一个参数（字符串）。而该函数的原型表明，形参列表为 void，因此不应该给它传递任何参数。更正后的代码如下：

```
#include <stdio.h>
void print_msg (void);
int main( void )
{
```

```
    print_msg();
    return 0;
}
void print_msg(void)
{
    puts( "This is a message to print" );
}
```

5. 函数头末尾不应该有分号。

6. 只有 larger_of() 函数需要修改：

```
21: int larger_of( int a, int b)
22: {
23:     int save;
24:
25:     if (a > b)
26:         save = a;
27:     else
28:         save = b;
29:
30:     return save;
31: }
```

7. 假设两个数都是整数，函数的返回值也是整数：

```
int product( int x, int y )
{
    return (x * y);
}
```

8. 不要假设传入的值一定正确。因为除以 0 会导致程序出错，所以下面的代码检查了传入的第 2 个值是否为 0。这种方法只能防止函数级的错误。函数将 0 返回主调函数后结束，因为程序需要返回一个整型值。要真正避免除以 0 这种错误，应在调用 devide_em() 函数之前在程序中检查 b 的值。

```
int divide_em( int a, int b )
{
    int answer = 0;
    if( b == 0 )
        answer = 0;
    else
        answer = a/b;
    return answer;
}
```

9. 虽然下面的程序中使用了 main() 函数，也可以使用其他函数。第 9、10、11 行调用了两个函数。第 13~16 行打印值。要运行该程序，必须在第 19 行后面加上练习题 7 和 8 的代码。

```
1: #include <stdio.h>
2:
3: int main( void )
4: {
5:     int number1 = 10,
6:     number2 = 5;
7:     int x, y, z;
8:
9:      x = product( number1, number2 );
10:     y = divide_em( number1, number2 );
11:     z = divide_em( number1, 0 );
12:
13:     printf( "\nnumber1 is %d and number2 is %d", number1, number2 );
14:     printf( "\nnumber1 * number2 is %d", x );
15:     printf( "\nnumber1 / number2 is %d", y );
16:     printf( "\nnumber1 / 0 is %d", z );
```

```
17:
18:     return 0;
19: }
```

10. 代码如下：

```
/* 计算用户输入的 5 个值的平均值 */
#include <stdio.h>
float v, w, x, y, z, answer;
float average(float a, float b, float c, float d, float e);
int main( void )
{
     puts("Enter five numbers:");
     scanf("%f%f%f%f%f", &v, &w, &x, &y, &z);
     answer = average(v, w, x, y, z);
     printf("The average is %f.\n", answer);
     return 0;
}
float average(float a, float b, float c, float d, float e)
{
     return ((a+b+c+d+e)/5);
}
```

11. 下面代码中使用 int 类型的变量。因此最大值不能超过 9，要用更大的值，应将变量的类型声明为 long。

```
/* 该程序包含一个递归函数 */
#include <stdio.h>
int three_powered( int power );
int main( void )
{
     int a = 4;
     int b = 9;
     printf( "\n3 to the power of %d is %d", a, three_powered(a) );
     printf( "\n3 to the power of %d is %d\n", b, three_powered(b) );
     return 0;
}
int three_powered( int power )
{
     if ( power < 1 )
         return( 1 );
     else
         return( 3 * three_powered( power - 1 ));
}
```

第 6 课 参考答案

小测验

1. 在 C 语言中数组的第 1 个索引值是 0。
2. for 语句包含初值部分和更新部分。
3. do...while 语句至少执行一次，其末尾是 while 语句。
4. 正确。while 语句可以完成 for 语句的工作。在执行 while 循环之前必须初始化变量，并在 while 循环中递增变量。
5. 嵌套语句的数量没有限制。
6. while 语句可以嵌套在 do...while 语句中。
7. for 语句的 4 部分是：初始化部分、条件部分、递增部分和语句。

8. while 语句的两部分是条件和语句。
9. do...while 语句的两个部分是条件和语句。

练习题

1. long array[50];
2. 注意下面的答案中，第 50 个元素的下标是 49。记住，数组的索引从 0 开始。
```
array[49] = 123.456;
```
3. 语句执行完毕后，x 的值是 100。
4. 语句执行完毕后，ctr 的值是 11（ctr 从 2 开始，每次递增 3，直至大于或等于 10 为止）。
5. 内层循环打印 5 个 X，外层循环执行内层循环 10 次。因此，总共打印 50 个 X。
6. 代码如下：
```
int x;
for( x = 1; x <= 100; x += 3) ;
```
7. 代码如下：
```
int x = 1;
while( x <= 100 )
    x += 3;
```
8. 代码如下：
```
int ctr = 1;
do
{
    ctr += 3;
} while( ctr < 100 );
```
9. 该程序不会结束。record 被初始化为 0，然后 while 循环检查 record 是否小于 100。因为 0 小于 100，所以执行循环，打印出两条语句。然后循环再次检查条件，条件仍然成立（0 小于 100），因此再次循环。这一过程将不断重复。应该在循环体内递增 record 的值，即在第 2 次调用 printf()函数的后面加上下面的代码：
```
record++;
```
10. 在循环中，经常使用已定义的符号常量。本书有很多类似的程序示例。该代码段的问题是，for 语句头的末尾不应该有分号。这是一种常见的错误。

第 7 课　参考答案

小测验

1. put()和 printf()的区别有两点：printf()可以打印变量形参；put()在待打印字符串末尾自动添加换行符。
2. 使用 printf()时，应包含 stdio.h 头文件。
3. a. 打印反斜杠
   b. 退格
   c. 换行
   d. 打印制表符
   e. 振铃

4. a. `%s` 打印反斜杠
   b. `%d` 退格
   c. `%f` 换行
5. a. 打印字符 b
   b. 退格
   c. 后面为转义字符（参见表 7.1）
   d. 打印一个反斜杠

练习题

1. `puts()`会自动添加换行符，而`printf()`不会。代码如下：

```
printf( "\n" );
puts( "" );
```

2. 代码如下：

```
char c1, c2;
int d1;
scanf( "%c %u %c", &c1, &d1, &c2 );
```

3. 答案仅供参考，你的答案可能不同：

```
#include <stdio.h>
int x;
int main( void )
{
    puts( "Enter an integer value" );
    scanf( "%d", &x );
    printf( "\nThe value entered is %d\n", x );
    return 0;
}
```

4. 这是一个只接受指定值的典型程序。参考答案如下：

```
#include <stdio.h>
int x;
int main( void )
{
    puts( "Enter an even integer value" );
    scanf( "%d", &x );
    while( x % 2 != 0)
    {
        printf( "\n%d is not even, please enter an even \
        number: ", x );
        scanf( "%d", &x );
    }
    printf( "\nThe value entered is %d\n", x );
    return 0;
}
```

5. 代码如下：

```
#include <stdio.h>
int array[6], x, number;
int main(void)
{
     /* 循环 6 次或用户输入 99 */
     for (x = 0; x < 6 && number != 99; x++)
     {
          puts("Enter an even integer value, or 99 to quit");
          scanf("%d", &number);
          while (number % 2 == 1 && number != 99)
          {
               printf("\n%d is not even, please enter an even \
```

```
                number: ", number);
            scanf("%d", &number);
        }
        array[x] = number;
    }
    /* 打印用户输入的值... */
    for (x = 0; x < 6 && array[x] != 99; x++)
    {
        printf("\nThe value entered is %d", array[x]);
    }
    return 0;
}
```

6. 运行上一题的答案便生成一个可执行程序。要用制表符把打印的值隔开，只需改动最后一个 printf()即可：

```
printf( "%d\t", array[x]);
```

7. 不能在引号中包含引号。要打印引号，必须使用转义字符\"：

```
printf( "Jack said, \"Peter Piper picked a peck of pickled peppers.\"");
```

8. 该程序有 3 个错误。第 1 个错误是，printf()语句中没有用双引号。第 2 个错误是，在 scanf()中，answer 变量前面没有取址运算符。第 3 个错误是，scanf()语句中应该使用%d，而不是%f。因为 answer 是 int 类型，不是 float 类型。更正后的代码如下：

```
int get_1_or_2(void)
{
    int answer = 0;
    while (answer < 1 || answer > 2)
    {
        printf("Enter 1 for Yes, 2 for No ");    /* 正确 */
        scanf("%d", &answer);                     /* 正确 */
    }
    return answer;
}
```

9. 下面是程序清单 7.1 中 print_report()函数的完整代码：

```
void print_report(void)
{
    printf("\nSAMPLE REPORT");
    printf("\n\nSequence\tMeaning");
    printf("\n=========\t=======");
    printf("\n\\a\t\tBell (alert)");
    printf("\n\\b\t\tBackspace");
    printf("\n\\f\t\tForm feed");
    printf("\n\\n\t\tNewline");
    printf("\n\\r\t\tCarriage Return");
    printf("\n\\t\t\tHorizontal tab");
    printf("\n\\v\t\tVertical tab");
    printf("\n\\\\\t\tBackslash");
    printf("\n\\\?\t\tQuestion mark");
    printf("\n\\\'\t\tSingle quote");
    printf("\n\\\"\t\tDouble quote");
    printf("\n...\t\t...");
}
```

10. 代码如下：

```
/* 输入两个浮点值， */
/* 并显示两值的乘积。 */
#include <stdio.h>
float x, y;
int main(void)
{
    puts("Enter two values: ");
    scanf("%f %f", &x, &y);
```

```
    printf("\nThe product is %f\n", x * y);
    return 0;
}
```

11. 下面的程序提示用户输入 10 个数字，然后显示它们的总和：

```
/* 输入 10 个整数，并显示它们的和 */
#include <stdio.h>
int count, temp;
long total = 0; /* 使用 long 类型，防止计算结果超过 int 类型的最大值 */

int main(void)
{
    for (count = 1; count <= 10; count++)
    {
        printf("Enter integer # %d: ", count);
        scanf("%d", &temp);
        total += temp;
    }
    printf("\n\nThe total is %d\n", total);
    return 0;
}
```

12. 代码如下：

```
/* 提示用户输入整数，并将其储存在数组中，直至用户输入 0。 */
/* 用户输入 0 后，程序查找并显示数组中的最大值和最小值。 */
#include <stdio.h>
#define MAX 100
int array[MAX];
int count = -1, maximum, minimum, num_entered, temp;
int main(void)
{
    puts("Enter integer values one per line.");
    puts("Enter 0 when finished.");
    /* 输入值 */
    do
    {
        scanf("%d", &temp);
        array[++count] = temp;
    } while (count < (MAX - 1) && temp != 0);
    num_entered = count;
    /* 查找最大值和最小值 */
    /* 首先把最大值设置为最小值，最小值设置为最大值。 */
    maximum = -32000;
    minimum = 32000;
    for (count = 0; count <= num_entered && array[count] != 0; count++)
    {
        if (array[count] > maximum)
            maximum = array[count];
        if (array[count] < minimum)
            minimum = array[count];
    }
    printf("\nThe maximum value is %d", maximum);
    printf("\nThe minimum value is %d\n", minimum);
    return 0;
}
```

第 8 课　参考答案

小测验

1. 所有的数据类型都可用，但是在给定数组中只能使用一种数据类型。

2. 0。在 C 语言中，不管数组的大小是多少，所有数组的下标都从 0 开始。

3. `n-1`。

4. 程序可以编译并运行，但是会导致无法预料的结果。

5. 声明数组时，在数组名后面加上一对方括号，每维一对。每对方括号内包含一个数字，该数字指定了相应维的元素个数。

6. 240 个。计算方法为 2×3×5×8。

7. `array[0][0][1][1]`

练习题

1. `int one[1000], two[1000], three[1000];`

2. `int array[10] = { 1, 1, 1, 1, 1, 1, 1, 1, 1, 1 };`

3. 本题有多种结局方案。第 1 种是在声明数组时初始化：

```
int eightyeight[88] = {88,88,88,88,88,88,88,...,88};
```

但是，这种方法要在花括号中写 88 次 88。不推荐用这种方法初始化大型数组。下面的方法较好：

```
int eightyeight[88];
int x;
for ( x = 0; x < 88; x++ )
   eightyeight[x] = 88;
```

4. 代码如下：

```
int stuff[12][10];
int sub1, sub2;
for( sub1 = 0; sub1 < 12; sub1++ )
    for( sub2 = 0; sub2 < 10; sub2++ )
        stuff[sub1][sub2] = 0;
```

5. 该代码段出现的错误很常见。注意，声明的数组是 10×3，不是 3×10。

声明数组的第 1 个下标是 10，但是 for 循环使用 x 作为第 1 个下标，x 被递增了 3 次。声明数组的第 2 个下标是 3，但是 for 循环使用 y 作为第 2 个下标，y 被递增了 10 次。这会导致无法预测的结果。有两种方法可以修复这个问题。

第 1 种方法是，交换 for 循环体中 x 和 y 的位置：

```
int x, y;
int array[10][3];
int main( void )
{
     for ( x = 0; x < 3; x++ )
        for ( y = 0; y < 10; y++ )
            array[y][x] = 0; /*交换x和y的位置*/
     return 0;
}
```

第 2 种方法是（推荐），交换 for 循环中 x 和 y 的值：

```
int x, y;
int array[10][3];
int main( void )
{
     for ( x = 0; x < 10; x++ ) /* 交换x的值 */
        for ( y = 0; y < 3; y++ ) /* 交换y的值*/
            array[x][y] = 0;
     return 0;
```

```
}
```

6. 这种错误很容易排除。该程序初始化了越界的数组元素。如果数组有 10 个元素，它们的下标是 0~9。该程序初始化下标为 1~10 的数组元素。无法初始化 `array[10]`，因为该元素不存在。应该把 `for` 语句修改成以下任一个：

```
for( x = 1; x <= 9; x++ ) /* 初始化 9 个元素 */
for( x = 0; x <= 9; x++ )
```

注意，`x <= 9` 与 `x < 10` 相同。两者都可用，但是 `x < 10` 更常用。

7. 参考答案如下：

```
/* 使用二维数组和 rand() */
#include <stdio.h>
#include <stdlib.h>
/* 声明数组 */
int array[5][4];
int a, b;
int main(void)
{
    for (a = 0; a < 5; a++)
    {
        for (b = 0; b < 4; b++)
        {
            array[a][b] = rand();
        }
    }
    /* 打印数组元素 */
    for (a = 0; a < 5; a++)
    {
        for (b = 0; b < 4; b++)
        {
            printf("%d\t", array[a][b]);
        }
        printf("\n"); /* 换行 */
    }
    return 0;
}
```

8. 参考答案如下：

```
/* random.c: 使用一维数组 */
#include <stdio.h>
#include <stdlib.h>
/* 声明一个包含 1000 个元素的一维数组 */
int randomarray[1000];
int a, b, c;
long total = 0;
int main(void)
{
    /* 用随机数填充数组。 */
    /* C 库函数 rand() 返回一个随机数。 */
    /* 使用随机数作为 for 循环中数组的下标。*/
    for (a = 0; a < 1000; a++)
    {
        randomarray[a] = rand();
        total += randomarray[a];
    }
    printf("\n\nAverage is: %ld\n", total / 1000);
    /* 每次显示 10 个元素 */
    for (a = 0; a < 1000; a++)
    {
        printf("\nrandomarray[%d] = ", a);
```

```
        printf("%d", randomarray[a]);
        if (a % 10 == 0 && a > 0)
        {
            printf("\nPress Enter to continue, Ctrl-C to quit.");
            getchar();
        }
    }
    return 0;
} /* main()结束 */
```

9. 给出两种解决方案。第 1 种方法是，在声明数组时初始化元素；第 2 种方法是，在 for 循环中初始化元素。

参考答案 1：

```
#include <stdio.h>
/* 声明一个一维数组 */
int elements[10] = { 0, 1, 2, 3, 4, 5, 6, 7, 8, 9 };
int idx;
int main(void)
{
    for (idx = 0; idx < 10; idx++)
    {
        printf("\nelements[%d] = %d ", idx, elements[idx]);
    }
    return 0;
} /* main()结束 */
```

参考答案 2：

```
#include <stdio.h>
/* 声明一个一维数组 */
int elements[10];
int idx;
int main(void)
{
    for (idx = 0; idx < 10; idx++)
        elements[idx] = idx;
    for (idx = 0; idx < 10; idx++)
        printf("\nelements[%d] = %d ", idx, elements[idx]);
    return 0;
}
```

10. 下面是一种解决方案：

```
#include <stdio.h>
#define ARRAYSIZE 10
/* 声明一个一维数组 */
int elements[ARRAYSIZE] = { 0, 1, 2, 3, 4, 5, 6, 7, 8, 9 };
int new_array[ARRAYSIZE];
int idx;
int main(void)
{
    for (idx = 0; idx < ARRAYSIZE; idx++)
    {
        new_array[idx] = elements[idx] + 10;
    }
    for (idx = 0; idx < ARRAYSIZE; idx++)
    {
        printf("\nelements[%d] = %d \tnew_array[%d] = %d",
            idx, elements[idx], idx, new_array[idx]);
    }
    return 0;
}
```

第 9 课 参考答案

小测验

1. 取址运算符是&。
2. 要使用间接运算符*。在指针名前写上*，引用的是该指针所指向的变量。
3. 指针是储存其他变量地址的变量。
4. 间接取值指的是，用指向变量的指针访问变量的内容。
5. 数组元素被顺序存储在内存中，下标越小的元素储存的地址位越低。
6. &data[0]和 data。
7. 一种方法是，把数组的长度作为参数传递给函数。另一种方法是，在数组中加入一个特定值（如，NULL），表明已达数组末尾。
8. 赋值、间接取值、取址、递增、相减和比较。
9. 将两个指针相减得到它们之间的元素个数。在这种情况下，答案为 1，与数组元素的实际大小无关。
10. 答案仍是 1。

练习题

1. `char *char_ptr;`
2. 下面声明了一个指向 cost 的指针，然后将 cost 的地址（&cost）赋值给该指针：
```
int *p_cost;
p_cost = &cost;
```
3. 直接访问：`cost = 100;`

   间接访问：`*p_cost = 100;`
4. `printf( "Pointer value: %p, points at value: %d", p_cost, *p_cost);`
5. `float *variable = &radius;`
6. 代码如下：
```
data[2] = 100;
*(data + 2) = 100;
```
7. 下面的代码中包含练习题 8 的答案：
```
#include <stdio.h>
#define MAX1 5
#define MAX2 8
int array1[MAX1] = { 1, 2, 3, 4, 5 };
int array2[MAX2] = { 1, 2, 3, 4, 5, 6, 7, 8 };
int total;
int sumarrays(int x1[], int len_x1, int x2[], int len_x2);
int main(void)
{
    total = sumarrays(array1, MAX1, array2, MAX2);
    printf("The total is %d\n", total);
    return 0;
}
int sumarrays(int x1[], int len_x1, int x2[], int len_x2)
{
    int total = 0, count = 0;
```

```
    for (count = 0; count < len_x1; count++)
        total += x1[count];
    for (count = 0; count < len_x2; count++)
        total += x2[count];
    return total;
}
```

8. 参见练习题 7 的答案。

9. 参考答案如下：

```
#include <stdio.h>
#define SIZE 10
/* 函数原型 */
void addarrays(int[], int[]);
int main(void)
{
    int a[SIZE] = { 1, 1, 1, 1, 1, 1, 1, 1, 1, 1 };
    int b[SIZE] = { 9, 8, 7, 6, 5, 4, 3, 2, 1, 0 };
    addarrays(a, b);
    return 0;
}
void addarrays(int first[], int second[])
{
    int total[SIZE];
    int *ptr_total = &total[0];
    int ctr = 0;
    for (ctr = 0; ctr < SIZE; ctr++)
    {
        total[ctr] = first[ctr] + second[ctr];
        printf("%d + %d = %d\n", first[ctr], second[ctr], total[ctr]);
    }
}
```

第 10 课 参考答案

小测验

1. ASCII 字符集的数值范围是 0~255。其中，0~127 是标准 ASCII 字符集，128~255 是扩展 ASCII 字符集。
2. 将其作为字符的 ASCII 码。
3. 字符串是以空字符结尾的字符序列。
4. 字符串字面量是用双引号括起来的一个或多个字符。
5. 用来储存字符串末尾的空字符。
6. 解译为字符对应的 ASCII 码序列，以 0 结尾（空字符对应的 ASCII 码是 0）。
7. a. 97
    b. 65
    c. 57
    d. 32
    e. 206
    f. 6
8. a. I
    b. 一个空格

c. c

d. a

e. n

f. NULL

g. ☺

9. a. 9 字节（实际上，该变量是指向一个字符串的指针。该字符串需要 9 字节的内存：8 个用于储存字符串中的字符，1 个用于储存空字符）。

b. 9 字节

c. 1 字节

d. 20 字节

e. 20 字节

10. a. A

b. A string!

c. 0（NULL）

d. 超出字符串的末尾，其值不确定。

e. ！

f. 字符串第 1 个元素的地址

练习题

1. `char letter = '$';`

2. `char array[] = "Pointers are fun!";`

3. `char *array = "Pointers are fun!";`

4. 代码如下：

```
char *ptr;
ptr = malloc(81);
gets(ptr);
```

5. 参考答案如下：

```
#include <stdio.h>
#define SIZE 10
/* 函数原型 */
void copyarrays(int[], int[]);
int main(void)
{
    int ctr = 0;
    int a[SIZE] = { 1, 2, 3, 4, 5, 6, 7, 8, 9, 10 };
    int b[SIZE];
    /* 拷贝前的值 */
    for (ctr = 0; ctr < SIZE; ctr++)
    {
        printf("a[%d] = %d, b[%d] = %d\n",
            ctr, a[ctr], ctr, b[ctr]);
    }
    copyarrays(a, b);
    /* 拷贝后的值 */
    for (ctr = 0; ctr < SIZE; ctr++)
    {
        printf("a[%d] = %d, b[%d] = %d\n",
                ctr, a[ctr], ctr, b[ctr]);
    }
```

```
    return 0;
}
void copyarrays(int orig[], int newone[])
{
    int ctr = 0;
    for (ctr = 0; ctr < SIZE; ctr++)
    {
        newone[ctr] = orig[ctr];
    }
}
```

6. 参考答案如下：

```
#include <stdio.h>
#include <string.h>
/* 函数原型 */
char * compare_strings(char *, char *);
int main(void)
{
    char *a = "Hello";
    char *b = "World!";
    char *longer;
    longer = compare_strings(a, b);
    printf("The longer string is: %s\n", longer);
    return 0;
}
char * compare_strings(char * first, char * second)
{
    int x, y;
    x = strlen(first);
    y = strlen(second);
    if (x > y)
        return(first);
    else
        return(second);
}
```

7. 这是选做题，请自己练习。
8. a_string 被声明为一个包含 10 个字符的数组，但初始化的字符串超过了 10 个字符。应将 a_string 声明得更大。
9. 如果这行代码是为了初始化字符串，则是错误的。应该使用 char *quote 或 char quote[100]。
10. 没有错误。
11. 虽然可以把一个指针赋给一个指针，但是不能把一个数组赋给另一个数组。应该把赋值表达式语句改为字符串拷贝函数，如 strcpy()。

第 11 课 参考答案

小测验

1. 数组只能包含相同类型的数据项。结构可以包含不同类型的数据项。
2. 结构成员运算符也称为点运算符（.），用于访问结构的成员。
3. struct
4. 结构标签相当于结构的模板，并不是真正的变量。结构实例是已分配的结构，可用于储存数据。
5. 该声明定义了并初始化了一个结构实例 myaddress。结构成员 myaddress.name 被初始化为 "Bradley Jones"、myaddress.add1 被初始为"RTSoftware"、myaddress.add2 被初

始为"P.O. Box 1213"、myaddress.city 被初始为"Carmel"、myaddress.state 被初始为"IN"、myaddress.zip 被初始为"46082-1213"。

6. word myWord
7. 下面的语句便可让 ptr 指向数组的第 2 个元素：

    ptr++

练习题

1. 代码如下：

```
struct time {
   int hours;
   int minutes;
   int seconds;
};
```

2. 代码如下：

```
struct data {
   int value1;
   float value2;
   float value3;
} info;
```

3. info.value1 = 100;
4. 代码如下：

```
struct data *ptr;
ptr = &info;
```

5. 代码如下：

```
ptr->value2 = 5.5;
(*ptr).value2 = 5.5;
```

6. 代码如下：

```
struct data {
    char name[21];
};
```

7. 代码如下：

```
typedef struct {
    char address1[31];
    char address2[31];
    char city[11];
    char state[3];
    char zip[11];
} RECORD;
```

8. 下面的代码使用小测验 5 的值来初始化：

```
RECORD myaddress = {"RTSoftware","P.O. Box 1213","Carmel", "IN", "46032-1213" };
```

9. 有两个错误。首先，结构应该有一个标签。其次，sign 的初始化方式不对，应该使用花括号将初始值括起来。正确的代码如下：

```
struct zodiac {
    char zodiac_sign[21];
    int month;
} sign = {"Leo", 8};
```

10. 该联合有一个错误。联合一次只能储存一个变量，只能初始化第 1 个成员。正确的代码如下：

```
union data{
    char a_word[4];
    long a_number;
```

```
}generic_variable = { "WOW" };
```

第 12 课　参考答案

小测验

1. 变量的作用域指的是，程序的哪些部分可以访问该变量，或该变量在程序的哪些部分可见。
2. 局部存储类别的变量只在声明它的函数内部可见。外部存储类别的变量，整个程序都可见。
3. 在函数中定义的变量是局部变量。在所有函数外面定义的变量是外部变量。
4. 自动（默认）和静态。自动变量在每次函数调用时被创建，函数结束时被销毁。静态局部变量在两次函数调用期间保持不变。
5. 每次调用函数时，都会初始化自动变量。静态变量只有在首次调用函数时才被初始化。
6. 错误。声明寄存器变量时，是在请求编译器，而编译器并不一定会满足该请求。
7. 未初始化的外部变量将被自动初始化为 0，但是最好还是进行显式初始化。
8. 未初始化的局部变量不会被自动初始化，其值是不确定的。不要使用未初始化的局部变量。
9. 因为 count 变量的作用域是所在的代码块，所以 printf() 无法访问该变量。编译器会报错。
10. 如果需要保留该值，应将其声明为静态变量。例如，假设变量名为 vari，则应声明为：
    ```
    static int vari;
    ```
11. extern 关键字被用作存储类别的修饰符，extern 表明该变量已在程序的其他地方声明。
12. static 关键字被用作存储类别的修饰符。在函数内部，静态变量的值在两次函数调用时保持不变。在函数外部，static 告诉计算机限制该变量的作用域仅为当前文件。

练习题

1. `register int x = 0;`
2. 代码如下：
    ```
    /* 演示变量作用域 */
    #include <stdio.h>
    void print_value(int x);
    int main(void)
    {
        int x = 999;
        printf("%d", x);
        print_value(x);
        return 0;
    }
    void print_value(int x)
    {
        printf("%d", x);
    }
    ```
3. 因为 var 被声明为外部变量，所以不必将其传递给函数。
    ```
    /* 使用外部变量 */
    #include <stdio.h>
    int var = 99;
    void print_value(void);
    int main(void)
    {
        print_value();
    ```

```
    return 0;
}
void print_value(void)
{
    printf("The value is %d\n", var);
}
```

4. 是的。要在另一个函数中打印 var，必须将其传递给该函数。

```
/* 使用局部变量 */
#include <stdio.h>
void print_value(int var);
int main(void)
{
    int var = 99;
    print_value(var);
    return 0;
}
void print_value(int var)
{
    printf("The value is %d\n", var);
}
```

5. 是的，程序可以有同名的局部变量和外部变量。在这种情况下，处于可见状态的局部变量将覆盖全局变量。

```
/* 使用全局变量 */
#include <stdio.h>
int var = 99;
void print_func(void);
int main(void)
{
    int var = 77;
    printf("Printing in function with local and global:");
    printf("\nThe value of var is %d", var);
    print_func();
    return 0;
}
void print_func(void)
{
    printf("\nPrinting in function only global:");
    printf("\nThe value of var is %d\n", var);
}
```

6. 该程序能正常运行，但是可以修改得更好。首先，不必将 x 的值初始化为 1，因为在 for 循环中要为其赋值为 0。另外，将 tally 声明为静态变量毫无意义，因为在 main() 函数内部，static 关键字没有效果。

7. star 的值是多少？dash 的值是多少？这两个局部变量都没有初始化，它们的值是不确定的。注意，虽然编译该程序时，没有出现错误和警告，但是这是该程序潜在的问题。

   该程序还有一个问题，ctr 变量被声明为外部变量，但是只有 print_function() 函数使用它。这样做不好，最好将 ctr 声明在 print_function() 函数内部称为局部变量。

8. 该程序将不断地打印如下内容（参见练习题 9）。

   X==X==X==X==X==X==X==X==X==X==X==X==X==X==X==X==X==...

9. 该程序有一个问题，由 ctr 是外部变量而导致。main() 和 print_letter2() 函数都在循环中使用 ctr，由于 print_letter2() 改变了 ctr 的值，main() 中的 for 循环将永远不会结束。解决这种问题的方法很多。一种方法是，在两个 for 循环中分别使用两个不同的计数器变量。另一种方法是，改变计数器变量 ctr 的作用域，可以分别在 main() 和 print_letter2()

中声明局部变量 ctr。

还要注意 letter1 和 letter2。这两个变量都只用于一个函数，因此将其声明为局部变量更好。修改后的程序如下：

```
#include <stdio.h>
void print_letter2(void); /* 函数原型 */
int main(void)
{
    char letter1 = 'X';
    int ctr;
    for (ctr = 0; ctr < 10; ctr++)
    {
        printf("%c", letter1);
        print_letter2();
    }
    return 0;
}
void print_letter2(void)
{
    char letter2 = '=';
    int ctr; /* 这是局部变量 */
                /* 与 main()中的 ctr 不同 */
    for (ctr = 0; ctr < 2; ctr++)
        printf("%c", letter2);
}
```

第 13 课　参考答案

小测验

1. 尽量不要使用 goto 语句（除非你非常小心）。
2. 程序执行到 break 语句时，会立即退出包含 break 的 for、do...while 或 while 循环。程序执行到 continue 语句时，会立即进入下一次迭代。
3. 无限循环将不断执行下去。编写条件恒为真的 for、do...while 或 while 循环，便创建了无限循环。
4. 执行到 main()的末尾，或者调用 exit()函数。
5. long、int 或 char 类型的值。
6. default 语句是 switch 语句中的一个子句。当 switch 语句中的表达式的值与任何 case 都不匹配时，便执行 default 语句。
7. exit()函数用于终止函数。可以将一个值传递给 exit()函数，该值将被返回给操作系统。

练习题

1. continue;
2. break;
3. 该代码段正确。不用在 case 'N'的 printf()函数后加上 break 语句。因为此时 switch 语句一定会结束。
4. 读者可能认为 default 语句应放在 switch 语句的末尾，其实 default 语句可以放在 switch

语句中的任何位置。该代码段的问题是，default 语句后面还应该加上一条 break 语句。

5. 代码如下：

```
if (choice == 1)
    printf("You answered 1");
else if (choice == 2)
    printf("You answered 2");
else
    printf("You did not choose 1 or 2");
```

6. 代码如下：

```
do {
/* 任何 C 语句 */
} while ( 1 );
```

第 14 课 参考答案

小测验

1. 流是字节序列。C 程序使用流来完成所有的输入和输出。
2. a．打印机是输出设备

   b．键盘是输入设备

   c．调制解调器既是输入设备也是输出设备

   d．显示器是输出设备（触摸屏即是输入设备也是输出设备）

   e．闪存盘既是输入设备也是输出设备
3. 所有编译器都支持的 3 中预定义流：stdin（键盘）、stdout（屏幕）、stderr（屏幕）。
4. a．stdout

   b．stdout

   c．stdin

   d．stdin

   e．fprintf()可使用任意输出流。在 3 个常用流中，它可以使用 stdout 和 stderr。
5. 读取缓冲字符时，只有当用户按下 Enter 键后，输入才被发送给程序。读取无缓冲字符时，用户按下每个键，其对应字符都被直接发送给程序。
6. 读取回显字符时，输入将被自动发送到 stdout。而读取无回显字符时，不会这样。
7. 只可回退一个字符。ungetc()函数无法将 EOF 字符回退到输入流中。
8. 检查换行符，它表明用户按下了 Enter 键。
9. a、b、c、e、f 中的转换字符均有效。d 无效，不存在转换字符 q。
10. stderr 不能重定向，它总是打印在屏幕上。stdout 可以被重定向至屏幕之外的其他设备。

练习题

1. `printf( "Hello World" );`
2.

```
fprintf( stdout, "Hello World");
puts( "Hello World");
```

3. 代码如下：

```
char buffer[31];
scanf( "%30[^*]", buffer );
```

4. 代码如下：

```
printf( "Jack asked, \"What is a backslash\?\"\nJill said, \
        \"It is \'\\\'\"");
```

第 15 课　参考答案

小测验

1. 代码如下：

```
float x;
float *px = &x;
float **ppx = &px;
```

2. 错误。该语句值使用了一个间接运算符，这将把 100 赋给 px，而不是 x。应该使用两个间接运算符：

```
**ppx = 100;
```

3. array 是一个包含两个二维数组的三维数组，其中，每个二维数组包含了 3 个一维数组，而每个一维数组中包含了 4 个 int 类型的元素。
4. array[0][0]是一个指针，指向包含 4 个元素的数组的第 1 个元素。
5. 第 1 个和第 3 个表达式为真，第 2 个表达式为假。
6. void func1(char *p[]);
7. 该函数不知道传递给它的指针数组包含多少个元素，必须把这个值作为另一个参数传递给它。
8. a．var1 是一个指向整数的指针

   b．var2 是一个整数

   c．var3 是一个指向指针（该指针指向一个整数）的指针
9. a．声明了一个包含 36（3×12）个整数的数组

   b．声明了一个指向数组的指针，该数组包含 12 个整数。

   c．声明了一个包含 12 个指针的数组，每个指针都指向一个整数。

练习题

1. char *ptrs[10];
2. ptr 是被声明为一个指针数组（包含 12 个指向 int 类型的指针），而不是一个指针（指向包含 12 个 int 类型元素的数组）。正确的代码如下：

```
int x[3][12];
int (*ptr)[12];
ptr = x;
```

第 16 课　参考答案

小测验

1. 函数指针是一个变量，它储存的是函数在内存中的位置。

2. `char (*ptr)(char *x[]);`
3. 如果去掉*ptr 周围的圆括号，就是一个函数原型，该函数返回一个指向 char 类型的指针。
4. 该结构必须包含一个指向相同结构类型的指针。
5. 这意味着链表为空。
6. 链表中的每个元素都包含一个指针，用于标识链表的下一个元素。链表中的第 1 个元素由头指针标识。
7. a．z 是一个包含 10 个指针的数组，每个指针都指向一个字符。

   b．y 是一个函数，它接受一个 int 类型的参数（field），并返回一个指向字符的指针。

   c．x 是一个函数指针，它指向的函数接受一个 int 类型的参数，（field），并返回一个指向字符的指针。

练习题

1. `float (*func)(int field);`
2. `int (*menu_option[10])(char *title);`

   包含函数指针的数组可用于菜单系统。菜单的项数可对应函数指针数组的下标。例如，如果用户选择菜单的第 5 项，则执行数组中第 5 个元素指向的函数。
3. 参考答案如下：

```
struct friend {
   char name[35+1];
   char street1[30+1];
   char street2[30+1];
   char city[15+1];
   char state[2+1];
   char zipcode[9+1];
   struct friend *next;
}
```

第 17 课　参考答案

小测验

1. 文本模式流自动在 C 语言用于标记行末尾的换行字符（\n）和 Windows 系统用于标记行末尾的回车换行符对之间进行转换。二进制模式流则不执行这样的转换，所有的字节都按原样输入和输出。
2. 使用库函数 fopen()打开文件。
3. 使用 fopen()函数时，必须指定待打开的磁盘文件名和打开文件的方式。fopen()函数返回指向 FILE 类型的指针，该指针被后续文件访问函数用来引用指定的文件。
4. 格式化、字符和直接。
5. 顺序和随机。
6. EOF 是文件末尾标记，它是一个值为-1 的符号常量。

7. EOF 用于文本文件确定是否到达文件的末尾。
8. 在二进制模式下，必须使用 feof()函数。在文本模式下，可以查找 EOF 字符或使用 feof()。
9. 文件位置指示符指明给定文件中下一次读写的位置。用 rewind()和 fseek()函数可以修改文件位置指示符。
10. 文件位置指示符指向文件的第 1 个字符（偏移量为 0）。一种例外的情况时，如果以附加模式打开一个现有文件，文件位置指示符则指向文件尾。

练习题

1. fcloseall();
2. rewind(fp);和 fseek(fp, 0, SEEK_SET);
3. 不能使用 EOF 来判断二进制模式文件的末尾，应该使用 feof()函数。

第 18 课　参考答案

小测验

1. 字符串的长度是指字符串开头到末尾的空字符之间的字符数（不包括空字符）。使用 strlen()函数可确定字符串的长度。
2. 必须确保为新的字符串分配了足够的存储空间。
3. 拼接的意思是把两个字符串合并在一起——把一个字符串附在另一个字符串后面。
4. 在比较字符串时，“一个字符串大于另一个字符串”指的是一个字符串的 ASCII 值大于另一个字符串的 ASCII 值。
5. strcmp()比较两个字符串中的所有字符。strbcmp()只比较字符串中指定数量的字符。
6. isascii()检查传入的值是否是 0~127 的标准 ASCII 字符，不检查扩展 ASCII 字符。
7. isascii()和 iscntrl()都返回 TRUE，其他宏返回 FALSE。
8. 65 相当于 ASCII 字符 A。isalnum()、isalpha()、isascii()、isgraph()、isprint()、和 isupper()都返回 TURE。
9. 字符测试函数检查特定字符是否满足某种条件（如，是字母、标点还是其他）。

练习题

1. TRUE（1）或 FALSE（0）。
2. a．65
   b．81
   c．-34
   d．0
   e．12
   f．0
3. a．65.000000

b. 81.230000

c. -34.200000

d. 0.000000

e. 12.000000

f. 1000.000000

4. string2 应该是一个指向字符的指针，但是在使用它之前并未给它分配空间。strcpy()不知道把 string1 的值拷贝到何处。

第 19 课 参考答案

小测验

1. 按值传递意味着函数接受的是参数变量的拷贝。按引用传递意味着函数接受的是参数变量的地址。不同的是，按引用传递能让函数修改原始变量，而按值传递则不行。
2. 在 C 语言中，void 指针可指向任意类型的数据对象。也就是说，它是通用指针。
3. 使用 void 指针可创建能指向任意对象的通用指针。void 指针最常用于声明函数形参，你可以创建能处理不同类型参数的函数。
4. 强制类型转换提供 void 指针当前指向的数据对象的类型信息。在解引用 void 指针之前，必须将其强制类型转换为特定类型。
5. 接受可变数目参数列表的函数至少要有一个固定参数。该参数用于指出在每次函数调用时传递的参数个数。
6. 应该使用 va_start()来初始化参数列表，使用 va_arg()取回参数。在取回所有参数后。应使用 va_end()完成清理工作。
7. 带有陷阱的问题。不能对 void 指针执行递增运算，因为编译器不知道要增加多少。
8. 函数可以返回指向任意数据类型的指针，甚至是指向数组、结构、联合的指针。
9. va_arg()
10. va_list、va_start()、va_arg()和 va_end()。

练习题

1. int function(char array[]);
2. int numbers(int *nbr1, int *nbr2, int *nbr3);
3. 代码如下：

```
int number1 = 1, number2 = 2, number3 = 3;
numbers( &number1, &number2, &number3);
```

4. 虽然该代码段看上去不太好懂，但确实没有问题。该函数接受 nbr 指向的值，并计算该值的平方。
5. 使用可变数目参数列表时，应使用宏工具，包括 va_list、va_start()、va_arg()和 va_end()。如何正确地使用可变参数列表，请参阅程序清单 19.3。

第 20 课　参考答案

小测验

1. double 类型。
2. 在大多数编译器中，它与 long 等价。但这不是绝对的。要检查编译器的 TIME.H 文件或用户参考手册才能确定编译器使用什么类型与 time_t 等价。
3. time() 函数返回从 1970 年 1 月 1 日午夜起过去的秒数。clock() 函数返回程序从开始执行起过去的时间（多少个 1/1000 秒）。
4. 不会。该函数只显示一条描述错误的消息。
5. 将数组按升序排列。
6. 14
7. 4
8. 21
9. 如果相等，则返回 0。如果第 1 个值大于第 2 个值，则返回一个大于 0 的值。如果第 1 个值小于第 2 个值，则返回一个小于 0 的值。
10. NULL。

练习题

1. 代码如下：

```
bsearch( myname, names, (sizeof(names)/sizeof(names[0])),
sizeof(names[0]), comp_names);
```

2. 该代码段存在 3 个问题。第 1 个问题是调用 qsort() 时没有提供字段长度。第 2 个问题是调用 qsort() 时函数名后不应包括圆括号。第 3 个问题是该程序未提供比较函数。qsort() 要使用 compare_function()，但却没有在程序中定义该函数。
3. 比较函数的返回值错误。如果 element1 大于 element2，应返回一个正数；如果 element1 小于 element2，应返回一个负数。

第 21 课　参考答案

小测验

1. malloc() 分配指定数量字节的内存，calloc() 为指定数量的数据对象分配足够的内存。另外，calloc() 还将内存中的字节都设置为 0，而 malloc() 不会执行初始化工作。
2. 两个整数相除，将结果赋给浮点型变量时保留结果中的小数部分。
3. a. long

   b. int

   c. char

   d. float

e. float

4. 动态分配内存指的是在程序运行期间分配内存。动态分配内存让你在需要时，按需分配内存。

5. 当源内存和目标内存重叠时，memmove()能正常工作，但是 memcpy()不能。当源内存和目标内存不重叠时，两个函数的功能完全相同。

6. 定义一个大小为 3 位的位字段成员。因为 2^3 等于 8，所以该位字段可以储存 1~7 的值。

7. 2 字节。使用位字段，可以这样声明一个结构：

```
struct date
{
   unsigned month : 4;
   unsigned day : 5;
   unsigned year : 7;
}
```

   该结构使用 2 字节（16 位）来储存数据。4 位的 month 字段可储存 0~15 的值，足够储存 12 个月。同样，5 位的 day 字段可储存 0~31 的值。7 位的 year 字段可储存 0~127 的值。假设加上 1900 来获得年份的值，那么 year 可表示的年份为 1900~2027。

8. 00100000

9. 00001001

10. 这两个表达式的结果相同。对 11111111 进行异或运算与求反运算的结果相同：原始值的每一位都被求反。

练习题

1. 代码如下：

```
long *ptr;
ptr = malloc( 1000 * sizeof(long));
```

2. 代码如下：

```
long *ptr;
ptr = calloc( 1000, sizeof(long));
```

3. 使用循环和赋值表达式语句：

```
int count;
for (count = 0; count < 1000; count++)
data[count] = 0;
```

   使用 memset()函数：

```
memset(data, 0, 1000 * sizeof(float));
```

4. 该代码可以编译并运行，但是结果不正确。因为 number1 和 number2 都是整数，两数相除的结果也是整数，因此结果的小数部分丢失。要得到正确的答案，要把表达式强制转换为 float 类型：

```
answer = (float) number1/number2;
```

5. 因为 p 是 void 指针，在赋值表达式语句中使用之前，必须将其强制类型转换。第 3 行应改为：

```
*(float*)p = 1.23;
```

6. 位字段必须放在结构的最前面。正确的代码如下：

```
struct quiz_answers
{
    unsigned answer1 : 1;
    unsigned answer2 : 1;
    unsigned answer3 : 1;
```

```
    unsigned answer4 : 1;
    unsigned answer5 : 1;
    char student_name[15];
}
```

第22课　参考答案

小测验

1. 模块化编程指的是一种将程序分成多个源代码文件的程序开发方法。
2. 包含 `main()` 函数的模块是主模块。
3. 避免多余的副作用，确保传递给宏的复杂表达式被首先求值。
4. 与普通函数相比，宏使得程序的执行速度更快，但是程序会更大。
5. `defined()` 运算符测试特定名称是否已被定义。如果已被定义，则返回 `TRUE`；如果未定义，则返回 `FALSE`。
6. `#endif`。
7. 编译后的源文件成为了目标文件，其扩展名是.obj。
8. `#include` 把另一个文件的内容拷贝至当前文件中。
9. 带双引号的`#include` 指令在当前目录中查找包含文件。带尖括号的`#include` 指令在标准目录中查找包含文件。
10. `__DATE__`用于把被编译程序的日期放入程序中。
11. 指向一个包含当前程序名称（包括路径信息）的字符串。